国家科学技术学术著作出版基金资助出版

# 城市地震灾害损失评估：理论方法、系统开发与应用

郑山锁　孙龙飞　龙　立等　著

科学出版社

北京

## 内 容 简 介

对维系城市运行的主要基础设施城市建筑群科学地进行震前风险预测以及震前、震中和震后灾害损失评估，进而提出高效可行的控制技术与措施体系，是减少地震灾害造成人员伤亡、财产损失和文化流失的根本方法。本书全面系统地介绍了适用于我国城市区域多龄期建筑地震灾害风险预测与损失评估的理论方法、系统平台开发与综合应用示范，主要内容包括：系统评估框架建立、建筑工程信息数据采集方法与数据库建立、场地地震危险性分析方法与地震动衰减模型数据库建立、结构地震易损性分类方法与曲线管理数据库建立、地震灾害损失（直接经济损失、间接经济损失、人员伤亡）的评估方法与模型、加固决策体系建立、地震保险制度建立与费率厘定方法、震后应急决策体系建立、系统开发平台建立与关键技术、系统相关模块开发流程、系统功能使用、典型城市区域震害预测与损失评估综合应用示范等。

本书可供土木工程专业及地震工程、结构工程、防灾减灾与防护工程领域的研究、设计和施工人员，以及高等院校相关专业或领域的师生参考；也可供政府部门从事城市规划、防灾减灾规划、灾害应急预案与对策方面的管理人员，以及保险公司从事地震保险制度与费率厘定等方面的科研与管理人员参考。

**图书在版编目(CIP)数据**

城市地震灾害损失评估：理论方法、系统开发与应用/郑山锁等著.—北京：科学出版社,2019.9
ISBN 978-7-03-054703-3

Ⅰ.①城… Ⅱ.①郑… Ⅲ.①城市-地震灾害-损失-评估-中国 Ⅳ.①P315.9

中国版本图书馆 CIP 数据核字(2017)第 244273 号

责任编辑：周 炜 罗 娟 / 责任校对：王萌萌
责任印制：吴兆东 / 封面设计：陈 敬

**科学出版社** 出版
北京东黄城根北街 16 号
邮政编码：100717
http://www.sciencep.com

**北京中石油彩色印刷有限责任公司** 印刷
科学出版社发行　各地新华书店经销

\*

2019 年 9 月第 一 版　开本：720×1000 1/16
2019 年 9 月第一次印刷　印张：29
字数：580 000
**定价：168.00 元**
(如有印装质量问题，我社负责调换)

# 前　言

我国地震活动具有分布范围广、强度大和震源浅等特点。近年来,我国地震断层活动频繁,已发生多次破坏性地震(如汶川地震、雅安地震及玉树地震等),给人口密集区域造成惨重的人员伤亡和经济损失。城市是人类聚居和社会财富聚集的地区,在我国的社会经济发展中占据重要地位。随着城市化发展,人口和财富大量聚集,城市作为一个巨大的受灾体所面临的潜在地震风险也在不断增大。目前,城市区域地震灾害风险评估理论方法和应用平台的研究已获得国内外学者的广泛关注,并取得了较为丰富的研究成果。然而,我国目前还没有比较系统的地震灾害损失估计和风险评估方法及应用平台,极大地阻碍了我国政府的防震减灾决策和应急管理。

面向《国家防震减灾规划(2006—2020年)》的重大战略需求,针对目前我国在该领域研究匮乏的现状,作者所在研究团队依托多项国家级、省部级重大项目,以城市多龄期建筑为目标,对适用于我国地震特点、建筑特点、人口与经济特点的地震灾害损失评估理论与方法进行深入系统的研究,建立了场地地震危险性、结构地震易损性、经济损失与人员伤亡方面的系统性理论模型与数据库,建立了适用于我国城市多龄期建筑地震灾害评估与风险控制的方法及关键技术体系,并开发出适用于我国国情的可扩展、多层次的城市多龄期建筑地震灾害损失评估系统平台,进而通过综合应用示范提出高效、可行的城市多龄期建筑地震灾害控制的成套技术与措施。

本书明确划分地震灾害风险评估领域中的上、中、下游产业链(预警、风险预测与损失评估、地震保险),促进风险投资渠道的多元化,实现我国地震灾害风险评估软件的商业化目标,并为制定我国城市防震减灾规划、逐步改善城市防震减灾能力提供科学依据,为我国城市化进程与经济可持续发展提供有力保障。

本书从理论方法、系统平台开发和应用示范三个层次对以上成果进行全面系统阐述,逻辑清晰、结构合理、体系完整、可操作性强,实现了从理论方法到应用实践的一体化融合,便于学习与推广应用。

本书分为绪论、上篇、中篇、下篇4部分:绪论(第1章)介绍本书的研究意义、目标与内容;上篇(第2章～第9章)为理论方法研究,分别阐述系统评估框架建立、建筑工程信息数据采集方法与数据库建立、场地地震危险性分析方法与地震动衰减模型数据库建立、结构地震易损性分类方法与曲线管理数据库建立、地震灾害损失的评估方法与模型、加固决策体系建立、地震保险制度建立与费率厘定方法、震后应急决策体系建立等；中篇（第 10 章～第 12 章）为系统开发研究，介绍系统开发平台建立与关键技术、系统相关模块开发流程、系统功能使用等；下篇（第 13 章）为综合应用研究，选取典型城市区域，采集并建立建筑工程信息数据库，进而进行震害预测与损失评估综合应用示范。

本书由郑山锁、孙龙飞、龙立、郑捷、张艺欣、董立国等撰写。其中，第 1 章、第 4 章、第 6 章～第 8 章由郑山锁撰写，第 2 章、第 10 章和附录由孙龙飞撰写，第 3 章、第 9 章、第 12 章由龙立撰写，第 11 章、第 13 章由郑捷、张艺欣、董立国撰写，第 5 章由明铭撰写，第 9 章部分内容由张睿明撰写。胡卫兵、胡长明、刘培奇、侯丕吉、王斌、曾磊、李磊、李宗澍、彭石磊、陈峥、兰昆、王帆、张兴虎、贺金川、王威、商效瑀、徐强、王建平、林咏梅、马乐为、马永欣等老师，李楠、相泽辉、丁明松、代旷宇、吴琼、陈飞、杜兴、陈家悦、杨威、秦卿、关永莹、左河山、牛丽华、郑淏、张晓辉、王晓飞、左英、石磊、朱揽奇、张秋实、黄威曾、汪峰、甘传磊、黄莺歌、周京良、周炎、李健、李强强、刘巍、曹琛、韩超伟、孙乐彬、韩言召、赵鹏、赵彦堂、程洋、马德龙、田进、张奎、赵鹏、刘小锐、王萌、宋哲盟、梁先锋、王子胜、付小亮、蔡永龙、王岱、裴培、宋明辰、尚志刚、郑跃、江梦帆、阮升、荣先亮、刘毅、陈方琢、刘晓航等研究生，参与了本书部分章节内容的研究与应用示范工作或材料整理、插图绘制工作。全书由郑山锁统稿。

在本书所涉及相关内容的研究与应用示范过程中，得到了中国地震局地球物理研究所高孟潭研究员和工程力学研究所孙柏涛研究员、沈阳建筑大学周静海教授、长安大学赵均海教授、机械工业勘察设计研究院张炜设计大师、西安建筑科技大学史庆轩教授和梁兴文教授、西安理工大学刘云贺教授、西安交通大学马建勋教授、中国建筑西北设计研究院有限公司吴琨总工等专家的建言与指导，在此表示衷心的感谢。

本书的主要研究与应用示范工作得到国家科技支撑计划课题"城市多龄期建筑震害评估关键技术集成与示范（2013BAJ08B03）"、陕西省科技统筹创新工程计划项目"城市建筑群地震灾害风险预测与损失评估的关键技术研究与示范（2011KTCQ03-05）"、陕西省社会发展科技攻关计划项目"陕西城市区域建筑的地震灾害模拟与示范（2012K12-03-01）"、陕西省教育厅产业化培育项目"陕西城市多龄期建筑震害评估与模拟的关键技术与示范（2013JC16）"和"陕西城市供水/供气系统地震灾害风险评估关键技术研究与示范应用（18JC020）"、教育部高等学校博士学科点专项科研基金项目"强震下建筑结构抗整体倒塌能力的定量化评估理论与方法及设计对策（20106120110003）"、国家自然科学基金项目"近海大气环境下RC框架结构的性能化全寿命抗震能力研究（51678475）"、陕西省重点研发计划项目"陕西城市基础设施系统地震灾害风险评估关键技术研究与示范(2017ZDXM-SF-093)"项目资助,并得到陕西省科技厅、陕西省地震局、西安市地震局、西安市灞桥区人民政府的大力支持与协助,在此一并表示衷心的感谢。

限于作者水平,书中难免存在疏漏和不妥之处,敬请读者批评指正。

郑山锁<br>
西安建筑科技大学<br>
2019年1月

# 目　录

前言
第1章　绪论 ············································································· 1
　1.1　研究意义 ········································································· 1
　1.2　研究目标 ········································································· 3
　1.3　本书主要内容 ···································································· 3
　参考文献 ················································································ 5

## 上篇　理论方法研究

第2章　地震灾害损失评估方法及系统开发研究 ······························ 9
　2.1　引言 ················································································ 9
　2.2　地震灾害损失评估方法 ······················································ 9
　　2.2.1　理论方法研究 ···························································· 10
　　2.2.2　评估系统开发 ···························································· 13
　2.3　系统开发框架研究 ··························································· 16
　参考文献 ·············································································· 20
第3章　建筑工程数据采集及数据库建立方法研究 ·························· 23
　3.1　建筑工程数据采集方法研究 ·············································· 23
　3.2　建筑工程数据采集内容及方法实现 ···································· 26
　　3.2.1　建筑工程数据采集内容 ··············································· 26
　　3.2.2　采集方法研究 ···························································· 29
　　3.2.3　基于移动GIS的建筑信息采集系统开发 ························· 30
　3.3　建筑工程数据库建立 ······················································· 37
　　3.3.1　系统数据统一存储方案 ··············································· 37
　　3.3.2　空间数据和属性数据建设 ············································ 38
　　3.3.3　属性数据与空间数据关键字的映射方法 ························ 42
　3.4　实例分析 ······································································· 42
　3.5　本章小结 ······································································· 43
　参考文献 ·············································································· 44

## 第 4 章 地震危险性分析方法研究 ……………………………………… 46
### 4.1 引言 ……………………………………………………………… 46
### 4.2 概率地震危险性分析 …………………………………………… 47
#### 4.2.1 基本假定 ………………………………………………… 48
#### 4.2.2 分析方法 ………………………………………………… 48
### 4.3 确定性地震危险性分析 ………………………………………… 59
### 4.4 基于设定地震的确定性分析 …………………………………… 61
#### 4.4.1 设定地震 ………………………………………………… 61
#### 4.4.2 关键步骤 ………………………………………………… 63
### 4.5 算例分析 ………………………………………………………… 66
### 4.6 本章小结 ………………………………………………………… 85
### 参考文献 ……………………………………………………………… 86

## 第 5 章 多龄期建筑地震易损性分析 …………………………………… 88
### 5.1 研究框架 ………………………………………………………… 88
### 5.2 建筑结构分类 …………………………………………………… 89
#### 5.2.1 国内外建筑结构分类综述 ……………………………… 89
#### 5.2.2 建筑结构分类方法研究 ………………………………… 91
### 5.3 地震易损性曲线管理及映射 …………………………………… 97
#### 5.3.1 地震易损性曲线基本属性 ……………………………… 97
#### 5.3.2 地震易损性曲线映射 …………………………………… 97
### 5.4 地震易损性曲线管理系统的设计与实现 ……………………… 101
#### 5.4.1 需求分析 ………………………………………………… 101
#### 5.4.2 功能设计 ………………………………………………… 102
#### 5.4.3 系统实现 ………………………………………………… 103
### 5.5 本章小结 ………………………………………………………… 104
### 参考文献 ……………………………………………………………… 105

## 第 6 章 社会经济损失评估方法研究 …………………………………… 109
### 6.1 引言 ……………………………………………………………… 109
### 6.2 地震灾害直接经济损失评估模型 ……………………………… 109
#### 6.2.1 已有评估方法研究 ……………………………………… 109
#### 6.2.2 地震灾害直接经济损失评估模型及参数确定 ………… 112
### 6.3 地震灾害间接经济损失评估模型 ……………………………… 121
#### 6.3.1 地震灾害间接经济损失评估方法 ……………………… 124
#### 6.3.2 投入产出模型的分析与改进 …………………………… 127

6.4　地震灾害人员伤亡估计模型 ……………………………… 136
　　　　6.4.1　现有模型研究 ………………………………………… 136
　　　　6.4.2　地震灾害人员伤亡影响因素分析 …………………… 138
　　　　6.4.3　地震灾害人员伤亡计算模型 ………………………… 140
　　　　6.4.4　模型相关参数确定 …………………………………… 141
　　6.5　本章小结 …………………………………………………… 168
　　参考文献 ………………………………………………………… 168

# 第7章　多龄期建筑加固决策体系研究及震后功能快速恢复 ………… 172
　　7.1　引言 ………………………………………………………… 172
　　7.2　砌体结构建筑物加固费用估算模型研究 ………………… 172
　　　　7.2.1　多元线性费用估算模型的建立 ……………………… 173
　　　　7.2.2　加固费用估算模型数据库 …………………………… 175
　　　　7.2.3　多元线性回归方法的选取 …………………………… 177
　　　　7.2.4　基于后向消去法的模型回归分析 …………………… 177
　　　　7.2.5　最优加固费用估算模型的选取与验证 ……………… 179
　　7.3　其他结构类型建筑物加固费用估算 ……………………… 182
　　7.4　基于费用效益分析的建筑物加固决策体系研究 ………… 183
　　　　7.4.1　加固费用效益分析评价参数 ………………………… 183
　　　　7.4.2　加固费用与效益的识别原则 ………………………… 185
　　　　7.4.3　加固费用现值与效益现值的计算 …………………… 185
　　　　7.4.4　加固费用效益分析模型及评价体系 ………………… 188
　　7.5　震后功能快速恢复技术 …………………………………… 189
　　　　7.5.1　震后功能快速恢复措施 ……………………………… 189
　　　　7.5.2　各类建筑物具体加固措施 …………………………… 189
　　7.6　本章小结 …………………………………………………… 193
　　参考文献 ………………………………………………………… 193

# 第8章　我国地震保险制度与费率厘定研究 ………………………… 196
　　8.1　引言 ………………………………………………………… 196
　　8.2　国外地震保险制度论述 …………………………………… 196
　　8.3　我国地震保险制度研究 …………………………………… 201
　　8.4　建筑物地震保险费率厘定方法研究 ……………………… 208
　　　　8.4.1　地震危险性 …………………………………………… 209
　　　　8.4.2　结构地震易损性 ……………………………………… 210
　　　　8.4.3　建筑结构地震灾害损失 ……………………………… 210

8.4.4 保险费率厘定方法与保险赔付 ·············· 210
8.5 RC框架结构地震保险费率厘定 ················ 218
8.6 钢框架结构地震保险费率厘定 ················ 225
8.7 砖砌体结构地震保险费率厘定 ················ 230
8.8 本章小结 ······························ 235
参考文献 ································· 236

## 第9章 震后公共庇护物需求模型 ·············· 237
9.1 震后公共庇护物需求分析 ··················· 237
 9.1.1 公共庇护物需求人员定义 ················ 237
 9.1.2 居民公共庇护物需求行为影响因素 ··········· 238
 9.1.3 公共庇护物需求家庭属性 ················ 238
 9.1.4 家庭决策模拟 ····················· 240
9.2 震后公共庇护物寻求计算公式 ················ 245
 9.2.1 无家可归家庭及人员数目计算公式 ··········· 245
 9.2.2 公共庇护物寻求人员计算公式 ············· 247
 9.2.3 公共庇护物需求模型讨论 ················ 247
9.3 公共庇护区食物日需求估算 ·················· 248
9.4 本章小结 ······························ 249
参考文献 ································· 249

## 中篇　系统开发研究

## 第10章 地震灾害损失评估系统设计与开发 ········ 253
10.1 已有地震灾害评估系统综述 ················· 253
10.2 系统开发环境 ·························· 255
 10.2.1 ArcGIS Engine ····················· 256
 10.2.2 .NET平台 ························ 257
 10.2.3 Oracle 数据库 ····················· 257
10.3 系统体系结构设计 ······················· 259
 10.3.1 系统目标 ························ 259
 10.3.2 系统结构设计 ····················· 259
 10.3.3 系统功能设计 ····················· 260
 10.3.4 系统硬件及软件需求 ·················· 262
10.4 系统关键技术实现 ······················· 262
10.5 插件实例 ····························· 265

       10.5.1 资源文件的定义与使用 …………………………………………… 266
       10.5.2 功能代码实现 …………………………………………………… 268
       10.5.3 配置文档 ………………………………………………………… 269
  参考文献 …………………………………………………………………………… 272
第 11 章 系统主要功能集成与实现 ……………………………………………… 275
  11.1 地震危险性分析模块 …………………………………………………… 275
       11.1.1 模块说明 ………………………………………………………… 275
       11.1.2 模块开发 UML 类图 …………………………………………… 277
       11.1.3 功能模块界面展示 ……………………………………………… 277
       11.1.4 模块关键源程序 ………………………………………………… 282
  11.2 结构破坏分析模块 ……………………………………………………… 284
       11.2.1 模块说明 ………………………………………………………… 284
       11.2.2 模块开发 UML 类图 …………………………………………… 284
       11.2.3 功能模块界面展示 ……………………………………………… 285
       11.2.4 模块关键源程序 ………………………………………………… 287
  11.3 地震灾害直接经济损失评估模块 ……………………………………… 289
       11.3.1 模块说明 ………………………………………………………… 289
       11.3.2 模块开发 UML 类图 …………………………………………… 290
       11.3.3 功能模块界面展示 ……………………………………………… 290
       11.3.4 模块关键源程序 ………………………………………………… 292
  11.4 地震灾害间接经济损失评估模块 ……………………………………… 296
       11.4.1 模块说明 ………………………………………………………… 296
       11.4.2 模块开发 UML 类图 …………………………………………… 296
       11.4.3 功能模块界面展示 ……………………………………………… 296
       11.4.4 模块关键源程序 ………………………………………………… 298
  11.5 地震灾害人员伤亡评估模块 …………………………………………… 301
       11.5.1 模块说明 ………………………………………………………… 301
       11.5.2 模块开发 UML 类图 …………………………………………… 301
       11.5.3 功能模块界面展示 ……………………………………………… 302
       11.5.4 模块关键源程序 ………………………………………………… 304
  11.6 加固决策分析模块 ……………………………………………………… 307
       11.6.1 模块说明 ………………………………………………………… 307
       11.6.2 模块开发 UML 类图 …………………………………………… 308
       11.6.3 功能模块界面展示 ……………………………………………… 308

11.6.4　模块关键源程序 ……………………………………………… 313
11.7　地震保险费率计算模块 …………………………………………………… 318
　　11.7.1　模块说明 …………………………………………………………… 318
　　11.7.2　模块开发 UML 类图 ………………………………………………… 319
　　11.7.3　功能模块界面展示 …………………………………………………… 320
　　11.7.4　模块关键源程序 ……………………………………………………… 322
11.8　震后公共庇护物需求量计算模块 ………………………………………… 327
　　11.8.1　模块说明 …………………………………………………………… 327
　　11.8.2　模块开发 UML 类图 ………………………………………………… 327
　　11.8.3　功能模块界面展示 …………………………………………………… 327
　　11.8.4　模块关键源程序 ……………………………………………………… 330

# 第 12 章　系统功能使用说明

12.1　系统运行环境 ……………………………………………………………… 336
　　12.1.1　硬件环境 …………………………………………………………… 336
　　12.1.2　操作系统 …………………………………………………………… 336
　　12.1.3　支撑软件 …………………………………………………………… 336
12.2　软件安装 …………………………………………………………………… 337
12.3　系统起始页说明 …………………………………………………………… 340
12.4　系统管理模式 ……………………………………………………………… 340
12.5　系统操作说明 ……………………………………………………………… 341
　　12.5.1　系统起始页 …………………………………………………………… 341
　　12.5.2　基础数据 …………………………………………………………… 346
　　12.5.3　视图 ………………………………………………………………… 349
　　12.5.4　系统评估流程 ……………………………………………………… 349
12.6　本章小结 …………………………………………………………………… 389

# 下篇　综合应用研究

# 第 13 章　综合应用示范研究

13.1　灞桥区基本概况 …………………………………………………………… 393
13.2　地震构造背景 ……………………………………………………………… 393
13.3　灞桥区建筑物特性 ………………………………………………………… 395
13.4　地震灾害损失评估 ………………………………………………………… 399
13.5　地震灾害风险控制分析 …………………………………………………… 415
13.6　本章小结 …………………………………………………………………… 420

参考文献 …………………………………………………………………… 420
**附录** ……………………………………………………………………… 421
 附录 A 建筑物标识码约定 ………………………………………… 421
 附录 B 结构类型分类 ……………………………………………… 422
 附录 C 使用功能分类 ……………………………………………… 423
 附录 D 不同用途装修等级划分 …………………………………… 423
 附录 E 地震动峰值加速度衰减关系参数 ………………………… 425
 附录 F 近场区域范围内主要断层介绍 …………………………… 427
 附录 G 潜在震源区地震构造和地震活动性 ……………………… 430
 附录 H 国内外已有建筑结构分类 ………………………………… 432
 附录 I 在室率问卷调查表 …………………………………………… 444
 附录 J 各因素及互斥子因素权重赋值专家调查表 ………………… 446

# 第1章 绪 论

## 1.1 研究意义

城市是人类走向成熟和文明的标志,也是人类群居生活的高级形式。作为人类聚居和社会财富聚集的地区,城市在我国的社会和经济发展中占据着重要的地位,其集中了高密度的人口、资本、生产力和基础设施,是人类生产活动和基础设施建设的融合体。城市作为一个巨大的承灾体,在人类社会发展过程中不断遭受自然灾害(如地震、洪水、飓风等)的破坏,造成了严重的人员伤亡和经济损失,而地震是造成人员伤亡最为严重的突发性自然灾害[1]。地震是一种由地球内部剧烈运动引起地壳板块震动并释放巨大能量的自然现象,地球上每年都会发生近千次地震[2]。作为一种突发性灾难,地震可在极短的时间内释放巨大的能量,其破坏范围广,毁坏力强,并可引发一系列次生灾害,如火灾、核泄漏、海啸、滑坡、堰塞湖、泥石流及疾病传播等,这些灾难给人民的生命财产造成了重大损失,也对经济和社会稳定产生了巨大的冲击[3]。

我国地处环太平洋地震带和欧亚地震带之间,地震断裂带十分活跃。活跃的地质构造使其发生破坏性地震的风险极高。破坏性地震灾害频繁发生造成大量的人员伤亡和财产损失[4,5],表1.1对我国有史以来的破坏性地震灾害进行了整理。可以发现,地震灾害的强度和频率不断增加,特别是近年来的地震灾害,造成了我国城市区域不可估量的损失。2008年汶川8.0级大地震,共造成69227人遇难,17923人失踪,直接经济损失约8451亿元,并引发多次山体崩塌、滑坡、泥石流及堰塞湖等次生灾害[6]。2010年青海玉树发生7.1级强烈地震,造成2698人死亡,270人失踪,12135人受伤,经济损失达125亿元[7]。

表1.1 我国历史上发生的破坏性地震

| 震级 | 发震时间 | 发震地点 | 社会经济损失 |
| --- | --- | --- | --- |
| 8.0 | 1303.9.25 | 山西洪洞 | 毁坏官民庐舍10万计,死者约27万人 |
| 8.25 | 1556.2.20 | 陕西华县 | 官民庐舍尽毁,死者约83万人 |
| 8.5 | 1668.7.25 | 山东郯城 | 150余州县遭受破坏,死者约5万人 |
| 8.5 | 1920.12.16 | 宁夏海原 | 海源、固原等四县全毁,死者约23万人 |
| 8.0 | 1927.5.23 | 甘肃古浪 | 死者约23万人 |

续表

| 震级 | 发震时间 | 发震地点 | 社会经济损失 |
| --- | --- | --- | --- |
| 7.3 | 1975.2.4 | 辽宁海城 | 伤亡人员 29579 人 |
| 7.8 | 1976.7.28 | 河北唐山 | 24.2 万人死亡,16.4 万人重伤,直接经济损失约 132.75 亿元 |
| 7.6 | 1999.9.21 | 台湾集集 | 2470 人死亡,直接经济损失约 977 亿元 |
| 8.0 | 2008.5.12 | 四川汶川 | 69227 人死亡,直接经济损失约 8451 亿元 |
| 7.1 | 2010.4.14 | 青海玉树 | 房屋大量倒塌,2698 人死亡 |
| 7.0 | 2013.4.20 | 四川雅安 | 196 人死亡,21 人失踪,11470 人受伤 |
| 6.5 | 2014.8.3 | 云南鲁甸 | 617 人死亡,112 人失踪,直接经济损失约 198.49 亿元 |
| 6.7 | 2016.2.6 | 台湾高雄 | 117 人死亡 |

纵观我国历次地震造成的惨痛影响,其主要原因是城市防灾规划设计不当,防灾建设未能考虑区域特有的地质特点、结构特点及社会经济状况[8~10]。汶川地震后,我国对《中华人民共和国防震减灾法》进行了修订,进一步完善了《国家防震减灾规划(2006—2020 年)》并提出总体目标:到 2020 年,我国基本具备综合抗御 6.0 级左右、相当于各地区地震基本烈度的能力,大中城市和经济发达地区的防震减灾能力力争达到中等发达国家水平。然而要实现这个目标,我国的防灾工作任重道远。我国地域广阔,经济和文化差异明显,城市化发展过程中,经济状况及防灾意识的差异,使得房屋整体的抗震水平参差不齐,同时地震断层活动性不断增强,强震逐渐向城市区域迁移的风险变大。内在因素和外在环境的双重影响加剧了城市地震灾害的风险,其潜在的威胁主要表现在以下几个方面:

(1) 我国的地震活动具有分布范围广、强度大和震源浅的特点。近年来我国地震断层活动明显增强,在空间上呈现出一定的迁移性和重复性,而且地震分布呈现不均匀性[11]。同时,随着我国城市化的发展,城市区域不断扩张,人口、财富和社会生产力正在迅速向未来大地震震中区聚集,使得城市区域发生地震的风险不断增加。

(2) 我国城镇化发展速度显著提升,统计报告[12]指出,2014 年底全国大陆城镇人口数量为 74916 万人,占总人口比例为 54.77%。随着我国经济快速发展,城镇化进程快速推进,各种基础设施和公共设施规模巨大,社会财富急剧增加、聚集,城市人口急剧膨胀,但是城市化发展的质量和数量存在许多不协调的地方,大部分城市未进行合理的防灾规划设计,盲目地扩展城市功能,人口结构和社会经济规模快速变化,使得城市整体的脆弱性增大。

(3) 城市建筑结构抗震性能随地域经济发展水平不同存在较大的差异。我国东部地区由于经济水平相对较高,建筑物多以抗震性能较好的框架结构和剪力墙结构为主,而在我国中西部农村和经济不发达的高烈度区域,建筑物多为抗震性能差的砌体结构和土坯结构,结构设防水平较低,抗震构造措施不全[9,10]。而且城市区域内人员分布极不平衡,占大多数的低收入人群居住在老旧建筑及城中自建住宅中,房屋多未经正规设计,或建造年代较早,结构的抗震性能整体较弱[10]。当城市区域发生地震时,其造成的人员伤亡及社会经济损失难以估量。

(4) 城市建筑由于建造的历史时期不同以及建造时所依据的设计规范体系不同,表现出多龄期特性,新建、老龄和超龄结构并存,这些建筑的设计参数和性能劣化程度不同,从而造成其抗震性能存在明显差异。而且结构在服役期间通常暴露于 $CO_2$、$Cl^-$ 等腐蚀介质环境中,在外部复杂环境的耦合作用下,材料的性能会发生劣化,使结构整体的抗震性能会有不同程度地衰减,加大了结构在大震、巨震作用下产生严重破坏或倒塌的概率[13~17]。

这些潜在的威胁使得我国的防震减灾工作难度加大,如何科学地预测现有建(构)筑物在未来地震中的震害程度,减轻地震造成的社会经济损失,有针对性地提出相应的防震减灾对策,也将成为提高城市综合抗震防灾能力、最大限度地减轻地震灾害最有效的措施。

## 1.2 研究目标

本书以城市多龄期建筑为目标,围绕震害预测与评估这一核心问题,基于地震危险性、结构易损性及社会经济损失理论研究,力求建立适用于我国城市多龄期建筑的震害评估方法及关键技术体系,并在现有研究成果以及国外已有软件平台基础上集成开发适用于我国地震特点、建筑特点、人口与经济特点的地震灾害损失评估系统,进而通过综合应用示范提出高效、可行的城市多龄期建筑地震灾害风险控制的成套技术与措施。

## 1.3 本书主要内容

本书是作者在城市多龄期建筑地震灾害预测与损失评估领域所取得研究成果的提炼、归纳和系统总结。根据总体研究目标与内容,全书分为绪论、上篇、中篇、下篇 4 部分对研究成果进行了全面系统阐述。主要内容如下:

(1) 研究意义、研究目标与主要内容。

(2) 理论方法研究。

① 基于整体研究目标,提出适用于我国的地震灾害损失评估系统开发框架,集成建筑工程数据库建立、场地地震危险性分析、多龄期结构地震易损性分析、社会经济损失评估、地震灾害风险控制等功能模块的理论方法与模型。

② 系统地阐述国内外建筑工程数据采集方法;基于我国建筑数据信息采集方

面的现实情况及需求，对工程数据采集的内容和方法进行研究，提出基于移动地理信息系统(geographic information system，GIS)的建筑物数据采集方法；同时，阐述建筑工程数据库的建立方法。

③ 在国内外地震危险性研究基础上，系统梳理概率性和确定性地震危险性分析方法，并基于设定地震的确定方法对两者之间内在的联系进行剖析，指出采用两者混合方法可以更好地对研究区域地震危险性进行评估，避免不同分析方法的弊端，并通过算例分析对基于设定地震的确定性地震危险性分析方法进行阐述。进而结合我国既有相关研究成果的收集与对比分析，形成可考虑我国不同地区断层分布特点和场地土特性的地震动衰减模型数据库。

④ 针对城市多龄期建筑结构特性，在多龄期建筑材料、构件与结构力学和抗震性能试验研究与理论分析，以及各类建筑结构地震易损性建模与分析的基础上，对城市多龄期建筑的地震易损性分类进行研究，制定一个详细的、可折叠的、可扩展的建筑结构分类标准，开发出建筑结构地震易损性曲线管理工具。

⑤ 在国内外已有社会经济损失模型研究基础上，考虑我国的地震特点、建筑特点、人口与经济特点等，提出适用于我国的各类功能多龄期建筑的直接经济损失、间接经济损失和人员伤亡评估方法与模型。

⑥ 基于地震危险性、结构地震易损性及地震灾害损失评估理论研究，建立城市多龄期建筑震前加固成本效益分析模型与决策体系、震后加固修复成套技术措施、地震保险制度与费率厘定方法、震后公共庇护物需求模型等地震灾害风险控制对策。

（3）系统开发研究。

在前述系统理论与方法建立的基础上，进行城市地震灾害损失评估系统总体平台的开发，包括系统平台的架构设计、网络结构设计、硬件及软件设计等；提出基于插件的设计思想，通过平台＋插件的结构进行平台搭建，使系统平台具有良好扩展性和自定制能力。同时进行场地地震危险性、结构地震易损性、地震灾害损失、地震灾害风险控制等相关模块的设计与开发。

（4）综合应用示范研究。

基于前述理论与方法及系统平台开发成果，以典型示范城市区域——西安市灞桥区多龄期建筑为对象，采集并建立其建筑工程信息数据库，对其城市区域场地地震危险性、结构地震易损性、地震灾害损失（直接经济损失、间接经济损失、人员伤亡）、建筑物加固决策、震后公共庇护物需求、地震保险费率厘定等进行评估与分析，为相关部门震前制定抗震防灾规划与应急预案、震后制定应急救灾与功能恢复重建等决策提供理论指导。

## 参 考 文 献

[1] 胡聿贤. 地震工程学[M]. 北京:地震出版社,2006.
[2] 王华娟. 建筑群地震风险估计概率模型的研究[D]. 青岛:中国海洋大学,2007.
[3] 孙龙飞. MAEviz 灾害损失评估系统本地化初步实现[D]. 西安:西安建筑科技大学,2013.
[4] Xu Z,Lu X,Guan H,et al. Seismic damage simulation in urban areas based on a high-fidelity structural model and a physics engine[J]. Natural Hazards,2014,71(3):1679-1693.
[5] 郑通彦,冯蔚,郑毅. 2014 年中国大陆地震灾害损失述评[J]. 世界地震工程,2015,31(2):202-208.
[6] 中国地震局. 5·12 汶川 8.0 级地震[EB/OL]. http://www.csi.ac.cn/publish/main/21/671/20120208191649536628367/index.html[2012-02-08].
[7] 中国地震局. 2010 年 4 月 14 日青海玉树 7.1 级地震[EB/OL]. http://www.csi.ac.cn/publish/main/21/671/20120208195105146900174/index.html[2012-02-08].
[8] Ahmad N,Ali Q,Crowley H,et al. Earthquake loss estimation of residential buildings in Pakistan[J]. Natural Hazards,2014,73(3):1889-1955.
[9] 清华大学土木工程结构专家组,西南交通大学结构工程专家组,北京交通大学土木工程结构专家组,等. 汶川地震建筑震害分析[J]. 建筑结构学报,2008,29(4):1-9.
[10] Gong M,Lin S,Sun J,et al. Seismic intensity map and typical structural damage of 2010 Ms 7.1 Yushu earthquake in China[J]. Natural Hazards,2015,77(2):847-866.
[11] 梁树霞. 地震小区划方法的综合比较[D]. 大连:大连理工大学,2009.
[12] 中华人民共和国国家统计局. 中华人民共和国 2014 年国民经济和社会发展统计公报[EB/OL]. http://www.stats.gov.cn/tjsj/zxfb/201502/t20150226_685799.html[2015-02-26].
[13] 郑山锁,孙龙飞,杨威,等. 锈蚀 RC 框架结构抗地震倒塌能力研究[J]. 建筑结构,2014,44(16):59-63.
[14] 郑山锁,杨威,赵彦堂,等. 人工气候环境下锈蚀 RC 弯剪破坏框架梁抗震性能试验研究[J]. 土木工程学报,2015,48(11):59-67.
[15] 郑山锁,侯丕吉,王斌,等. 超高层混合结构地震损伤的多尺度分析与优化设计[M]. 北京:科学出版社,2014.
[16] 郑山锁,商效瑀,李龙,等. 考虑粘结滑移的 SRC 梁柱单元宏观模型建模理论及方法研究[J]. 工程力学,2014,31(8):197-203.
[17] 郑山锁,秦卿,杨威,等. 近海大气环境下低矮 RC 剪力墙抗震性能试验[J]. 哈尔滨工业大学学报,2015,47(12):64-69.

# 上篇
## 理论方法研究

# 第 2 章 地震灾害损失评估方法及系统开发研究

## 2.1 引　言

城市作为政治、文化、经济中心,具有丰富的社会功能,聚集了大量人口和财富;作为一个庞大的承灾体,城市系统每一个功能体系的不完善,都使得其整体的脆弱性增大。已有的城市地震灾害,如中国河北唐山地震、美国洛杉矶北岭地震等,都造成了整个城市的毁坏,包括建筑物、构筑物和生命线工程的破坏,经济损失和人员伤亡惨重。目前,针对城市区域地震灾害风险评估理论方法和应用平台的研究已获得国内外学者广泛关注,并取得了较为丰富的研究成果[1~4]。然而,我国目前还没有比较系统的地震灾害损失估计和风险评估方法及应用平台,极大地阻碍了我国的防震减灾决策和应急管理。基于此,针对我国目前防震减灾工作的需求,作者研究团队以城市多龄期建筑为目标,对适用于我国地震特点、建筑特点、人口与经济特点的地震灾害损失评估理论与方法进行深入系统的研究,并开发出适用于我国国情的可扩展、多层次的城市多龄期建筑地震灾害损失评估系统平台,为相关部门防震减灾和应急救灾提供技术支撑。

## 2.2 地震灾害损失评估方法

地震灾害损失评估涉及地震危险性、结构易损性及损失估计,是在地震危险性分析和结构易损性分析的基础上,对单体结构或群体建筑在可能遭遇的不同强度地震下的损失进行评估,包括直接经济损失、间接经济损失及人员伤亡等。地震灾害损失评估可分为震前评估、震中评估(快速评估)和震后评估(灾害境况模拟)三类。刘吉夫[1]指出,三类评估在地震灾害定量化中的不同主要表现在适用的地震危险性参数上,震前评估通常采用概率或确定性地震危险性分析方法;震中评估采用地震影响场作为地震危险性表达,一般采用地震台网快速定位,确定地震参数;而震后评估直接采用地震现场实际调查统计所确定的地震烈度分布作为地震危险性表达。地震灾害损失评估本身并不能减轻地震的威胁,但可为防震减灾决策制定和应急救灾工作开展提供科学的依据。目前,关于地震灾害损失评估的研究主要集中在两个方面:一是理论方法研究;二是评估系统开发。

## 2.2.1 理论方法研究

地震灾害损失预测最早起源于美国,主要服务于保险业及投资业。1932年Freeman[5]首次开展了区域地震灾害损失评估研究,对地震破坏和地震保险的关系进行了探讨。1971年美国圣费南多地震后,众多学者对地震灾害损失预测方法进行了广泛研究,其中,Whitman[6]基于调查研究建立了建筑物破坏概率矩阵,为美国全面开展震害预测工作奠定了基础。在此基础上,美国国家海洋和大气管理局(National Oceanic and Atmospheric Administration,NOAA)、美国地质调查局(United States Geological Survey,USGS)提出了城市地震灾害损失预测NOAA/USGS方法。1977年美国政府颁布了《国家减轻地震灾害法》,加大了防灾减灾工作的推广和传播,发展了地震灾害风险评估的手段和方法。20世纪80年代,美国联邦紧急事务管理局(Federal Emergency Management Agency,FEMA)委托美国应用技术委员会(Applied Technology Council,ATC)编制了一套实用化的地震灾害损失预测方法,即ATC-13[7],形成了地震灾害损失预测的基本框架。1997年美国建筑科学研究院(National Institute of Building Sciences,NIBS)和FEMA合作开发了集地震危险性分析、结构易损性分析与经济社会易损性分析等功能的美国地震风险评估系统(Hazards United States,HAZUS),可应用于多种自然灾害的风险评估。日本是地震多发国家,也是世界上最重视防灾研究和应用的国家之一。1964年新潟地震后,日本开始了大规模的地震灾害损失预测及减灾对策研究,并颁布了《大城市震灾对策推进纲要》和《大规模地震对策特别措施法》等规程,完善了地震灾害预测的管理体系。1999年,欧洲开展了风险中性项目(Risk-neutral,RISK-UE)[8]"先进的地震风险评估理论及在不同欧洲城市应用",其主要目的是提高决策中心的防灾意识,实现地震风险管理并降低地震风险,项目集成了地震危险性分析、城市基础设施破坏及易损性分析等方法,并应用于7个城市的地震灾害评估。2006年,欧盟第六框架计划启动了集成基础设施项目(Network of Research Infrastructures for European Seismology,NERIES),其主要目的是建立欧洲的地震网络,提高基础设施数据的访问等,项目子课题(Joint Research Activity3,JRA-3)针对欧盟区域提出了快速地震灾害评估方法[9]。2009年,由经济合作与发展组织(Organization for Economic Cooperation and Development,OECD)的全球科学论坛发起的全球地震模型(Global Earthquake Model,GEM)项目[2]启动,其目的是提供一个开源的通用标准,可供在全世界进行地震风险的计算模拟与相关信息的共同交流。GEM建立了先进的地震风险评估方法,集成了地震危险性、物理易损性、社会经济易损性等理论模型,可用于不同尺度范围的评估。2009年,欧盟第七框架计划启动了SYNER-G项目[3],创造性地提出了评估城市系统内物理易损性和社会经济易损性的方法框架,其目的是研究建筑物、生命线和基础设施等系统的地震易损性和风险分析。

在上述创新性评估理论方法研究的基础上,一些学者也相继开展了地震灾害评估方法的应用研究:Duzgun 等[10]提出了集成的城市地震脆弱性评估框架,采用脆弱性指数全面考虑了城市区域评估的结构易损性和社会经济易损性等。Ahmad 等[11]提出了适用于巴基斯坦地区住宅建筑的地震损失估计方法,集成了地震危险性、结构易损性及脆弱性等模块,并考虑了各个模块设计的不确定性。Hashemi 等[12]提出了基于地理信息系统的地震损失评估方法并应用于伊朗德黑兰地区。

我国的地震灾害损失预测开始于 1976 年唐山大地震,1980 年首次在豫北安阳进行了震害预测,提出了大量针对各类建筑物的震害预测方法[13,14]。20 世纪 90 年代开始,我国的地震灾害损失预测与评估研究进入了一个快速发展期,陆续完成了 30 余个城市和大型企业的震害预测工作,使得我国的震害预测理论研究和应用得到很好的提升。在此期间,震害预测方法层出不穷,逐步奠定了适用于我国的震害预测与评估方法。目前,不同研究人员提出了不同的研究框架,因侧重点不同,评估框架也有很多差异,但其整体上都是围绕地震危险性分析、易损性分析、评估单元以及社会经济损失几个模块进行细化分析的。

20 世纪 90 年代以前,一般以建筑物破坏所产生的损失值作为指标进行地震灾害损失评估。最有代表性的方法是易损性分类清单法[15],于 1985 年由美国应用技术委员会提出,是目前国内外应用较多的评估方法,并开发出相应的评估软件,较为成熟的有美国的 HAZUS、RADIUS 等;1990 年我国尹之潜[15]提出了结构易损性分类法,将建筑物的破坏状态划分为完好、轻微破坏、中等破坏、严重破坏和毁坏五类,根据震级和建筑物破坏状态分类的关系,形成震害矩阵,并进行地震灾害损失评估。90 年代以后,随着灾害经济学和社会学的快速发展,地震灾害损失的评估已不再局限于建筑物破坏评估,针对生命线、公共设施、特殊贵重设备等损失的评估方法应运而生。目前,比较常用的损失评估方法有以下几种。

1) 易损性分类清单法[15]

易损性分类清单法是目前国际上应用最为广泛的评估方法,1985 年由美国应用技术委员会在报告"加利福尼亚州地震破坏评估数据"中提出,即 ATC-13。这种方法包括地震危险性分析和结构易损性分析两个方面。主要根据社会普查和当地管理局统计资料建立详细的建筑物等社会财富数据库,并据此建立财富的破坏性矩阵。建筑物易损性分析包括两方面的内容,即建筑物及设施的分类和地震动-破坏关系的建立。尹之潜根据结构的地震易损性将建筑物按结构划分为 21 种,建立了适用于我国的易损性分类清单法。易损性分析的分类清单编制得越详细,地震灾害评估的结果越准确,但是由于现代城市建设飞速发展,社会财富分布也比较复杂,新型结构体系不断涌现,使得易损性分类及数据更新完善成为相当重要的研究内容。如何快速、高效更新已有分类及完善基础数据库,成为发展此类方法的关键技术。

2) 地震损失的全概率法[16]

地震损失的全概率法是基于概率理论的损失评估方法,该方法认为一个地区遭受的地震经济损失水平与该地区的地震危险性、场地条件、建筑物和其他重要结构设施的抗震性能、区域抗震救灾能力以及地区经济发展水平等多因素相关。而且,将这些因素均看作独立的随机变量,则大于一定水平的经济损失就是这些随机变量的高维积分。

3) 地震损失的航空测量法[17]

航空测量法是采用地球同步卫星或在飞机上安装数码相机进行空中成像,通过对地震区域震前与震后建筑物几何形状的变化对比来识别建筑物的破坏程度。地震发生后,采用航空测量法可以在短时间内对地震灾区进行灾害损失评估,减少由山体滑坡、道路坍塌堵塞等造成的时间延误。但是,这种方法有一定的缺点,图像质量和图像的分辨率还不够理想,容易受现场环境影响,只能对显著的地震破坏进行评估。

4) 宏观地震经济损失分析法[18]

陈棋福等[18]提出基于宏观经济指标[国内生产总值(gross domestic product,GDP)和人口资料]进行地震灾害损失预测,认为建筑设施等遭受地震破坏及引起的商业中断所造成的损失与该地区的经济生产能力密切相关,而一个地区的经济状况可以采用宏观经济指标 GDP 描述。该方法的前提假定是:由地震导致的直接损害和商业中断引起的潜在损失,与该地区的经济条件(或社会财富)直接相关。如果地区的经济条件或社会财富常以一些宏观经济指标,如国内生产总值或国民生产总值(gross national product,GNP)进行表述,可大大简化大部分地区在地震作用下的经济损失评估。该方法在进行全球尺度和全国尺度等大尺度的地震灾害损失预测时结果比较理想。在此基础上,刘吉夫[1]进行了宏观震害预测方法在小尺度空间上的适用性研究,指出宏观震害预测方法在小尺度震害预测中完全适用,可用于地震灾害的快速评估。

5) 基于 GIS 的地震损失评估[19,20]

GIS 作为获取、处理、管理和分析地理空间数据的重要工具,近年来得到广泛关注和迅猛发展。GIS 将各种地理信息以空间数据和属性数据的方式进行存储,可以对地理信息进行查询、检索、分析和计算。目前 GIS 广泛应用于城市信息管理及灾害损失评估领域。基于 GIS 进行地震损失评估的方法是:在地理信息系统平台的基础上,把地区信息、地震灾害信息、建筑结构信息、人口信息、结构易损性信息、损失模型信息与其他信息相互结合起来综合分析,及时对基础资料进行收集、整理、存储、修改和数据更新,准确掌握人口资料、各类结构的建筑面积、各类房屋的造价及相关的易损性特性,可以更加精确地对该地区进行地震经济损失评估。

6) 灾损参数统计方法[21]

传统的地震灾害损失评估需要地震安全评估人员进入现场,根据地震破坏情况进行评估,评估效率较低。通过对地震灾损参数进行统计学分析,利用国内外现有的研究成果,在统计指数、数据包络等理论分析的基础上,引入受灾面积和建筑物造价等因子,将现有的不同建筑结构类型、不同破坏等级的震害矩阵进行降维计算,确定不同烈度或地震强度下的灾损参数,并运用参数估计的方法,给出破坏比的区间。

近年来,随着对地震风险与损失评估理论的深入研究,关于地震风险与损失评估的方法越来越多,各种方法各具特色,又相互兼容吸纳。未来的地震风险与损失评估模型应具有不同的特色,能够针对震前、震中、震后等不同时期及不同的地区,建立不同的地震损失评估理论和方法,以进行较为合理完善的地震灾害损失评估。

## 2.2.2 评估系统开发

随着地震灾害损失评估理论与方法的深入研究及计算机技术的快速发展,各种评估软件应运而生,有机地将地质学、地震工程学、灾害学、计算机科学、风险管理学等学科交叉融合起来,显著提高了地震风险与损失评估的效率,有力地促进了防震减灾目标的实现。

1. 国外地震灾害损失评估软件

(1) HAZUS[4,22,23]是目前国内外最为熟知的多灾害损失评估系统,是由 FEMA 和 NIBS 联合开发的集地震、飓风、洪水等多灾害作用损失评估于一体的系统,用于快速评估美国任意区域潜在的灾害损失,包括直接经济损失、间接经济损失和社会影响损失等。HAZUS 具有功能强大、可操作性强等优势,已被美国各州应用于减灾规划和快速应急响应决策等方面。目前 HAZUS 是一个闭源的商业软件,且分析参数多由本土专家经验判断给定,只适用于美国地区的灾害损失评估,这也限制了其在全球范围的应用。但其理论框架比较完善,可以供其他评估系统(如 SELENA、MAEviz、TELES)的开发借鉴。

基于 HAZUS 的理论成果,中美地震工程中心(Mid-America Earthquake Center,MAEC)、美国国家超级计算应用中心(National Center for Supercomputing Applications,NCSA)和伊利诺伊大学香槟分校土木与环境工程系共同开发出基于 GIS 的地震灾害综合评估和决策系统软件 MAEviz[24],以实现"基于后果的风险管理"(consequence-based risk management,CBRM)理念。MAEviz 集成了 HAZUS 大量的研究成果,并添加了大量分析模块,可以进行建筑物、桥梁、生命线工程的破坏分析及社会经济损失评估,并可为政府抗震决策提供支持。同时

MAEviz具有开源性及高可扩展性,可以很好地将最新的研究成果、更精确的数据资料及先进的方法集成到软件中,减少了研究者、实践者以及决策者之间理论和实践的脱节现象。

(2) SYNER-G是一项欧洲各国合作的研究项目,致力于建筑物、生命线和基础设施的系统地震易损性和风险分析,开发出了震害评估系统EQvis。在SYNER-G计划项目完成之后,欧洲各国又再次启动了GEM计划项目,旨在建立全球地震灾害预测与评估模型。

(3) CATS[25](Consequences Assessment Tool Set)是一个基于PC ArcView的应用程序,是由美国国防减少威胁局(Defense Threat Reduction Agency, DTRA)和FEMA联合开发的自然灾害和突发灾难应急响应评估工具。该程序集成了GIS技术,具有将灾害和应急决策数据融合分析等功能,为联邦、州和当地政府组织应急响应行动提供了技术支持。

(4) PAGER[26](Prompt Assessment of Global Earthquakes for Response)是由USGS研究开发的全球地震快速损失评估系统,用于地震作用下受灾区人员和财产的快速评估。PAGER可以在地震发生后自动触发,快速评估全球范围内灾害造成的人员伤亡、经济损失和受灾人口分布等。该程序主要包括四大部分:①确定震源,并通过地震参数反演出有限断层模型;②绘制地震动场的分布,主要通过地震动强度参数和区域地震动记录参数获得区域地震烈度图;③进行地震损失与影响评估,主要由经验地震损失模型、半经验地震损失模型和解析地震损失模型等获得区域的损失状况;④报告和通知,基于快速评估结果,将灾区的损失情况通过电子邮件等发布出去,以指导灾区的抗震救灾工作。

(5) ELER[27](Earthquake Loss Estimation Routine)是在项目NERIES研究的基础上开发的地震损失评估软件。ELER采用MATLAB语言进行设计,采用多级评估方法来考虑区域的多样性及因地震动预测、有限断层、建筑信息、人口资料等造成的不确定性因素。目前,该软件版本为ELER v2.0,包含一个灾害模块和三个损失评估模块(Level 0、Level 1、Level 2)。灾害模块主要通过PGA、PGV、Sa等地震动参数来生成地震动;损失评估模块采用多级评估方法快速评估不同区域的建筑物破坏、人员伤亡和经济损失等。

(6) SELENA[28](Seismic Loss Estimation Using a Logic Tree Approach)是在国际地质灾害中心(International Centre for Geohazards, ICG)的委托下,由挪威NORSAR和西班牙阿里坎特大学联合开发的基于MATLAB环境的损失评估平台。软件采用科学分析工具MATLAB进行编制,可以进行确定性地震、概率性地震和实时地震的灾害损失评估。用户也可以根据自己的研究理论成果进行相应功能的添加和修改;相比于其他评估软件,目前无法考虑生命线工程损失评估和二次灾害分析等。

(7) KOERILOSS[29]为土耳其海峡大学 Kandilli 地震研究所(Kandilli Observatory and Earthquake Research Institute,KOERI)研究开发的地震损失评估软件包。软件的最初版本 v1.0 是在 MapInfo 的基础上开发的风险评估软件,主要用于伊斯坦布尔区域并服务于红十字会机构。在欧盟地震研究项目 LESS-LOSS 和 NERIES 的基础上,软件进行了大幅的修改,v2.0 版本是在 ArcInfo 的基础上利用 Excel 编写的,v3.0 版本是在 ArcInfo 的基础上利用 MATLAB 编写的。目前,KOERILOSS v3.0 版本有两种评估模式:模式一采用确定性或非确定性地震动、分类的建筑易损性函数和成本置换率来进行损失评估;模式二采用的地震动与模式一相似,但是建筑易损性和成本置换率采用蒙特卡罗(Monte Carlo)法进行模拟,以近似进行灾害损失评估。

(8) OSRE[30](Open Source Risk Engine)最初是由日本京都大学开发一款开源的针对特定区域的多灾害风险评估软件,随后融入 AGORA 开发框架当中。软件的最初版本(OSRE1、OSRE2)程序模块是采用 FORTRAN、C 及 Basic 语言编写的,最新的版本 OSRE3 在前两个版本的基础上进行了修改,采用 Java 语言进行编写,同时使用了全开放式框架,可以跨平台运行。用户可以自定义灾害、易损性函数和损失参数,进行灾害风险评估。

(9) CAPRA[31](Central American Probabilistic Risk Assessment,中美洲概率风险评估平台)是由中美洲各国、中美洲自然灾害预防协调中心、联合国国际减灾战略(United Nations International Strategy for Disaster Reduction,UNISDR)、美洲开发银行及世界银行共同资助开发的,旨在提高政府在灾害风险评估、理解和交流过程中的能力,其主要目的是将灾害风险信息整合到政策与计划项目的实施中。CAPRA 是一个免费、模块化、可扩展的平台,主要用于风险分析和决策支持。

(10) EPEDAT[32](The Early Post-earthquake Damage Assessment Tool)是在美国北岭地震后应运而生的地震灾害损失评估软件。该软件基于 GIS 平台,采用先进的损失评估模型进行集成开发,最后应用其对北岭地震进行了分析。

(11) OpenQuake Engine[33]是 GEM 项目的应用平台,是一个基于 Web 的风险评估平台,为模拟、查看及管理地震风险提供了一个集成环境。OpenQuake Engine 有五个主要的计算模块,可以评估一定时间跨度下单个或多个地震造成的人员伤亡和经济损失等,如设定风险评估、设定破坏评估及概率地震风险评估。

2. 我国地震灾害损失评估软件

(1) EDEP-93[34]是 1989 年大同—阳高地震后,在中国地震局制定的《震害评估细则》基础上编制的震害评估软件 EDEP 的新版本。该软件采用 FORTRAN 语言进行编写,以现场调研数据为依据,可以评估建筑物破坏数量、直接经济损失和无家可归人数等基本灾害数据。由于软件采用 FORTRAN 语言编写,平台可扩展性及可植入性比较差,应用有一定的局限性。

(2) MapEDLES[19]是基于 GIS 的地震现场损失评估软件。在计算机技术快速发展和评估所需的人口、经济等基础信息不断完善的基础上,王晓青等[19]开发了 EDLES2.5、中长期地震预测动态系统 MapEDLES 2000 for Windows、地震灾害损失预测系统 EDLP 1.0 for Windows 等评估软件,并在此基础上,开发了新一代地震现场灾害损失评估地理信息系统 MapEDLES 2001 for Windows。该软件是基于 Windows 和 GIS 的地震现场灾害损失地理信息系统,系统包括数据库管理、地图创建、浏览查询、地震破坏抽样统计与灾害损失评估等模块。但目前该软件只适用于灾后现场损失评估,且无法在 Windows XP 及更高版本上运行。

(3) EQRiskAsia 2010 for Windows[35]是地震巨灾风险评估系统的简称,主要用于未来 10 年尺度亚洲地震巨灾风险评估计算。该系统建立在数据库和 GIS 模块的基础上,具有较强的分析处理功能,包括数据库管理、地震损失评估及风险评估、地震风险综合评估及震后快速评估等模块。

(4) HAZ-China[36]是在国内外已有评估系统的基础上提出的系统构建设想。该系统采用 B/S 架构模式开发,基于 WebGIS 平台,集成了震害预测、地震应急指挥、地震现场损失评估、灾后科学考察及恢复重建等模块,可以通过 Internet 为不同用户提供震前预测、震时快速评估及应急指挥、震后精细评估及修复重建等分析结果。

(5) TELES[37,38]是我国台湾地区开发的地震损失评估系统(Taiwan Earthquake Loss Estimation System)。该软件是一项以实用为导向、跨学科的科学研究系统,其目的是提供标准一致的地震灾害损失评估方法。其最初版本 HAZ-Taiwan 是在 HAZUS 的基础上开发的,然而随着使用需求和软件功能增加,并考虑系统升级维护的便利性,台湾地震工程研究中心着手研发了新一代的地震灾害损失评估系统——TELES,整套系统仅利用 VC++ 和 MapBasic 两种编程语言进行开发,充分利用了 VC++ 的特性,在系统设计上采用物件化和模组化的设计理念。

## 2.3 系统开发框架研究

作者研究团队基于国内外已有的损失评估方法,针对本书整体研究需求,以城市多龄期建筑为目标,围绕震害预测与损失评估这一核心问题,进行地震危险性、结构易损性及社会经济损失评估理论研究,力求建立适用于我国城市多龄期建筑的地震灾害评估理论方法,并集成开发适用于我国地震特点、建筑特点、人口与经济特点的地震灾害损失评估系统。地震灾害损失评估是一个系统的评估过程,因评估时间、评估范围及使用对象的不同,评估的方法和结果也会有所差异,如

图 2.1 所示。基于三个层次对理论方法的研究需求进行梳理,其主要表现如下。

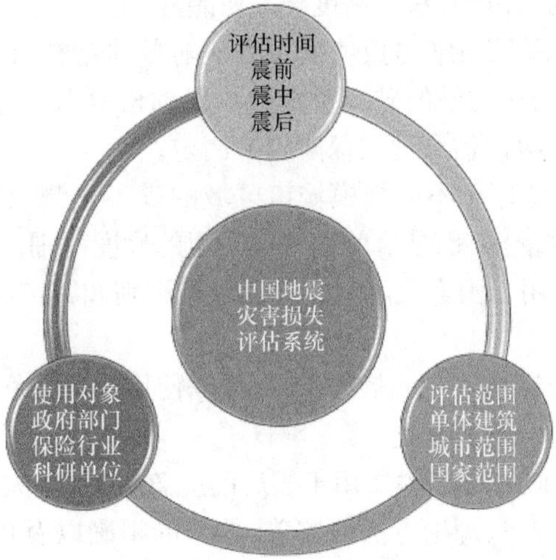

图 2.1　地震灾害损失评估分类

1) 评估时间

根据地震灾害评估时间的不同,可以将地震灾害评估分为地震灾害风险评估(震前)、地震灾害快速评估(震中)和地震灾害境况模拟(震后)三类。

(1) 地震灾害风险评估(震前)。主要对评估区域未来一段时间的地震风险进行评判。由于地震具有很大的随机性和不确定性,持续的时间短,造成的危害巨大,震前进行灾害风险评估分析可以识别区域潜在的地震风险,并提出规避风险的措施,为政府部门的规划、决策和减灾政策的制定提供依据,并有助于保险部门地震保险费率的厘定。

(2) 地震灾害快速评估(震中)。主要用于地震发生后政府部门的应急救灾。地震灾害快速评估可在地震发生后短时间内,根据获取的最新地震数据,以及已有的断层数据、人员数据、房屋数据等基础数据,进行地震灾害快速评估,确定震中位置、灾害影响范围、人员伤亡、经济损失以及次生灾害等的初评结果,并指导政府部门的应急救灾决策,部署救灾行动。

(3) 地震灾害境况模拟(震后)。与地震灾害快速评估的差异主要在于评估的紧迫性不同,境况模拟主要用于评估资料(地震构造背景、建筑物信息、人员信息、GDP 等)比较完善的情况下地震灾害的详细评估,可为灾后的科学考察及恢复重建提供依据。同时,根据概率方法推估评估区域可能发生的地震(包括震级大小、震中位置、震源深度等),根据已有的断层模型、地震动衰减模型、场地特性等,采用先进的灾害模拟技术,可以获得评估区域地震灾害的破坏情况,用以指导政府的应急决策、物资储备等。

2）评估范围

评估的范围不同,评估方法和精度会有所差异。

(1) 单体建筑。采用精细的数值模拟方法对单体结构进行动力响应分析,并对主体结构构件、非结构构件的破坏及由此引起的修复费用进行评估。主要用于重要单体建筑地震风险评估和地震保险费率制定。

(2) 城市范围。适用于不同规模城市区域的震害预测及风险评估,可为当地政府的防灾规划提供依据,也是目前最普遍采用的尺度范围。

(3) 国家范围。用于国家尺度上的地震风险识别和减灾决策制定。

3）使用对象

使用对象是整个评估系统的最终用户,根据使用对象最终目的的不同,评估方法和系统开发方式也会有所改变。

(1) 政府部门。政府部门主要用于震后的应急救援、防灾减灾决策、防灾规划等目的,系统的快速响应、理论方法的完善、数据的精确以及可视化功能成为其核心需求。

(2) 保险行业。保险行业可用其进行地震保险费率的制定。评估方法的先进性成为其核心需求。

(3) 科研单位。科研单位可以进行相关理论的研究,在此基础上建立先进可行的理论模型。平台的可扩展性成为其核心需求。

基于整体研究的需求,本书对地震灾害风险评估、地震灾害快速模拟及地震灾害境况评估进行了系统研究,各类评估方法略有不同,但总体框架类似,基于此,对几类评估模块进行了融合,力求建立一个通用的评估系统平台,平台架构设计如图 2.2 所示。系统平台的主要功能模块设置如下：

(1) 基础数据采集与管理模块。完善的基础数据是准确进行地震灾害损失评估的基础,基础数据主要包括场地、建筑物、人口、经济状况等信息。随着城市化进程的大步推进,建筑物信息日益变化,人口及经济状况也频繁变更,使得各类信息数据后期更新难度加大。如何建立一个高效的、可更新的基础数据采集与管理工具成为本书研究的重点内容之一。

(2) 地震危险性分析模块。建立可考虑我国不同地区断层分布特点和场地土特性的地震动衰减模型数据库;基于评估区域的相关地质资料,进行场地概率地震危险性分析,绘制其概率危险性图,并评估场地潜在的地震灾害,进而进行地震危险性分析。该模块主要为后续模块运行提供地震动强度信息。

(3) 地震易损性分析模块。地震易损性是指在可能遭遇到的各种强度地震作用下,一个地区的工程结构发生某种程度破坏的概率或可能性,也称为震害预测。地震易损性分析是地震灾害风险分析与损失评估的基础,特别是考虑城市建筑多龄期特性的地震易损性分析。如何基于作者研究团队所建立的各类城市多龄期建

# 第 2 章 地震灾害损失评估方法及系统开发研究

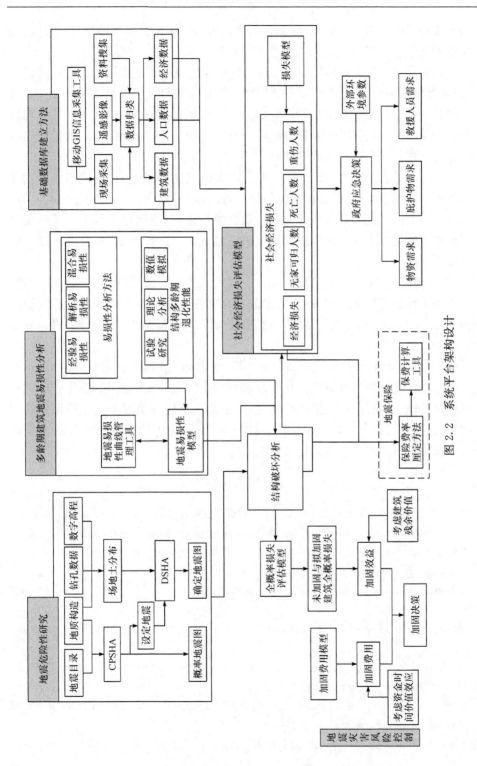

图 2.2 系统平台架构设计

筑的地震易损性模型,对城市多龄期建筑进行地震易损性分类,并开发出建筑物地震易损性曲线管理工具是研究的核心内容。

(4) 地震灾害损失评估模块。如何合理快速地预测地震作用下的直接经济损失、间接经济损失和人员伤亡,对于政府的防震减灾规划及防震救灾决策制定具有重要指导意义。基于地震危险性和结构易损性分析模型的建立,在国内外已有成熟理论的基础上,对适用于我国地震特点、建筑特点、人口与经济特点的社会经济损失评估方法与模型进行系统性研究。

(5) 加固决策分析模块。在社会经济损失研究的基础上,提出城市多龄期建筑物加固决策体系方法,从加固费用估计和费用效益分析两个方面着手,对各类典型结构进行震前加固决策分析并提出合理的决策建议,进而给出各类建筑的震后加固修复成套技术措施。该模块可为城市区域地震风险的识别、控制及恢复重建提供理论支撑。

(6) 地震保险制度与费率厘定模块。对我国的地震保险制度进行系统论述;提出适用于我国多龄期建筑的地震保险费率厘定方法,并针对典型钢筋混凝土(reinforce concrete,RC)框架结构、钢框架结构以及砌体结构的费率厘定进行分析研究。

(7) 震后公共庇护物需求模块。基于我国震后应急救灾的需求,提出合理可行的震后公共庇护物需求模型。其中,采用家庭社会经济属性因素量化居民离开住所意愿,采用家庭月收入、家庭社会关系、家庭汽车所有情况等量化居民公共庇护物寻求意愿。同时,结合我国居民食物日需求量,得到庇护区食物日需求量模型。该模块可为政府应急救援提供技术支持。

## 参 考 文 献

[1] 刘吉夫. 宏观震害预测方法在小尺度空间上的适用性研究[M]. 北京:气象出版社,2011.
[2] GEM. Global quake model[EB/OL]. http://www.globalquakemodel.org/gem[2016-02-01].
[3] SYNER-G. Systemic seismic vulnerability and risk analysis for buildings, lifeline networks and infrastructures safety gain[EB/OL]. http://www.vce.at/SYNER-G[2016-02-01].
[4] Schneider P J, Schauer B A. HAZUS—Its development and its future[J]. Natural Hazards Review,2006,7(7):40-44.
[5] Freeman J R. Earthquake Damage and Earthquake Insurance[M]. New York:McGraw-Hill,1932.
[6] Whitman R V. Damage probability matrices for prototype buildings[R]. Cambridge:Massachusetts Institute of Technology,1973.
[7] Applied Technology Council. Earthquake damage evaluation data for California[R]. Redwood City:Applied Technology Council,1985.
[8] Mouroux P,le Brun B. RISK-UE project:An advanced approach to earthquake risk scenarios

with application to different European towns[M]//Oliveira C S, Roca A, Goula X. Assessing and Managing Earthquake Risk. Dordrecht: Springer, 2006.

[9] Erdik M, Sesetyan K, Demircioglu M, et al. Rapid earthquake hazard and loss assessment for Euro-Mediterranean region[J]. Acta Geophysica, 2010, 58(5):855-892.

[10] Duzgun H S B, Yucemen M S, Kalaycioglu H S, et al. An integrated earthquake vulnerability assessment framework for urban areas[J]. Natural Hazards, 2011, 59(2):917-947.

[11] Ahmad N, Ali Q, Crowley H, et al. Earthquake loss estimation of residential buildings in Pakistan[J]. Natural Hazards, 2014, 73(3):1889-1955.

[12] Hashemi M, Alesheikh A A. A GIS-based earthquake damage assessment and settlement methodology[J]. Soil Dynamics and Earthquake Engineering, 2011, 31(11):1607-1617.

[13] 杨玉成,杨柳,高云学,等. 现有多层砖房震害预测的方法及其可靠度[J]. 地震工程与工程振动,1982,2(3):75-86.

[14] 高小旺,钟益村,陈德彬. 钢筋混凝土框架房屋震害预测方法[J]. 建筑科学,1989,(1):16-23.

[15] 尹之潜. 地震灾害及损失预测方法[M]. 北京:地震出版社,1995.

[16] 刘本玉,苏经宇,江见鲸,等. 经济损失的全概率预测[J]. 世界地震工程,2003,19(1):15-20.

[17] 孙振凯,顾建华. 地震灾害损失评估的新方法——航空测量法[J]. 国际地震动态,2000,(5):18-19.

[18] 陈棋福,陈颙,陈凌,等. 全球地震灾害预测[J]. 科学通报,1999,44(1):21-25.

[19] 王晓青,丁香. 基于GIS的地震现场灾害损失评估系统[J]. 自然灾害学报,2004,13(1):116-125.

[20] 王景来. 地震灾害损失快速评估新方法研究[J]. 地震研究,2000,23(3):356-360.

[21] 黄敏,王健,王慧彦,等. 地震损失经济学评估模型灾损参数的统计研究[J]. 自然灾害学报,2011,20(2):126-130.

[22] HAZUS. Hazus software[EB/OL]. https://www.fema.gov//hazus-software[2016-02-01].

[23] Ploeger S K, Atkinson G M, Samson C. Applying the HAZUS-MH software tool to assess seismic risk in downtown Ottawa, Canada[J]. Natural Hazards, 2010, 53(1):1-20.

[24] MAEviz. Analysis framework developer's guide[EB/OL]. https://wiki.ncsa.illinois.edu/display/MAE/Home[2016-02-01].

[25] CATS. The origin of CATS, natural hazards and consequence assessment[EB/OL]. http://cats.saic.com/cats/models/cats_earthquake.html[2016-02-01].

[26] Wald D J, Earle P S, Allen T I, et al. Development of the U. S. Geological Survey's PAGER System (Prompt Assessment of Global Earthquakes for Response)[C]//The 14th World Conference on Earthquake Engineering, Beijing, 2008.

[27] Hancilar U, Tuzun C, Yenidogan C, et al. ELER software—A new tool for urban earthquake loss assessment[J]. Natural Hazards and Earth System Sciences, 2010, 10(12):2677-2696.

[28] Molina S, Lang D H, Lindholm C D. SELENA—An open-source tool for seismic risk and loss assessment using a logic tree computation procedure[J]. Computers & Geosciences, 2010, 36(3):257-269.

[29] Strasser F O, Bommer J J, Sesetyan K, et al. A comparation study of European earthquake loss estimation tools for a scenario in Istanbul[J]. Journal of Earthquake Engineering, 2008, 12(S2):246-256.

[30] OSRE. Open source risk engine[EB/OL]. http://www.risk-agora.org/index.php[2016-02-01].

[31] CAPRA. Probabilistic risk assessment[EB/OL]. http://www.ecapra.org[2016-02-01].

[32] Eguchi R T, Goltz J D, Seligson H A, et al. Real-time loss estimation as an emergency response decision support system: The early post-earthquake damage assessment tool (EPEDAT)[J]. Translated World Seismology, 2004, 13(4):815-832.

[33] Silva V, Crowley H, Pagani M, et al. Development of the OpenQuake Engine, the global earthquake model's open-source software for seismic risk assessment[J]. Natural Hazards, 2014, 72(3):1-19.

[34] 李树桢,贾相宇,朱玉莲. 震害评估软件 EDEP-93 及其在普洱地震中的应用[J]. 自然灾害学报,1995,4(1):39-46.

[35] 丁香,王晓青,王龙,等. 地震巨灾风险评估系统的研制与应用[J]. 震灾防御技术,2011,6(4):454-460.

[36] 陈洪富. HAZ-China 地震灾害损失评估系统设计及初步实现[D]. 哈尔滨:中国地震局工程力学研究所,2012.

[37] Yeh C H, Loh C H, Tsai K C. Overview of Taiwan Earthquake Loss Estimation System[J]. Natural Hazards,2006,37(1-2):23-37.

[38] 叶锦勋. 台湾地震损失评估系统——TELES[R]. 台北:台湾地震工程研究中心,2003.

# 第3章 建筑工程数据采集及数据库建立方法研究

建筑信息和人口等基础数据的完备是震前风险评估和震后损失评估的重要基础[1~3]。准确和详实的基础数据也可为地震相关部门的快速应急救援、防震减灾部署提供参考决策。建筑物是城市最主要的基础单元,也是地震作用下造成人员伤亡和经济损失的关键承灾体,对于建筑工程数据的获取和完善也成为城市地震灾害损失评估的重中之重。目前,关于建筑物数据完善的研究主要表现在两个方面:一是建筑物采集方法的研究[4,5];二是建筑物等基础数据库管理系统的建立[1,6]。近年来,建筑物信息采集技术和数据库系统建设取得了长足的发展,有效地推动了我国基础数据管理和政府公共安全管理,但随着城市化进程的大步推进,建筑物信息日益变化,对于建筑物工程信息(如结构类型、使用功能、建筑层高等)的快速获取、建筑数据快速更新、建筑数据库快速响应以及多源多精度数据的快速融合也将成为未来很长时间内研究工作的挑战。

基于此,本章在整体研究框架的基础上,系统阐述国内外建筑工程数据采集方法;基于我国建筑数据信息采集方面的现实情况及需求,系统地对工程数据采集的内容和方法进行研究,提出基于移动GIS的建筑物数据采集方法并开发出相应系统;在此基础上,对建筑工程数据库的建立方法进行阐述。

## 3.1 建筑工程数据采集方法研究

目前,国内外政府部门、研究机构对城市建筑物的信息采集方法进行了一定研究,并开展了工程应用[1,7]。根据采集手段的不同,主要分为以下几种。

1) 基于人口普查数据

人口普查是世界各国广泛采用的搜集人口资料的一种科学方法,主要用来调查人口和住户的基本情况。2010年我国完成的第六次全国人口普查表中对建筑物的基本信息进行了采集。主要包括建筑物的层数、建成年代、承重类型及用途等。陈洪富[8]基于第六次全国人口普查数据,结合评估区域建筑特点对整个区域建筑物信息进行了推演,获得了不同层数及建造年代的建筑物比例(面积比),为群体建筑震害预测提供了基础数据。

2) 现场调查与采集技术

现场采集最早主要用于地形测绘以及野外森林资源和物种的现场调查。随着电子信息技术的成熟,现场采集工作模式也发生了改变,主要有以下几种模式。

(1) 基于纸质表格的数据采集。

纸质采集是最传统的采集方法,首先根据研究目的,设计比较完善的采集表格,按照采集表格内容对评估区域内的采集对象进行现场采集分析。其优点是采集数据结果比较精确,但耗费精力和财力,采集的结果需要进行数字化才能满足现代数字化的需求,比较适用于小区域范围内建筑物信息的普查。FEMA 154[9]建立了建筑信息采集及抗震性能快速评估方法,通过现场采集建筑物外观质量、结构类型及使用功能等评价参数进行评分,快速对结构的抗震性能进行评估。

(2) 基于个人数字助理的数据采集。

个人数字助理(personal digital assistant,PDA)的兴起,逐步改善了传统纸质采集方式易丢失、效率低、查找更新不方便等窘境。PDA 基于 Windows Mobile 系统来实现,设备体积小、重量轻、工作效率高,可以与 GIS 良好沟通,利于数据输入存储信息数字化,显著提高了现场数据采集工作的效率。Annunziato 等[10]基于 FEMA 154 的基本原理,在 Windows Phone(Windows FMC)上开发了一款现场建筑物采集工具 ROVER。但基于 PDA 的采集方式也存在一定的缺陷,如 PDA 屏幕太小、操作系统已基本过时、设备价格比较昂贵等,从而使得基于 Windows Mobile 的 PDA 也逐渐退出数据采集的舞台。

(3) 基于 Android 的数据采集。

PDA 设备由于自身的缺陷逐渐被更新的移动智能设备替代,Android 智能移动设备的出现进一步改变了现场数据采集的模式。新的 Android 智能操作设备,体积更小、屏幕尺寸多样、具有 GPS 和无线网络等功能,电池的续航能力也得到了极大改观。基于 Android 平台是当前室外现场数据采集的研究热点,不仅适用于室外数据采集领域,还可以结合已有的服务器终端进行协同工作,提高了工作效率。GEM 项目[4]基于全球地震风险评估工作需求,着手建立了全球建筑物信息数据库,开发了基于 Android 的建筑物数据采集工具(inventory data capture tools,IDCT),实现了区域建筑数据的快速、高效采集,如图 3.1 所示。

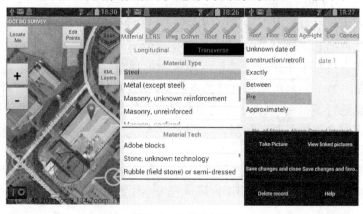

图 3.1　IDCT 界面

(4) 基于 IOS 的数据采集。

除了 Android 系统,基于 IOS 平台的数据采集工具也得到了广泛使用。徐柳华等[11]基于 IOS 系统在 iPad 平台上开发了外业采集系统,主要用于测绘外业的采集需求。相比于 Android 平台,IOS 系统本身更侧重于娱乐性,不是很适合于工程应用,另外,由于基于 IOS 系统的硬件设备比较昂贵,需要投入更多的资金,这也限制了基于 IOS 的数据采集系统的应用。

3) 基于遥感技术

遥感技术采集建筑物数据主要是指通过遥感图像或者结合其他信息来源进行建筑物数据采集,目前主要方法如下。

(1) 遥感影像法。

遥感影像法主要基于 IKONOS、QuickBird 等影像,采用影像分类技术来提取建筑物的几何外形[12~14]。Saito 等[15]采用 0.6m 分辨率的 QuickBird 卫星图像,提取了希腊皮洛斯城 843 幢建筑物的结构类型、层数、使用类型、建造年代等建筑物数据。Miura 等[16]采用高分辨率(1m)的 IKONOS 卫星影像,提取了菲律宾马尼拉市建筑物信息数据并进行了地震灾害评估。遥感卫星影像法可通过遥感图像的信息提取建筑物的形状、高度、建筑面积等数据。但与此同时,遥感卫星影像法的缺点也比较明显,例如,利用阴影来确定建筑物高度的方法并不适用于低层建筑物,且单靠遥感影像很难分辨出建筑物的结构类型以及使用功能。

(2) 机载激光雷达采集。

机载激光雷达[5](light detection and ranging,LiDAR)是一种快速获取高精度地面和地物三维信息的新技术。其融合了激光技术、高动态载体姿态测定技术和高精度动态 GPS 差分定位技术,可以快速、主动、实时、直接获得大范围地表及地物密集采样点的三维信息。采用机载激光扫描方法建立的建筑物三维几何模型,可高效、直观地获得建筑物高度、建筑面积等数据[17~19]。但是,机载激光扫描法并不能采集到建筑物的使用功能、结构类型、建造年代等信息,另外采用机载激光扫描方法时建筑物以外的物体会对建筑物的提取产生很大干扰。

(3) 多源数据结合采集。

已有研究表明,仅通过遥感影像或机载激光雷达等单一途径并不能获取建筑物的所有属性,因此有必要融合 LiDAR 数据与地面规划设计图或其他遥感影像来进行建筑物数据采集。邓宏宇等[6]基于面向对象特征提取技术从遥感影像上获取建筑物信息,并结合 GIS 技术获取数据在空间地理坐标下网格化,得到建筑物基础信息空间网格数据库。Schwalbe 等[20]使用二维的 GIS 数据结合激光点云投影来生成三维建筑物模型。谭衢霖等[21]结合 IKONOS 影像和 LiDAR 数据,应用面向对象分类分析方法对城区建筑物数据进行了提取。Wieland[22]等提出遥感影像与对地全景成像的多源数据融合法,由全景影像信息来确定建筑物的高度、层数、使用功能、结构类型等数据,并采用高分辨率卫星进行建筑物外形提取,确定建筑物坐标、建筑面积和每个分割区域建筑物的数量,结合两者信息获取建筑物信息。

多源数据采集方法克服了单纯基于卫星遥感影像采集的局限性,集成了不同成像技术的优势,可以降低数据采集过程中成本和时间的耗费,同时也可以应对因城市发展造成的时空变异性,在快速应急救灾管理中有其无可比拟的优势。

## 3.2 建筑工程数据采集内容及方法实现

### 3.2.1 建筑工程数据采集内容

每栋建筑物都不仅仅是一个三维的轮廓,建筑物信息具有覆盖面广、数据量大等特点,是城市规划管理、城市建设以及防灾管理的重要基础数据源[23]。每栋建筑物都赋含大量的工程信息,如结构类型、使用功能、建筑层数、高度、占地面积、建造年代等。为了尽可能详细地对建筑物进行描述,同时也满足地震灾害评估中对建筑结构、人口及经济等基础数据的需求。本节以建筑单体为研究对象,将其属性描述分为三层:一是建筑物的描述属性,主要包括建筑物名称、经度与纬度、环境类别等基本属性;二是建筑物的结构属性,即会直接影响结构抗震性能的宏观因素(参数),如建造年代、结构类型、建筑高度、设计规范等;三是建筑物的功能属性,用于建筑物社会经济损失的评定,如装修等级、使用功能、室内财产价值、人员分布等。建筑物属性描述示意图如图3.2所示。

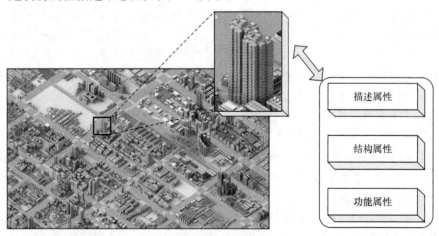

图3.2 建筑物属性描述示意图

采用上述三层次属性参数描述,可以较详细地获得建筑物震害评估所需信息,为建立完善详实的建筑工程信息数据库搭设了框架。详细的属性参数说明见表3.1。

## 第3章 建筑工程数据采集及数据库建立方法研究

表3.1 建筑物具体属性参数说明

| 分类 | 属性参数 | 描述 | 说明 |
|---|---|---|---|
| 描述属性 | 建筑物标识码 | 建筑物标识码由16位数字表示,市辖区码(××××××)-街道办码(××××)-社区码(××××)-建筑物(××××),见附录A | 描述属性主要对建筑物进行最直观的描述,名称、图片、视频等,以及建筑物设计图纸、加固改造图纸保存说明等。可结合遥感影像及统计资料获得 |
| | 建筑物名称 | 按建筑物的实际名称采集,须具有一定的代表性 | |
| | 环境类别 | 建筑物所处的外部环境主要分为三类环境:一般大气环境、近海大气环境、冻融大气环境 | |
| | 经度 | 由GPS获取 | |
| | 纬度 | 由GPS获取 | |
| | 建筑物图片 | 现场拍照获取 | |
| | 文档资料 | 相关图纸、文档说明 | |
| | 视频资料 | 现场拍摄资料 | |
| | 采集说明 | 对采集区域基本情况描述 | |
| | 采集时间 | 采集的具体时间说明 | |
| | 采集人 | 数据采集完成人 | |
| | 数据项目来源 | 对数据采集来源进行管理 | |
| 结构属性 | 结构类型 | 详见表5.3中适用于我国的建筑结构分类方法;说明详见附录B | 结构属性主要包括建筑结构震害分析所需相关的宏观因素(参数),是地震易损性分析的基础。结合现场采集与统计资料获得 |
| | 建筑层数 | 现场采集获取 | |
| | 地上层数 | 现场采集获取 | |
| | 地下层数 | 现场采集获取 | |
| | 底层层高 | 现场采集获取 | |
| | 标准层层高 | 现场采集获取 | |
| | 建筑高度 | 现场采集获取 | |
| | 建造年代 | 建筑物的建造年代(拆除翻建的,按翻建的年代;扩建的房屋(超过原来面积)按扩建年代) | |
| | 设计规范 | 根据建筑物的建造年代及我国抗震规范的演变,将其分为无规范,TJ 11—78,GBJ 11—89,GB 50011—2001(包括GB 50011—2010) | |

续表

| 分类 | 属性参数 | 描述 | 说明 |
|---|---|---|---|
| 结构属性 | 设防烈度 | 将抗震设防烈度分为六类：6度(0.05g)，7度(0.10g)，7度(0.15g)，8度(0.20g)，8度(0.30g)，9度(0.40g) | 结构属性主要包括建筑结构震害分析所需相关的宏观因素（参数），是地震易损性分析与统计资料求取的基础。结合现场采集 |
| | 退化性能 | 根据结构多龄期特性，将结构的退化性能分为无退化、轻度退化、中度退化、重度退化四类 | |
| | 平面规则性 | 根据《建筑抗震设计规范》(GB 50011—2010)3.4节中平面和竖向不规则性的划分性进行判断 | |
| | 竖向规则性 | 根据《建筑抗震设计规范》(GB 50011—2010)3.4节中平面和竖向不规则性的划分性进行判断 | |
| | 场地类别 | 根据《建筑抗震设计规范》(GB 50011—2010)，将场地类型分为Ⅰ、Ⅱ、Ⅲ、Ⅳ四类 | |
| | 地震分组 | 根据《建筑抗震设计规范》(GB 50011—2010)，将地震分组分为第一组、第二组和第三组 | |
| | 基础类型 | 主要分为无筋扩展基础、扩展基础、柱下条形基础、筏形基础、箱形基础、桩(筏、箱)基础、岩石锚杆基础等 | |
| | 跨度 | 主要分为短跨(0~3m)，中跨(4~8m)和大跨(9m+) | |
| | 房屋现状 | 分为基本完好房屋，主体结构有一般缺陷，主体结构有严重缺陷，危险的房屋 | |
| | 加固状况 | 分为加固和未加固，对于加固的房屋、建造年代按照加固年份 | |
| | 加固方式 | 加固方式依照结构类型而有所不同 | |
| 功能属性 | 使用功能 | 主要分为住宅、商业、工业、医疗、办公、教育和其他，见附录C | 功能属性主要包括建筑物正常使用中相关的属性，包括建筑用途、装修等级及人口分布等，是地震灾害中社会经济损失评估的重要依据。结合现场调查数据及人口、经济普查数据求得 |
| | 重要性等级 | 将建筑工程分为四个抗震设防类别：特殊设防类、重点设防类、标准设防类及适度设防类 | |
| | 占地面积 | 现场采集或估算 | |
| | 总建筑面积 | 现场采集或估算 | |
| | 建筑造价 | 基于调查统计 | |
| | 居住户数 | 基于调查统计 | |
| | 居住人口 | 基于调查统计 | |
| | 室内财产价值 | 基于调查统计 | |
| | 室外财产价值 | 基于调查统计 | |
| | 外部装修等级 | 装修等级分为高档、中档和普通，采用文献[24]的划分标准，详见附录D | |
| | 内部装修等级 | 装修等级分为高档、中档和普通，采用文献[24]的划分标准，详见附录D | |

## 3.2.2 采集方法研究

建筑工程信息采集是一项耗费人力和财力的工作,而且有些建筑信息由于单位保密要求或建造年代早图纸丢失等无法获得,如何能够高效、合理地获得城市区域详实的建筑信息是本节研究的重点。建筑物信息具有覆盖面广、数据量大、信息采集难度大等特点。不同信息分散在统计部门、建设部门、民政部门、公安部门及单位的基建部门等多个单位,数据标准多不统一,信息采集整合难度大[23]。基于以上研究背景,本节拟采用作者研究团队开发的基于移动 GIS 的现场数据采集方法,并结合问卷调查、现场咨询、文献资料查阅、Google Earth 遥感影像数据下载等方法进行评估区域建筑工程信息的获取。在采集过程中,以社区或居委会为基本单元进行数据源的采集和汇总,以提高采集工作的效率,在此期间获得了当地政府及城建档案馆相关负责人的大力支持和配合。建筑数据采集思路如图 3.3 所示。

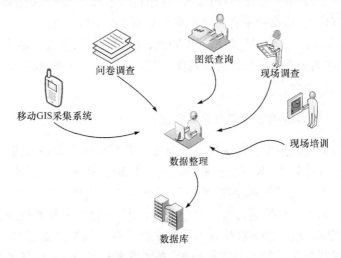

图 3.3 建筑数据采集思路

对所获得的采集数据进行核实分析并整理归类,应用所开发的基于移动 GIS 的建筑信息采集系统将其保存到服务器的 Oracle 数据库中作为基础数据源,供地震灾害风险预测和损失评估使用。在实际采集过程中,其采集流程主要分为三个阶段(图 3.4):

(1) 准备阶段。获取评估区域高分辨率的 Google Earth 遥感影像数据或其他高精度的遥感影像数据并配准,以减少偏移影响造成的误差。与街道办事处及社区负责人进行沟通,获取街道办事处所属辖区的现实情况及辖区分界,查阅当地的年鉴及统计报告等资料,制订相应的采集方案,并对采集人员现场培训。

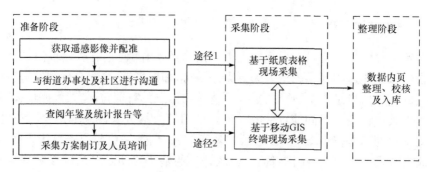

图 3.4　数据采集流程

（2）采集阶段。在实际采集过程中，采用两种途径采集数据，途径 1 采用纸质表格进行现场采集，采集过程比较耗费人力，但适合相关社区人员的配合实施；在途径 1 的基础上，开发了基于 Android 的移动 GIS 平台；途径 2 采用移动平台可以快速定位建筑位置，并高效地将采集数据与基础数据平台交互。

（3）整理阶段。校核采集数据的准确性、完整性；对未普查区域采用实地调查补充；对所采集的数据进行矢量化及匹配，并进行数据的校核，校核无误后按要求存储入基础数据平台。

### 3.2.3　基于移动 GIS 的建筑信息采集系统开发

在实际采集过程中发现传统模式下通过人工填写纸质表格采集数据，耗时耗力、时效性差、统计繁琐、数据更新缓慢。为了实现数据采集的高效、快速及可更新、可共享性，本节进行了移动端、桌面端及数据服务端的协同开发，开发模式如图 3.5 所示。采用移动端进行现场数据采集工作，并将所采集数据发送至桌面端进行数据的编辑、校核，进而将核查的数据文件储存入数据库服务器。同时，桌面管理端可以对数据库中的数据进行编辑，并派发到移动端，供现场采集校核和更新。本节重点对移动端进行开发研究，基于移动 GIS，以当前主流的 Android 手机操作系统为平台，运用 GPS 定位、图形绘制等技术对建筑物空间数据和属性信息进行快速采集。

图 3.5　多平台协同开发模式

1) 系统需求

建筑信息的采集是一项很繁杂的工作,如何快捷、详实地获取建筑物所赋含的各类信息对专业技术人员和非技术人员都是一种挑战,因此交互人性化、可跨越技术层面成为系统开发的重点;同时,建筑数据属于保密资料,基础数据的安全性也是系统开发需要考虑的因素。为有效实现外业采集,系统具有以下需求:

(1) 系统功能需求。系统在数据采集过程中主要经过以下流程,新建采集项目→GPS 定位目标建筑物→地图标绘平面轮廓→基础数据采集→拍照、录像→保存文件→数据传输与存储。因此,系统的基本功能包括属性录入与存储、地图导入、地图标绘、GPS 定位、多媒体采集功能、用户管理等。

(2) 系统非功能性需求。①可靠性需求,在系统意外中断的情况下,保证已采集数据不丢失;②可操作性,系统的操作应该简单易学,界面简洁美观,方便用户的使用;③安全性,系统安全性应比较高,防止采集数据外泄;④可扩展性,充分体现模块化设计思想,满足未来多样化数据采集功能的扩展。

2) 系统结构设计

系统以建筑物信息采集为核心展开工作,包括建筑物数据的采集、存储、导入、导出等,如图 3.6 所示,采用层次化的结构设计,分为用户层、系统表现层、业务逻辑层及数据访问层四部分。用户层是主要的应用平台界面,目前仅适用于 Android 手

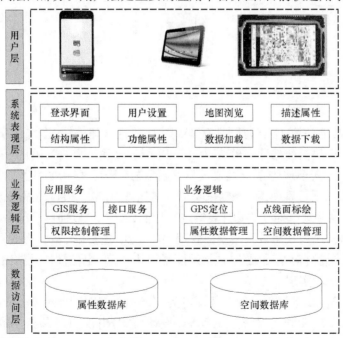

图 3.6　系统结构设计图

机或平板使用。系统表现层为移动端实现的基本功能,是用户与系统交互实现层,包括用户登录、地图界面、采集模块及数据上传和下载等;业务逻辑层是整个系统的核心,为实现系统功能提供技术服务支持,包括采集项目管理、GIS 服务、GPS 定位、点线面标绘及空间数据、属性数据管理和事件处理等。数据访问层为底层数据管理层,实现对数据的存储和管理,包括属性数据库和空间数据库。系统的流程如图 3.7 所示。

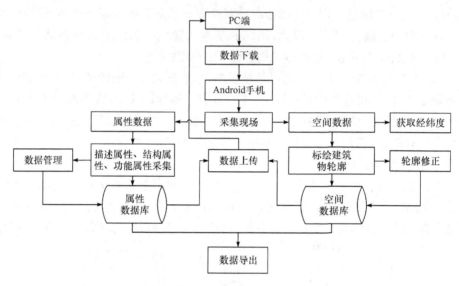

图 3.7 系统流程图

**3) 系统功能设计**

系统的功能模块主要包括属性录入模块、项目管理模块、多媒体模块、登录模块、GIS 服务模块及数据导出模块,如图 3.8 所示。登录模块为用户管理并赋予一定权限;属性录入模块为系统主要模块,包括描述属性、结构属性及功能属性的录入,详见表 3.1;项目管理模块系对采集项目实施管理,包括项目的显示、删除和修改等;多媒体模块主要是对建筑物外观等进行拍照、摄像等,以便尽可能真实地还原现场;数据导出模块为采集数据与桌面管理端的交互,主要以 .xml 格式管理;GIS 服务模块为地图管理等基础服务,包括地图子模块、GPS 定位模块及地图标绘等。

**4) 核心功能实现**

移动端 Android 操作系统开发环境为:Android SDK+JDK6+Eclipse4.4;测试环境为小米 2S 手机。系统采用 MVC 设计模式,由视图层、控制层及实体层组成,其中,视图层进行页面显示,控制层进行业务逻辑处理,实体层进行数据实体的封装。

# 第3章 建筑工程数据采集及数据库建立方法研究

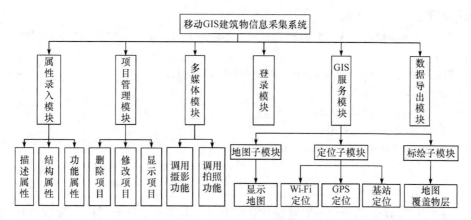

图 3.8　系统功能设计图

（1）定位功能。

系统采用 GPS、Wi-Fi 和基站混合定位,在高精度模式下优先返回精度高的定位数据。导入基础地图时,实现快速实时定位,通过 isFirstLoc 判断是否是第一次定位,如果是则采用 location.getLatitude 和 location.getLongitude 方法获取当前经纬度坐标,并封装成 LatLng 类,采用 baiduMap.animateMapStatus 方法将地图显示到当前位置。对于一栋建筑物,通常需要获得其轮廓中心的经纬度坐标,在轮廓标绘出来后,通过 setOnMapClickListener 设置单击事件,点击中心位置,利用 currentPt.longitude 和 currentPt.latitude 方法获得中心点的经纬度坐标,并用 textview 控件把经纬度信息显示出来。部分核心源程序如下:

```
if(isFirstLoc) {
isFirstLoc=false;
LatLng ll=new LatLng(location.getLatitude(),location.getLongitude());
//设置地图中心点以及缩放级别
MapStatusUpdate u=MapStatusUpdateFactory.newLatLngZoom(ll,20);
baiduMap.animateMapStatus(u);}
```

（2）标绘功能。

系统的标绘功能主要是实现轮廓面的绘制。在基础地图图层上,基于定位功能找到建筑物的轮廓,在建筑物轮廓的顶点上分别添加一个 marker,实际上是点的添加,并把这些点存放在 ArrayList 集合中,通过 BitmapDescriptor 设置 marker 的图标,如果由于外在的原因 marker 的位置标错了,点击 marker,通过 remove 移除。面的绘制实质上是添加多边形覆盖物。在点添加完成后,利用 PolygonOptions 加载点的集合,以及 addOverlay 添加覆盖物即完成面的绘制,通过 fillColor 接口可以设置覆盖物的颜色,通过 clear 清除图层上面的所有覆盖物。部分核心源

程序如下:

```
public static void drawPoly(BaiduMap baiduMap, ArrayList < LatLng > list){
    PolygonOptions options=new PolygonOptions();
    options.points(list);
    options.fillColor(0xaa00ff00);
    if(list.size()> = 3){
    baiduMap.addOverlay(options);}
}
```

(3) 多媒体功能。

系统的多媒体功能包括对建筑物进行拍照、摄像及录音等功能。实现该功能时必须保证 Android 手机有足够的存储空间。首先判断 Environment.getExternalStorageState 和 Environment.MEDIA_MOUNTED 是否相等,即判断 SD 卡是否可用。如果可用则通过 Intent.setAction(android.media.action.IMAGE_CAPTURE)调用系统相机,拍照完成后,照片保存在手机指定内存目录中,文件以时间命名,保证照片不会覆盖之前的照片。部分核心源程序如下:

```
Intent intent=new Intent();
intent.setAction("android.media.action.IMAGE_CAPTURE");
intent.addCategory("android.intent.category.DEFAULT");
File file=new File(Environment.getExternalStorageDirectory(),str1);
Uri uri1=Uri.fromFile(file);
intent.putExtra(MediaStore.EXTRA_OUTPUT,uri1);
startActivity(intent);
```

(4) 数据库管理实现。

数据管理是通过 SQliteDatabase 提供的 insert、delete、update、query 方法实现对数据的增、删、改、查操作。空间数据和属性数据通过 PROJECTID 相关联。通过 query 方法把采集到的建筑物名称显示在 ListView 控件中,用户可以查看采集的所有数据,当点击任意一个条目时,通过 setOnItemClickListener 设置监听事件,获得当前建筑物的所有数据,可进行修改和删除操作。部分核心源程序如下:

```
//获得建筑物名称
String[]columns=new String[]{"_id","ARCHITURE_NAME"};
SimpleCursorAdapter adapter = new SimpleCursorAdapter (this,
R.layout.item_name,c,columns,new int[]{R.id.tv1,R.id.tv2},
CursorAdapter.FLAG_REGISTER_CONTENT_OBSERVER);
//进入已采集数据界面
Intent(CollectedActivity.this,ReBasicActivity.class)
```

点击新建项目按钮即进入数据的采集工作,首先对采集的项目进行简单说明,包括采集时间、采集项目、采集说明;随后导入地图,进行实时定位,定位到需要采集的建筑物,并在地图上进行建筑物轮廓标绘,标绘完成后进行属性数据的录入。其中经纬度通过 getLatitude 和 getLongitude 函数获取,时间通过 currentTimeMillis 函数获取。建筑物标识码获取可实现区、街道办事处和村民委员会的三级联动,部分核心源程序如下:

```
public List<String> getStrSet(int area_id){
strset.clear();
numset.clear();
//打开数据库
SQLiteDatabase db1=SQLiteDatabase.openOrCreateDatabase(f,null);
Cursor cursor=db1.query("street",null,"area_ID=?",new String[]{""+(area_id+1)},null,null,null);
while(cursor.moveToNext()){
String pro = cursor.getString (cursor.getColumnIndexOrThrow ("str_name"));
Integer num=cursor.getInt(cursor.getColumnIndex("str_id"));
strset.add(pro);
numset.add(num);
}
cursor.close();
db1.close();
return strset;
}
```

功能属性和其他属性等采集完成后,即生成一条完整的建筑物信息记录。在其他属性界面,应用拍照和录像功能实现采集现场再现。以摄像为例,首先通过 intent.setAction 和 intent.addCategory 来调用系统摄像机,拍摄完成后视频保存在指定的目录下。实现源程序如下:

```
public void oth_click2(View view){
Intent intent=new Intent();
intent.setAction("android.media.action.VIDEO_CAPTURE");
intent.addCategory("android.intent.category.DEFAULT");
File file2=new File(Environment.getExternalStorageDirectory(),str2);
Uri uri2=Uri.fromFile(file2);
intent.putExtra(MediaStore.EXTRA_OUTPUT,uri2);
startActivityForResult(intent,0);}
```

```
@ Override
protected void onActivityResult(int requestCode,int resultCode,Intent data){
    Toast.makeText(this,"视频拍摄完毕",0);
    super.onActivityResult(requestCode,resultCode,data);
}
```

根据系统的结构设计和功能设计,开发出基于 Android 的城市建筑物信息外业采集系统,系统的部分界面如图 3.9 所示。系统实现了科研人员对建筑物信息采集的基本要求,操作界面友好,流程简单,采集者能够快速掌握并应用于实际采集工作中。采用本系统配合纸质采集方式对西安市灞桥区建筑物数据进行了采集,共获得 61625 栋建筑物的相关数据(其中,普查数据 28969 栋,抽查数据 32656 栋),与传统填写纸质表格的工作方式相比,采用移动端采集显著缩短了数据采集和后处理的时间,总体采集效率提高近 50%。将系统采集的数据导入桌面端,进行 2.5 维渲染,如图 3.10 所示。

(a)主功能界面　　(b)属性修改界面　　(c)结构属性界面　　(d)其他属性界面

图 3.9　系统功能实现

图 3.10　采集建筑物 2.5D 展示

## 3.3 建筑工程数据库建立

基础数据库是基于统一基础地理空间参考,对场地、建筑物、人口、经济、地震等各类数据信息的综合集成与展示,服务于地震灾害损失评估系统。基础数据库包括基础地理信息、地震危险性分析、地震易损性分析、地震灾害损失评估、地震灾害风险控制、建筑工程信息、人口属性、经济属性等数据库。由于各类数据库建立具有一定的类似性,限于篇幅,本节仅对建筑工程数据库的建立进行重点阐述。建筑工程数据库的建设是地震灾害损失评估系统的基石,详实的建筑工程数据可使震害评估的结果更加精细。目前,建立一个城市区域,甚至更大范围内(如全省、全国范围)的建筑物等基础数据库工作量是巨大的,经济成本很高[1,6]。然而,精细完善的建筑工程信息获取与管理是未来发展的趋势。随着物联网、智慧城市、大数据等技术手段以及政府各部门基础数据的协同管理,城市基础数据的完善与管理将指日可待。基于研究需求及未来的发展趋势,本章力求建立一个相对完善、可扩充、可更新、可共享的建筑工程信息空间数据库。

建筑工程数据库涉及空间数据和属性数据的有机融合。关系数据库是目前主流的数据存储技术,可以很方便地对各类属性数据进行存储管理,但是其对空间数据的处理却受到限制。传统 GIS 系统的空间数据存储和管理多以文件方式完成,数据交互效率低,共享性差,难以适应快速发展的 GIS 应用[25];因此,合理利用关系数据库来实现空间数据的管理,成为解决和扩展空间数据管理中诸多问题的可行方法[26]。Oracle Spatial 是 Oracle 公司推出的空间数据管理平台,是在关系数据模型基础上进行的空间数据模型扩展,可以较好地满足数据库对空间数据的管理[27]。为了保证空间数据和属性数据之间的完整性,美国环境系统研究所(Environmental Systems Research Institute, ESRI)开发了基于空间数据引擎 ArcSDE 技术的空间数据存储管理方案,可以更加有效地进行空间数据的管理和应用[28]。基于 ArcSDE 技术进行空间数据的管理也成为目前 GIS 数据平台最有效的解决方案。

### 3.3.1 系统数据统一存储方案

ArcSDE 可以利用关系数据库存储管理空间数据,将空间数据转换为 GIS 平台可以读取的格式。Geodatabase 数据模型是 ESRI 提出的建立在数据库管理系统(database management system, DBMS)之上面向对象的、统一的、智能化的空间数据模型,为存储在 DBMS 中的空间数据提供管理框架。基于 ArcSDE 和 Geodatabase 的上述优点,地震灾害评估系统数据库设计采用 ArcSDE 技术与 Geodatabase 模型相结合的模式,利用 Geodatabase 数据模型将建筑工程信息空间数据加载到 DBMS 中,使 DBMS 成为空间数据和属性数据的统一管理平台。其中,Geodatabase 数据模型采用层次划分,将现实世界对象抽象为不同对象类组成的数据模型,可支持海量数据的无缝无分块存储以及多用户编辑[26]。ArcSDE 是空间数据存储管理引擎,是 ArcGIS 与关系数据库之间的 GIS 通道,主要实现了 Geodatabase 空间数据对象模型到关系数据库的映射。基于此,建立系统数据统一存储方案如图 3.11 所示。

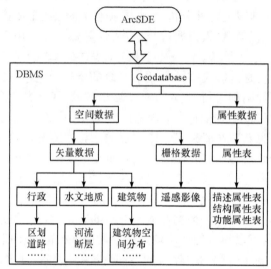

图 3.11　系统数据统一存储方案

### 3.3.2　空间数据和属性数据建设

本节依据《地震灾害预测及其信息管理系统技术规范》(GB/T 19428—2014)、《基础地理信息要素分类与代码》(GB/T 13923—2006)、《地图学术语》(GB/T 16820—2009)及《地震现场应急指挥数据共享技术要求》(GB/T 24888—2010)等标准,建立了基础数据库。

1) 建库流程

基础数据库建设主要包括空间数据库和属性数据库,空间数据库主要涉及基础地理数据、建筑物图形的获取,利用空间数据库引擎 ArcSDE 管理空间数据库;属性数据库建设过程中采用 Oracle 11g 作为搭建平台,最后采用关键字将空间数据与属性数据进行映射,建库流程如图 3.12 所示。

2) 空间数据库建设

空间数据包括基础地理数据,即行政区划、河流、道路等矢量图,遥感影像数据及各类栅格数据。空间数据库建设主要针对已有的数据资料(如遥感影像、规划报告等)进行数字化及空间分析,对编辑的地理数据进行重新分类和组织,从用户的角度描述空间数据的结构[26],用于不同的信息化数字平台,如行政区划图、道路分界图、重要建筑分布图等。基于高分辨率的 Google Earth 遥感影像进行空间数据

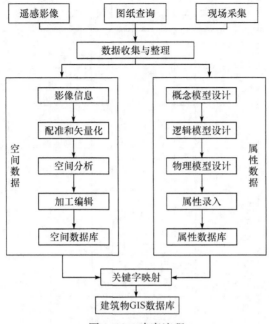

图 3.12　建库流程

整理,利用 ESRI 的 ArcMap 平台进行基础数据的编辑。主要的建库流程为:①获取最新的高分辨率遥感影像(Google Earth 遥感影像、天地图);②采用 ArcMap 平台加载遥感影像,并对遥感影像进行配准,坐标系均设定为 WGS84;③采用图层编辑工具,分别对道路、建筑物轮廓等地理信息进行标绘,建立相应的点、线、面图层,这样可基本建立采集区域的空间数据。已有的遥感数据存在一定的滞后性,且分辨率较低等,会使内页整理的空间数据存在一定误差。3.2.3 节针对纸质数据采集过程效率低等不足,开发了基于移动 GIS 的建筑信息采集系统,可以对已编辑的空间数据进行实地校核,同时系统也可以在采集现场进行空间数据的采集,这样显著降低了内页编辑空间数据的误差。

3)属性数据库建设

属性数据是系统数据库的主要数据源,表 3.1 对建筑物的具体属性数据进行了汇总。为了使整个数据库结构比较合理,同时减少数据冗余并提高操作、查询效率,对采集的属性数据进行了规范,见表 3.2,并对建筑物的属性数据进行了详细描述,包括中英文名称、字段名、数据类型、数据长度、精度以及是否为主键、外键等。其中为了保证空间数据和属性数据的映射,将建筑物标识码作为唯一标识,设置为主键,并用于空间数据和属性数据的唯一匹配编码。

表 3.2 建筑物属性表结构

| 序号 | 中文名 | 英文名 | 字段名 | 数据类型 | 长度 | 精度 | 是否为主键 | 是否为外键 | 不为空 |
|---|---|---|---|---|---|---|---|---|---|
| 1 | 建筑物标识码 | BUILDING ID | BLDG_ID | CHAR(16) | 16 | | 是 | | 是 |
| 2 | 建筑物名称 | BUILDING NAME | BLDG_NAME | NVARCHAR2(255) | 255 | | | | 是 |
| 3 | 环境类别 | ENVIRONMENT TYPE | ENVI_TYP | INT | | | | | |
| 4 | 结构类型 | STRUCTURE TYPE | STRUCT_TYP | NVARCHAR2(10) | 10 | | | | 是 |
| 5 | 建筑层数 | NO OF STOREYS | NO_STOREIES | INT | | | | | 是 |
| 6 | 地上层数 | ABOVE OF STOREYS | A_STOREIES | INT | | | | | 是 |
| 7 | 地下层数 | BELOW OF STOREYS | B_STOREIES | INT | | | | | |
| 8 | 底层层高 | GROUND HEIGHT | G_HEIGHT | NUMBER(14,3) | 14 | 3 | | | |
| 9 | 标准层层高 | STANDARD HEIGHT | S_HEIGHT | NUMBER(14,3) | 14 | 3 | | | |
| 10 | 建筑高度 | HEIGHT | HEIGHT | INT | | | | | 是 |
| 11 | 建造年代 | YEAR OF BUILT | YEAR_BUILT | INT | | | | | 是 |
| 12 | 设计规范 | CODE | CODE | CHAR(1) | 1 | | | | |
| 13 | 设防烈度 | PRECAUTIONARY INTENSITY | PRE_INTENSITY | INT | | | | | |
| 14 | 退化性能 | DEGRADATION PERFORMANCE | DEG_PER | INT | | | | | |
| 15 | 平面规则性 | PLAN REGULARITY | PLAN_REG | INT | | | | | |
| 16 | 竖向规则性 | VERTICAL REGULARITY | VER_REG | INT | | | | | |
| 17 | 场地类别 | SITE TYPE | SITE_TYP | INT | | | | | 是 |
| 18 | 地震分组 | SEISMIC GROUP | SEI_GROUP | INT | | | | | |
| 19 | 基础类型 | BASEMENT TYPE | BSMT_TYP | INT | | | | | |
| 20 | 跨度 | SPAN | SPAN | NUMBER(14,3) | 14 | 3 | | | |

续表

| 序号 | 中文名 | 英文名 | 字段名 | 数据类型 | 长度 | 精度 | 是否为主键 | 是否为外键 | 不为空 |
|---|---|---|---|---|---|---|---|---|---|
| 21 | 房屋现状 | BUILDING STATUS | BLDG_STA | INT | | | | | |
| 22 | 加固状况 | REINFORCE | REINFORCE | INT | | | | | |
| 23 | 加固方式 | REINFORCE TYPE | REINFORCE_TYP | NVARCHAR2(10) | 10 | | | | 是 |
| 24 | 使用功能 | OCCUPANT TYPE | OCC_TYP | INT | | | | | |
| 25 | 重要性等级 | IMPORTANT DEGREE | IMPORTANT_DEG | INT | | | | | |
| 26 | 占地面积 | GROUND AREA | G_AREA | NUMBER(14,3) | 14 | 3 | | | 是 |
| 27 | 总建筑面积 | AREA | AREA | NUMBER(14,3) | 14 | 3 | | | 是 |
| 28 | 建筑造价 | BUILDING COST | BLDG_COST | NUMBER(14,3) | 14 | 3 | | | 是 |
| 29 | 居住户数 | RESIDENTS | RESIDENTS | INT | | | | | |
| 30 | 居住人口 | OCCUPANTS | OCCUPANTS | INT | | | | | |
| 31 | 室内财产价值 | INDOOR CONTENT VALUE | I_CONT_VAL | NUMBER(14,3) | 14 | 3 | | | 是 |
| 32 | 室外财产价值 | OUTDOOR CONTENT VALUE | O_CONT_VAL | NUMBER(14,3) | 14 | 3 | | | |
| 33 | 外部装修等级 | OUTDOOR DECORATION DEGREE | O_DEC_DEG | INT | | | | | |
| 34 | 内部装修等级 | INDOOR DECORATION DEGREE | I_DEC_DEG | INT | | | | | |
| 35 | 图纸存放位置 | PICTURE STORE | PIC_STORE | NVARCHAR2(255) | 255 | | | | 是 |
| 36 | 建筑物图片 | PICTURE | PICTURE | BOLB | | | | | |
| 37 | 文档资料 | DOCUMENT | DOCUMENT | BOLB | | | | | |
| 38 | 视频资料 | VEDIO | VEDIO | BOLB | | | | | |
| 39 | 采集说明 | COLLECTION DESCRIPTION | COLLECTION_DES | NVARCHAR2(255) | 255 | | | | |
| 40 | 采集时间 | COLLECTION TIME | COLLECTION_TIME | DATE | | | | | |
| 41 | 采集人 | COLLECTOR | COLLECTOR | NVARCHAR2(32) | 32 | | | | |
| 42 | 数据项目来源 | DATA SOURCE | DATA_SOURCE | NVARCHAR2(32) | 32 | | | | |

### 3.3.3 属性数据与空间数据关键字的映射方法

空间数据和属性数据建设完成后，即可采用关键字将两者的信息进行映射。针对空间数据的具体存储方式和属性数据库的数据特点，提出采用建筑物标识码作为数据之间存储和管理的统一编码规则，使空间数据与属性数据建立一对一关联。建筑物标识码具有唯一性，由16位数字表示，如××××××-×××-××× -××××。基于国家标准《中华人民共和国行政区划代码》(GB/T 2260—2007)和《县级以下行政区划代码编制规则》(GB/T 10114—2003)的编制规则进行编制。其中，第一、二位数字为省(自治区、直辖市、特别行政区)的代码；第三、四位数字为市(地区、自治州、盟及国家直辖市所属市辖区和县的汇总码)的代码；第五、六位数字为县(市辖区、县级市、旗)的代码；第七、八、九位数字含义同《县级以下行政区划代码编制规则》：001~099为街道(地区)代码、100~199为镇(民族镇)代码、200~399为乡、民族乡、苏木代码；第十、十一、十二位数字为居民委员会和村民委员会的代码：001~199表示居民委员会、200~399表示村民委员会；最后四位数字为建筑物顺序代码，其采用四位编码，每个普查区从"0001"到"9999"顺序编码，不重复，不间断。这样对于不同区域的每一栋建筑物都可以进行唯一编码，便于快速查看、定位，及时指导政府决策及灾后应急救灾工作。

## 3.4 实例分析

基于3.2节和3.3节的研究方法，对示范区——西安市灞桥区进行了数据采集。结合《西安市灞桥区统计年鉴》(2012年)统计及街道办事处已有的房屋调查统计数据，采用普查(详查)与抽查相结合的方式进行建筑数据采集。其中，普查的方法考虑了建筑物个体之间的差异，采集数据比较详实，包括建筑物高度、层数、结构类型、建造年代、建筑面积、使用功能等，需要结合已有的统计资料逐栋调查，主要应用于社区和建筑特点鲜明的城乡结合地带，以采用普查方式来考虑建筑物个体的差异性。对于建筑物结构个体差异性不大或者区域性差异不明显的区域，可采用抽查的方式并辅以部分普查，主要用于大量的农村建筑统计。在实际的抽样过程中兼顾建造年代、层数、使用功能、结构类型、设防标准及地域分布特点等因素[29]。本次实地采集共获得61625栋建筑物的相关数据(其中，普查数据28969栋，抽查数据汇总32656栋)，在对采集数据进一步核实分析的基础上建立了相应的建筑工程数据库，如图3.13所示。

第 3 章　建筑工程数据采集及数据库建立方法研究

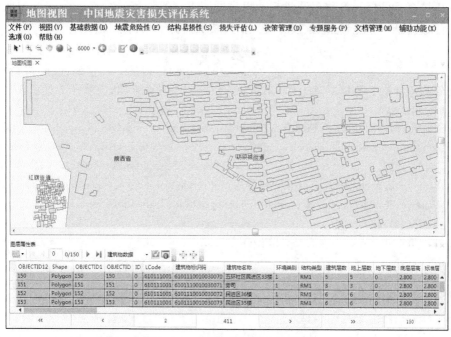

图 3.13　建筑工程数据库示意图

## 3.5　本章小结

建筑工程数据是地震灾害风险预测与损失评估的基础,完善详实的基础数据会使评估结果更趋于准确、合理。本章重点对建筑工程数据采集及数据库的建立方法进行了阐述。主要内容如下:

（1）系统总结了国内外已有的建筑工程数据采集方法,并对不同方法的优缺点进行了说明,指出基于移动 GIS 的数据采集方法已成为研究热点;同时,基于遥感影像、LiDAR 等多源技术的融合也为快速获取建筑工程数据提供了方便。

（2）针对研究需求,对建筑工程数据采集内容进行了分类,包括描述属性、结构属性及功能属性。提出了适用于我国的建筑工程数据采集方法:基于移动 GIS 进行现场数据采集,并结合问卷调查、现场咨询、文献资料查阅、Google Earth 遥感影像数据下载等方法进行评估区域建筑工程信息的获取。在采集过程中,以社区或居民委员会为基本单元进行数据源的采集和汇总,以提高采集工作的效率。

（3）为了实现数据采集的高效、快速、可更新和可共享,基于移动 GIS,以当前主流的 Android 手机操作系统为平台,运用 GPS 定位、图形绘制等技术进行了移动采集端的开发及实际应用。

（4）采用 ArcSDE 技术与 Geodatabase 模型相结合的模式,建立了一个相对完善、可扩充、可更新、可共享的建筑工程数据库。建筑工程数据库的完善可为地震灾害损失评估和政府应急救援工作提供重要支撑。

## 参 考 文 献

[1] 陈洪富,孙柏涛,陈相兆. 基于 GIS 的地震基础数据库管理系统[J]. 地震研究,2014,37(4):646-653.

[2] Sahar L,Muthukumar S,French S P. Using aerial imagery and GIS in automated building footprint extraction and shape recognition for earthquake risk assessment of urban inventories[J]. IEEE Transaction on Geoscience and Remote Sensing,2010,48(9):3511-3520.

[3] Mansouri B,Amini-Hosseini K. Development of residential building stock and population databases and modeling the residential occupancy rate for Iran[J]. Natural Hazards Review,2014,15(1):86-94.

[4] GEM. Inventory data capture tools[EB/OL]. http://www.globalquakemodel.org/resources/use-and-share/tools-apps[2015-11-02].

[5] 曾齐红. 机载激光雷达点云数据处理与建筑物三维重建[D]. 上海:上海大学,2009.

[6] 邓宏宇,孙柏涛,Weimin D. 遥感技术在地震应急基础数据库建设中的应用[J]. 地震工程与工程振动,2013,33(3):81-87.

[7] Jaiswai K S,Wald D J. Creating a global building inventory for earthquake loss assessment and risk management[R]. Reston:US Geological Survey,2008.

[8] 陈洪富. HAZ-China 地震灾害损失评估系统设计及初步实现[D]. 哈尔滨:中国地震局工程力学研究所,2012.

[9] Federal Emergency Management Agency. Rapid Visual Screening of Buildings for Potential Seismic Hazards:A Handbook[M]. 2ed. Washington DC:Government Printing Office,2002.

[10] Annunziato A,Gadenz S,Galliano D A,et al. Field tracking tool:A collaborative framework from the field to the decision makers[M]//Geographic Information and Cartography for Risk and Crisis Management. Heidelberg:Springer,2010:287-303.

[11] 徐柳华,陈捷,陈少勤. 基于 iPad 的移动外业信息采集系统研究与试验[J]. 测绘通报,2012,(12):75-78.

[12] Sohn G,Dowman I J. Extraction of buildings from high resolution satellite data[C]//Automated Extraction of Man-Made Objects from Aerial and Space Images(Ⅲ). Rotterdam:Balkema Publishers,2001:345-355.

[13] Fraser C S,Baltsavias E,Gruen A. Processing of Ikonos imagery for submeter 3D positioning and building extraction[J]. Journal of Photogrammetry and Remote Sensing,2002,56(3):177-194.

[14] Lee D S,Shan J,Bethel J S. Class-guided building extraction from Ikonos imagery[J]. Photogrammetric Engineering and Remote Sensing,2003,69(2):143-150.

[15] Saito K,Spence R. Mapping urban building stocks for vulnerability assessment—preliminary results[J]. International Journal of Digital Earth,2011,4(sup1):117-130.

[16] Miura H, Midorikawa S. Updating GIS building inventory data using high-resolution sate-llite images for earthquake damage assessment: Application to metro Manila, Philippines[J]. Earthquake Spectra, 2006, 22(1): 151-168.

[17] Alharthy A, Bethel J. Heuristic filtering and 3D feature extraction from LiDAR data[J]. International Archives of Photogrammetry Remote Sensing and Spatial Information Sciences, 2002, 34(3/A): 29-34.

[18] 尤红建, 苏林. 基于机载激光扫描数据提取建筑物的研究现状[J]. 测绘科学, 2005, 30(5): 114-116.

[19] Karsli F, Kahya O. Building extraction from laser scanning data[C]//Proceedings of the xxist International Society for Photogrammetry and Remote Sensing, Beijing, 2008.

[20] Schwalbe E, Maas H G, Seidel F. 3D building model generation from airborne laser scanner data using 2D GIS data and orthogonal point cloud projections[C]//Proceedings of International Society for Photogrammetry and Remote Sensing, Enschede, 2005.

[21] 谭衢霖, 王今飞. 结合高分辨率多光谱影像和LiDAR数据提取城区建筑[J]. 应用基础与工程科学学报, 2011, 19(5): 741-748.

[22] Wieland M, Pittore M, Parolai S, et al. Estimating building inventory for rapid seismic vulnerability assessment: Towards an integrated approach based on multi-source imaging[J]. Soil Dynamics and Earthquake Engineering, 2012, 36: 70-83.

[23] 何宗, 张泽烈, 蒋陈纯. 重庆市主城区建筑物数据库建设初探[J]. 地理空间信息, 2012, 10(2): 6-9.

[24] 陈洪富. 城市房屋建筑装修震害损失评估方法研究[D]. 哈尔滨: 中国地震局工程力学研究所, 2008.

[25] 耿泽飞, 胡飞虎, 陈慧敏. 基于GIS的灾害应急管理系统的数据集成研究[J]. 计算机应用与软件, 2012, 29(1): 103-105.

[26] 宋丽华, 沈明霞, 何瑞银, 等. 基于ArcGIS的林业GIS空间数据库建设的研究[J]. 计算机工程与设计, 2008, 29(19): 5117-5118.

[27] 潘农菲. GIS的空间数据在关系型数据库的实现理论及应用技术[J]. 计算机应用研究, 2002, 19(2): 92-94.

[28] 熊丽华, 杨峰. 基于ArcSDE的空间数据库技术的应用研究[J]. 计算机应用, 2004, 24(3): 90-91.

[29] 中华人民共和国国家质量监督检验检疫总局, 中国国家标准化管理委员会. GB/T 19428—2014 地震灾害预测及其信息管理系统技术规范[S]. 北京: 中国标准出版社, 2014.

# 第4章 地震危险性分析方法研究

## 4.1 引　　言

地震危险性分析是研究特定工程场地在未来一定时期内可能遭受到地震作用的大小和频次,包括定量描述未来潜在地震参数、震源特征及地震类型等,其目的是预测场地在一定时期内发生不同强度地震的概率或超越概率[1]。目前地震危险性分析主要有确定性地震危险性分析(deterministic seismic hazard analysis, DSHA)和概率地震危险性分析(probabilistic seismic hazard analysis,PSHA)两种。确定性地震危险性分析方法是依据历史地震重演和地震构造推演的原则,确定研究区域可能发生最大地震的震级和位置,多用于核电厂等重大建设工程项目的地震危险性评价[2]。确定性地震危险性分析方法是假定地震的发生在时间和空间上服从均匀分布,其震源及震中距等都为确定参数,忽略了地震动的随机性。相较于确定性地震危险性分析方法,由于地震在发生时间、空间和强度上都具有很强的随机性,且在时间和空间的分布上具有不均匀性,采用概率地震危险性分析方法可以更好地反映地震的不确定性。概率地震危险性分析方法是通过考虑研究区域各潜在震源区的地震活动特性及各个震级地震的可能性,采用超越概率的方式估计给定场点地震动超过某一阈值的可能性,是考虑所有可能的地震对场点地震动影响的综合结果,其对于工程结构的规划选址、抗震设防规划的确定具有重要意义,但对于在役结构在随机地震作用下的反应或性能评估,却因地震参数不明确而无法表征,而且概率性分析结果相对比较笼统宽泛,不利于政府防震减灾决策及震后的应急预案编制[3]。设定地震的提出有效地解决了确定性地震危险性分析方法和概率地震危险性分析方法的弊端。设定地震是指能够替代概率分析结果的具体地震,具有比较明确的震级、震中距及超越概率,可为工程结构的抗震设计等提供明确的地震事件,可以作为联系概率地震危险性分析方法和确定性地震危险性分析方法的纽带[4]。

为了合理反映我国地震危险性特征,本章提出基于概率方法的设定地震方法,将具有同源性的概率地震危险性分析方法(China probabilistic seismic hazard analysis,CPSHA)和确定性地震危险性分析方法有机地联系起来,并通过对概率方法与设定地震的衔接以及设定地震构造位置确定等方面的完善,建立一套系统而完整的地震危险性分析方法,技术路线如图4.1所示。该方法综合了CPSHA

和 DSHA 两种方法的优点:考虑了震级、距离等参数对地震动参数的影响,同时采用能够代替概率地震危险性分析结果的设定地震,弥补传统确定性地震危险性分析方法忽略地震内在不确定性和未考虑地震重现周期等不足。同时,也避免了两种分析方法各自的弊端,以使分析结果更具科学性和合理性。

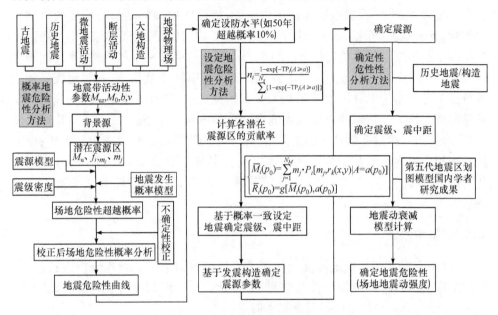

图 4.1 地震危险性分析方法技术路线

## 4.2 概率地震危险性分析

概率地震危险性分析方法最早由 Cornell 于 1968 年系统提出并获得了广泛的研究应用[5]。学者基于该方法进行了大量的理论研究工作,使其更加完善并广泛应用于不同国家、城市及小区域多尺度范围的地震危险性与地震小区划评估[6,7]。PSHA 可以概括为以下四个基本步骤:

(1) 划分潜在震源区。根据历史地震、大地构造以及地质活动性等参数,划定潜在震源区的边界,并假定未来地震在空间上均匀地发生在潜在震源区内。

(2) 确定潜在震源区地震活动性参数。研究不同潜在震源区的地震活动性参数,包括震级-频度关系、震级上限、起算震级及年平均发生率等参数。

(3) 估计地震动影响。确定地震动衰减模型,模型应能反映震级地震产生的地震动随距离的衰减规律,其中地震动衰减模型所固有的不确定性也应考虑进来。

(4) 计算场点的地震危险性。假定潜在震源区地震发生均满足泊松分布,考虑地震位置、大小及地震动衰减模型的不确定因素,综合所有潜在震源区的地震影响,从而确定具有概率含义的地震危险性曲线。

PSHA方法中假定潜在震源区内地震的震级-频度关系满足截断的指数分布关系,且在潜在震源区内地震的发生概率满足均匀分布,即未来地震发生在潜在震源区内的概率相同。但基于这种假定的PSHA在我国的地震危险性分析应用中存在一些弊端[3,8]。我国地质构造比较复杂,板块内地震活动呈现明显的时空不均匀性,既表现在不同地震带间较大尺度上的不均匀性,又表现在地震带内各活动构造间中小尺度上的不均匀性,而采用PSHA会忽略这种不均匀性,使得地震危险性评估结果不适用[9]。为了考虑我国特有的地震活动性特点,我国地震学和工程抗震学专家基于PSHA框架开展大量的研究工作,提出能够充分反映我国地震活动时空不均匀性特点的概率地震危险性分析方法[10]。该方法改进了地震活动性模型,提出二级潜在震源区模型以及三级潜在震源区模型,以求更加细致、全面地描述我国地震活动的空间不均匀性特征。本节主要针对CPSHA进行理论阐述,梳理方法之间的相互关系,为后续地震灾害损失评估系统的开发提供理论支撑。

### 4.2.1 基本假定

CPSHA是我国目前地震安全性评价工作最普遍采用的概率分析方法,可以考虑地震活动的时间不均匀性及空间不均匀性[2]。CPSHA对于地震活动时间、空间、强度的分布特征有以下几个基本假定:

(1) 地震带即地震统计区,是地震活动性分析的基本统计单元,在地震统计区内,地震活动的震级分布为指数分布,满足截断的Gutenberg-Richter关系。

(2) 在地震统计区内地震事件彼此独立,在所考虑的未来时间段内地震活动满足泊松分布,地震事件发生的时间、震级、位置等是随机的、独立的。

(3) 地震统计区内地震活动在不同的潜在震源区之间非均匀分布,可通过多因子综合评定的方法确定地震空间分布函数。在潜在震源区内地震活动的可能性是相同的。

### 4.2.2 分析方法

CPSHA与PSHA基本类似,主要区别在于潜在震源区的划分及地震活动性参数的确定。CPSHA的基本思路是通过将潜在震源区划分栅格,并分别将栅格中心点简化为点源,以点(点源)对点(场点)的方式进行地震危险性分析。该方法思路清晰,可以获得并分析各个潜在震源区甚至潜在震源区中各点对场点地震危险性的影响程度,有利于设定地震的确定。

CPSHA的主要技术思路可分解为五个阶段或层次(图4.2):第一阶段主要针对震级发生率、距离发生率进行求解;第二阶段主要针对各潜在震源区内所有可能的震级-距离组合对场点的影响进行分析,是概率法的最小计算单元;第三阶段是通过综合考虑某一潜在震源区内所包含的所有可能震级-距离组合的影响,进行基于潜在震源区的计算;第四阶段则是基于地震带的计算,可通过叠加地震带下所包含的潜在震源区对场点的影响进行分析;第五阶段即综合考虑所有潜在震源区或地震带对场点的综合影响。

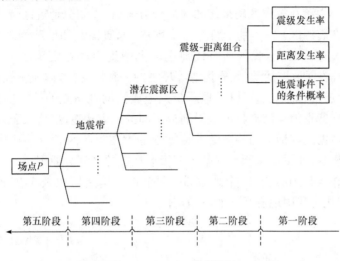

图 4.2 CPSHA 计算层次

对于范围较广的工程场地,场地内不同地区受评估区域内地震环境等的影响会有所不同,为充分体现地震环境对场地地震危险性影响的差异,同时便于在一定程度上反映地震环境对工程场地影响的空间分布形态,将工程场地以一定尺度进行栅格划分或选取计算控制点的方法离散化,相应的计算简图如图 4.3 所示。

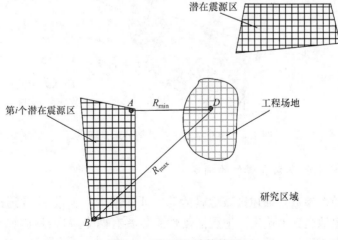

图 4.3 CPSHA 计算简图

## 1. 多层次潜在震源区的划分

潜在震源区是未来有发生破坏性地震潜在可能的地区,是概率地震危险性分析方法中最关键的技术环节。为了合理反映我国地震带中地震活动和构造活动的不均匀性,《中国地震烈度区划图》(1990年)和《中国地震动参数区划图》(GB 18306—2001)中潜在震源区均采用两级划分方案(首先划分地震区带,然后在地震带中划分潜在震源区)[11]。基于新的历史地震、地质构造和地球物理基础资料统计分析及相关理论研究,我国新一代地震区划图提出潜在震源区三级划分的思路[9,12]:首先,依据地震活动、地质构造等环境的一致性,并考虑地震统计样本的充分性,划分地震带,即地震统计区,地震带是地震活动性参数的统计单元;其次,在地震带内依据背景地震活动特征差异划分不同的地震构造区(背景源);最后,在地震构造区内根据地震活动与构造活动特征划分潜在震源区,潜在震源区包括构造源和地震聚集源,如图4.4所示。基于三级潜在震源区划分原则,新一代地震区划图在我国及邻区共划分出29个地震带,77个地震构造区以及1199个潜在震源区,进一步细化了我国地震活动的不确定性。

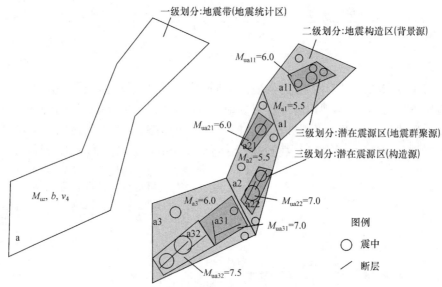

图4.4　潜在震源区三级划分示意图[11]

## 2. 地震活动性参数和模型的确定

地震活动性参数是描述区域地震活动特征的基本物理量,主要通过统计研究区域内的历史地震数据确定。地震活动性参数具有两个层次:地震统计区活动性参数和潜在震源区活动性参数。

1) 地震统计区活动性参数

(1) 震级上限 $M_{uz}$ 和震级下限 $M_0$。

震级上限 $M_{uz}$ 是地震带内震级-频度关系中累积频度趋于 0 的震级上限值。一般确定震级上限的方法主要有两种：①对历史地震资料足够长的地震带，若确认地震带已经过了几个地震活动周期，可按地震带已发生过的最大地震强度确定；②通过地质构造类比活动断层长度等参数估计各潜在震源区的震级上限。例如，对于汾渭地震带，统计时段为 1500~2013 年，推算估计的地震带震级上限为 8.5 级。震级下限也称起算震级，是地震带内考虑其他场地地震影响的最小震级，在一般地震安全性评价时可取震级下限为 4.0 级。

(2) 震级-频度关系。

根据 4.2.1 节基本假定(1)可知，地震统计区内地震活动服从截断的 Gutenberg-Richter 关系，且震级服从指数分布：

$$v = e^{\alpha - \beta m} \qquad (4.1)$$

式中，$v$ 为震级大于 $M_0$ 的地震年平均发生率；$\alpha = a\ln10, \beta = b\ln10$，$a$、$b$ 为统计常数，通过统计回归确定。

(3) $b$ 值和地震年平均发生率 $v$。

$b$ 作为截断的 Gutenberg-Richter 关系中的重要统计参数，反映地震统计区在特定时间段内大小地震的比例关系。研究发现，$b$ 与该区域地震应力状态和地壳破裂强度有关，并且 $b$ 在区域内的变化可以反映地球外壳中应力状态的变化[13]。

地震年平均发生率 $v$ 是指选取的时间段内发生的地震次数与该时间段长度的比值[14]，在一定程度上直接反映该地区的地震活动水平。由于地震活动在时间轴上具有非平稳分布特性，因此，$v$ 的确定受资料统计时段的影响。

理论上，无论 $b$ 还是地震年平均发生率 $v$ 均是由统计时段内的地震资料直接统计而来的，但是由于我国历史地震资料的不完备性，在实际的工程应用中一般通过震级-频度关系计算得到相应时段的 $b$ 和对应的 $v$。对于无资料的潜在震源区，可根据地质资料类比，或将该区的 $v$ 按面积分配[2]。

2) 潜在震源区活动性参数

(1) 潜在震源区震级上限 $M_u$。

潜在震源区震级上限 $M_u$ 是指潜在震源区内无法超越的最大震级。$M_u$ 的确定取决于潜在震源区内的历史地震活动情况和地震背景特征两大因素，震级上限通常取为 5.5 级、6.0 级、6.5 级、7.0 级、7.5 级、8.0 级或 8.5 级。

(2) 各震级档空间分布函数 $f_{i,m_j}$。

各震级档空间分布函数是地震带内地震活动空间不均匀性的重要参数，是地震带内发生一次 $m_j$ 档震级地震落在第 $i$ 个潜在震源区的概率大小。同一地震带

内对某一震级档 $m_j$，$f_{i,m_j}$ 满足归一化条件。空间分布函数是分震级档表达的，震级分档主要取决于因子分辨能力，以往的震级分档跨度比较大，难以体现不同震级产生地震动及其特征的差异，特别是高震级段的潜在影响。

由于不同震级地震受构造因素的控制程度不同，各震级档空间分布函数的确定原则和方法也存在差异，见表 4.1。

表 4.1 各震级档空间分布函数的确定原则和方法

| 震级档 | 受构造控制情况 | 确定原则 | 确定方法或考虑因素 |
| --- | --- | --- | --- |
| 4.0~5.9 级 | 构造控制不明显，随机性较强 | 面积等权分配 | $f_{i,m_j} = \dfrac{S_i}{\sum_{i=1}^{N_s} S_i}$ |
| 6.0~7.4 级 | 构造控制较大，随机性较弱 | 多因子等权求和 | 中长期尺度地震预报信息；构造空段；大震的减震作用 |
| 7.5 级以上 | 构造控制显著 | 多因子等权求和，同时考虑古地震资料 | 中长期尺度地震预报信息；构造空段；大震的减震作用；根据古地震资料 |

（3）方向性函数 $f(\theta)$。方向性函数考虑我国地震动影响场的椭圆分布特征，地震影响在长轴和短轴上衰减特征不同，使地震的破裂方向具有一定的随机性，采用互相垂直的两个可能的长轴走向 $\theta_1$ 和 $\theta_2$ 的发生概率 $P_1$ 和 $P_2$ 来表征沿不同方向破裂的概率分布。由于地震破裂方向具有一定的随机性，因此采用方向性函数 $f(\theta)$ 来描述椭圆地震动衰减关系的长轴取向概率，公式如下：

$$f(\theta) = P_1 d(\theta_1) + P_2 d(\theta_2) \tag{4.2}$$

式中，$\theta_1$ 和 $\theta_2$ 为可能的断裂构造走向与正东方向的夹角，且 $\theta_1$、$\theta_1 \in [0°, 180°]$；$P_1$、$P_2$ 为相应方向的取向概率。在确定方向性函数时，其概率分布应视潜在震源区的地震环境而定，一般应考虑四种情况[15]，见表 4.2。

表 4.2 椭圆长轴取向概率

| 震源破裂类型 | $P_1$ | $P_2$ |
| --- | --- | --- |
| 单一破裂类型 | 1 | 0 |
| 共轭破裂类型 | 0.5 | 0.5 |
| 主辅破裂类型 | 0.7 | 0.3 |
| 破裂模糊类型 | 长轴在 180°范围内均匀分布 | 长轴在 180°范围内均匀分布 |

3. 地震动衰减关系

地震活动性和地震动衰减模型是地震危险性分析的关键因素，而地震动衰减模型是描述地震动随震级和距离而变化的关系,与基岩特性、断层分类及场地特点有关,具有明显的地域特征。目前国内外建立地震动衰减模型主要有以下三种途径[2,16]:

(1) 基于大量的强震记录建立经验衰减模型,该方法主要应用于美国,如美国国家地理空间情报局(National Geospatial-Intelligence Agency, NGA)提出的模型,我国因强震记录比较少,还鲜有相关的研究成果。

(2) 依据震源机制和地震波传播规律采用力学原理进行理论推导,该方法需要大量的详细数据,不适用于实际工程分析。

(3) 基于宏观烈度资料估算地震动参数,利用参考地区的地震动及烈度衰减模型进行转换修正,这种方法普遍应用于我国地震动衰减规律研究。

《中国地震动参数区划图》(GB 18306—2015)编制过程中,以美国西部作为参考地区,采用美国国家地理空间情报局数据库,同时加入世界其他地区的浅源大震的强震资料,分步回归得到我国分区地震动衰减关系[17]。《中国地震动参数区划图》(GB 18306—2015)采用的地震动衰减模型如下:

$$\lg Y = A + BM + C\lg(R + De^{EM}) \tag{4.3}$$

式中,$Y$ 为地震动峰值加速度;$M$ 为面波震级;$R$ 为震中距;$A$、$B$、$C$、$D$ 和 $E$ 为回归系数。为了更准确地反映地震动的大震近场饱和,将震级以 6.5 级为界进行分段,同时为了考虑我国不同地震区域的地震构造,依据地震区带进行了我国地震动衰减模型分区研究,回归系数取值详见附录 E 中表 E.1。

与此同时,我国学者针对我国不同区域基于宏观烈度统计进行了基岩地震动衰减模型研究,为具体研究区域的地震衰减模型的建立提供了参考。本书统计了目前国内比较认可的我国分区及部分省市的地震动衰减模型,见式(4.4),详细的参数见附录 E 中表 E.2。

$$\lg Y = C_1 + C_2 M + C_3 M^2 + C_4 \lg(R + C_5 e^{C_6 M}) \tag{4.4}$$

式中,$Y$ 为地震动峰值加速度;$M$ 为面波震级;$R$ 为震中距;$C_1$、$C_2$、$C_3$、$C_4$、$C_5$ 和 $C_6$ 为回归系数。

同时,为了考虑地震动衰减模型的不确定性,采用美国核能管理委员会(Nuclear Regulatory Commission, NRC)推荐的逻辑树模型[18]进行地震动衰减关系的不确定性考虑,逻辑树模型允许使用不同的参数或模型,但每个参数或模型需要确定相应的权重值(图 4.5)。

本书只针对地震动衰减关系进行逻辑树分析,即其他模型和参数只选用单一方案,权重为 1.0。逻辑树模型对地震动衰减关系的不确定性考虑,即考虑了最小单元为潜在震源区范围内各点的不同震级档对工程场点的地震动危险性的影响。该方法通过考虑计算过程中点对点的不确定性,充分考虑了中间过程对场地危险性的影响。

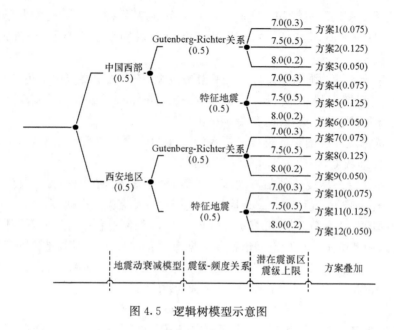

图 4.5　逻辑树模型示意图

**4. 潜在震源区内各震级档发生率**

根据地震统计区的震级上、下限,将震级离散化,以 $\Delta M$ 为震级分档间隔,将该潜在震源区的震级划分为 $N_M$ 个震级档,并以 $m_j$ 表示第 $j$ 个震级档 $[M_0+(j-1)\Delta M] \sim (M_0+j\Delta M)$,一般取该震级档的中值表示该震级档,即 $m_j = M_0 + (j-0.5)\Delta M$。由 4.2.1 节基本假定(1)可知,地震统计区内震级满足具有上、下限的 Gutenberg-Richter 关系,则可推导出地震统计区震级概率密度分布函数,即

$$f_M(m_j) = \frac{\beta \exp[-\beta(m_j - M_0)]}{1 - \exp[-\beta(M_{uz} - M_0)]} \tag{4.5}$$

式中,$\beta = b\ln 10$,$b$ 为截断 Gutenberg-Richter 关系的斜率,属于地震统计区的地震活动性参数;$M_0$ 为地震统计区的起算震级;$M_{uz}$ 为第 $z$ 个地震统计区的震级上限。

基于地震统计区的概率密度函数,可获得地震统计区 $m_j$ 震级档年平均发生概率 $P_z(m_j)$,即

$$P_z(m_j) = \frac{2v}{\beta} f_M(m_j) \operatorname{sh}\left(\frac{1}{2}\beta \Delta m\right)$$

$$= \frac{2v\exp[-\beta(m_j - M_0)]}{1 - \exp[-\beta(M_{ui} - M_0)]} \operatorname{sh}\left(\frac{1}{2}\beta \Delta m\right) \tag{4.6}$$

式中,$v$ 为震级大于 $M_0$ 的地震年平均发生率;$M_{ui}$ 为第 $i$ 个潜在震源区的震级上限。

由 4.2.1 节基本假定(3)可知,地震统计区内地震活动在不同的潜在震源区内服从非均匀分布,而潜在震源区内地震活动在空间上满足均匀分布,两者共同决定了潜在震源区内各点发生相应震级的地震概率。各潜在震源区通过引入空间分布函数 $f_{i,m_j}$ 来描述发生震级为 $m_j$ 的地震落在第 $i$ 个潜在震源区内的概率。若第 $i$ 个潜在震源区的面积为 $S_i$,则震级档 $m_j$ 下的各潜在震源区内各点发生地震的概率为

$$P[(x,y)|m_j] = f_{i,m_j} \frac{1}{S_i} \qquad (4.7)$$

式中,$S_i$ 为第 $i$ 个潜在震源区的面积。

综上所述,在第 $z$ 个地震统计区中第 $i$ 个潜在震源区内发生一次 $m_j$ 震级档地震的概率 $P_{i,m_j}$ 可表示为

$$P_{i,m_j} = \begin{cases} \dfrac{2v\exp[-\beta(m_j-M_0)]\mathrm{sh}\left(\frac{1}{2}\beta\Delta M\right)}{1-\exp[-\beta(M_{uz}-M_0)]} f_{i,m_j}, & M_0 < m_j < M_{ui} \\ 0, & M_{ui} < m_j < M_{uz} \end{cases} \qquad (4.8)$$

则在第 $z$ 个地震统计区中第 $i$ 个潜在震源区内的坐标为 $(x,y)$ 的位置上发生一次 $m_j$ 震级档地震的概率 $v_{i,m_j}$ 可表示为

$$v_{i,m_j} = \begin{cases} \dfrac{2v\exp[-\beta(m_j-M_0)]\mathrm{sh}\left(\frac{1}{2}\beta\Delta M\right)}{1-\exp[-\beta(M_{uz}-M_0)]} \cdot \dfrac{f_{i,m_j}}{S_i}, & M_0 < m_j < M_{ui} \\ 0, & M_{ui} < m_j < M_{uz} \end{cases} \qquad (4.9)$$

5. 震级-距离组合对场点的影响

式(4.5)~式(4.9)主要是针对各潜在震源区内地震年平均发生率问题进行推导分析,下面将针对不同地震 $(M,R)$ 对工程场点的地震危险性影响进行分析。根据全概率定理可知,在第 $z$ 个地震统计区内的第 $i$ 个潜在震源区的坐标为 $(x,y)$ 的位置上发生一次 $m_j$ 震级档的地震,并使某一工程场点处地震动参数值 $A$ 超越给定地震动参数值 $a$ 的概率为

$$\begin{aligned} &P[A \geqslant a E_i(m_j, r_k(x,y))] \\ &= P[m_j, r_k(x,y)] P[A \geqslant a | E_i(m_j, r_k(x,y))] \\ &= \{P[r_k(x,y)|m_j] P_z(m_j)\} P[A \geqslant a | E_i(m_j, r_k(x,y))] \\ &= v_{i,m_j} P[A \geqslant a | E_i(m_j, r_k(x,y))] \end{aligned} \qquad (4.10)$$

式中,$P[A \geqslant a | E_i(m_j, r_k(x,y))]$ 是指在第 $z$ 个地震统计区内的第 $i$ 个潜在震源区的坐标为 $(x,y)$ 的位置上发生一次 $m_j$ 震级档地震的作用下,某一工程场点处地震动参数值 $A$ 超越给定地震动参数值 $a$ 的条件超越概率。

李杰[14]指出,地震动强度随着震源距的增加而降低,但这种衰减关系随着传播介质、场地类型等不同而呈现出较为明显的离散性。在地震危险性分析中,对传播路径引起的不确定性宜采用简化处理,即引用平均场地或基岩场地条件下的平均地震动衰减关系反映震源对给定场点地震动的影响,并且地震动峰值加速度 PGA 基本符合对数正态分布,即 PGA 的自然对数符合正态分布[7]。因此对于第 $i$ 个潜在震源区的空间任一点 $r_k(x,y)$ 发生 $m_j$ 级地震时,场点处地震动参数值超越给定值的概率为

$$P[A \geqslant a \mid E_i(m_j, r_k(x,y))] = \int_y^{+\infty} f_{\text{PGA}}(u)\mathrm{d}u = 1 - \Phi\left(\frac{\ln a - \overline{\ln A}}{\sigma}\right) \quad (4.11)$$

式中,$\Phi(\cdot)$ 表示标准正态分布;$a$ 为场地给定的地震动峰值加速度;$\overline{\ln A}$ 表示在地震事件 $E_i(m_j, r_k(x,y))$ 作用下,场点处地震动峰值加速度自然对数的平均值;$\overline{A}$ 为基于地震事件 $E_i(m_j, r_k(x,y))$ 的场点处地震动峰值加速度的平均值;$\sigma$ 为地震动衰减关系的标准差。

式(4.11)中的 $\overline{\ln A}$ 是由衰减关系确定的地震动峰值加速度自然对数的平均值,但由于我国现阶段最常用的衰减模型为椭圆长短轴联合地震动衰减模型,该模型是地震动参数关于震级、震中距的非线性函数,对于长短轴方向上特定距离处的地震动参数值可根据衰减关系式直接求解,但对于非长短轴方向任一点的地震动强度并没有解析解,只能采用数值法或解析几何法获得任意方向特定距离处的地震动参数平均值。利用解析几何方法进行空间任一点地震动参数值的计算[19]。计算简图如图 4.6 所示。

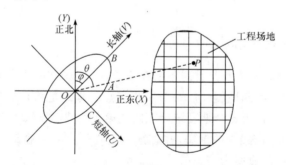

图 4.6 空间任一点地震动参数值的计算简图

从图 4.6 可以看出,两个正交坐标系 X-Y 和 U-V 的夹角为 $\varphi$(表示从正北方向顺时针转至断层走向的角度),该角度由潜在震源区的方向性函数 $f(\theta)$ 确定。假定面波震级为 $M$,震源位置为 $O$,任意场点为 $P$,震源坐标为 $O(X_O, Y_O)$,任意场点坐标为 $P(X_P, Y_P)$,震源到场点的距离为 $R$,椭圆长轴 $OB$ 线段长度为 Max,椭圆短轴 $OC$ 直线长度为 Min。

利用直角坐标变换公式：

$$\begin{cases} U = X\cos\varphi - Y\sin\varphi \\ V = Y\cos\varphi + X\sin\varphi \end{cases} \tag{4.12}$$

可求得 $X$-$Y$ 直角坐标系下，图 4.6 所示的椭圆方程为

$$\frac{(X\cos\varphi - Y\sin\varphi)^2}{\text{Min}^2} + \frac{(Y\cos\varphi + X\sin\varphi)^2}{\text{Max}^2} = 1 \tag{4.13}$$

$Y_a$ 和 $Y_b$ 分别为椭圆长轴点和短轴点峰值加速度。采用式(4.3)所给出的地震动衰减模型进行计算，即可求出 $Y_a$ 和 $Y_b$ 如下：

$$\begin{cases} Y_a = 10^{[C_1 + C_2 M + C_3 M^2 + C_4 \lg(R + C_5 e^{C_6 M})]} \\ Y_b = 10^{[D_1 + D_2 M + D_3 M^2 + D_4 \lg(R + D_5 e^{D_6 M})]} \end{cases} \tag{4.14}$$

根据震源 $O(X_O, Y_O)$ 和任一点 $P(X_P, Y_P)$，可求出 $OP$ 直线的斜率 $k$ 为

$$k = \frac{Y_P - Y_O}{X_P - X_O} \tag{4.15}$$

根据 $Y_a$、$Y_b$、$\varphi$、$k$，可求解 $P$ 点地震动峰值加速度的平均值 $\overline{A}$（即 $OA$ 的长度）如下：

$$\overline{A} = (X^2 + Y^2)^{\frac{1}{2}} = \sqrt{\frac{(1+k^2)Y_a^2 Y_b^2}{Y_a^2(\cos\varphi - k\sin\varphi)^2 + Y_b^2(k\cos\varphi + \sin\varphi)^2}} \tag{4.16}$$

**6. 单一潜在震源区对场点的影响**

综合考虑潜在震源区内所有可能震级-距离组合的发生率以及对场点处地震危险性的影响，则第 $i$ 个潜在震源区使场地地震动参数 $A$ 超越给定值 $a$ 的概率为

$$\begin{aligned} P_i(A \geqslant a) &= \sum_{j=1}^{N_M} \iint \{P[A \geqslant a \mid E_i(m_j, r_k(x,y))] P_i[m_j, r_k(x,y)]\} \mathrm{d}x\mathrm{d}y \\ &= \sum_{j=1}^{N_M} \iint v_{i,m_j} P[A \geqslant a \mid E_i(m_j, r_k(x,y))] \mathrm{d}x\mathrm{d}y \\ &= \sum_{j=1}^{N_M} \iint \frac{2v\exp[-\beta(m_j - M_0)]\mathrm{sh}\left(\frac{1}{2}\beta\Delta M\right)}{1 - \exp[-\beta(M_{uz} - M_0)]} \\ &\quad \cdot \frac{f_{i,m_j}}{S_i} P[A \geqslant a \mid E_i(m_j, r_k(x,y))] \mathrm{d}x\mathrm{d}y \end{aligned} \tag{4.17}$$

**7. 单一地震统计区对场点的影响**

4.2.1 节基本假定(2)指出，在地震统计区内地震事件彼此独立，且事件间的发生时间、震级、位置等互不影响，并在未来一定时期内满足泊松分布。假设在地震统计区内发生 $k$ 次地震，则满足

$$P(A \leqslant a) = [1 - P(A \geqslant a)]^k \tag{4.18}$$

根据泊松分布,综合考虑单位时间内第 $z$ 个统计区内所有 $N_{sz}$ 个潜在震源区对场点的影响,则在场点处产生的地震动参数值 $A$ 超越给定地震动参数值 $a$ 的概率 $P_z(A \geqslant a)$ 为

$$\begin{aligned}
P_z(A \geqslant a) &= 1 - \sum_{k=0}^{+\infty} P(A \leqslant a) P_k \\
&= 1 - \sum_{k=0}^{+\infty} [1 - P(A \geqslant a)]^k \frac{v^k}{k!} e^{-v} \\
&= 1 - e^{-v} \sum_{k=0}^{+\infty} \frac{v^k}{k!} [1 - P(A \geqslant a)]^k \\
&= 1 - e^{-v \cdot P(A \geqslant a)} \\
&= 1 - \exp\left\{-2v \sum_{i=1}^{N_{sz}} \sum_{j=1}^{N_M} \iint \frac{\exp[-\beta(m_j - M_0)]}{1 - \exp[-\beta(M_{uz} - M_0)]} \operatorname{sh}\left(\frac{1}{2}\beta \Delta M\right) \right. \\
&\quad \left. \cdot \frac{f_{i,m_j}}{S_i} P[A \geqslant a \mid E_i(m_j, r_k(x,y))] \mathrm{d}x\mathrm{d}y \right\} \\
&= 1 - \exp\left\{\frac{-2v}{\beta} \sum_{i=1}^{N_{sz}} \sum_{j=1}^{N_M} \iint f_M(m_j) \operatorname{sh}\left(\frac{1}{2}\beta \Delta M\right) \frac{f_{i,m_j}}{S_i} \right. \\
&\quad \left. \cdot P[A \geqslant a \mid E_i(m_j, r_k(x,y))] \mathrm{d}x\mathrm{d}y \right\}
\end{aligned} \tag{4.19}$$

**8. 场点的地震危险评估结果**

综合考虑场点研究区域内的 $N_z$ 个地震统计区对场点的影响,并综合其贡献值,得到场点中的超越概率 $P(A \geqslant a)$ 表达式如下:

$$P(A \geqslant a) = 1 - \prod_{n=1}^{N_z} [1 - P_z(A \geqslant a)] \tag{4.20}$$

若已知地震的年平均超越概率,则可根据地震发生时间遵循相互独立的原则,计算时间段 $T$ 年的超越概率 $P_T$:

$$P_T = 1 - (1-P)^T \tag{4.21}$$

若在地震动衰减模型处采用逻辑树模型,选择了 $n$ 个地震动衰减关系,则每个地震动衰减关系将会得到一个计算结果 $P_T^i(A \geqslant a)$,根据权重 $\lambda_i$ 对其进行加权平均

$$P_T(A \geqslant a) = \sum_{i=1}^{n} \lambda_i P_T^i(A \geqslant a) \tag{4.22}$$

根据式(4.21)推导出同一场点处相同给定参数值不同年限下的超越概率,即若已知时间段 $T_1$ 年的超越概率 $P_{T_1}(A \geqslant a)$,则可以推导出时间段 $T_2$ 年的超越概

率 $P_{T_2}(A \geqslant a)$ 为

$$P_{T_2}(A \geqslant a) = 1 - [1 - P_{T_1}(A \geqslant a)]^{\frac{T_2}{T_1}} \tag{4.23}$$

9. 不确定性校正

我国地震动衰减关系多采用转化方法间接确定,但这种空间范围的外推法使我国的地震动衰减关系具有极大的不确定性,从而影响场点地震危险性评估的合理性和可靠性。因此,CPSHA 中需要同时考虑地震发生及地震动传播的不确定性,地震动衰减关系的不确定性校正是在场点超越概率计算完成后进行的。地震动衰减关系式由两部分组成,一般采用随机误差 ε 表示地震动衰减关系的不确定性,即

$$\lg A = f(M, R) + \varepsilon \tag{4.24}$$

式中,$A$ 为地震动参数值;$M$ 为面波震级;$R$ 为震中距。

根据我国传统的地震动衰减关系的不确定性校正原理[20],有

$$P(A \geqslant a^*) = \int_{-\infty}^{+\infty} P(A \geqslant a e^{-\varepsilon}) f(\varepsilon) d\varepsilon$$
$$\approx \int_{-3\sigma}^{+3\sigma} P(A \geqslant a e^{-\varepsilon}) f(\varepsilon) d\varepsilon \tag{4.25}$$

式中,$P(A \geqslant a^*)$ 为校正过的地震动超越概率;$\sigma$ 为地震动衰减关系回归分析的误差;$f(\varepsilon)$ 为随机误差 ε 的概率密度函数,是均值为 0,标准差为 $\sigma$ 的正态分布,即

$$f(\varepsilon) = \frac{1}{\sqrt{2\pi}\sigma} \exp\left(-\frac{\varepsilon^2}{2\sigma^2}\right) \tag{4.26}$$

传统的 CPSHA90 算法也是通过上述方法对地震动衰减关系的不确定性进行校正,该校正方法的最小单位是潜在震源区,忽略潜在震源区内各点上发生的各震级档对场点地震动参数的影响。同时,由于现阶段地震动衰减关系的标准差是与震级、震中距以及地震动强度无关的常数,因此可以采用对数正态分布及衰减关系表征潜在震源区危险性曲线上的地震动离散特征,但是,如果出现与地震动强度、震级等相关的均值和标准差,则该方法将不再适用[3]。

## 4.3 确定性地震危险性分析

确定性地震危险性分析方法主要是根据历史地震重演和地质构造类别的原则,利用区域历史地震活动特征、地震地质的构造背景、地震烈度衰减关系等资料,估计研究地区未来可能发生最大地震的地点和水平[1]。确定性地震危险性分析方法具有明确的物理概念,震级、震中距等参数都是确定的参数,便于确定合成地震动时程参数,但其假定地震的发生在时间、空间上均匀分布,忽略了地震动的随机

性,未考虑地震的重现周期,评估结果比较保守,未能表征研究区域的地震危险性概率和风险程度[15]。尽管确定性地震危险性分析方法缺乏一定的概率意义,但对于重大工程和特殊工程(如核电厂、大坝设施等)地震动的研究,确定性地震危险性分析方法是主要的评价方法之一。

按确定性地震危险性分析方法进行地震危险性分析的基本步骤如下(图 4.7):

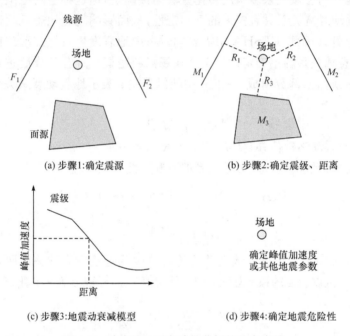

图 4.7 确定性地震危险性分析的基本步骤

(1) 根据历史地震和地质构造资料、地震活动及地震断层特性等识别所有对研究场地有影响的震源,震源特性包括震源的几何定义及地震的可能性,如点源、线源及面源等。

(2) 确定潜在震源区的震级和震中距参数,从几组地震中选择对研究场地最不利的地震参数。最不利地震的确定为地震危险性分析提供了一个很直观的途径,但是该方法不能提供地震发生的可能性,也无法考虑地震动、震源等不确定性因素。

(3) 确定地震动衰减关系,其关系可基于强震记录统计或宏观烈度转换得到。地震动衰减模型与研究区域的地质构造特征密切相关,可参考概率地震危险性分析中关于地震动衰减模型的描述。

(4) 根据选定的震级和震中距,利用地震动衰减模型确定所研究场地的最大可能地面运动参数。根据局部场地条件,对上述结果做一定调整。

## 4.4 基于设定地震的确定性分析

《地震灾害预测及其信息管理系统技术规范》(GB/T 19428—2014)[21]将设定地震定义为预期对某一区域可能产生震害的地震,包括震中、震级。我国的设定地震根据确定原则或方法的不同可归纳为三类[2,21],见表4.3。

**表4.3 设定地震的分类**

| 类别 | 确定原则 | 考虑因素 | 特点 |
| --- | --- | --- | --- |
| 第一类 | 构造类比原则和历史地震重复性原则 | 地震构造特征、地震活动性、地质背景等 | 考虑地震的发生与断层活动的密切关系 |
| 第二类 | 历史最大地震原则 | 地震环境、场地条件、历史地震资料等 | 考虑历史地震对场地地震动的影响 |
| 第三类 | 加权平均原则或最大概率原则 | 概率危险性分析中各潜在震源区和震级-距离组合的贡献率 | 考虑研究区域整体地震环境对场地的综合影响 |

第一类地震构造法和第二类历史地震法为传统确定性地震危险性分析方法。第三类基于概率分析结果的设定地震,本质是概率地震危险性分析结果的分解和延伸,与前两类方法相比其最大优势在于给设定地震赋予了概率含义,并考虑了所有可能潜在震源对工程场地的综合影响。本章只针对第三类能够替代概率地震危险性分析结果的设定地震进行分析,下面提到的设定地震均特指基于概率地震危险性分析方法的具体地震。

### 4.4.1 设定地震

设定地震是指可以表征概率地震危险性分析结果的具体地震,具有明确的震级、距离和超越概率,由此确定的地震反应谱不再是包络反应谱,而是真实地震作用下的样本重现,有利于地震动时程和地震动场的合成[22]。根据设定地震确定原则的不同,国内外现有设定地震的确定方法主要有两种:加权平均法和最大概率法[23]。其中,加权平均法是取工程场地的平均影响地震作为设定地震,其优点在于,通过该方法获得的反应谱将长周期处的安全性考虑在内,适用于中长周期建筑物;而最大概率法则是取对场点具有最大贡献的地震作为设定地震。由于该方法低估了长周期反应谱值,直接导致长周期工程安全性降低,但对短周期建筑物的安全性并无影响[24],因此该方法较适用于短周期建筑工程。

为了便于工程实际的运用,本章以设定地震协调CPSHA和DSHA的基本思路,充分考虑工程场地所处的地震环境和地质构造背景等因素,确定能够替代

CPSHA评估结果的设定地震,并依据设定地震震中沿发震断层分布的主要原则来确定设定地震震中空间位置,最终基于该设定地震进行确定性地震危险性分析,具体分为四个步骤,如图4.8所示。

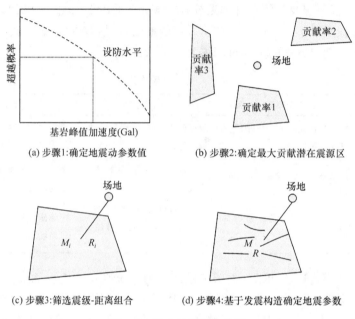

图 4.8 设定地震确定步骤

(1) 确定地震动参数值 $a$。在概率地震危险性分析所获得的地震危险性曲线上根据设防标准或给定的超越概率水平确定地震动参数值 $a$。

(2) 确定最大贡献潜在震源区。根据各潜在震源区对场点地震动参数值超越给定值 $a$ 概率的贡献率,确定对场点贡献率较大的一个或几个最大贡献潜在震源区,作为设定地震候选区。

(3) 筛选震级-距离组合。在设定地震候选区内,利用地震动衰减关系找到所有满足条件的可能地震 $(m_j, r_{(x,y)k})$,使得场点处地震动参数在该地震作用下大于等于给定地震动参数 $a$。

(4) 基于发震构造确定地震参数。根据加权平均原则或最大概率原则确定设定地震参数,包括相应的震级、震中距及震中构造位置,并利用地震动衰减关系对工程场地地震动参数进行评估。

由上述分析过程可知,设定地震是概率法评估结果的分解延伸过程,将概率包络性结果用具有概率意义的具体地震替代,反映研究区域整体地震环境的综合影响结果。同时,基于设定地震的确定性地震危险性分析弥补了传统确定性分析方法确定地震的主观性,并为确定性分析结果赋予概率含义,便于为建筑结构动力分析、抗震设计等防震减灾工作提供可靠依据。

### 4.4.2 关键步骤

**1. 最大贡献潜在震源区的确定**

无论传统的 PSHA 还是我国特有的 CPSHA 方法,从潜在震源区的角度而言,均是考虑对工程场地可能有影响的所有潜在震源区的综合影响,但由于各潜在震源区的地震活动性参数以及相对于工程场地的空间位置关系存在差异,导致各潜在震源区对工程场点的影响并不相同。因此,在设定地震确定过程中,需要考虑对场点起控制作用的一个或几个潜在震源区。其中,潜在震源区对场点的贡献大小取决于潜在震源区划分方案及其活动性参数。但需要注意的是,针对特定场点的地震动贡献率较大或最大的潜在震源区并不是唯一确定的,它随着场点地震动超越概率水平和结构周期的变化而可能有所不同[25]。

一般而言,地震危险性分析和设定地震的确定均是针对一个地区或区域,该地区或区域中具有不同自振周期的建(构)筑物,通过取 0.1s 和 1.0s 的地震动衰减关系分别代表短周期和长周期,考察控制场点地震动的最大贡献潜在震源区是否一致,若一致则采用单一设定地震代替概率法评估结果,若不同则采用几个设定地震进行反应谱的约束。控制场点地震动的最大贡献是将潜在震源区作为设定地震的候选区域,它的确定对设定地震分析至关重要。

某一超越概率水平下各潜在震源区对场点地震动的贡献率,采用各潜在震源区在工程场点引起的超越概率和所有潜在震源区对场点地震动影响的比值来表示[26],表达式为

$$\eta_i = \frac{1-\exp[-T \cdot P_i(A \geqslant a)]}{\sum_{i=1}^{N_s}\{1-\exp[-T \cdot P_i(A \geqslant a)]\}} \quad (4.27)$$

式中,$\eta_i$ 表示第 $i$ 个潜在震源区对场点超越给定地震动参数值 $a$ 的贡献率;$T$ 为建(构)筑物的自振周期;$P_i(A \geqslant a)$ 为不考虑地震在时间上的泊松分布条件下,各个潜在震源区使得某一工程场点的地震动参数超越给定地震动参数值 $a$ 的概率,表达式详见式(4.17)。

由式(4.27)可看出,$\eta_i$ 越大则代表该潜在震源区对场地危险性贡献率越大,并且根据泊松分布的特点可知,$\eta_i$ 具有归一化特征,即满足

$$\sum_{i=1}^{N_s}\eta_i = 1 \quad (4.28)$$

**2. 震级和震中距的确定**

根据设定地震震级和震中距确定原则的不同,将设定地震的确定分为加权平

均法和最大概率法,并基于确定的震级和震中距参数,通过地震动衰减关系确定场点设计反应谱,取代一致概率反应谱。由于最大概率设定地震计算单元为潜在震源区空间网格单元,其贡献率较低,设定地震的确定具有一定的片面性,因此,本章采用以潜在震源区为基本计算单元的加权平均法确定能够代替概率分析结果的设定地震。

加权平均法主要分为以下两类。

(1) 无论震级还是震中距均按加权平均原则确定。

$$\begin{cases} \overline{M}_i(p_0) = \sum_{j=1}^{N_M} m_j P_i[m_j, r_k(x,y) \mid A \geqslant a(p_0)] \\ \overline{R}_i(p_0) = \sum_{k=1}^{N_R} r_k P_i[m_j, r_k(x,y) \mid A \geqslant a(p_0)] \end{cases} \quad (4.29)$$

式中,$p_0$ 为场点给定的设防标准或超越概率水平;$P_i[m_j, r_k(x,y) \mid A \geqslant a(p_0)]$ 为在 $A \geqslant a(p_0)$ 条件下,第 $i$ 个潜在震源区内任意地震组合$(m_j, r_k(x,y))$的联合概率分布,即地震组合$(m_j, r_k(x,y))$对 $A \geqslant a(p_0)$ 的贡献率,其表达式为

$$\begin{aligned} & P_i[m_j, r_k(x,y) \mid A \geqslant a(p_0)] \\ &= \frac{P[A \geqslant a(p_0) E_i(m_j, r_k(x,y))]}{\sum_{j=1}^{N_M} \sum_{k=1}^{N_R} P[A \geqslant a(p_0) E_i(m_j, r_k(x,y))]} \\ &= \frac{P[A \geqslant a(p_0) \mid E_i(m_j, r_k(x,y))] P(m_j) P(r_k(x,y) \mid m_j)}{\sum_{j=1}^{N_M} \sum_{k=1}^{N_R} P[A \geqslant a(p_0) \mid E_i(m_j, r_k(x,y))] P(m_j) P(r_k(x,y) \mid m_j)} \end{aligned} \quad (4.30)$$

(2) 基于与地震危险性一致的目标,震级或震中距的确定按加权平均原则,但又受椭圆地震动衰减关系的限制。

$$\begin{cases} \overline{M}_i(p_0) = \sum_{j=1}^{N_M} m_j P_i[m_j, r_k(x,y) \mid A = a(p_0)] \\ \overline{R}_i(p_0) = g[\overline{M}_i(p_0), a(p_0)] \end{cases} \quad (4.31)$$

或

$$\begin{cases} \overline{R}_i(p_0) = \sum_{k=1}^{N_R} r_k P_i[m_j, r_k(x,y) \mid A = a(p_0)] \\ \overline{M}_i(p_0) = g[\overline{R}_i(p_0), a(p_0)] \end{cases} \quad (4.32)$$

式中,$g[\overline{R}_i(p_0), a(p_0)]$ 表示地震动衰减关系。

由于采用椭圆地震动衰减关系确定震级或震中距的方法较为复杂,且很难广泛应用于工程实际,本章震级和震中距均基于加权平均原则进行确定。加权平均法的基本计算单元为潜在震源区,设定地震反映了潜在震源区地震活动性和地震

构造对场点的平均影响。同时,由4.2.1节基本假定(3)可知,同一潜在震源区的地震活动在空间上服从均匀分布,因此,某一潜在震源区内存在的任意地震组合($m_j, r_k(x,y)$),即设定地震具有明确的构造意义。

3. 震中构造位置的确定

目前多数的设定地震只给出了震级和震中距的确定方法,而针对设定地震的构造背景和设定地震震中的具体空间位置的研究却极少。1999年,韩竹军等[27]在设定地震确定研究的基础上,结合福建省泉州市的地震构造和活动断层分布情况,进一步确定了设定地震的空间构造位置。陈厚群等[28]指出具有较明确的构造位置是设定地震确定的基本原则之一。我国地震大多数属于板内地震,其中绝大多数强震的发生都与发震构造具有密切关系,因此设定地震的确定应充分考虑与潜在震源区内部发震构造或主干断裂的联系性[28]。

本章以地震震中沿发震断层或活动断裂分布作为设定地震震中空间位置确定的主要依据。首先,依据特定超越概率水平,确定对场点该水平下地震危险性起控制作用的一个或几个贡献率较大的潜在震源区,并将其作为设定地震候选区;其次,根据设定地震的震级和震中距对设定地震候选区进行筛选,潜在震源区需满足具有发生该震级地震的构造背景和相应的距离范围;再次,明确满足条件的潜在震源区的活动断裂或发震构造分布;最后,以研究场点为圆心,设定地震震中距为半径所作圆弧,与该潜在震源区主要发震断裂相交点或最近点作为设定地震震中空间构造位置$(x,y)$,由此确定的设定地震具有明确的构造背景。

需要注意的是,根据活断层的研究可知,并非所有的活断层都是发震断层,只有当活断层具备特定条件时,如应力条件、形变条件、结构条件、蓄能条件等,活断层才具有孕育地震的能力[29]。因此,本方法要求研究区域内潜在震源区应具有详细的断层分布等地质勘探资料,并可进一步识别出相应的发震断层。

4. 设定地震危险性分析

传统的确定性方法由于受到研究水平及认识水平的限制,存在诸多缺陷,从而使得概率地震危险性分析方法得到广泛应用。在分解概率地震危险性计算结果的基础上,根据加权平均法确定工程场地特定超越概率水平下的设定地震,通过选择合理的地震动衰减关系,将设定地震用于确定性分析,并评估该地区地震动分布情况或用于地震动反应谱和地震动时程曲线的研究工作,为该地区结构动力分析、抗震设计以及地震灾害损失评估提供可靠的数据来源。

地震动衰减关系主要涉及震源特性、传播路径和场地条件三个因素,但由于缺乏相应场地上的地震观测数据,我国绝大多数的地震动衰减关系建立在基岩层面上,并未考虑基岩上的土层结构分布影响。研究表明,由于地球经过了漫长而复杂的地质构造运动,场地条件一般较为复杂,场地土不仅在纵横向上具有不均匀性,在力学性质上也同样具有非线性的特征。而场地条件作为地震动衰减关系中传播途径的一种,对地震动的影响很大,主要表现在对基岩地震动振幅、频谱等的放大或缩小作用上。基于工程场地范围内实际场地分类情况进行建模,通过场地影响系数考虑土层分布对地震波衰减规律的影响,场地影响系数见表4.4。

表4.4 场地影响系数[30]

| 场地类别 | II类场地地震动峰值加速度 | | | | | |
|---|---|---|---|---|---|---|
| | ≤0.05g | 0.10g | 0.15g | 0.20g | 0.30g | ≥0.40g |
| $I_0$ | 0.72 | 0.74 | 0.75 | 0.76 | 0.85 | 0.90 |
| $I_1$ | 0.80 | 0.82 | 0.83 | 0.85 | 0.96 | 1.00 |
| II | 1.00 | 1.00 | 1.00 | 1.00 | 1.00 | 1.00 |
| III | 1.30 | 1.25 | 1.15 | 1.00 | 1.00 | 1.00 |
| IV | 1.25 | 1.20 | 1.10 | 1.00 | 0.95 | 0.90 |

将设定地震直接用于确定性地震危险性分析,一方面弥补了传统确定性方法控制地震确定的主观性,另一方面为确定性分析结果赋予了概率含义,并将概率性分析方法和确定性分析方法协调起来形成一套系统而完整的地震危险性分析方法。

## 4.5 算例分析

**1. 工程场地和研究区域**

前面对地震危险性分析的理论方法进行了阐述,本节以陕西省西安市区为研究区域进行地震危险性分析,基础数据资料来源于《工程场地地震安全性评价》宣贯教材[2]、《新版地震区划图地震活动性模型与参数确定》[9]、《西安市地震小区划项目技术报告》[31]。工程场地[31]位于108°47′17″E～109°7′59″E,34°5′49″N～34°27′18″N,呈不规则多边形展布,面积约1075km²。《工程场地地震安全性评价》(GB 17741—2005)中指出对工程场地进行地震危险性评估,其研究区域和近场区范围分别是指沿工程场地四周边界向外延伸至少150km和25km的工程范围[2]。研究区域是指对工程场地的地震危险性评估结果可能产生影响的区域范围,考虑到西安地理位置的特殊性及其活动断层的分布特性等,研究区域选取工程场地四周边界向外延伸190km的范围,具体位置为106°42′00″E～111°18′00″E,32°24′00″N～36°12′00″N。该研究区域大致将对工程场地危险性评估结果有影响的大震发震构造(如汾渭地震带)、历史强震(如1556年陕西华县8.25级大地震)和地震环境等均包含在内。

研究区域地处青藏地震区、华北地震区及华南地震区的交汇部位,区域范围内主要涉及六个地震带:汾渭地震带、长江中游地震带、六盘山—祁连山地震带、鄂尔多斯地震带、龙门山地震带和华北平原地震带,其中工程场地位于华北地震区的汾渭地震带。

区域内活动断裂发育,有东西方向、北东方向和北西方向,其中晚更新世以来活动断裂主要位于中部地区的渭河盆地及其边缘地区,南部秦岭和大巴山地多数断裂最新活动时代为早中更新世,北部鄂尔多斯高原内部活动断裂不发育。近场区域范围内的主要断裂分布情况如图4.9所示,图中具体断层信息见附录F。

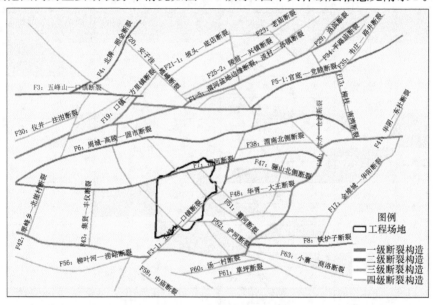

图4.9 区域断裂分布图

由历史地震目录和地质构造条件可知,研究区域内的地震活动主要分布在汾渭地震带的渭河地震亚带,其次是长江中游地震带的汉水地震亚带。六盘山—祁连山地震带的西海固地震亚带的东南端延伸至区域范围内,西海固地震亚带历史地震活动较强,但主要集中在该地震亚带中北段,主体地区距离区域较远。龙门山地震带地震活动较为活跃,据记载,至今共发生6级以上地震49次,但由于研究区域范围内仅涉及龙门山地震带东端很小一部分地区,龙门山地震带在区域范围内地震活动很弱,其主体地区在区域范围之外。华北平原地震带强震多发生在冀鲁豫交界以及河北中北部地区,离区域较远,华北平原地震带地震活动对区域的影响很小。

2. 潜在震源区的划分

结合本区域的地震活动、地震构造环境、断层特性以及深部地球物理背景等特征,依据地震构造类比原则(又称构造成因法)和地震重复性原则,对研究区域内的潜在震源区边界进行厘定,具体潜在震源区的层次性分布见表4.5。

表4.5 三级潜在震源区划分一览表

| 地震带 | 构造区 | 编号 | 潜在震源区 | 地震带 | 构造区 | 编号 | 潜在震源区 |
|---|---|---|---|---|---|---|---|
| 汾渭地震带 | 渭河 | 1 | 凤翔—岐山 | 六盘山—祁连山地震带 | 天景山—六盘山 | 18 | 陇县—千阳 |
| | | 2 | 宝鸡 | 龙门山地震带 | 陇中盆地 | 19 | 清水 |
| | | 3 | 乾县—礼泉 | | 甘中南 | 20 | 凤阁岭 |
| | | 4 | 咸阳 | 华北平原地震带 | 华北平原南部 | 21 | 洛南 |
| | | 5 | 户县 | | | 22 | 栾川 |
| | | 6 | 西安—临潼 | | | 23 | 商南 |
| | | 7 | 蓝田 | 长江中游地震带 | 秦岭—大巴 | 24 | 白河 |
| | | 8 | 卢氏 | | | 25 | 洋县 |
| | | 9 | 三原—高陵 | | | 26 | 汉中 |
| | | 10 | 渭南—华县 | | | 27 | 宁强 |
| | 晋中 | 11 | 蒲城 | | | 28 | 镇巴 |
| | | 12 | 大荔 | | | 29 | 平利 |
| | | 13 | 韩城 | | | 30 | 石泉—汉阴 |
| | | 14 | 侯马 | | 华南北部 | 31 | 十堰 |
| | | 15 | 蒲县 | 鄂尔多斯地震带 | 鄂尔多斯东南部 | 32 | 鄂尔多斯 |
| | 太行山 | 16 | 三门峡 | | | | |
| | | 17 | 运城 | | | | |

由表4.5可知,区域范围内共有32个潜在震源区。其中,有17个位于汾渭地震带,8个位于长江中游地震带,3个位于华北平原地震带,2个位于龙门山地震带,六盘山—祁连山地震带和鄂尔多斯地震带各1个。相关潜在震源区的具体地震构造、地震活动性等如图4.10所示,具体说明详见附录G。

3. 地震活动性参数确定

地震活动性参数是用来描述区域地震活动特征的基本物理量,其取值的科学性直接影响地震危险性评估的合理性。为了不低估西安地区的地震危险性,结合已有的断层资料、地震历史数据,并对比《中国地震动参数区划图》(GB 18306—

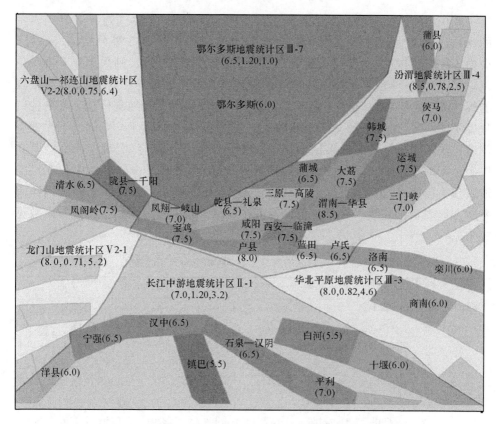

图 4.10 地震统计区和潜在震源区的地震活动性参数示意图

$(7.0,1.10,3.2)$ 分别为地震统计区的 $M_{uz}$、$b$ 和 $v_4$；$(7.0)$ 为潜在震源区的 $M_u$

2015)工作中地震活动性参数，确定研究区域内地震带的活动性参数及资料统计时限，见表 4.6。

表 4.6 研究区域内地震带及地震活动性参数[9,31]

| 地震带 | $M_{uz}$ | $b$ | $v$/(个/年) | 统计时段 |
|---|---|---|---|---|
| 华北平原地震带 | 8.0 | 0.82(0.809) | 4.6(2.49) | 1500～2010 年 |
| 汾渭地震带 | 8.5 | 0.78(0.724) | 2.5(2.50) | 1950～2010 年 |
| 六盘山—祁连山地震带 | 8.0 | 0.75(0.755) | 6.4(1.88) | 1900～2010 年 |
| 鄂尔多斯地震带 | 6.5 | 1.20(0.690) | 1.0(0.96) | 1900～2010 年 |
| 龙门山地震带 | 8.0 | 0.71(0.813) | 5.2(3.87) | 1573～2010 年<br>1897～2010 年 |
| 长江中游地震带 | 7.0 | 1.20(0.783) | 3.2(3.20) | 1970～2010 年 |

注：为方便后面计算结果校核，括号内给出西安小区划采用的地震带活动性参数。

潜在震源区的空间分布函数作为震级的条件概率,是通过划分震级档表示的,根据震级的因子分辨能力,将 4.0~5.5 级震级段按 1.5 级分档,5.5~7.5 级中等震级段按 0.5 级分档,而对于 7.5 级以上的高震级段,则采用 1.0 震级单位分档,较好地体现了不同震级产生地震动及其特征的差异性,特别是高震级段的影响[32],见表 4.7。同时,由于不同震级段地震的发生受地震构造因素的控制程度不同,各震级档空间分布函数的确定方法并不相同,对于 6.0 级以下受地震构造控制不明显的震级段采用面积等权分配原则进行确定,而对于 6.0 级及其以上地震则采用多因子等权求和的原则进行确定,其因子一般包括中长期尺度地震预报信息、构造空段、大震的减震作用等,其中对于 7.5 级以上震级档还需考虑古地震资料等数据。由此获得各潜在震源区的震级上限和空间分布函数见表 4.7。

表 4.7 潜在震源区的震级上限 $M_u$ 和空间分布函数 $f_{i,m_j}$[31]

| 地震带 | 编号 | 潜在震源区 | 震级档 $m_j$ 的方向性函数/$10^{-2}$ | | | | | | 震级上限 |
|---|---|---|---|---|---|---|---|---|---|
| | | | 4.0~5.4 级 | 5.5~5.9 级 | 6.0~6.4 级 | 6.5~6.9 级 | 7.0~7.4 级 | ≥7.5 级 | |
| 汾渭地震带 | 1 | 凤翔—岐山 | 2.240 | 2.920 | 2.650 | 1.970 | 0.000 | 0.000 | 7.0 |
| | 2 | 宝鸡 | 2.067 | 2.201 | 3.310 | 5.090 | 9.988 | 0.000 | 7.5 |
| | 3 | 乾县—礼泉 | 2.583 | 2.752 | 2.958 | 0.000 | 0.000 | 0.000 | 6.5 |
| | 4 | 咸阳 | 2.140 | 2.280 | 3.450 | 2.600 | 2.580 | 0.000 | 7.5 |
| | 5 | 户县 | 2.160 | 2.300 | 3.460 | 5.320 | 1.044 | 7.240 | 8.0 |
| | 6 | 西安—临潼 | 0.898 | 0.956 | 1.439 | 2.212 | 4.341 | 0.000 | 7.5 |
| | 7 | 蓝田 | 1.324 | 1.410 | 2.121 | 0.000 | 0.000 | 0.000 | 6.5 |
| | 8 | 卢氏 | 1.914 | 2.038 | 3.065 | 0.000 | 0.000 | 0.000 | 6.5 |
| | 9 | 三原—高陵 | 2.140 | 2.280 | 2.450 | 2.120 | 0.000 | 0.000 | 7.0 |
| | 10 | 渭南—华县 | 3.504 | 3.731 | 5.613 | 8.630 | 8.468 | 3.096 | 8.5 |
| | 11 | 蒲城 | 3.122 | 3.327 | 3.575 | 0.000 | 0.000 | 0.000 | 6.5 |
| | 12 | 大荔 | 2.643 | 2.814 | 4.233 | 5.130 | 5.850 | 0.000 | 7.5 |
| | 13 | 三门峡 | 2.101 | 2.238 | 3.366 | 5.175 | 0.000 | 0.000 | 7.5 |
| | 14 | 运城 | 4.188 | 4.460 | 6.709 | 5.016 | 1.255 | 0.000 | 7.5 |
| | 15 | 韩城 | 2.346 | 2.498 | 3.758 | 5.130 | 11.170 | 0.000 | 7.5 |
| | 16 | 侯马 | 4.606 | 4.904 | 4.611 | 4.650 | 0.000 | 0.000 | 7.5 |
| | 17 | 蒲县 | 1.470 | 3.350 | 0.000 | 0.000 | 0.000 | 0.000 | 6.0 |
| 六盘山—祁连山地震带 | 18 | 陇县—千阳 | 3.343 | 4.357 | 3.955 | 2.940 | 3.210 | 0.000 | 7.5 |
| 龙门山地震带 | 19 | 清水 | 2.920 | 2.940 | 2.730 | 0.000 | 0.000 | 0.000 | 6.5 |
| | 20 | 凤阁岭 | 2.067 | 2.201 | 3.340 | 5.100 | 10.210 | 0.000 | 7.5 |

续表

| 地震带 | 编号 | 潜在震源区 | 震级档 $m_j$ 的方向性函数$/10^{-2}$ | | | | | | 震级上限 |
|---|---|---|---|---|---|---|---|---|---|
| | | | 4.0~5.4级 | 5.5~5.9级 | 6.0~6.4级 | 6.5~6.9级 | 7.0~7.4级 | ≥7.5级 | |
| 华北平原地震带 | 21 | 洛南 | 1.914 | 2.038 | 3.065 | 0.000 | 0.000 | 0.000 | 6.5 |
| | 22 | 栾川 | 1.470 | 3.350 | 0.000 | 0.000 | 0.000 | 0.000 | 6.0 |
| | 23 | 商南 | 1.470 | 3.350 | 0.000 | 0.000 | 0.000 | 0.000 | 6.0 |
| 长江中游地震带 | 24 | 十堰 | 1.470 | 3.350 | 0.000 | 0.000 | 0.000 | 0.000 | 6.0 |
| | 25 | 白河 | 1.410 | 0.000 | 0.000 | 0.000 | 0.000 | 0.000 | 5.5 |
| | 26 | 平利 | 1.490 | 3.950 | 11.250 | 43.360 | 0.000 | 0.000 | 7.0 |
| | 27 | 石泉—汉阴 | 1.470 | 3.350 | 3.350 | 0.000 | 0.000 | 0.000 | 6.0 |
| | 28 | 汉中 | 0.880 | 2.050 | 0.000 | 0.000 | 0.000 | 0.000 | 6.0 |
| | 29 | 镇巴 | 1.550 | 0.000 | 0.000 | 0.000 | 0.000 | 0.000 | 5.5 |
| | 30 | 宁强 | 0.880 | 2.040 | 2.730 | 0.000 | 0.000 | 0.000 | 6.5 |
| | 31 | 洋县 | 0.480 | 1.120 | 0.000 | 0.000 | 0.000 | 0.000 | 6.0 |

注:由于鄂尔多斯地震带不发育,本实例分析中不考虑鄂尔多斯地震带的影响。

受断层破裂方向的影响,地震波在长轴和短轴方向上具有不同的衰减规律,选取椭圆地震动衰减模型进行地震危险性分析,并采用方向性函数 $f(\theta)$ 描述椭圆地震动衰减关系的长轴取向概率。根据西安研究区域内断层分布等地震构造背景以及震源机制,确定潜在震源区的方向性函数见表 4.8。其中,单一破裂类型是指断层走向 $\theta$ 单一,概率为 1.0;而主辅破裂类型是指同时具有主干断裂和分支断裂的潜在震源区,以主干断裂方向 $\theta_1$ 为主,取值 0.7,以分支断裂方向 $\theta_2$ 为辅,取值 0.3。

表 4.8 潜在震源区的方向性函数[31]

| 编号 | 潜在震源区 | 长轴取向/(°) | | 编号 | 潜在震源区 | 长轴取向/(°) | |
|---|---|---|---|---|---|---|---|
| | | $\theta_1$ | $\theta_2$ | | | $\theta_1$ | $\theta_2$ |
| 1 | 凤翔—岐山 | 130 | — | 11 | 蒲城 | 30 | 90 |
| 2 | 宝鸡 | 170 | — | 12 | 大荔 | 25 | 60 |
| 3 | 乾县—礼泉 | 30 | — | 13 | 三门峡 | 75 | — |
| 4 | 咸阳 | 10 | — | 14 | 运城 | 75 | — |
| 5 | 户县 | 0 | — | 15 | 韩城 | 60 | — |
| 6 | 西安—临潼 | 60 | — | 16 | 侯马 | 120 | — |
| 7 | 蓝田 | 60 | — | 17 | 蒲县 | 55 | — |
| 8 | 卢氏 | 120 | — | 18 | 陇县—千阳 | 120 | 30 |
| 9 | 三原—高陵 | 0 | — | 19 | 清水 | 150 | — |
| 10 | 渭南—华县 | 10 | — | 20 | 凤阁岭 | 120 | — |

续表

| 编号 | 潜在震源区 | 长轴取向/(°) | | 编号 | 潜在震源区 | 长轴取向/(°) | |
| --- | --- | --- | --- | --- | --- | --- | --- |
| | | $\theta_1$ | $\theta_2$ | | | $\theta_1$ | $\theta_2$ |
| 21 | 洛南 | 120 | — | 27 | 石泉—汉阴 | 70 | — |
| 22 | 栾川 | 120 | — | 28 | 汉中 | 15 | — |
| 23 | 商南 | 120 | — | 29 | 镇巴 | 80 | — |
| 24 | 十堰 | 20 | — | 30 | 宁强 | 70 | — |
| 25 | 白河 | 115 | — | 31 | 洋县 | 120 | — |
| 26 | 平利 | 120 | — | | | | |

注:$\theta_1$、$\theta_2$ 为破裂长轴取向角度,是断裂构造走向与正东方向的夹角。

### 4. 工程场地离散化

对于面积范围较大的工程场地,场地内不同地区受研究区域内地震环境影响会有所不同。由于所选工程场地范围较大,约为 $1075km^2$,为了能够使计算结果全面反映工程场地整体危险性程度,并充分体现地震环境的影响差异,同时为了便于与地震安全性评价(earthquake safety evaluation, ESE)软件计算获得的小区划结果进行对比,本节通过对工程场地选取 13 个计算控制点,以反映场地危险性系地震环境和场地条件综合作用的结果,同时体现地震环境对工程场地影响的空间分布形态。控制点的大致位置和具体坐标如图 4.11 及表 4.9 所示。

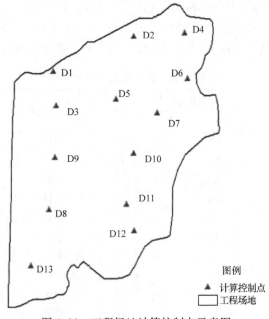

图 4.11 工程场地计算控制点示意图

表 4.9　计算控制点的经纬度坐标

| 计算点 | 经度 | 纬度 | 计算点 | 经度 | 纬度 |
|---|---|---|---|---|---|
| D1 | 108°51′36″ | 34°21′50″ | D8 | 108°51′18″ | 34°12′7″ |
| D2 | 108°59′24″ | 34°24′18″ | D9 | 108°51′50″ | 34°15′47″ |
| D3 | 108°51′57″ | 34°19′26″ | D10 | 108°59′24″ | 34°16′5″ |
| D4 | 109°04′19″ | 34°24′32″ | D11 | 108°58′44″ | 34°12′29″ |
| D5 | 108°57′43″ | 34°19′55″ | D12 | 108°59′28″ | 34°10′37″ |
| D6 | 109°04′37″ | 34°21′22″ | D13 | 108°49′34″ | 34°08′10″ |
| D7 | 109°01′41″ | 34°18′54″ | | | |

5. 地震动衰减模型的确定

作为地震危险性分析中不可或缺的一部分,地震动衰减关系是描述地震波传播和衰减规律的地震模型,该模型主要涉及震源特性、传播介质与场地条件三个方面,具有明显的地域性特点。选用关中盆地地震动衰减关系,该衰减关系以美国西部为参考地区,通过转换方法中的可逆法间接确定本地区的椭圆地震动衰减关系式,其中地震烈度衰减关系基于关中盆地及周边的等震线资料采用非负线性回归和多元稳健线性回归方法计算获得[16]。该衰减关系能较好地反映研究区域的地震活动性、震源特性及地震传播特性等,其椭圆衰减模型如下:

$$\lg A = C_1 + C_2 + C_3 M^2 + C_4 \lg(R + C_5 e^{C_6 M}) \tag{4.33}$$

式中,$A$ 为地震动峰值加速度;$M$ 为面波震级;$R$ 为震中距;$C_1$、$C_2$、$C_3$、$C_4$、$C_5$ 和 $C_6$ 为回归系数,其中周期为 0、0.1s 和 1.0s 相对应的回归系数见表 4.10。

表 4.10　水平向基岩加速度反应谱系数(阻尼比 5%)[16]

| 周期 $T$/s | $\sigma$ | 长短轴 | 回归系数 | | | | | |
|---|---|---|---|---|---|---|---|---|
| | | | $C_1$ | $C_2$ | $C_3$ | $C_4$ | $C_5$ | $C_6$ |
| 0 | 0.232 | 长轴 | −0.841 | 1.275 | −0.061 | −1.587 | 0.710 | 0.477 |
| | | 短轴 | −1.133 | 1.262 | −0.058 | −1.550 | 0.405 | 0.527 |
| 0.1 | 0.231 | 长轴 | 0.862 | 0.782 | −0.025 | −1.514 | 0.710 | 0.477 |
| | | 短轴 | 0.629 | 0.784 | −0.024 | −1.475 | 0.405 | 0.527 |
| | | 短轴 | −0.308 | 0.896 | −0.026 | −1.296 | 0.405 | 0.527 |
| 1.0 | 0.345 | 长轴 | −1.622 | 1.113 | −0.034 | −1.239 | 0.710 | 0.477 |
| | | 短轴 | −1.752 | 1.088 | −0.031 | −1.235 | 0.405 | 0.527 |

6. 概率地震危险性分析结果

通过潜在震源区离散化,将栅格中心简化为点源,以点(点源)对点(场地计算点 D1~D13)的方式进行概率地震危险性分析,具体见 CPSHA 计算流程,以下仅对部分场点的计算结果进行展示。本实例综合考虑计算精度和方向函数中的震级分档建议,以 $\Delta M=0.5$ 进行震级档划分,可得到汾渭地震带内各潜在震源区的各震级档的地震发生率,见表 4.11。

表 4.11 潜在震源区各震级档的地震发生率  (单位:$10^{-2}$)

| 编号 | 潜在震源区 | 4.0~4.5级 | 4.5~5.0级 | 5.0~5.5级 | 5.5~6.0级 | 6.0~6.5级 | 6.5~7.0级 | 7.0~7.5级 | ≥7.5级 |
|---|---|---|---|---|---|---|---|---|---|
| 1 | 凤翔—岐山 | 3.3197 | 1.3524 | 0.5509 | 0.2926 | 0.1082 | 0.0328 | 0.0000 | 0.0000 |
| 2 | 宝鸡 | 3.0633 | 1.2479 | 0.5084 | 0.2205 | 0.1351 | 0.0846 | 0.0677 | 0.0000 |
| 3 | 乾县—礼泉 | 3.8280 | 1.5595 | 0.6353 | 0.2757 | 0.1207 | 0.0000 | 0.0000 | 0.0000 |
| 4 | 咸阳 | 3.1715 | 1.2920 | 0.5263 | 0.2284 | 0.1408 | 0.0432 | 0.0175 | 0.0000 |
| 5 | 户县 | 3.2011 | 1.3041 | 0.5313 | 0.2305 | 0.1412 | 0.0885 | 0.0071 | 0.0281 |
| 6 | 西安 | 1.3308 | 0.5422 | 0.2209 | 0.0958 | 0.0587 | 0.0368 | 0.0294 | 0.0000 |
| 7 | 蓝田 | 1.9622 | 0.7994 | 0.3256 | 0.1413 | 0.0866 | 0.0000 | 0.0000 | 0.0000 |
| 8 | 卢氏 | 2.8366 | 1.1556 | 0.4708 | 0.2042 | 0.1251 | 0.0000 | 0.0000 | 0.0000 |
| 9 | 三原—高陵 | 3.1715 | 1.2920 | 0.5263 | 0.2284 | 0.1000 | 0.0353 | 0.0000 | 0.0000 |
| 10 | 渭南—华县 | 5.1930 | 2.1155 | 0.8618 | 0.3738 | 0.2291 | 0.1435 | 0.0574 | 0.0120 |
| 11 | 蒲城 | 4.6268 | 1.8849 | 0.7679 | 0.3334 | 0.1459 | 0.0000 | 0.0000 | 0.0000 |
| 12 | 大荔 | 3.9169 | 1.5957 | 0.6501 | 0.2820 | 0.1728 | 0.0853 | 0.0396 | 0.0000 |
| 13 | 三门峡 | 3.1137 | 1.2685 | 0.5167 | 0.2242 | 0.1374 | 0.0861 | 0.0000 | 0.0000 |
| 14 | 运城 | 6.2066 | 2.5285 | 1.0300 | 0.4469 | 0.2738 | 0.0834 | 0.0085 | 0.0000 |
| 15 | 韩城 | 3.4768 | 1.4164 | 0.5770 | 0.2503 | 0.1534 | 0.0853 | 0.0757 | 0.0000 |
| 16 | 侯马 | 6.8261 | 2.7808 | 1.1329 | 0.4914 | 0.1882 | 0.0773 | 0.0000 | 0.0000 |
| 17 | 蒲县 | 2.1786 | 0.8875 | 0.3615 | 0.3357 | 0.0000 | 0.0000 | 0.0000 | 0.0000 |
| | 合计 | 61.4232 | 25.0229 | 10.1937 | 4.6551 | 2.3170 | 0.8821 | 0.3029 | 0.0401 |

在地震发生率计算的基础上,通过合理选择地震动衰减关系式和地震概率模型进行概率性计算,为更好地刻画地震危险性曲线走势规律,基于双对数曲线进行 1 年、50 年以及 100 年超越概率曲线的绘制,则所得各场点不同年限下的地震动超越概率曲线如图 4.12 所示。

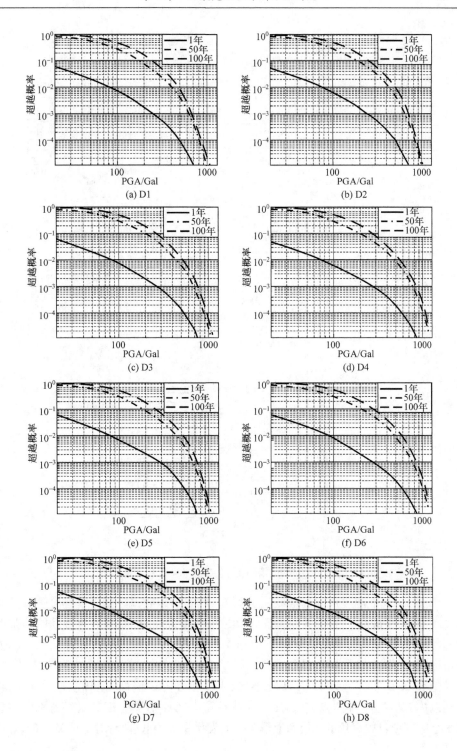

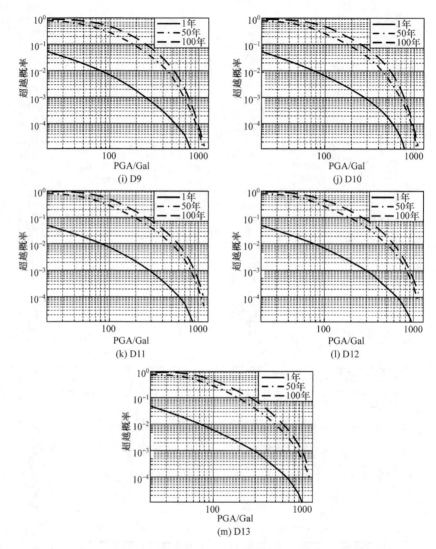

图4.12 各计算控制点不同年限下的地震动超越概率曲线（1Gal=1cm/s²）

由图4.12中地震危险性曲线走势可知,地震动超越概率随地震动峰值加速度PGA的增大而减小。为更好地验证计算结果的准确性,选取基岩地震动峰值加速度超越概率曲线的三个关键点:50年超越概率63%、10%、2%的计算结果与西安城市区域小区划结果进行对比分析,结果见表4.12。

由表4.12可知,计算结果较小区划结果均相对偏高,但幅度基本控制在10%以内,满足分析精度要求。其计算结果较小区划结果均相对偏高的原因主要在于小区划项目中采用的$b$值和地震年平均发生率$v$偏低（两者对比见表4.6）,导致

表 4.12　不同超越概率水平下各场点的地震动峰值加速度

| 场点 | 50 年 63%水平 | | | 50 年 10%水平 | | | 50 年 2%水平 | | |
|---|---|---|---|---|---|---|---|---|---|
| | 计算结果/Gal | 小区划结果/Gal | 增幅/% | 计算结果/Gal | 小区划结果/Gal | 增幅/% | 计算结果/Gal | 小区划结果/Gal | 增幅/% |
| D1 | 51.14 | 50.15 | 1.97 | 192.03 | 179.96 | 6.71 | 354.29 | 345.75 | 2.47 |
| D2 | 53.24 | 52.12 | 2.15 | 199.82 | 187.94 | 6.32 | 380.94 | 361.61 | 5.35 |
| D3 | 51.71 | 49.48 | 4.51 | 198.23 | 181.93 | 8.96 | 378.63 | 353.94 | 6.98 |
| D4 | 57.15 | 53.68 | 6.46 | 212.52 | 197.28 | 7.73 | 417.97 | 383.21 | 9.07 |
| D5 | 52.89 | 51.07 | 3.57 | 203.83 | 190.00 | 7.28 | 397.69 | 372.57 | 6.74 |
| D6 | 55.98 | 52.93 | 5.77 | 213.56 | 198.81 | 7.42 | 428.98 | 392.50 | 9.29 |
| D7 | 53.44 | 52.01 | 2.75 | 208.40 | 197.46 | 5.54 | 415.21 | 391.15 | 6.15 |
| D8 | 53.36 | 49.45 | 7.91 | 214.26 | 194.79 | 9.99 | 428.19 | 390.23 | 9.73 |
| D9 | 51.52 | 48.87 | 5.43 | 204.24 | 186.16 | 9.71 | 398.90 | 367.79 | 8.46 |
| D10 | 52.22 | 50.78 | 2.83 | 207.40 | 193.84 | 7.00 | 413.48 | 387.09 | 6.82 |
| D11 | 52.81 | 49.29 | 7.14 | 213.15 | 194.21 | 9.75 | 434.44 | 395.36 | 9.88 |
| D12 | 53.58 | 50.09 | 6.96 | 217.93 | 200.47 | 8.71 | 449.74 | 408.55 | 10.08 |
| D13 | 51.10 | 48.11 | 6.21 | 212.79 | 196.24 | 8.43 | 433.71 | 401.21 | 8.10 |

其低估了西安地区的地震危险性,不能客观反映西安地区真实的地震活动性水平,而本章参考《中国地震动参数区划图》(GB 18306—2015)地震带活动性参数,$b$ 值和地震年平均发生率 $v$ 取值合理,能较好地反映该地区的地震活动水平,同时弥补了由 $b$ 值取值偏低造成的对中强地震考虑不足的缺陷。另外,在合理选择地震动衰减关系的基础上,采用解析几何方法进行空间任一点地震动强度的确定,相比于传统的迭代法,其概率计算结果也在一定程度上更为合理。

基于各计算控制点相应超越概率水平下基岩地震动峰值加速度,利用插值法绘制其等值线图,其结果如图 4.13 所示。

由图 4.14 可知,工程场地内 50 年超越概率 63%的基岩地震动峰值加速度为 50～58Gal,50 年超越概率 10%的基岩地震动峰值加速度为 192～220Gal,50 年超越概率 2%的基岩地震动峰值加速度为 350～450Gal,表明地震环境对场地范围内的地震危险性的影响存在一定的差异性。

同时,《中国地震动参数区划图》(GB 18306—2015)将地震动峰值加速度 PGA 划分为 6 个加速度分档区,见表 4.13。区划结果显示,西安地区位于 0.20$g$ 加速度分档区,即 50 年超越概率 10%对应的地震动峰值加速度参考值为 190～280Gal,而本实例计算结果 192～220Gal 恰处于该区间内,与区划图计算结果基本吻合。

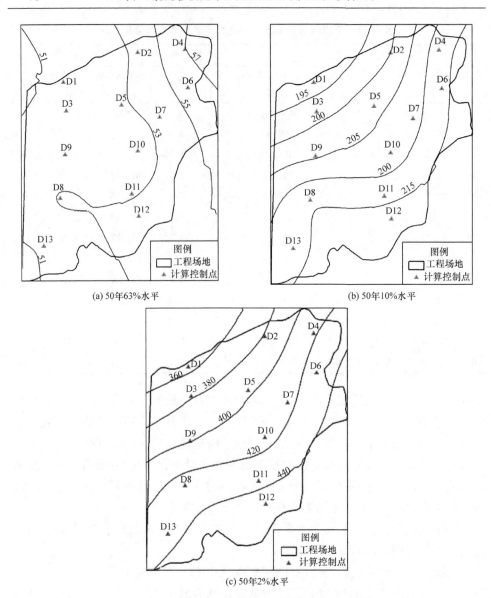

图 4.13 基岩地震动峰值加速度等值线图(单位:Gal)

表 4.13 地震动峰值加速度分区的加速度范围[33]

| PGA 分档 | 参数值范围/g | PGA 分档 | 参数值范围/g |
| --- | --- | --- | --- |
| 0.05g | [0.04,0.09] | 0.20g | [0.19,0.28] |
| 0.10g | [0.09,0.14] | 0.30g | [0.28,0.38] |
| 0.15g | [0.14,0.19] | 0.40g | [0.38,0.75] |

## 7. 基于设定地震的确定性分析

设定地震是对概率地震危险性分析结果的分解再合成过程,首先对各潜在震源区和不同距离-震级组合对场点的贡献率进行汇总分析。由于潜在震源区对各计算控制点的贡献没有明显差异,以部分较具代表性计算点(D1、D7、D9、D12、D13)为例,计算 50 年期限内主要潜在震源区对计算点的贡献率,见表 4.14～表 4.18。

**表 4.14　主要潜在震源区 50 年期限内对场点 D1 的贡献率**　　(单位:%)

| 潜在震源区 | 基岩地震动峰值加速度 PGA/Gal | | | | | | | | | |
|---|---|---|---|---|---|---|---|---|---|---|
| | 10 | 50 | 100 | 150 | 250 | 350 | 500 | 700 | 900 | 1200 |
| 户县 | 20.82 | 29.85 | 32.83 | 39.60 | 43.83 | 38.55 | 38.71 | 39.54 | 40.21 | 40.92 |
| 咸阳 | 18.81 | 31.09 | 44.36 | 41.11 | 49.69 | 61.09 | 61.28 | 60.46 | 59.79 | 59.08 |
| 西安 | 10.01 | 13.27 | 12.28 | 14.3 | 5.04 | 0.28 | 0.01 | — | — | — |
| 三原—高陵 | 11.40 | 10.16 | 5.50 | 4.37 | 1.31 | 0.07 | — | — | — | — |
| 渭南—华县 | 6.46 | 4.54 | 1.58 | 0.54 | 0.13 | 0.01 | — | — | — | — |
| 乾县—礼泉 | 15.25 | 11.02 | 3.45 | 0.08 | — | — | — | — | — | — |
| 宝鸡 | 2.04 | 0.05 | — | — | — | — | — | — | — | — |
| 大荔 | 1.96 | 0.02 | — | — | — | — | — | — | — | — |
| 合计 | 86.75 | 100.00 | 100.00 | 100.00 | 100.00 | 100.00 | 100.00 | 100.00 | 100.00 | 100.00 |

**表 4.15　主要潜在震源区 50 年期限内对场点 D7 的贡献率**　　(单位:%)

| 潜在震源区 | 基岩地震动峰值加速度 PGA/Gal | | | | | | | | | |
|---|---|---|---|---|---|---|---|---|---|---|
| | 10 | 50 | 100 | 150 | 250 | 350 | 500 | 700 | 900 | 1200 |
| 户县 | 16.24 | 24.99 | 26.89 | 30.92 | 30.65 | 25.83 | 41.14 | 63.43 | 77.99 | 88.59 |
| 咸阳 | 12.16 | 13.03 | 15.91 | 9.32 | 10.85 | 4.83 | 0.86 | 0.11 | 0.02 | — |
| 西安 | 13.31 | 30.20 | 42.68 | 48.63 | 55.00 | 68.76 | 57.92 | 36.45 | 21.99 | 11.41 |
| 三原—高陵 | 16.22 | 16.65 | 9.19 | 7.99 | 2.68 | 0.23 | 0.01 | — | — | — |
| 渭南—华县 | 9.41 | 9.67 | 5.33 | 3.14 | 0.82 | 0.35 | 0.07 | 0.01 | — | — |
| 乾县—礼泉 | 8.25 | 2.47 | — | — | — | — | — | — | — | — |
| 宝鸡 | 1.61 | — | — | — | — | — | — | — | — | — |
| 大荔 | 2.38 | 0.17 | — | — | — | — | — | — | — | — |
| 合计 | 79.58 | 97.18 | 100.00 | 100.00 | 100.00 | 100.00 | 100.00 | 100.00 | 100.00 | 100.00 |

表 4.16　主要潜在震源区 50 年期限内对场点 D9 的贡献率　　（单位:%）

| 潜在震源区 | 基岩地震动峰值加速度 PGA/Gal | | | | | | | | | |
|---|---|---|---|---|---|---|---|---|---|---|
| | 10 | 50 | 100 | 150 | 250 | 350 | 500 | 700 | 900 | 1200 |
| 户县 | 23.82 | 30.81 | 49.11 | 44.85 | 61.66 | 59.30 | 66.42 | 85.36 | 93.77 | 97.86 |
| 咸阳 | 20.06 | 43.02 | 31.31 | 42.18 | 25.69 | 36.04 | 33.22 | 14.63 | 6.23 | 2.14 |
| 西安 | 8.94 | 11.11 | 15.33 | 11.26 | 12.59 | 4.66 | 0.36 | 0.01 | — | — |
| 三原—高陵 | 9.38 | 5.73 | 3.15 | 1.32 | 0.02 | — | — | — | — | — |
| 渭南—华县 | 6.55 | 3.96 | 1.08 | 0.39 | 0.04 | — | — | — | — | — |
| 乾县—礼泉 | 13.68 | 5.27 | 0.02 | — | — | — | — | — | — | — |
| 宝鸡 | 2.13 | 0.07 | — | — | — | — | — | — | — | — |
| 大荔 | 1.96 | 0.01 | — | — | — | — | — | — | — | — |
| 合计 | 86.52 | 99.98 | 100.00 | 100.00 | 100.00 | 100.00 | 100.00 | 100.00 | 100.00 | 100.00 |

表 4.17　主要潜在震源区 50 年期限内对场点 D12 的贡献率　　（单位:%）

| 潜在震源区 | 基岩地震动峰值加速度 PGA/Gal | | | | | | | | | |
|---|---|---|---|---|---|---|---|---|---|---|
| | 10 | 50 | 100 | 150 | 250 | 350 | 500 | 700 | 900 | 1200 |
| 户县 | 21.34 | 56.04 | 52.30 | 62.85 | 67.48 | 73.67 | 89.98 | 98.94 | 99.91 | 100.00 |
| 咸阳 | 14.42 | 10.85 | 8.98 | 6.44 | 3.71 | 0.35 | 0.01 | — | — | — |
| 西安 | 14.35 | 20.15 | 32.44 | 29.13 | 28.64 | 25.98 | 10.01 | 1.06 | 0.09 | — |
| 三原—高陵 | 10.13 | 4.84 | 3.67 | 0.86 | 0.01 | — | — | — | — | — |
| 渭南—华县 | 8.26 | 5.15 | 2.59 | 0.72 | 0.16 | — | — | — | — | — |
| 乾县—礼泉 | 6.04 | 0.19 | — | — | — | — | — | — | — | — |
| 宝鸡 | 1.89 | 0.01 | — | — | — | — | — | — | — | — |
| 大荔 | 2.32 | 0.04 | — | — | — | — | — | — | — | — |
| 合计 | 78.75 | 97.27 | 99.98 | 100.00 | 100.00 | 100.00 | 100.00 | 100.00 | 100.00 | 100.00 |

表 4.18　主要潜在震源区 50 年期限内对场点 D13 的贡献率　　（单位:%）

| 潜在震源区 | 基岩地震动峰值加速度 PGA/Gal | | | | | | | | | |
|---|---|---|---|---|---|---|---|---|---|---|
| | 10 | 50 | 100 | 150 | 250 | 350 | 500 | 700 | 900 | 1200 |
| 户县 | 29.38 | 70.23 | 62.91 | 80.19 | 82.98 | 92.71 | 99.14 | 99.97 | 100.00 | 100.00 |
| 咸阳 | 22.77 | 16.27 | 24.76 | 13.61 | 11.65 | 6.21 | 0.82 | 0.03 | — | — |
| 西安 | 7.86 | 7.77 | 10.76 | 5.99 | 5.37 | 1.08 | 0.04 | — | — | — |
| 三原—高陵 | 6.34 | 2.71 | 0.95 | 0.05 | — | — | — | — | — | — |
| 渭南—华县 | 6.59 | 2.43 | 0.62 | 0.16 | — | — | — | — | — | — |
| 乾县—礼泉 | 8.52 | 0.45 | — | — | — | — | — | — | — | — |

续表

| 潜在震源区 | 基岩地震动峰值加速度 PGA/Gal | | | | | | | | | |
|---|---|---|---|---|---|---|---|---|---|---|
| | 10 | 50 | 100 | 150 | 250 | 350 | 500 | 700 | 900 | 1200 |
| 宝鸡 | 2.54 | 0.12 | — | — | — | — | — | — | — | — |
| 大荔 | 2.02 | 0.00 | — | — | — | — | — | — | — | — |
| 合计 | 86.02 | 99.96 | 100.00 | 100.00 | 100.00 | 100.00 | 100.00 | 100.00 | 100.00 | 100.00 |

对比分析表 4.14～表 4.18 可知,同一地震带内的各个潜在震源区对场点影响具有较为明显的差异,该现象再次验证了地震带内各潜在震源区地震活动性分布的非均匀性,从而导致其对场点影响的差异性。不同地震动强度下,对场点产生影响的潜在震源区具有明显差异。其中,当基岩地震动峰值加速度为 50Gal 和 150Gal 以上时,其对各场点产生影响的潜在震源区分别约有 19 个和 11 个;而当基岩地震动峰值加速度为 500Gal 以上时,其对各场点产生影响的潜在震源区只有 5 个或 6 个,包括户县、咸阳、西安、三原—高陵、渭南—华县潜在震源区。

结合表 4.10～表 4.14 和具体计算结果可知,当基岩地震动峰值加速度为 150Gal 时,在研究区域范围内的 32 个潜在震源区中,虽约有 11 个潜在震源区对场点产生影响,但仅户县、咸阳、西安 3 个潜在震源区对场点贡献率较为突出,总贡献率高达 95% 以上。综上所述,户县、咸阳和西安潜在震源区对工程场地——西安地区地震危险性影响较大,应给予足够的重视。

根据潜在震源区的贡献率,以场点 D9 为例,分析 50 年超越概率 10% 水平下,潜在震源区内震级档和距离档的贡献率。在该超越概率水平下,对场点 D9 产生贡献的潜在震源区约 11 个,但其中户县、咸阳、西安 3 个潜在震源区对其贡献率分别为 39.23%、17.42%、42.78%,总贡献率高达 99.43%,较为突出,基于此,以下仅以户县、西安、咸阳 3 个潜在震源区作为场点 D9 的设定地震候选区进行研究分析,各潜在震源区相应的震级、距离分解结果如图 4.14 所示。

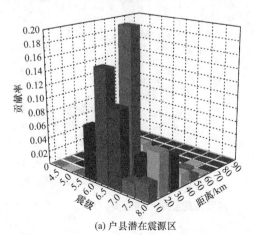

(a) 户县潜在震源区

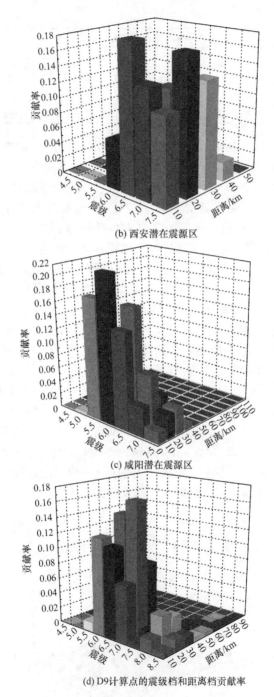

(b) 西安潜在震源区

(c) 咸阳潜在震源区

(d) D9计算点的震级档和距离档贡献率

图 4.14 计算控制点的震级档和距离档贡献率(D9,50 年 10％水平)

(1) 设定地震的震级和震中距确定。根据各潜在震源区和震级、距离对场点贡献率的分解结果，分别采用加权平均原则进行设定地震的推算估计，场点 D9 在设防水平下设定地震的震级为 6.65 级，震中距为 17.84km。同理，可得到其他计算场点在设防水平下设定地震的震级和震中距，见表 4.19。

表 4.19　设定地震的震级和震中距（50 年 10%水平）

| 场点 | 震级 | 震中距/km |
| --- | --- | --- |
| D1 | 6.69 | 24.20 |
| D4 | 6.48 | 15.24 |
| D7 | 6.62 | 16.60 |
| D9 | 6.65 | 17.84 |
| D12 | 6.42 | 12.40 |
| D13 | 6.46 | 13.37 |

(2) 设定地震的震源经度和纬度确定。由于场点 D9 位于研究区域较为中心的位置，故选取场点 D9 作为研究区域的代表点。对于场点 D9，50 年超越概率 10%所对应的最大贡献潜在震源有 3 个，分别为咸阳 42.78%、户县 39.23%、西安 17.42%。参考西安市地震小区划报告，在户县、咸阳、西安潜在震源区内主要存在两条构造断裂：渭河断裂和长安-临潼断裂，其中渭河断裂形成于震旦纪，长度达 30km，地震活动性强，历史上曾发生过 6.25 级西安东北地震和 4.8 级泾阳地震，而长安-临潼断裂形成于中生代，晚更新世以来活动性较强，历史上曾发生过两次 6 级以上地震。由于设定地震震级 $M=6.65$，震中距 $R=17.84$km，且贡献率最大的咸阳潜在震源区中的渭河断裂恰好位于该震中距范围内，因此根据前面震中构造位置的确定方法［以研究场点为圆心，设定地震震中距为半径作圆弧，与该潜在震源区主要发震断裂相交点或最近点作为设定地震震中空间构造位置$(x,y)$］，计算得到代表场点 D9 的 50 年超越概率 10%对应的设定地震的震中置于咸阳潜在震源区的渭河断裂带上，位置为东经 108°55′7″、北纬 34°22′40″。

(3) 设定地震的震源深度确定。由西安市地震小区划中地震震源深度分布统计得知，研究地区震源深度绝大多数小于 30km，且大多数集中在 5~20km，说明区域内地震为壳内浅源地震。因为目前我国设定地震对震源深度的研究尚少，故依据小区划报告，取本次设定地震震源深度为 12.5km。

(4) 设定地震下的基岩地震动峰值加速度分布。基于设定地震：震级 $M=6.65$，震中距 $R=17.84$km，震中位置为 108°55′7″E、34°22′40″N，震源深度为 12.5km，对工程场地进行设定地震下的确定性地震危险性分析。首先，将工程场地进行栅格化处理，如图 4.15(a)所示，然后通过确定性地震危险性分析，得到该设定地震下的基岩地震动峰值加速度分布,如图 4.15(b)所示。该分析结果与西安市地震小区划中基岩地震动峰值加速度分布基本一致。

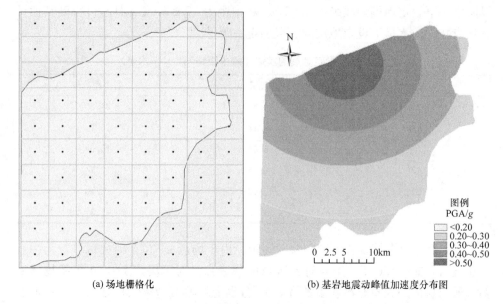

(a) 场地栅格化 　　　　(b) 基岩地震动峰值加速度分布图

图 4.15　工程场地基岩地震动峰值加速度分布图

8. 场地效应

震害研究表明,地震灾害的直接原因是地震产生的强烈地震动所引起的结构破坏和倒塌,从而造成人员伤亡和经济损失。而场地条件对地震动的影响很大,主要表现在对不同频率的地震加速度波具有显著的缩小或放大作用[30]。因此场地效应问题一直是地震工程学家关注的问题。

所谓场地条件[34]是指场址地区的工程地质条件,一般指近地表土层,包括工程场址的场地土类别、土层结构、覆盖层厚度、局部地质、地形和地貌等。由于经过了漫长的地质演变过程,场地条件一般较为复杂。场地条件不仅在纵、横向上具有不均匀性,在力学性质上还具有非线性和不连续性的特征[35]。

为了研究场地条件对地震动特性的影响,学者提出了许多方法,这些方法在宏观上主要分为三类[30]:场地地震动衰减关系间接估计方法、场地模型理论分析模拟计算方法、场地地震动参数直接调整方法。

(1) 场地地震动衰减关系间接估计方法是利用地震动衰减关系的间接估计方法,即利用已获得的强地震动数据,直接在各类场地上建立基于地表而非基岩的地震动衰减关系,其在地震动衰减关系中直接考虑了场地效应。这种方法需要基于各类场地上丰富的强地震动数据。由于我国强地震动数据相对较为缺乏,目前无法大范围应用此类方法。

（2）场地模型理论分析模拟计算方法分为两类：一类是构筑基于实际的土层条件[36]；另一类是利用计算机建立虚拟的土层力学模型。两者均是建立在实际场地介质特性的基础上，利用地震反应分析计算场地地表的地震动，并与输入面的地震动大小进行比较。两者的差异即为场地条件对地震动的影响。这种方法适用于缺乏强震记录的地区或国家，但其合理性在很大程度上受外界因素或计算软件的影响。其次，这种方法在实现上也有其困难的一面：必须先进行详细的工程场地地质条件的勘测，然后才能较为精确地建立工程场地模型。

（3）场地地震动参数直接调整方法是我国目前最常用的考虑场地条件影响的方法，它是利用第二种方法或已获得的强震动数据的计算结果，针对各类工程场地，统计分析给出以场地特性指标为控制量的地震动统计谱特性，确定地震动参数的调整关系，然后基于基岩地震动参数调整得到场地的地震动参数。这种方法适用于量大面广的一般性建筑物的场地效应，《中国地震动参数区划图》（GB 18306—2015）中便是采用此方法考虑场地条件的影响，同时也是各类工程抗震设计规范中考虑场地条件的常用方法。

本节采用场地地震动参数直接调整方法，即采用场地影响系数来考虑场地效应，见表 4.20。

**表 4.20　场地影响系数**[30]

| 场地类别 | II类场地地震动峰值加速度 | | | | | |
| --- | --- | --- | --- | --- | --- | --- |
| | 0.05g | 0.10g | 0.15g | 0.20g | 0.30g | 0.40g |
| $I_0$ | 0.72 | 0.74 | 0.75 | 0.75 | 0.85 | 0.90 |
| $I_1$ | 0.80 | 0.82 | 0.83 | 0.85 | 0.96 | 1.00 |
| II | 1.00 | 1.00 | 1.00 | 1.00 | 1.00 | 1.00 |
| III | 1.30 | 1.25 | 1.15 | 1.00 | 1.00 | 1.00 |
| IV | 1.25 | 1.20 | 1.10 | 1.00 | 0.95 | 0.90 |

## 4.6　本章小结

本章在研究国内外地震危险性分析方法的基础上，对考虑时空不均匀性的概率地震危险性分析方法和确定性地震危险性分析方法进行了系统的梳理分析，为了弥补两种具有同源性的地震危险性分析方法的缺陷与不足，采用设定地震将两者进行有机结合，形成一套系统而完整的地震危险性分析方法，并结合具体实例阐述具体方法与步骤。研究成果可为地震灾害风险与损失评估提供理论依据。

## 参 考 文 献

[1] 谢礼立,马玉宏,翟长海. 基于性态的抗震设防与设计地震动[M]. 北京:科学出版社,2009.
[2] 中华人民共和国国家质量监督检验检疫总局,中国国家标准化管理委员会. GB 17741—2005 工程场地地震安全性评价[S]. 北京:中国标准出版社,2006.
[3] 吴健. 设定地震确定方法研究[D]. 北京:中国地震局地球物理研究所,2013.
[4] 陶夏新,陶正如,师黎静. 设定地震——概率地震危险性评估和确定性危险性评估的连接[J]. 地震工程与工程振动,34(4):101-109.
[5] Cornell C A. Engineering seismic risk analysis[J]. Bulletin of the Seismological Society of America,1968,58(5):1583-1606.
[6] McGuire R K. FORTRAN computer program for seismic risk analysis[R]. Reston:US Geological Survey,1976.
[7] Baker J W. An introduction to probabilistic seismic hazard analysis (PSHA)[R]. Palo Alto:Stanford University,2008.
[8] 潘华. 概率地震危险性分析中参数不确定性研究[D]. 北京:中国地震局地球物理研究所,2000.
[9] 潘华,高孟潭,谢富仁. 新版地震区划图地震活动性模型与参数确定[J]. 震灾防御技术,2013,8(1):11-23.
[10] 胡聿贤. 地震工程学[M]. 北京:地震出版社,2006.
[11] 高孟潭,卢寿德. 关于下一代地震区划图编制原则与关键技术的初步探讨[J]. 震灾防御技术,2006,1(1):1-6.
[12] 周本刚,陈国星,高战武,等. 新地震区划图潜在震源区划分的主要技术特色[J]. 震灾防御技术,2013,8(2):113-124.
[13] 彭承光,李运贵. 场地地震效应工程勘察基础[M]. 北京:地震出版社,2004.
[14] 李杰. 生命线工程抗震:基础理论与应用[M]. 北京:科学出版社,2005.
[15] 梁树霞. 地震小区划方法的综合比较[D]. 大连:大连理工大学,2009.
[16] 刘佳. 陕西分区地震动衰减关系研究[D]. 西安:长安大学,2009.
[17] 俞言祥,李山有,肖亮. 为新区划图编制所建立的地震动衰减关系[J]. 震灾防御技术,2013,8(1):24-33.
[18] 荆旭. 地震危险性分析不确定性表征[J]. 核安全,2013,(1):60-63.
[19] 卜超鹏. 基于GIS技术的城市地震灾情快速评估方法和系统[D]. 苏州:苏州科技学院,2012.
[20] 王传芳. 地震危险性分析中地震动衰减的不确定性校正[D]. 哈尔滨:哈尔滨工业大学,2013.
[21] 中华人民共和国国家质量监督检验检疫总局,中国国家标准化管理委员会. GB/T 19428—2014 地震灾害预测及其信息管理系统技术规范[S]. 北京:中国标准出版社,2014.
[22] 崔江余,杜修力. 重大工程设定地震动确定[J]. 世界地震工程,2000,16(4):25-28.

[23] 钟菊芳,胡晓,易立新,等.重大工程设定地震方法研究进展[J].水力发电,2005,31(4):22-24.

[24] 徐丹丹,吕悦军,陈阳,等.基于不同设定地震方法的长周期建筑设计反应谱的对比分析[J].震灾防御技术,2013,8(3):244-251.

[25] McGuire R K. Probabilistic seismic hazard analysis and design earthquake:Closing the loop[J]. Translated World Seismology,1995,85(5):1275-1284.

[26] 韩竹军,张裕明,于贵华.如何确定对场地地震危险性贡献量最大的潜在震源区[J].地震地质,1999,21(4):443-451.

[27] 韩竹军,张裕明,黄昭.城市震害预测中设定地震的确定问题[J].中国地震,1999,15(4):349-356.

[28] 陈厚群,李敏,石玉成.基于设定地震的重大工程场地设计反应谱的确定方法[J].水利学报,2005,36(12):1399-1404.

[29] 胡聿贤.地震危险性分析中的综合概率法[M].北京:地震出版社,1990.

[30] 李小军.地震动参数区划图场地条件影响调整[J].岩土工程学报,2013,35(S2):21-29.

[31] 陕西大地地震工程勘察中心.西安市地震小区划项目技术报告[R].西安:西安市地震局,2011.

[32] 吴文英.城市地震灾害风险分析模型研究[M].北京:北京理工大学出版社,2012.

[33] 中华人民共和国国家质量监督检验检疫总局,中国国家标准化管理委员会. GB 18306—2015 中国地震动参数区划图[S].北京:中国标准出版社,2015.

[34] 薄景山,李秀领,李山有.场地条件对地震动影响研究的若干进展[J].世界地震工程,2003,19(2):11-15.

[35] 孔军.考虑场地放大效应的概率地震危险性分析方法[D].北京:中国地震局地球物理研究所,2011.

[36] 吕悦军,彭艳菊,兰景岩,等.场地条件对地震动参数影响的关键问题[J].震灾防御技术,2008,3(2):126-135.

# 第 5 章　多龄期建筑地震易损性分析

地震易损性分析是指在可能遭遇到的各种强度地震作用下,一个地区的工程结构发生某种程度破坏的概率或可能性,也称为震害预测[1]。已有的地震易损性分析方法包括经验法、专家判断法、解析法、混合法及易损性面法等。城市建筑由于建造的历史时期不同、建造时所依据的设计规范体系不同、所处的服役环境不同等,而表现出多龄期特性。新建、老龄和超龄结构并存,这些建筑的设计参数和性能劣化程度不同,从而造成结构抗震性能存在明显差异。而国内外现行的震害预测方法大多没有区别新建建筑、老旧建筑及复杂环境下的在役建筑在抗震性能方面的差异,难以体现城市建筑结构多龄期特性的影响。地震引起建筑物破坏、倒塌、使用功能丧失等是造成人员伤亡及社会经济损失的主要原因,在合理考虑地震动不确定性和结构宏观不确定性影响的基础上[2~6],进一步考虑建筑结构的多龄期特性对其进行地震易损性分析研究,已成为目前城市区域震害预测乃至地震风险与损失评估理论研究的重要组成部分[7~11]。研究成果将为政府防震减灾、应急救灾、震后恢复重建等提供科学依据[12]。

针对城市多龄期建筑结构特性,作者及研究团队在多龄期建筑材料、构件和结构力学、抗震性能试验研究与理论分析,以及各类建筑结构地震易损性建模与分析的基础上,重点对城市多龄期建筑的地震易损性分类进行研究,提出适用于我国的可扩展建筑结构分类方法;同时,为了实现地震易损性曲线数据的管理与应用,开发出建筑结构地震易损性曲线管理系统,以与系统主平台实现无缝集成。

## 5.1　研究框架

如上所述,如何建立能够考虑城市建筑多龄期特性,且反映地震动不确定性和结构宏观不确定性影响的城市在役建筑性能化时变地震易损性模型,是要研究的技术重点,这方面的理论研究成果参见文献[13]～[40]。为了保持本书整体研究的一致性,本章给出多龄期建筑地震易损性的研究框架,如图5.1所示。

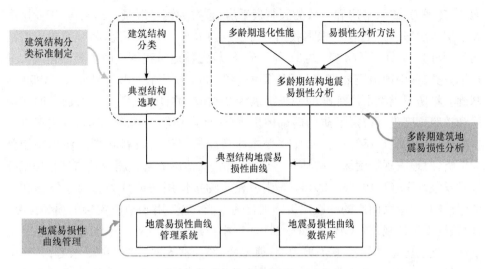

图 5.1　多龄期建筑地震易损性研究框架

## 5.2　建筑结构分类

合理的建筑结构分类是对建筑物进行地震易损性分析和损失估计的基础,目前主要有两种分类方法[1]:①以建筑物的工程特性和结构特性为依据,按照地震工程分类;②按照建筑结构的社会功能进行分类。如何建立一个合理的、可扩展的建筑结构分类标准成为研究的重点。

### 5.2.1　国内外建筑结构分类综述

在地震灾害损失评估和风险管理的过程中,建筑结构类型不同,结构的地震易损性差异很大。相应地,地震灾害损失评估结果也会存在很大差异。同时,同类型建筑结构也因国家、地区经济发展水平差异导致其抗震性能差异较大,特别是一些还较为落后的发展中国家,由于经济水平低下,建筑结构多为土坯结构、砖(石)砌体或未经抗震设防的自建房屋,结构抵御地震灾害的能力弱,相同强度地震下造成的人员伤亡和经济损失更大。本节主要对国内外已有的建筑分类方法进行整理(详见附录 H)。

我国建筑结构分类方法众多,根据评估对象的不同,分类标准也不统一。谢毓寿[41]将建筑物按结构特征分为 3 类:Ⅰ类为十分简陋的土房、棚舍和毛石房;Ⅱ类为一般土搁梁房和老旧木架房;Ⅲ类为木架房屋和砖房。1976 年唐山大地震后,刘恢先[42]提出新的建筑物分类:Ⅰ类为土坯房、毛石房和简易牲口棚;Ⅱ类为砖木架房、砖平房、砖石平房和少数的预制板平房；Ⅲ类为钢筋混凝土框架房、工业用房和多层砖混房。尹之潜[43]根据我国当时建筑物水平的实际情况，将建筑物按照结构类型分为 A、B、C、D 4 类，共 31 种子分类，较完整地对我国当时主要的建筑物进行了分类。《中国地震烈度表》(GB/T 17742—2008)[44]在 GB/T 17742—1999 的基础上将房屋类型由原标准的一类扩展为 3 类(A 类、B 类、C 类)，增加了旧式房屋和按照Ⅶ度进行抗震设防的砖砌体房屋。《地震现场工作 第 4 部分：灾害直接损失评估》(GB/T 18208.4—2011)[45]中将房屋按照建筑材料和特殊使用功能分为 7 类，对地震现场房屋的破坏状态进行评估。《地震灾害预测及其信息管理系统技术规范》(GB/T 19428—2014)[46]中将建筑物按使用功能分为重要建筑物和一般建筑物，将量大面广的一般建筑物细化为 6 类，主要用于地震灾害的损失预测。《建筑抗震设计规范》(GB 50011—2010)[47]中将建筑物分为 6 大类：①多层和高层钢筋混凝土房屋(框架、框架-剪力墙、剪力墙、部分框支剪力墙、框架-核心筒、筒中筒、板柱-剪力墙)；②多层砌体房屋和底部框架、内框架房屋；③多层和高层钢结构房屋(框架、框架-剪力墙、筒体、巨型框架结构)；④单层工业厂房(单层钢筋混凝土柱、单层钢柱厂房)；⑤单层空旷房屋；⑥土、木、石结构房屋(包括村镇生土房屋、木结构房屋、石结构房屋)。

相比于国内的分类，国外的建筑物结构分类更趋于成熟，系统性更强，在地震易损性分析过程中更具可操作性。MSK 64 烈度表[48]主要用于震后烈度评定，将房屋类型分为 A、B、C 三类。EMS 98 烈度标准[49]是在 MSK 64 的基础上修正而成的，被欧洲各国广泛应用于震后烈度评定及地震易损性评估中，其建筑物依据建造材料分为砌体结构、钢筋混凝土结构、钢结构和木结构 4 类。ATC-13[50]将建筑物和构筑物按照地震工程进行分类，共有 78 种类型，其中建筑物细分为 40 种，考虑了建筑材料、建筑高度、结构体系及设计和建造质量等因素，已广泛应用于美国加利福尼亚州的地震灾害损失研究中。HAZUS[51]在 FEMA-178 建筑分类的基础上，考虑了建筑材料、建筑高度、结构体系、抗震规范及使用功能等因素，按建筑物结构类型将其划分为 36 种，按使用功能分为 34 种。RISK-UE[52]根据建筑材料和抗力体系将欧盟国家的房屋分为 23 种类型，其中未考虑欧盟国家存在的少量非标准设计的建筑。《世界住房百科全书》(World Housing Encyclopedia，WHE)[53]是由美国地震工程研究所(Earthquake Engineering Research Institute，EERI)和国际地震工程协会(International Association of Earthquake Engineering，IAEE)实施的一项联合计划，目的是基于网络的交互形式建立全球地震频发地区的住房建筑类型百科全书。目前共收录了 49 个国家 217 份住房建筑类型报告。考虑了不同国家的社会经济状况、建筑使用功能、结构类型、建筑材料、抗震性能和施工方法等。PAGER[54]收集了大量的建筑信息及人口分布信息，对全球已有的建筑分类进行了归类整理,建立了适用于全球的建筑分类方法,该分类方法考虑了建筑材料、结构类型、结构层数及其他结构参数。GEM[55]主要用于全球及区域不同尺度的地震灾害风险评估,对于建筑物的分类更加详细,考虑了建筑类型、建筑材料、抗侧力体系及结构特性(结构高度、平面尺寸、使用功能等)。SYNER-G[56]是在GEM分类基础上提出的一个详细的、可折叠及可扩展的建筑物分类方法,通过设计子分类,可以更好地细化来自结构的不同差异,该分类考虑了结构的抗力体系、建筑材料、结构的规则性、楼板与屋顶的特点、结构高度及设计规范等。文献[57]针对印度地区的结构特点,对建筑物进行了分类,考虑了建筑材料、抗力体系、结构高度、规则性、施工质量及地面坡度6个因素。Mansour等[58]对突尼斯城市的建筑数据进行了采集,并按照建筑材料、结构体系、龄期、高度、功能和结构现状进行了建筑分类,同时对不同类型的结构进行了地震易损性分析。

综上所述,由于灾害评估目的的不同,建筑物分类的侧重点也不尽相同。但合理的建筑分类可以区别不同建筑结构之间的差异,进而能建立相对精确的地震易损性函数,同时,合理的分类标准可以随着城市建筑物的快速发展而不断扩展、更新和完善。基于此,本节着重从建筑材料、结构抗力系统、建筑高度、抗震规范、施工质量及可扩展性等因素对国内外已有的建筑结构分类方法进行对比分析,指出每种方法的优缺点,见表5.1。

由表5.1可以看出,我国已有的建筑结构分类方法大多比较笼统,大多只考虑建筑材料的不同,而未考虑其他结构因素(如结构体系、建筑高度、设计规范、施工质量等)造成的结构地震易损性差异。而PAGER、GEM、SYNER-G等分类方法考虑的结构因素相对比较精细,并具有很好的可扩展性,可适用于全球范围内建筑结构的分类。另外,国内外已有建筑结构分类方法均未考虑建筑抗震设防烈度、使用环境与服役龄期(多龄期特性)等因素的影响。

## 5.2.2 建筑结构分类方法研究

基于上述分析,在PAGER、GEM及SYNER-G分类[59]的基础上,结合我国《建筑抗震设计规范》(GB 50011—2010),力求建立一个详细的、可折叠及可扩展的建筑结构分类方法。采用层次结构体系,综合考虑建筑材料、结构抗力体系、建筑高度、设计规范、抗震设防烈度、使用环境与服役龄期等影响结构抗震性能的主要因素,并根据各因素的重要性进行主次层次排序,建立适用于我国的建筑结构分类标准,见表5.2,进而建立适用于我国的建筑结构分类方法,见表5.3。

表 5.1 国内外建筑结构分类方法对比

| 分类方法 | 建筑材料 | 结构抗力体系 | 建筑高度 | 设计规范 | 施工质量 | 平、立面规则性 | 详细程度 | 可扩展性 | 适用范围 |
|---|---|---|---|---|---|---|---|---|---|
| 谢毓寿[41] | √ | × | × | × | × | × | L | L | 中国 |
| 刘恢先[42] | √ | × | × | × | × | × | L | L | 中国 |
| 尹之潜[43] | √ | × | × | × | × | × | L | L | 中国 |
| GB/T 17742—2008[44] | √ | × | × | × | × | × | L | L | 中国 |
| GB/T 18208.4—2011[45] | √ | × | × | × | × | × | L | L | 中国 |
| GB/T 19428—2014[46] | √ | × | × | × | × | × | L | L | 中国 |
| GB 50011—2010[47] | √ | √ | √ | √ | × | × | M | M | 中国 |
| MSK 64[48] | √ | × | × | × | × | × | M | L | 欧洲 |
| EMS 98[49] | √ | × | × | × | × | × | M | L | 欧洲 |
| ATC-13[50] | √ | √ | √ | × | × | × | M | M | 美国 |
| HAZUS[51] | √ | √ | √ | √ | × | × | M | M | 美国 |
| RISK-UE[52] | √ | √ | √ | × | × | × | M | M | 欧洲 |
| WHE[53] | √ | √ | √ | × | √ | √ | H | H | 全球 |
| PAGER[54] | √ | √ | √ | √ | √ | √ | H | H | 全球 |
| GEM[55] | √ | √ | √ | √ | √ | √ | H | H | 全球 |
| SYNER-G[56] | √ | √ | √ | √ | √ | √ | H | H | 全球 |
| 文献[57] | √ | √ | √ | √ | √ | √ | H | M | 印度 |
| Mansour等[58] | √ | √ | √ | √ | √ | √ | M | M | 突尼斯 |

注：表中√表示考虑此项因素；×表示未考虑此项因素；H表示程度高；M表示程度中等；L表示程度低。

表 5.2 我国建筑结构分类考虑因素及其标准

| 因素 | 分类 | | 说明 |
|---|---|---|---|
| 建筑材料 | 砌体材料 | | 建筑材料主要分为结构材料、装饰材料和某些专用材料。其中，结构材料包括木材、竹材、石材、砌块、混凝土、钢材等。结构材料主要影响结构抗震性能的最主要因素。建筑材料的使用与人类的发展息息相关。目前，木材、石材、砖砌体结构多见于大量农村地区，结构抗震性能相对较差；砌体结构也多见于城市老城区，大部分进行了抗震设防。混凝土结构、钢结构及组合与混合结构是目前乃至今后城市建筑结构的主要结构形式 |
| | 混凝土材料 | | |
| | 钢材 | | |
| | 木材 | | |
| 结构抗侧力体系 | 框架体系 | | 基于结构所采用的建筑结构材料及高度，以及抗震设防要求，结构会采用不同的抗侧力体系。主要包括框架体系、剪力墙体系、框架-剪力墙体系、承重墙体系、框架支撑体系等。框架体系结构因其整体结构平面布置灵活，自重轻，节省材料，抗震性能好，其建筑空间布置更灵活，适于建造较大空间区域的住宅、公寓等建筑。剪力墙体系结构比于剪切结构，抗侧刚度大，承重墙体系结构一般指刚度较大的砌体结构，可砌地取材，经济实用，易满足使用功能布置有较大剪力墙体系结构中框架和支撑体系双重抗侧力结构体系，合理设计具有较好的抗震能力。框架支撑体系和较大的抗侧刚度 |
| | 剪力墙体系 | | |
| | 框架-剪力墙体系 | | |
| | 承重墙体系 | | |
| | 框架支撑体系 | | |
| 建筑高度 | 低层(1~3层) | | 《民用建筑设计通则》(GB 50352—2005)[60]中将住宅建筑按层数分类：1~3层为低层住宅，4~6层为多层住宅，7~9层为中高层住宅，10层及10层以上且100m以下为高层住宅；建筑高度大于100m的民用建筑为超高层建筑。《建筑设计防火规范》(GB 50016—2014)[61]将10层及10层以上的居住建筑(包括首层设置商业服务网点的住宅)以及建筑物超过24m的公共建筑，定为高层建筑。《高层建筑混凝土结构技术规程》(JGJ 3—2010)[62]将10层及10层以上或房屋高度大于28m的住宅建筑以及房屋高度大于24m的其他民用建筑，定为高层建筑。基于以上分类，定义为高层建筑。基于以上分类，考虑到中因建筑高度差异而引起的抗震性能差异，细化为九种类型 |
| | 多层(4~9层) | 多层Ⅰ(4~5层) | |
| | | 多层Ⅱ(6~9层) | |
| | 高层(10层以上，100m以下) | 高层Ⅰ(10~13层) | |
| | | 高层Ⅱ(14~17层) | |
| | | 高层Ⅲ(18~22层) | |
| | | 高层Ⅳ(23~27层) | |
| | | 高层Ⅴ(28层以上，100m以下) | |
| | 超高层(100m以上) | | |

续表

| 因素 | 分类 | 说明 |
|---|---|---|
| 设计规范 | 无规范 | 我国的抗震设计规范发展分为四个阶段[63]：第一阶段为1978年之前，我国尚无抗震设计规范，因此该阶段建造的建筑整体抗震性能差，将其均划分为无规范；第二阶段为1978～1989年，我国抗震设计规范得到了初步发展，《工业与民用建筑抗震设计规范》(TJ 11—78)为其代表作，其间建造的建筑均按78规范设计；第三阶段为1989～2001年，我国抗震设计规范逐步完善，颁布实施了《建筑抗震设计规范》(GBJ 11—89)，此阶段建造的建筑均按89规范设计；第四阶段为2001年之后，我国抗震设计规范已基本成熟，主要代表作为《建筑抗震设计规范》(GB 50011—2001)和《建筑抗震设计规范》(GB 50011—2010)，该阶段建造的建筑均划分为01规范之后。另外，已经加固改造过的建筑按加固后所依据的抗震设计规范划分 |
| | 《工业与民用建筑抗震设计规范》(TJ 11—78) | |
| | 《建筑抗震设计规范》(GBJ 11—89) | |
| | 《建筑抗震设计规范》(GB 50011—2001) | |
| 使用环境 | 一般大气环境 | 研究表明[64～66]，在不同大气环境作用下，建筑结构均随着服役龄期的增加抗震性能逐步退化。根据我国建筑物所处环境不同，通过试验与理论研究并结合工程实测与分析，分别研究了一般大气、近海大气及冻融大气环境下结构性能乃至构件性能的退化规律 |
| | 近海大气环境 | |
| | 冻融大气环境 | |
| 抗震设防烈度 | 6度(0.05g) | 依据《中国地震动参数区划图》(GB 18306—2015)[67]及《建筑抗震设计规范》(GB 50011—2010)的相关规定，将结构的抗震设防烈度分为六个等级 |
| | 7度(0.10g) | |
| | 7度(0.15g) | |
| | 8度(0.20g) | |
| | 8度(0.30g) | |
| | 9度(0.40g) | |
| 平面规则性 | 规则 | 结构的平面和竖向规则程度对其抗震能力有较大影响。一般来说，规则的形状对抗震有利；突出部位容易破坏，如ásí布置不规则，质心与刚度中心不重合，地震时则会产生扭转效应，从而加剧震害。依据《建筑抗震设计规范》(GB 50011—2010)[47]的相关规定判断划分结构平面和竖向不规则性 |
| | 不规则 | |
| 竖向规则性 | 规则 | |
| | 不规则 | |

第5章 多龄期建筑地震易损性分析

续表

| 因素 | 分类 | 说明 |
|---|---|---|
| 多龄期性能退化 | 无退化 | 随着服役龄期的增加结构抗震性能逐步退化。基于试验与理论研究并结合工程实测与分析,将结构的性能退化分为四种程度退化:无退化(龄期在30年以内)、轻度退化(龄期31~40年)、中度退化(龄期41~50年)及重度退化(龄期超过50年)。结构龄期指其服役时间,即竣工至被评估时的时间跨度 |
| | 轻度退化 | |
| | 中度退化 | |
| | 重度退化 | |
| 房屋现状 | 基本完好房屋 | 大量历史震害表明,房屋(技术)现状对其地震破坏程度影响较大,特别是当主体结构有严重缺陷或成为危房时,地震烈度不大时(如6度、7度等)也可能造成严重破坏或倒塌 |
| | 主体结构有一般缺陷 | |
| | 主体结构有严重缺陷 | |
| | 危房 | |
| 场地类别 | I类 | 场地类别对结构的抗震性能也有一定的影响。文献[68]指出基岩上的多层砖房,因基岩的地震动峰值加速度小,且持续时间短,建筑物的破坏就比较轻;但如果坚硬土层的阜越周期与多层砖房的自振周期接近,则会加重震害。一般来说,软土地基是不利建筑物抗震的地段,但对于刚性的多层砖房,软土场地也未必不利 |
| | II类 | |
| | III类 | |
| | IV类 | |
| 地震分组 | 第一组 | 地震分组是用来表征地震震级及发展中距影响的一个参量,即表征《建筑抗震设计规范》(GBJ 11—89)中近震、中震和远震,其与场地特征周期和峰值加速度有关 |
| | 第二组 | |
| | 第三组 | |
| 结构轴网或跨度/m | 短跨(0~3) | 结构的跨度对其震损影响比较明显[69]。结构的跨度比较大且层高较高时,结构侧向刚度相对降低,在强烈地震作用下,结构侧向位移越大,造成部分框架柱较早失稳破坏,当冗余度较少时,易形成连续倒塌机制,从而导致结构整体倾覆倒塌 |
| | 中跨(4~8) | |
| | 大跨(≥9) | |

表5.3 适用于我国的建筑结构分类方法

| 使用环境 | 建筑材料 | 结构体系分类 | 建筑高度 | 设计规范 | 设防烈度 | 多龄期退化性能 | 平面规则性 | 竖向规则性 | 场地类别 | 地震分组 | 结构轴网或跨度 | 房屋现状 |
|---|---|---|---|---|---|---|---|---|---|---|---|---|
| 一般大气环境/近海大气环境/冻融大气环境 | 砌体结构(M) | 土坯砌体(A) | | | | | | | | | | 基本完好房屋，主体结构有一般缺陷，主体结构有严重缺陷，危房 |
| | | 石砌体(ST) | | | 6度(0.05g) | | | | | | | |
| | | 无抗震构造措施砌砖砌体结构(URM) | 低层，多层I，多层II | 无规范，TJ 11—78，GBJ 11—89，GB 50011—2001，之后 | 7度(0.10g) | 无退化，轻度退化，中度退化，重度退化 | 规则，不规则 | 规则，不规则 | I类，II类，III类，IV类 | 第一组，第二组，第三组 | 短跨(0~3m)，中跨(4~8m)，大跨(9m以上) | |
| | | 配筋砖砌体结构(RBM) | | | 7度(0.15g) | | | | | | | |
| | | 有抗震构造措施砌砖砌体(RM1) | 高层I，高层II，高层III，高层IV，高层V，超高层 | | 8度(0.20g) | | | | | | | |
| | | 设防砌砖块砌体(RM2) | | | 8度(0.30g) | | | | | | | |
| | | 底部框架-抗震墙砌体结构(FSW) | | | 9度(0.40g) | | | | | | | |
| | | 大开间砌体结构(LM) | | | | | | | | | | |
| | | 多排柱内框架砌体结构(RCF) | | | | | | | | | | |
| | 混凝土结构(C) | RC框架结构(C1) | | | | | | | | | | |
| | | 框架-抗震墙结构(C2) | | | | | | | | | | |
| | | 抗震墙结构(C3) | | | | | | | | | | |
| | | 部分框支抗震墙结构(C4) | | | | | | | | | | |
| | | 框架-核心筒结构(C5) | | | | | | | | | | |
| | | 筒中筒结构(C6) | | | | | | | | | | |
| | | 板柱-抗震墙结构(C7) | | | | | | | | | | |
| | 钢结构(S) | 钢框架结构(S1) | | | | | | | | | | |
| | | 支撑钢框架(S2) | | | | | | | | | | |
| | | 单层工业厂房(S3) | | | | | | | | | | |
| | | 无筋砌体填充的钢框架(S4) | | | | | | | | | | |
| | | 带现浇剪力墙的钢框架(S5) | | | | | | | | | | |
| | | 钢与混凝土组合结构(S6) | | | | | | | | | | |
| | 木结构(W) | 木结构(W) | | | | | | | | | | |

## 5.3 地震易损性曲线管理及映射

在地震灾害损失评估和风险管理的过程中,需要对不同类型建筑物的地震易损性乃至破坏状态进行分析,如何根据建筑工程数据库中存储的建筑结构基本属性信息高效、合理地进行地震易损性匹配,是本节介绍的主要内容。其中主要包括地震易损性曲线基本属性数据整理及映射方法。

### 5.3.1 地震易损性曲线基本属性

5.2.2 节对建筑结构分类进行了研究,并将其系统化为不同的研究属性。同时,3.2.1 节也对建筑数据的基本属性信息进行了详细论述。为了将建筑工程数据库中存储的已有建筑结构基本属性信息与地震易损性数据库中存储的已有易损性曲线基本属性信息进行匹配,匹配编码必须一一对应,以此来确定不同类型结构所对应的地震易损性曲线。基于此,本节建立了地震易损性曲线基本属性编码一览表,见表 5.4。

### 5.3.2 地震易损性曲线映射

根据各自数据库中存储的已有的建筑物基本属性信息与地震易损性曲线基本属性信息的相关对应关系,进行一一映射匹配,包括一对一映射、一对多映射,前者适用于建筑物属性数据信息完备情况下的匹配,后者则适用于建筑物属性数据信息不完备情况下的匹配,如图 5.2 所示。

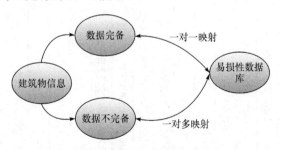

图 5.2 地震易损性曲线匹配关系

(1) 一对一映射。指建筑物的基本属性数据信息基本完备,其与地震易损性数据库中存储的已有易损性曲线基本属性信息有唯一的对应关系,因此该建筑物可获得唯一的地震易损性函数匹配,如图 5.3 所示。

(2) 一对多映射。指建筑物的基本属性数据信息不够完备,其与地震易损性数据库中存储的多条已有易损性曲线基本属性信息均有对应关系,则需通过均值化处理,以获得满足建筑物基本属性数据信息要求的唯一地震易损性函数,如图 5.4 所示。

表 5.4 地震易损性曲线基本属性编码一览表

| 序号 | 中文名 | 英文名 | 字段名 | 数据类型 | 长度 | 是否为主键 | 是否为外键 | 不为空 |
|---|---|---|---|---|---|---|---|---|
| 1 | ID 码 | ID NUMBER | ID_NUM | INT | | | | |
| 2 | 易损性曲线编码 | FRAGILITY ID | ID_FRAGILITY | CHAR(16) | 16 | | 是 | 是 |
| 3 | 环境类别 | ENVIRONMENT TYPE | ENVI_TYP | INT | 10 | | | |
| 4 | 结构类型 | STRUCTURE TYPE | STRUCT_TYP | NVARCHAR2(10) | | | | |
| 5 | 建筑层数 | NO OF STOREYS | NO_STOREYS | INT | | | | |
| 6 | 建筑高度 | HEIGHT | HEIGHT | NUMBER(14,3) | 14 | 3 | | |
| 7 | 设计规范 | CODE | CODE | INT | | | | |
| 8 | 设防烈度 | PRECAUTIONARY INTENSITY | PRE_INTENSITY | INT | | | | |
| 9 | 退化性能 | DEGRADATION PERFORMANCE | DEG_PER | INT | | | | |
| 10 | 平面规则性 | PLAN REGULARITY | PLAN_REG | INT | | | | |
| 11 | 竖向规则性 | VERTICAL REGULARITY | VER_REG | INT | | | | |
| 12 | 场地类别 | SITE TYPE | SITE_TYP | INT | | | | |
| 13 | 地震分组 | SEISMIC GROUP | SEI_GROUP | INT | | | | |
| 14 | 跨度 | SPAN | SPAN | NUMBER(14,3) | 14 | 3 | | |
| 15 | 房屋现状 | BUILDING STATUS | BLDG_STA | INT | | | | |
| 16 | 地震动强度指标 | INTENSITY MEASURE | IM | INT | | | | |
| 17 | 强度指标单位 | UNIT | UNIT | INT | | | | |
| 18 | 地震需求指标 | DAMAND MEASURE | DM | INT | | | | |
| 19 | 易损性分析方法 | FRAGILITY METHOD | FRA_MET | NVARCHAR2(32) | 32 | | | |
| 20 | 状态极限值 1 | DAMAGE STATE LIMIT 1 | DAM_LIM_1 | NVARCHAR2(32) | 32 | | | |

第5章 多龄期建筑地震易损性分析

续表

| 序号 | 中文名 | 英文名 | 字段名 | 数据类型 | 长度 | 是否为主键 | 是否为外键 | 不为空 |
|---|---|---|---|---|---|---|---|---|
| 21 | 状态极限值 2 | DAMAGE STATE LIMIT 2 | DAM_LIM_2 | NVARCHAR2(32) | 32 | | | |
| 22 | 状态极限值 3 | DAMAGE STATE LIMIT 3 | DAM_LIM_3 | NVARCHAR2(32) | 32 | | | |
| 23 | 状态极限值 4 | DAMAGE STATE LIMIT 4 | DAM_LIM_4 | NVARCHAR2(32) | 32 | | | |
| 24 | 状态 1 均值 | STATE 1 MEAN | MEAN_1 | NUMBER(14,3) | 14 | 3 | | |
| 25 | 状态 1 方差 | STATE 1 STANDARD DEVIATION | STA_DEV_1 | NUMBER(14,3) | 14 | 3 | | |
| 26 | 状态 2 均值 | STATE 2 MEAN | MEAN_2 | NUMBER(14,3) | 14 | 3 | | |
| 27 | 状态 2 方差 | STATE 2 STANDARD DEVIATION | STA_DEV_2 | NUMBER(14,3) | 14 | 3 | | |
| 28 | 状态 3 均值 | STATE 3 MEAN | MEAN_3 | NUMBER(14,3) | 14 | 3 | | |
| 29 | 状态 3 方差 | STATE 3 STANDARD DEVIATION | STA_DEV_3 | NUMBER(14,3) | 14 | 3 | | |
| 30 | 状态 4 均值 | STATE 4 MEAN | MEAN_4 | NUMBER(14,3) | 14 | 3 | | |
| 31 | 状态 4 方差 | STATE 4 STANDARD DEVIATION | STA_DEV_4 | NUMBER(14,3) | 14 | 3 | | |
| 32 | 作者 | AUTHOR | AUTHOR | NVARCHAR2(32) | 32 | | | |
| 33 | 完成日期 | FINISH TIME | FIN_TIME | DATA | | | | |
| 34 | 来源 | SOURCE | SOURCE | NVARCHAR2(32) | 32 | | | |
| 35 | 备注 | COMMENT | COMMENT | NVARCHAR2(32) | 32 | | | |

编码原则：不同地震易损性曲线采用唯一编码，不存在的属性数据按"0"填充；为考虑未知因素，按 16 位编码进行设计 X-XX-X-X-X-X-X-X-X-X-X-X。按顺序分别为：环境类别-1 位；结构类别-2 位；地震分组-1 位；跨度-1 位；房屋现状-1 位；建筑层数和高度共同确定-1 位；设计规范-1 位；设防烈度-1 位；退化性能-1 位；平面规则性-1 位；竖向规则性-1 位；场地类别-1 位；未知 1-1 位；未知 2-2 位。

例如，一般大气环境下，RC 框架结构，多层，2001 规范设计，其他参数未知，编码为 1-09-2-4-0-0-0-0-0-0-0-0-0

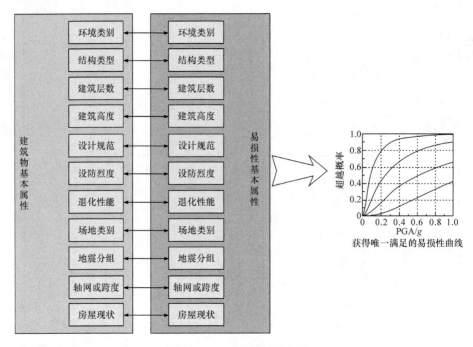

图 5.3　一对一映射示意图

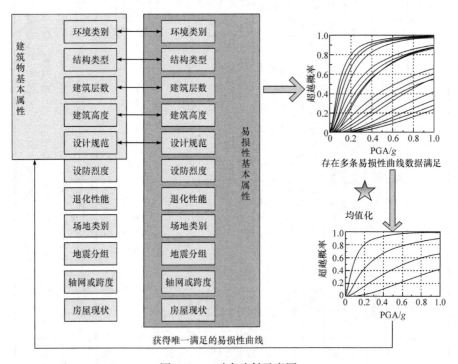

图 5.4　一对多映射示意图

## 5.4 地震易损性曲线管理系统的设计与实现

城市区域内建筑数量巨大,结构类型很多,欲进行地震灾害风险分析,需要建立比较完善的地震易损性曲线数据库,并根据建筑工程数据库中存储的已有建筑结构基本属性信息,高效、合理地进行地震易损性匹配。为了更好地实现地震易损性曲线的管理、更新及扩充,开发了地震易损性曲线管理系统,该系统可以高效地集成、转化、存储、调用已有的地震易损性研究成果,其实现方式如图 5.5 所示。

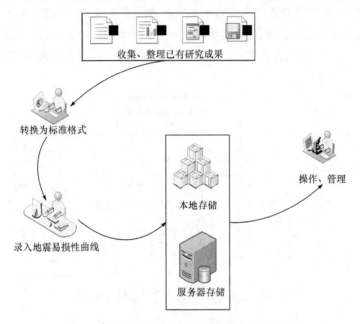

图 5.5　地震易损性曲线管理系统的实现方式

### 5.4.1　需求分析

地震易损性曲线管理系统主要用于地震易损性曲线的录入管理,包括曲线基本属性的录入、编辑、修改、导入及导出等,同时,应具有对已有曲线的映射匹配管理功能,具体应满足如下需求:

(1) 数据显示应结合用户的使用习惯和数据类型的不同等要求,将数据分别以图形、曲线、文字等方式显示在用户界面上。

(2) 由于存储的数据记录多达数千条,应寻求可行的匹配方法快速获取目标曲线记录。

(3) 软件系统的开发应有利于后期的更新、扩充及维护。

（4）为了促进系统的可操作性，软件开发应提供良好的人机交互功能，用户能以便捷合理的方式完成地震易损性曲线数据的录入和管理。

### 5.4.2 功能设计

根据地震易损性曲线管理系统的特点，可将其分为系统设置、曲线管理、服务器管理及辅助工具四个部分，其中各部分及其包括的具体功能模块如图 5.6 所示。系统设置主要针对工具中图形输出及文本输出进行设置；曲线管理模块是管理工具最主要的部分，包括曲线的录入、查询及修改，基本涵盖了曲线录入管理等工作；服务器管理是为了管理录入曲线的本地文件和服务端文件，包括本地上传、服务端下载；辅助功能是系统自带的附属功能，包括 PDF 输出、记事本、计算器，可以实现曲线文件的输出，提高操作效率。基于系统的功能架构，对系统的总体流程进行描述，如图 5.7 所示。

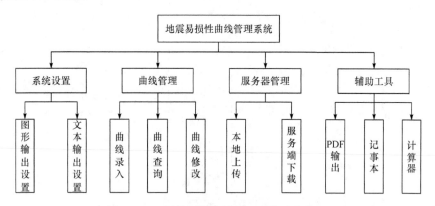

图 5.6 地震易损性曲线管理系统功能结构

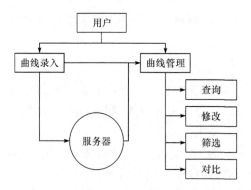

图 5.7 地震易损性曲线管理系统流程

### 5.4.3 系统实现

本软件采用 Microsoft Visual C# 作为开发工具,数据库采用 Oracle 11g,系统设计架构如图 5.8 所示。UI 表现层主要完成系统的功能实现,包括曲线的录入、上传、下载、修改及多条曲线的对比等,采用 ZedGraph 图形库进行曲线图形的绘制;BLL 业务层通过操作工具类提供验证、加密,格式转换等,以实现曲线数据的获取、保存及更新;DLL 数据访问层主要实现曲线数据的访问管理,以及本地数据库与服务器数据库的数据操作,通过 IDAL 数据访问层接口实现与 Oracle 数据访问层及 XML 数据访问层的对接访问。

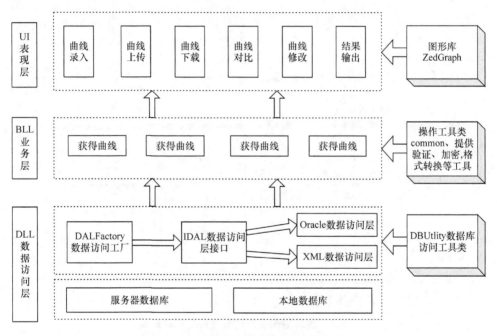

图 5.8 地震易损性曲线管理系统设计架构

基于软件编码设计。开发出地震易损性曲线管理系统,系统主界面显示如图 5.9(a)所示,包括菜单栏、工具栏、列表显示区、功能选项区及界面显示区几部分。

菜单栏。包括常见的菜单选项及子选项,如文件、编辑、工具及帮助等。

工具栏。包括常用的工具选项,如新建、打开本地文件、打开服务器文件、筛选、图形设置等。

列表显示区。主要显示已建立或录入的地震易损性曲线记录。

功能选项区。主要对列表区的记录进行编辑、分析、管理,包括全选、取消全选、比较、删除、上传等功能。

界面显示区。主要用于录入及管理曲线的界面显示。

创建地震易损性曲线界面主要包括五部分：基本属性、附属属性、易损性参数、图表显示及操作按钮，如图 5.9(b)所示。同时，系统开发了对比功能，选择两条或多于两条记录，单击功能选项区的"比较"按钮，可以对多条曲线进行对比分析，如图 5.9(c)和图 5.9(d)所示。

(a) 系统界面　　　　　　　　　　　　(b) 创建界面

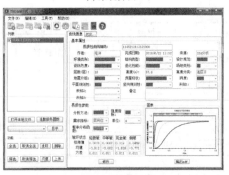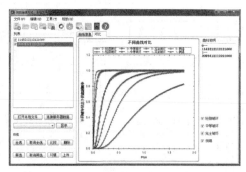

(c) 浏览功能显示　　　　　　　　　　(d) 对比功能显示

图 5.9　地震易损性曲线管理系统界面显示

## 5.5　本章小结

地震易损性分析是地震灾害损失评估和风险管理的基础，特别是考虑城市建筑多龄期特性的地震易损性分析。本章对城市多龄期建筑地震易损性的研究框架进行了阐述，并针对建筑结构分类的重要性，在整理分析国内外分类的基础上，提出了适用于我国的可扩展的建筑结构分类方法，进而开发出一款地震易损性曲线管理系统，以与所开发的系统主平台实现无缝对接，实现地震易损性曲线数据的管理与应用。主要内容如下：

（1）基于国内外已有的建筑结构分类方法，提出了适用于我国较为详细的、可折叠、可扩展的建筑结构分类方法。该方法采用层次结构体系,综合考虑了建筑材料、结构抗力体系、建筑高度、设计规范、抗震设防烈度、使用环境与服役龄期等影响结构抗震性能的主要因素。

(2) 为了更好地实现地震易损性曲线的管理、更新及扩充,采用 C♯ 语言开发了地震易损性曲线管理系统,该系统可以高效地集成、转化、存储、调用已有的地震易损性研究成果,以为城市区域建筑结构的地震易损性分析提供技术支撑。

## 参 考 文 献

[1] 谢礼立,马玉宏,翟长海. 基于性态的抗震设防与设计地震动[M]. 北京:科学出版社,2009.

[2] 郑山锁,代旷宇,韩超伟,等. 基于材料性能退化模型的钢排架结构地震易损性分析[J]. 振动与冲击,2015,34(17):18-24.

[3] 郑山锁,杨威,杨丰,等. 基于多元增量动力分析(MIDA)方法的 RC 核心筒结构地震易损性分析[J]. 振动与冲击,2015,34(1):27-38.

[4] 徐强,郑山锁,程洋,等. 基于结构损伤的在役钢框架地震易损性研究[J]. 振动与冲击,2015,34(6):162-167.

[5] 郑山锁,田进,韩言召,等. 考虑锈蚀的钢结构地震易损性分析. 地震工程学报,2014,36(1):1-6.

[6] 郑山锁,马德龙,刘洪珠. 汶川地区震后钢筋混凝土框架结构的地震易损性研究[J]. 地震工程学报,2015,37(1):131-137.

[7] 郑山锁,秦卿,杨威,等. 近海大气环境下低矮 RC 剪力墙抗震性能试验[J]. 哈尔滨工业大学学报,2015,47(12):64-69.

[8] 孙龙飞. MAEviz 灾害损失评估系统本地化初步实现[D]. 西安:西安建筑科技大学,2013.

[9] Yang W, Zheng S S, Zhang D Y, et al. Seismic behaviors of squat reinforced concrete shear walls under freeze-thaw cycles: A pilot experimental study[J]. Engineering Structures, 2016, 124:49-63.

[10] 郑山锁,商效瑀,张奎,等. 冻融循环作用后再生混凝土墙体抗震性能试验研究[J]. 建筑结构学报,2015,36(3):64-70.

[11] 郑山锁,王晓飞,孙龙飞,等. 酸性大气环境下多龄期钢框架节点抗震性能试验研究[J]. 建筑结构学报,2015,36(10):20-28.

[12] 郑山锁,王晓飞,韩言召,等. 酸性大气环境下多龄期钢框架柱抗震性能试验研究[J]. 土木工程学报,2015,48(8):47-59.

[13] 商效瑀,郑山锁,韩协,等. 型钢高强混凝土节点核心区模型化方法[J]. 华中科技大学学报,2013,41(7):10-14.

[14] 郑山锁,孙龙飞,司楠,等. 型钢混凝土框架结构失效模式的识别和优化[J]. 振动与冲击,2014,33(4):167-172.

[15] 李志强,郑山锁,陶清,等. 基于失效模式的 SRC 框架-RC 核心筒混合结构三水准抗震优化设计[J]. 振动与冲击,2013,32(19):44-50.

[16] 徐强,郑山锁,韩言召,等. 基于结构整体损伤指标的框架地震易损性研究[J]. 振动与冲击,

2014,33(11):78-82.

[17] 郑山锁,徐强,杨丰,等.基于构件的钢筋混凝土核心筒结构地震损伤分析[J].振动与冲击,2014,33(17):68-73.

[18] 胡义,郑山锁,陶清林.SRC柱主要设计参数的损伤敏感度分析[J].建筑结构,2013,43(6):72-76.

[19] 郑山锁,王萌,胡义,等.地震激励下框架结构楼层损伤研究[J].工业建筑,2013,43(8):29-33.

[20] 郑捷,左河山,李文博,等.设计因素对RC框架结构地震易损性的影响[J].地震工程学报,2016,38(4):103-108.

[21] 郑山锁,孙乐彬,田进,等.考虑累计耗能损伤的钢框架结构抗震能力分析[J].建筑结构,2015,45(10):23-26.

[22] 李磊,郑山锁,李谦.基于IDA的型钢混凝土框架的地震易损性分析[J].广西大学学报,2011,36(4):535-541.

[23] 郑山锁,马德龙,商效瑀.基于OpenSEES的砌体结构非线性分析方法研究[J].工业建筑,2014,44(12):68-73.

[24] 秦卿,郑山锁,陶清林,等.地震激励下SRC框架-RC核心筒混合结构损伤模型[J].北京工业大学学报,2015,40(8):1204-1212.

[25] 陶清林,胡义,郑山锁.基于OpenSees的轻度锈蚀框架结构建模理论[J].工业建筑,2014,44(5):55-60.

[26] 郑山锁,王萌,胡义.箍筋锈蚀对框架柱耗能能力影响研究[J].建筑结构,2014,44(5):40-44.

[27] 郑山锁,刘小锐,杨威,等.节点变形对在役框架地震易损性影响分析[J].工业建筑,2014,44(12):63-67.

[28] 郑山锁,程洋,王晓飞,等.多龄期框架的地震易损性分析[J].地震工程与工程振动,2014,34(6):198-206.

[29] 郑山锁,杨威,秦卿,等.基于材料劣化既有混凝土构件数值建模方法研究[J].工业建筑,2014,45(1):100-105.

[30] 郑山锁,代旷宇,孙龙飞,等.框架结构的地震损伤研究[J].地震工程学报,2015,37(2):290-297.

[31] 郑捷,董立国,秦卿,等.冻融循环下RC框架梁柱节点抗震性能试验研究[J].建筑结构学报,2016,37(10):131-136.

[32] 商效瑀,郑山锁,徐强,等.冻融循环下轴心受压墙体损伤本构关系模型[J].建筑材料学报,2015,18(6):1045-1054.

[33] 商效瑀,郑山锁,徐强.冻融循环作用下再生混凝土墙体受剪试验研究[J].实验力学,2015,30(6):810-818.

[34] 郑山锁,宋哲盟,赵鹏.冻融循环对再生混凝土砖砌体抗压性能的影响[J].建筑材料学报,2016,19(1):131-136.

[35] 郑山锁,朱揽奇,郑捷,等.冻融作用下带构造柱砖墙抗震性能试验研究[J].地震工程学报,

2016,38(6):103-108.

[36] 郑山锁,王晓飞,程洋,等. 锈蚀钢框架地震损伤模型研究[J]. 振动与冲击,2015,34(3): 144-149.

[37] 郑山锁,关永莹,杨威,等. 酸雨环境下约束混凝土本构关系试验[J]. 建筑材料学报,2016, 19(2):238-243.

[38] 郑山锁,关永莹,王萌,等. 人工盐雾环境下锈蚀箍筋约束混凝土本构试验[J]. 建筑材料学报,2016,19(3):128-135.

[39] 郑山锁,杨威,赵彦堂,等. 人工气候环境下锈蚀 RC 弯剪破坏框架梁抗震性能试验研究[J]. 土木工程学报,2015,48(11):59-67.

[40] 郑山锁,石磊,郑捷,等. 近海大气环境下钢框架自振频率评估研究[J]. 地震工程学报, 2016,38(5):103-108.

[41] 谢毓寿. 新的中国地震烈度表[J]. 地球物理学报,1957,6(1):35-47.

[42] 刘恢先. 关于地震烈度及其工程应用问题[J]. 地球物理学报,1978,21(4):340-351.

[43] 尹之潜. 结构易损性分类和未来地震灾害估计[J]. 中国地震,1996,12(1):49-55.

[44] 中华人民共和国国家质量监督检验检疫总局,中国国家标准化管理委员会. GB/T 17742—2008 中国地震烈度表[S]. 北京:中国标准出版社,2009.

[45] 中华人民共和国国家质量监督检验检疫总局,中国国家标准化管理委员会. GB/T 18208. 4—2011 地震现场工作 第 4 部分:灾害直接损失评估[S]. 北京:中国标准出版社,2011.

[46] 中华人民共和国国家质量监督检验检疫总局,中国国家标准化管理委员会. GB/T 19428—2014 地震灾害预测及其信息管理系统技术规范[S]. 北京:中国标准出版社,2014.

[47] 中华人民共和国住房和城乡建设部,中华人民共和国国家质量监督检验检疫总局. GB 50011—2010 建筑抗震设计规范[S]. 北京:中国建筑工业出版社,2010.

[48] 李伟. 地震烈度表宏观震害和地震动参数研究[D]. 哈尔滨:中国地震局工程力学研究所,2012.

[49] Grunthal G. European Macroseismic Scale 1998[M]. Luxembourg:Imprimerie Joseph Beffort,1998.

[50] Applied Technology Council (ATC). Earthquake damage evaluation data for California[R]. Redwood City:Applied Technology Council,1985.

[51] Federal Emergency Management Agency, National Institute of Building Sciences. Earthquake loss estimation methodology—HAZUS97[R]. Washington DC:Federal Emergency Management Agency,1997.

[52] Mouroux P,Brun B L. RISK-UE Project:An advanced approach to earthquake risk scenarios with application to different European towns[M]//Assessing and Managing Earthquake Risk. Enschede:Springer,2006.

[53] EERI-IAEE. World housing encyclopedia [EB/OL]. http://www. world-housing. net/ [2016-02-01].

[54] Kishor J,David W,Keith P. A global building inventory for earthquake loss estimation and risk management[J]. Earthquake Spectra,2010,26(3):731-748.

[55] Brzev S,Scawthorn C,Charleson A W,et al. GEM Basic Building Taxonomy(Version 1.0)[EB/OL]. https://pubs.er.usgs.gov/publication/70045104[2016-02-01].

[56] Pitilakis K,Argyroudis S. Introduction to the Applications of the SYNER-G Methodology and Tools[M]. Enschede:Springer,2014.

[57] Sinha R,Goyal A,Shinde R M,et al. Typology of buildings in India for seismic vulnerability assessment[C]//The 10th US National Conference on Earthquake Engineering,Anchorage,2014.

[58] Mansour A K,Romdhane N B,Boukadi N. An inventory of buildings in the city of Tunis and an assessment of their vulnerability[J]. Bulletin of Earthquake Engineering,2013,11(5):1563-1583.

[59] Coburn A,Spence R,Comerio M. Earthquake Protection[M]. 2ed. Chichester:Wiley,2002.

[60] 中华人民共和国建设部,中华人民共和国国家质量监督检验检疫总局. GB 50352—2005 民用建筑设计通则[S]. 北京:中国建筑工业出版社,2005.

[61] 中华人民共和国住房和城乡建设部,中华人民共和国国家质量监督检验检疫总局. GB 50016—2014 建筑设计防火规范[S]. 北京:中国计划出版社,2015.

[62] 中华人民共和国住房和城乡建设部. JGJ 3—2010 高层建筑混凝土结构技术规程[S]. 北京:中国建筑工业出版社,2011.

[63] 张沛洲. 多龄期钢筋混凝土结构抗震性能分析[D]. 大连:大连理工大学,2012.

[64] 郑山锁,孙龙飞,杨威,等. 锈蚀RC框架结构抗地震倒塌能力研究[J]. 建筑结构,2014,44(16):59-63.

[65] 郑山锁,孙龙飞,刘小锐,等. 近海大气环境下锈蚀RC框架节点抗震性能试验研究[J]. 土木工程学报,2015,48(12):63-71.

[66] 郑山锁,杨威,秦卿,等. 基于氯盐最不利侵蚀下锈蚀RC框架结构时变地震易损性研究[J]. 振动与冲击,2015,34(7):36-45.

[67] 中华人民共和国国家质量监督检验检疫总局,中国国家标准化管理委员会. GB 18306—2015 中国地震动参数区划图[S]. 北京:中国标准出版社,2001.

[68] 胡少卿. 建筑物的群体震害预测方法研究及基础设施经济损失预测方法探讨[D]. 哈尔滨:中国地震局工程力学研究所,2007.

[69] 王铁宏,田文,梁文钊,等. 用全面和辩证的思维做好房屋震害研究分析[M]. 北京:中国建筑工业出版社,2008.

# 第6章 社会经济损失评估方法研究

## 6.1 引　　言

我国是世界上地震活动强烈、地震灾害严重的国家之一,而且我国人口比较密集,房屋抗震性能普遍较差,地震灾害造成的潜在影响也更加明显。文献[1]基于1990～2014年我国历年的地震灾害统计指出,随着我国经济、社会的发展,地震灾害事件造成的经济损失也越来越严重,呈现同等震级条件下,地震灾害损失越来越高的态势。如何快速、合理地预测地震作用下的经济损失和人员伤亡,对于政府的决策及防震减灾规划制定具有重要指导意义。基于以上需求,在国内外已有成熟理论的基础上,本章对适用于我国的社会经济损失评估方法与模型进行了系统性研究,研究框架如图6.1所示。

## 6.2 地震灾害直接经济损失评估模型

### 6.2.1 已有评估方法研究

国内外学者对地震灾害经济损失估计进行了大量研究,提出了不同的方法与模型,也从不同角度对各自所提方法进行了理论论证和实践检验。地震灾害损失影响因素的多样性、复杂性和不可预测性,使得许多方法在实际评估应用过程中存在一定的缺陷。目前,常用的方法有易损性分类清单法、基于宏观指标的损失评估方法、基于统计抽样的现场调查法、遥感图像识别法、基于单体的精细化损失预测方法等。对以上主要评估方法详述如下。

1) 易损性分类清单法[2,3]

易损性分类清单法是目前国际上应用最为广泛的评估方法,是基于工程结构特性(如建筑材料、结构类型、建筑高度、设计规范等属性)对建筑物进行分类,并根据经验分析、解析易损性分析等方法建立建筑物的震害矩阵或易损性曲线,最后结合地震动强度分布、各类型建筑数量及类型分布等信息确定房屋的破坏程度与数量/面积及社会经济损失情况。该方法主要建立在建筑物破坏分析的基础上,评估结果更多依赖于不同结构破坏矩阵或易损性曲线的详细程度,建筑物分类越详细,结构的破坏矩阵或易损性曲线越细致,评估结果的精度也就越高。该方法多用于震害损失预测,能够为抗震设防提供依据,但其过分依赖于结构的震害矩阵或易损性曲线的准确性和建筑物类型划分的详细程度,需要的资料和数量比较多,且结构易损性存在地域差别[4]。

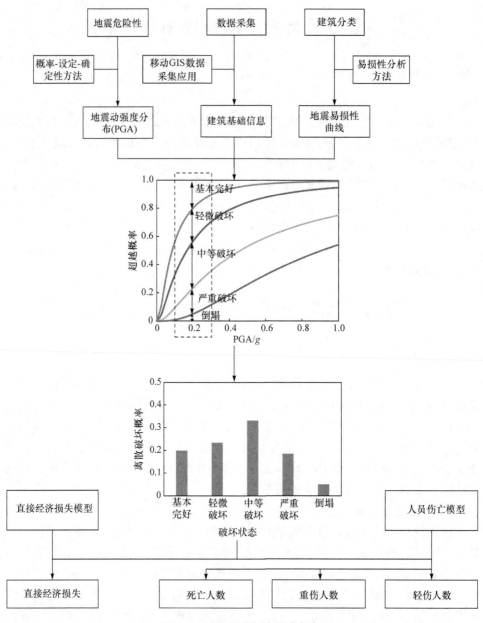

图6.1 社会经济损失研究框架

2) 基于宏观指标的损失评估方法

陈棋福等[5]提出基于宏观经济指标(GDP 和人口资料)进行地震灾害损失预

测的方法,其表达式为

$$损失 = \sum P(I)F(I,\text{GDP})\text{GDP} \tag{6.1}$$

式中,$P(I)$为地区遭受地震烈度$I$的概率;$F(I,\text{GDP})$为区域遭受地震烈度$I$的GDP损失值。该方法基于大样本分析,利用全球大地震震害资料建立了地震动-GDP关系,大大简化了地震作用下社会经济损失评估过程,但其更多应用于全球及全国大尺度空间上的损失评估。刘吉夫[4]在此基础上,基于我国实际的地震现场调查和社会经济损失数据,建立了适用于小尺度空间(县、乡级别)的宏观易损性分析方法,表达式如下:

$$\text{MDF}=CAI^B \tag{6.2}$$

式中,MDF为GDP的损失率;$I$为地震烈度;$A$、$B$为基于震害调查统计的回归系数;$C$为修正系数。

3) 基于统计抽样的现场调查法

基于统计抽样的现场调查法主要用于震后的损失评估,是我国地震灾后损失评估最基础、最重要的方法,其整套方法已收录于规范《地震现场工作 第4部分:灾害直接损失评估》(GB/T 18208.4—2011)[6]。现场调查法主要基于大量的现场调查,其调查对象包括各类房屋建筑面积、不同房屋类别在不同破坏等级下的破坏比、房屋重置单价、室内(外)财产损失等。基于调查统计技术数据,采用概率统计方法,全面分析地震受灾区域的社会经济损失。

4) 遥感图像识别法[7,8]

遥感图像识别法是基于卫星图像、航空拍摄等手段分析建筑物的破坏情况。具有快捷、方便、实时及全天候运作等特点。目前采用遥感图像技术进行地震灾害评估主要有两种模式:一种是基于遥感震害指数,通过对灾区遥感图像的分析生成遥感震害指数,然后采用映射关系生成对应的地面灾害指数,并转换为地面烈度;另一种是基于遥感震害分类结果,利用图像处理技术在区分不同建筑类别的基础上划分出基本完好、部分损坏和完全倒塌建筑物三个损坏级别,由此统计不同建筑类别的破坏比以及总的受损面积,然后根据灾区各类建筑物的平均造价可评估建筑物地震灾害直接经济损失。

5) 基于单体的精细化损失预测方法

基于性能的结构设计方法的提出,极大地推动了单体结构的地震灾害损失评估。Aslani等[9]提出基于构件的单体建筑地震灾害损失评估模型,考虑了地震发生的不确定性及结构模型的不确定性,对结构中每个结构构件和非结构构件建立易损性函数求出地震灾害损失,最后将各构件损失求和作为单体建筑的总损失。Ramirez等[10]在此基础上,改进并简化了太平洋地震工程研究中心(Pacific Earthquake Engineering Research Center,PEER)单体建筑地震灾害损失估计方法,提出基于层的地震灾害损失估计思路,即首先建立基于层的地震易损性函数,然后对结构因过大的残余变形而导致的结构拆除重建费用进行评估。马宏旺等[11]在原有研究基础上选取结构最大位移作为整体响应参数,利用能力谱法,将结构性能划分为不同区间,认为结构反应在此区间内为连续型随机变量,进而使建筑地震灾害损失的估计更趋于简单化。羡丽娜等[12]引入反应结构整体抗倒塌储备系数(collapse margin ratio,CMR)来评估结构的整体抗震性能,并提出了基于CMR的地震灾害损失评估方法,分析了倒塌概率对地震灾害损失的影响。

上述几类方法因评估目的的不同各有其优缺点。易损性分类清单法依据评估单元的分布特征及易损性规律进行计算,可以评估受灾区域建筑物的具体破坏状态,可应用于震害预测、风险评估和巨灾保险等。基于GDP的宏观评估方法具有概念清晰、计算简单、数据来源简便等优点,可用于受灾区的快速评估,但其不能评判详细的区域受灾情况,不利于政府应急救灾决策。基于现场调查统计方法可以获得较准确的灾害数据,但是其工作量比较大,不利于政府的快速应急救灾。遥感图像识别法可以直观展示地震现场的房屋破坏情况,有利于政府的应急救灾决策,但其易受限于遥感数据质量及外部气候条件等。基于单体的精细化损失评估方法可以获得建筑物内部主体结构、非结构构件、室内财产的破坏状态,评估结果比较精细,多用于房屋的地震保险费率厘定,因其需要的参数比较详实及计算需求比较高,而不适用于区域建筑物的整体损失评估工作。

综上所述,随着研究理论和评估技术的成熟,地震灾害损失评估方法已逐步向更精细、更广泛的方向发展,也更多融入了其他学科的研究成果,如基于GIS的地震灾害损失评估、基于反向传播(back propagation,BP)神经网络和改进径向基函数(radical basis function,RBF)神经网络的地震灾害损失评估等方法。而且随着评估目的的不同,评估方法也各有差异,其可用于政府、金融机构、保险行业及科研院所的决策管理。

### 6.2.2 地震灾害直接经济损失评估模型及参数确定

地震灾害研究表明,破坏性地震由于震时产生的巨大能量使得建筑物、工程设施产生破坏和倒塌,并带来其他次生灾害,造成大量的人员伤亡和经济损失。随着我国城市化发展进程加快,社会财富更加聚集;而且建筑物的功能性更加明显,建筑物附属的价值也逐渐超过了主体结构本身的价值,如高层建筑、大型商场、医院等。为了更加精细地评估地震灾害经济损失,本节基于国内外已有的研究成果[13~16],建立了地震灾害直接经济损失评估模型,该模型考虑了主体结构破坏的损失、建筑物装修损失(非结构构件损失)及室内财产损失等。地震灾害总损失按式(6.3)计算,即总损失为主体结构破坏损失、装修破坏损失及室内财产损失的总和。

$$L = \alpha(L_S + L_D + L_C) \tag{6.3}$$

$$L_S = \sum_{i=1}^{n} \sum_{j=1}^{5} M_i P(DS = ds_j) \mu_{ds_j}^s \tag{6.4}$$

$$L_{\mathrm{D}} = \gamma_1 \gamma_2 \gamma_3 \sum_{i=1}^{n} \sum_{j=1}^{5} \eta_1 M_i P(\mathrm{DS} = \mathrm{ds}_j) \mu_{\mathrm{ds}_j}^{\mathrm{d}} \qquad (6.5)$$

$$L_{\mathrm{C}} = \sum_{i=1}^{n} \sum_{j=1}^{5} \eta_2 M_i P(\mathrm{DS} = \mathrm{ds}_j) \mu_{\mathrm{ds}_j}^{\mathrm{c}} \qquad (6.6)$$

式中，$L$ 为地震作用下建筑物及室内财产直接经济损失的总和，元；$\alpha$ 为地震灾害直接经济损失修正系数，考虑了灾害作用下自然资源等损失，一般取 1.0～1.3；$L_{\mathrm{S}}$、$L_{\mathrm{D}}$、$L_{\mathrm{C}}$ 分别为地震作用下建筑物主体结构、装修和室内财产破坏造成的直接经济损失；$P(\mathrm{DS}=\mathrm{ds}_j)$ 为建筑物发生破坏状态 $j$ 时的破坏概率，建筑物破坏状态分为基本完好、轻微破坏、中等破坏、严重破坏及倒塌；$M_i$ 为建筑物 $i$ 主体结构的重置成本，其为不同类型结构重置单价与建筑面积的乘积，元；$\mu_{\mathrm{ds}_j}^{\mathrm{s}}$、$\mu_{\mathrm{ds}_j}^{\mathrm{d}}$、$\mu_{\mathrm{ds}_j}^{\mathrm{c}}$ 分别为建筑物发生破坏状态 $j$ 时的主体结构、装修和室内财产的损失比；$\gamma_1$ 为考虑经济发展水平差异的装修损失修正系数；$\gamma_2$ 为考虑不同用途的装修损失修正系数；$\gamma_3$ 为考虑不同装修等级的装修损失修正系数，分为普通、中、高档装修等级；$\eta_1$ 为建筑物装修费用与主体结构造价的比值；$\eta_2$ 为建筑物室内财产价值与主体结构造价的比值。

相关参数的确定如下所述：

1) 重置成本 $M_i$ 的确定

重置成本是指基于当地当前价格，修复被破坏的建筑物和其他工程结构、设施、设备、物品，恢复到震前同样规模和标准所需费用[6]。建筑物的重置成本可表示为建筑物的重置单价与建筑面积的乘积，而建筑面积一般可以直接获取，但重置单价会因地域、使用功能的不同而有一定的差异。重点对主体结构的重置成本进行研究，装修及室内财产的重置成本定义为主体结构重置成本与 $\eta_1$、$\eta_2$ 的乘积。

考虑到我国各地区建筑特点及经济发展规模不同，本章在查阅大量统计资料后，主要基于 2005～2014 年《中国建筑业统计年鉴》中的相关数据来确定建筑物重置单价。选取《各地区按主要用途分的建筑业企业房屋建筑竣工面积》及《各地区按主要用途分的建筑业企业房屋建筑竣工价值》统计资料，并将各年份的统计数据进行标准化处理，使其具有统一的指标。其中，房屋竣工面积是指报告年度内已按照设计要求全部完工，经验收鉴定合格或达到竣工验收标准，达到居住和使用条件，可正式移交使用的房屋建筑面积总和；竣工房屋价值是指在报告年度期内竣工房屋本身的建造价值，包括竣工房屋本身的基础、结构、屋面、装修以及水、电、卫等附属工程的建筑价值，不包括办公和生活用家具的购置等费用、购置土地的费用、迁移补偿费和场地平整的费用及城市建设配套投资[17]。

建筑物重置费用与竣工房屋价值虽有一定的区别，但是大体相同，为了定量描述重置费用，可以使用竣工价值进行重置费用的估算，用竣工房屋价值与竣工面积的比值来表示建筑物的重置单价。每个地区的数据反映了本地区的平均水平，且一年之内的波动不会太大,所以可用于当年该地区地震灾害直接经济损失的快速评估。基于数据统计分析即可获得全国平均水平及各省(自治区、直辖市)平均水平下各类功能建筑物重置单价均值,图6.2和图6.3给出了住宅房屋重置单价对比分析。

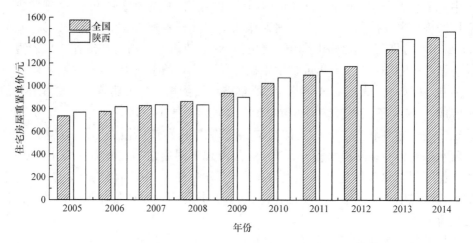

图6.2 不同年份全国和陕西住宅房屋重置单价对比分析

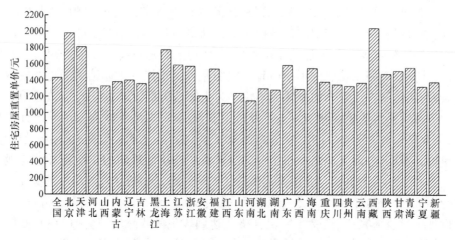

图6.3 2014年全国及各省(自治区、直辖市)住宅房屋重置单价对比分析

2) $\gamma_1$ 的确定

$\gamma_1$ 是考虑经济发展水平差异的装修损失修正系数。随着地区经济发展程度的差异,建筑物的装修等级也存在明显的差异。根据《地震现场工作 第4部分:灾害直接损失评估》(GB/T 18208.4—2011)[6]中相关规定,给出装修损失的经济发展水平修正系数 $\gamma_1$,见表6.1。

表 6.1 修正系数 $\gamma_1$

| 经济发展水平 | 发达 | 较发达 | 一般 |
|---|---|---|---|
| 修正系数 | 1.3 | 1.15 | 1.0 |

注:经济发展水平的划分标准系根据国家统计局规定,以人均 GDP 为标准,分为三个等级:发达(≥30000元),较发达(15000~30000元),一般(≤15000元)。

3) $\gamma_2$ 的确定

$\gamma_2$ 为考虑不同用途的装修损失修正系数。建筑物的装修费用随着用途的不同而有所差异,通常大型公共建筑、酒店、商场的装修费用要比普通住宅的装修费用高。根据《地震现场工作 第 4 部分:灾害直接损失评估》(GB/T 18208.4—2011)中相关规定,给出装修损失的不同用途修正系数 $\gamma_2$,见表 6.2。

表 6.2 修正系数 $\gamma_2$

| 用途 | 住宅 | 商业 | 医疗 | 工业 | 办公 | 教育 | 其他 |
|---|---|---|---|---|---|---|---|
| 修正系数 | 1.0 | 1.1 | 1.0 | 1.0 | 1.0 | 1.0 | 0.9 |

注:详细用途分类描述见附录 C。

4) $\gamma_3$ 的确定

$\gamma_3$ 为考虑不同装修等级的装修损失修正系数。建筑物的装修等级可划分为普通、中档和高档,附录 D 对各装修等级进行了详细描述[14]。根据调研分析与数据统计,不同装修等级的装修损失修正系数可按表 6.3 取值。

表 6.3 修正系数 $\gamma_3$

| 装修等级 | 普通 | 中档 | 高档 |
|---|---|---|---|
| 修正系数 | 0.8~0.9 | 1.0 | 1.1~1.2 |

5) $\eta_1$ 的确定

$\eta_1$ 是建筑物装修费用与主体结构造价的比值。房屋装修费用随地区、使用功能、个人装修喜好及物价水平变化而变化,难以定量描述。建筑物的装修成本根据《地震现场工作 第 4 部分:灾害直接损失评估》(GB/T 18208.4—2011)提出以房屋装修费用与主体结构造价的比值系数来表征,该系数通过统计回归获得房屋的装修费用与主体结构造价之间的关系,以间接定量表征房屋的装修成本。根据《地震现场工作 第 4 部分:灾害直接损失评估》(GB/T 18208.4—2011)中表 A.2 给出的比值,并结合 5.2.2 节中建筑物结构类型的分类标准,给出不同结构类型建筑物的 $\eta_1$ 建议取值,见表 6.4。其中,结构类型编号见附录 B,以下类同。

表 6.4　建筑物装修费用与主体结构造价的比值 $\eta_1$

| 结构类型 | 结构子类型 | 比值范围/% | 建议值/% |
| --- | --- | --- | --- |
| 砌体结构 | A | 16~25 | 16 |
| | ST | 16~25 | 16 |
| | URM | 16~25 | 25 |
| | RBM | 16~25 | 21 |
| | RM1 | 16~25 | 21 |
| | RM2 | 16~25 | 21 |
| | FSW | 16~25 | 25 |
| | LM | 16~25 | 25 |
| | RCF | 16~25 | 25 |
| 钢筋混凝土结构 | C1 | 19~38 | 29 |
| | C2 | 19~38 | 29 |
| | C3 | 19~38 | 29 |
| | C4 | 26~48 | 37 |
| | C5 | 26~48 | 37 |
| | C6 | 26~48 | 37 |
| | C7 | 26~48 | 37 |
| 钢结构 | S1 | 26~48 | 37 |
| | S2 | 26~48 | 37 |
| | S3 | 26~48 | 37 |
| | S4 | 26~48 | 37 |
| | S5 | 26~48 | 37 |
| | S6 | 26~48 | 37 |
| 木结构 | W | 16~25 | 21 |

注：钢结构建筑的装修费用暂无统计数据，考虑到钢结构房屋的特殊性，暂按钢筋混凝土房屋的比值取用。

6) $\eta_2$ 的确定

$\eta_2$ 为建筑物室内财产价值与主体结构造价的比值，室内财产价值等于建筑物的总面积乘以每平方米建筑的室内财产平均价值，该值随着地区、结构类型及使用功能的不同而不同。HAZUS 对不同使用功能下室内财产价值与主体结构造价的比值进行了规定[13]，见表 6.5。

表 6.5　HAZUS 所给室内财产价值与主体结构造价的比值

| 使用功能 | 住宅 | 商业 | 医疗 | 工业 | 一般政府机构 | 应急反应机构 | 中小学、图书馆 | 学校 |
|---|---|---|---|---|---|---|---|---|
| 比值/% | 50 | 100 | 150 | 150 | 100 | 150 | 100 | 150 |

由表 6.5 可以看出,由于美国的经济发展水平较高,室内财产的价值大多数与主体结构的价值相当,地震灾害下造成的经济损失也比较大。毕可为[18]基于国内建筑物的统计分析,对我国不同使用功能建筑物的室内财产价值与主体结构造价的比值进行了研究,其结果见表 6.6。该比值基本客观反映了我国整体的经济发展水平,故本节可按表 6.6 所给比值,计算获得我国不同使用功能建筑物的室内财产价值。

表 6.6　室内财产价值与主体结构造价的比值

| 使用功能 | 住宅 | 商业 | 医疗 | 工业 | 政府机构 | 学校 | 其他 |
|---|---|---|---|---|---|---|---|
| 比值/% | 20 | 100 | 150 | 150 | 100 | 100 | 50 |

7) 建(构)筑物主体结构的损失比

建(构)筑物主体结构的损失比是其在不同破坏程度下修复或重建单价与建筑物主体结构重置单价的比值。主体结构的损失比与结构类型和破坏等级有关。文献[19]依据我国历次地震灾害资料,统计获得不同结构类型建筑物主体结构的破坏损失比,见表 6.7。

表 6.7　文献[19]所给不同结构类型建筑物主体结构的破坏损失比　(单位:%)

| 结构类型 | 破坏状态 | | | | |
|---|---|---|---|---|---|
| | 基本完好 | 轻微破坏 | 中等破坏 | 严重破坏 | 倒塌 |
| 多层砖房 | 0~5 | 5~10 | 10~40 | 40~70 | 70~100 |
| 钢筋混凝土结构 | 0~5 | 5~10 | 10~40 | 40~70 | 70~100 |
| 单层工业厂房 | 0~4 | 4~8 | 8~35 | 35~70 | 70~100 |
| 城镇平房 | 0~4 | 4~8 | 8~30 | 30~60 | 60~100 |
| 农村建筑 | 0~4 | 4~8 | 8~30 | 30~60 | 60~100 |

《地震现场工作 第 4 部分:灾害直接损失评估》(GB/T 18208.4—2011)通过大量的历史震害资料统计,给出了钢筋混凝土与砌体结构房屋、工业厂房、城镇平房与农村房屋主体结构的破坏损失比,见表 6.8。

表 6.8　GB/T 18208.4—2011 所给不同结构类型建筑物主体结构的破坏损失比(单位:%)

| 结构类型 | 破坏状态 | | | | |
|---|---|---|---|---|---|
| | 基本完好 | 轻微破坏 | 中等破坏 | 严重破坏 | 倒塌 |
| 钢筋混凝土、砌体房屋 | 0~5 | 6~15 | 16~45 | 40~80 | 81~100 |
| 工业厂房 | 0~4 | 5~16 | 17~45 | 46~80 | 81~100 |
| 城镇平房、农村房屋 | 0~5 | 6~15 | 16~40 | 41~70 | 71~100 |

参考表6.7与表6.8所给主体结构的破坏损失比,并结合5.2.2节中建筑物结构类型的分类标准,给出我国不同结构类型建筑物主体结构的损失比,见表6.9。

表6.9 我国不同结构类型建筑物主体结构的损失比　　　　（单位：%）

| 结构类型 | 破坏状态 | | | | |
| --- | --- | --- | --- | --- | --- |
| | 基本完好 | 轻微破坏 | 中等破坏 | 严重破坏 | 倒塌 |
| A | 0 | 7 | 20 | 60 | 100 |
| ST | 0 | 7 | 20 | 60 | 100 |
| URM | 0 | 7 | 20 | 55 | 100 |
| RBM | 0 | 8 | 20 | 55 | 100 |
| RM1 | 0 | 7 | 20 | 50 | 100 |
| RM2 | 0 | 7 | 20 | 50 | 100 |
| FSW | 0 | 8 | 20 | 55 | 100 |
| LM | 0 | 8 | 20 | 55 | 100 |
| RCF | 0 | 8 | 20 | 55 | 100 |
| C1 | 0 | 9 | 25 | 60 | 100 |
| C2 | 0 | 9 | 25 | 60 | 100 |
| C3 | 0 | 9 | 25 | 60 | 100 |
| C4 | 0 | 9 | 25 | 60 | 100 |
| C5 | 0 | 9 | 25 | 60 | 100 |
| C6 | 0 | 9 | 25 | 60 | 100 |
| C7 | 0 | 9 | 25 | 60 | 100 |
| S1 | 0 | 9 | 25 | 60 | 100 |
| S2 | 0 | 9 | 25 | 60 | 100 |
| S3 | 0 | 9 | 25 | 60 | 100 |
| S4 | 0 | 9 | 25 | 60 | 100 |
| S5 | 0 | 9 | 25 | 60 | 100 |
| S6 | 0 | 9 | 25 | 60 | 100 |
| W | 0 | 7 | 20 | 55 | 100 |

8) 建筑物装修破坏损失比

建筑物装修破坏损失比是建筑物装修在不同破坏状态下修复或重建费用与建筑物总体装修造价的比值。陈洪富[14]采用Delphi法征求国内专家意见,基于大量的问卷调查,对我国钢筋混凝土、砌体结构建筑物装修破坏损失比进行研究,其结果见表6.10。

表 6.10 文献[14]所给不同结构类型建筑物装修破坏损失比 （单位:%）

| 结构类型 | 破坏状态 | | | | |
| --- | --- | --- | --- | --- | --- |
| | 基本完好 | 轻微破坏 | 中等破坏 | 严重破坏 | 倒塌 |
| 钢筋混凝土房屋 | 2～10 | 11～25 | 26～60 | 61～90 | 91～100 |
| 砌体房屋 | 0～5 | 6～19 | 20～47 | 48～85 | 86～100 |

参考表 6.10 所给取值范围,结合震害调查分析,给出不同结构类型建筑物装修破坏损失比,见表 6.11。

表 6.11 不同结构类型建筑物装修破坏损失比 （单位:%）

| 结构类型 | 破坏状态 | | | | |
| --- | --- | --- | --- | --- | --- |
| | 基本完好 | 轻微破坏 | 中等破坏 | 严重破坏 | 倒塌 |
| A | 0 | 8 | 20 | 50 | 90 |
| ST | 0 | 8 | 20 | 50 | 90 |
| URM | 0 | 8 | 20 | 50 | 90 |
| RBM | 0 | 8 | 20 | 50 | 90 |
| RM1 | 0 | 8 | 20 | 50 | 90 |
| RM2 | 0 | 8 | 20 | 50 | 90 |
| FSW | 0 | 8 | 20 | 50 | 90 |
| LM | 0 | 8 | 20 | 50 | 90 |
| RCF | 0 | 8 | 20 | 50 | 90 |
| C1 | 0 | 12 | 30 | 60 | 90 |
| C2 | 0 | 12 | 30 | 60 | 90 |
| C3 | 0 | 12 | 30 | 60 | 90 |
| C4 | 0 | 12 | 30 | 60 | 90 |
| C5 | 0 | 12 | 30 | 60 | 90 |
| C6 | 0 | 12 | 30 | 60 | 90 |
| C7 | 0 | 12 | 30 | 60 | 90 |
| S1 | 0 | 12 | 30 | 60 | 90 |
| S2 | 0 | 12 | 30 | 60 | 90 |
| S3 | 0 | 12 | 30 | 60 | 90 |
| S4 | 0 | 12 | 30 | 60 | 90 |
| S5 | 0 | 12 | 30 | 60 | 90 |
| S6 | 0 | 12 | 30 | 60 | 90 |
| W | 0 | 8 | 20 | 50 | 90 |

9) 室内财产损失比

地震不仅会对建筑物主体结构和装修造成损失,也会对建筑物室内财产造成损失。室内财产损失比是指室内财产或设备在不同破坏状态下的损失价值与室内财产或设备总价值之比。

目前,对室内财产损失比的取值还没有统一的规定,谢礼立等在文献[3]、[19]和[20]的基础上,给出不同结构类型建筑物在不同破坏状态下的室内财产损失比,见表6.12。

表6.12　谢礼立等所给不同结构类型建筑物的室内财产损失比[21]　（单位:%）

| 结构类型 | 破坏状态 | | | | |
|---|---|---|---|---|---|
| | 基本完好 | 轻微破坏 | 中等破坏 | 严重破坏 | 倒塌 |
| 多层砖房 | 0 | 0 | 0 | 30 | 95 |
| 钢筋混凝土结构 | 0 | 0 | 0 | 30 | 95 |
| 底层框架、内框架 | 0 | 0 | 0 | 30 | 95 |
| 单层砖柱厂房 | 0 | 0 | 5 | 35 | 90 |
| 单层混凝土柱厂房 | 0 | 0 | 5 | 35 | 90 |

吴文英等[22]根据福州具体情况,结合尹之潜的地震灾害损失分析与设防标准,规定了不同结构类型建筑物的室内财产损失比,见表6.13。

表6.13　吴文英等所给不同结构类型建筑物的室内财产损失比（单位:%）

| 结构类型 | 破坏状态 | | | | |
|---|---|---|---|---|---|
| | 基本完好 | 轻微破坏 | 中等破坏 | 严重破坏 | 倒塌 |
| 混凝土 | 0 | 1 | 5 | 20 | 60 |
| 砖、混 | 0 | 1 | 10 | 40 | 90 |
| 跨、钢 | 0 | 5 | 8 | 35 | 90 |
| 土、木、石 | 0 | 0 | 5 | 30 | 80 |

注:混凝土指钢筋混凝土结构,砖指砖木结构,混指砖混结构,跨指大跨度厂房,钢指钢结构,土指土木结构,木指纯木结构,石指石砌体结构。

参考表6.12和表6.13所给取值,结合震害调查分析,给出不同结构类型建筑物在不同破坏状态下的室内财产损失比,见表6.14。

表6.14　不同结构类型建筑物的室内财产损失比　（单位:%）

| 结构类型 | 破坏状态 | | | | |
|---|---|---|---|---|---|
| | 基本完好 | 轻微破坏 | 中等破坏 | 严重破坏 | 倒塌 |
| A | 0 | 0 | 5 | 30 | 80 |
| ST | 0 | 0 | 5 | 30 | 80 |

续表

| 结构类型 | 破坏状态 | | | | |
|---|---|---|---|---|---|
| | 基本完好 | 轻微破坏 | 中等破坏 | 严重破坏 | 倒塌 |
| URM | 0 | 1 | 10 | 40 | 90 |
| RBM | 0 | 1 | 10 | 40 | 90 |
| RM1 | 0 | 1 | 10 | 40 | 90 |
| RM2 | 0 | 1 | 10 | 40 | 90 |
| FSW | 0 | 1 | 10 | 40 | 90 |
| LM | 0 | 1 | 10 | 40 | 90 |
| RCF | 0 | 1 | 10 | 40 | 90 |
| C1 | 0 | 1 | 5 | 20 | 60 |
| C2 | 0 | 1 | 5 | 20 | 60 |
| C3 | 0 | 1 | 5 | 20 | 60 |
| C4 | 0 | 1 | 5 | 20 | 60 |
| C5 | 0 | 1 | 5 | 20 | 60 |
| C6 | 0 | 1 | 5 | 20 | 60 |
| C7 | 0 | 1 | 5 | 20 | 60 |
| S1 | 0 | 5 | 8 | 35 | 90 |
| S2 | 0 | 5 | 8 | 35 | 90 |
| S3 | 0 | 5 | 8 | 35 | 90 |
| S4 | 0 | 5 | 8 | 35 | 90 |
| S5 | 0 | 5 | 8 | 35 | 90 |
| S6 | 0 | 5 | 8 | 35 | 90 |
| W | 0 | 0 | 5 | 30 | 80 |

基于以上参数的确定,即可对评估区域的地震灾害直接经济损失进行评估。由于我国地域特色比较明显,经济发展水平、人员防震抗灾意识等参差不齐,因此,对于具体区域的评估,应结合实际区域特色进行相关参数的调整。

## 6.3 地震灾害间接经济损失评估模型

地震灾害间接经济损失是指由地震灾害直接经济损失造成的后续影响,众多学者在这点达成了共识,但是对于间接经济损失的具体内容划分却各不相同。纵观国内学者的研究,地震灾害间接经济损失有广义和狭义之分[23],狭义间接经济损失主要包括停产减产损失、产业关联损失、投资溢价损失。停产减产损失是指地震灾害导致企业停止生产或减量生产造成的经济损失;产业关联损失是指各产业部门之间存在相互联系、相互制约的关系,地震灾害发生将使经济系统失衡,一个部门发生经济损失会通过部门间的技术经济联系传递引起其他相关部门或行业停产减产造成的经济损失;用于生产性投资资金的价值高于用于消费的部分(通常认为投资比消费有价值)称为溢价,灾害发生导致原本用于生产性投资的资金必须转而用于灾后恢复重建,生产性投资减少造成的经济损失就称为投资溢价损失。其分歧主要表现在以下几个方面。

1) 是否包含直接停产减产损失

赵阿兴等[23]认为,由地震灾害所造成的企业生产失调或停顿,规模缩减和发展速度减缓所造成的经济损失,都可以视为灾害的间接经济损失。由定义可以看出,地震灾害间接经济损失主要是指灾害导致的停产减产损失,其对地震灾害本身直接导致部门停产减产,和由上下游产业影响导致部门停产减产并没有进行区分,即将直接停产减产损失和间接停产减产损失都化为地震灾害间接经济损失。黄渝祥等[24]提出了不同的观点,认为间接停产减产是指一个企业的停产减产间接影响到与之相关联企业的产出,并将间接经济损失的概念扩展到间接停产减产损失、中间投入积压增加的损失和投资溢价损失。由此可知,直接停产减产损失只能划分到直接经济损失中,间接经济损失只能包含部门的间接停产减产损失。王海滋等[25]将间接经济损失分为停产减产损失、产业关联损失和投资溢价损失。其中,产业关联损失是指由于企业生产原料提供企业(上游产业)和产品消费企业(下游产业)的影响,导致自身部门生产和销售活动紊乱状态所带来的损失。因此目前国内学者对直接停产减产损失的划定各持己见,尚无统一观点。

2) 是否计算救灾投入费用

国内学者在是否把救灾投入费用计入间接经济损失的问题上,也存在争议。高庆华等[26]认为防灾救灾投入即防灾救灾过程中的人力、物资和资金消耗,也应纳入灾害损失。但王海滋等[25]认为,抢险救灾费用严格意义上应该理解为一种投资,因为及时有力的抢险救灾活动可以显著减少地震灾害经济损失和其他非经济损失。

3) 界定的范畴大小

以上对间接经济损失的理解是狭义的,即主要指地震灾害对社会经济系统的破坏性。徐嵩龄[27]认为,从广义上,地震灾害的间接经济损失应包含三类:①社会经济关联型损失,即地震灾害对社会经济系统造成冲击,并通过经济系统的关系链进一步引发系统内其他破坏而导致的损失,其中最主要的是产业关联损失;②灾害关联型损失,即地震灾害诱发新的次生灾害导致的经济损失;③资源关联型损失,即地震灾害造成的人员伤亡、财产损失和自然资源破坏,从而引发人力资本和资本资源的损失,同时影响自然资源的可持续发展。高庆华等[26]认为广义的间接经济损失是直接经济损失的延续,一般属于长期的、动态的,常是非实物性破坏损失,因此将间接经济损失的测度时间仅限定在地震灾害活动期间。

综上分析诸位学者对间接经济损失的具体内容划分观点,并考虑其存在分歧的各个方面,作者认为地震灾害间接经济损失是指地震灾害致使各类建筑物、构筑物及其附属设备(如车间机器)与生命线系统(如城市各类管道)等遭受破坏导致其原有功能不能正常发挥,原有社会生产和社会生活不能正常进行所带来的各种经济损失。主要包括两类:

(1) 停产减产损失。指地震灾害造成生产设备的破坏,企业及生产部门完全或部分丧失生产能力导致车间停产减产所带来的经济损失。

(2) 产业关联损失。指本部门停产减产损失导致其他相关部门停产减产所带来的经济损失,在地震灾区和非地震区的相关产业部门均可能发生。

由于国民经济系统内各产业部门之间的经济联系,通常一个部门进行生产活动需要其他部门提供生产原料,其生产产品又提供给其他部门作为生产原料或用来消费。地震灾害导致建筑物的破坏、生产设备的毁坏等必然引起各企业、各生产部门自身的停产减产损失,即第一类停产减产损失;而自身的停产减产损失通过部门间的经济活动导致其他相关部门的停产减产损失,即第二类停产减产损失。这两类停产减产损失构成了地震灾害间接经济总损失。对于救灾投入费用,即政府、企业、个人、慈善机构或其他非盈利组织对灾区的捐赠款,从费用去处方面分析这部分属于财富转移分配,此类财富转移与分配是单方面转移,具有无偿性,且此举没有增加国内产出,未体现市场间的分配关系。从投资费用所产生的后果分析,这部分属于损失补救,因为只有主动加大救灾投入费用迅速进行抢险救灾,才有可能避免地震灾害进一步对国民经济和社会造成不利影响。基于以上两点分析,本章未将救灾投入部分和灾区恢复的投入部分划分在间接经济损失范畴中,而将其单独列出。

地震灾害间接经济损失评估具有如下意义:

(1) 对地震灾害所造成的不利影响进行准确评价。

(2) 对灾后救灾投入与恢复重建工作的决策提供量化数据基础。

(3) 为区域经济稳定与可持续发展提供合理化建议。

(4) 可提高个人和企业部门的防灾意识。

地震灾害间接经济损失评估工作意义重大,科学有效的评估不仅可以更准确地对地震灾害所造成的影响进行评价,也可为地震灾害后续恢复重建、防灾减灾规划等灾害风险控制与管理决策制定提供量化基础支持。

### 6.3.1 地震灾害间接经济损失评估方法

**1. 区域间接经济损失评估模型**

可根据需要对地震灾区的区域、城市或者整个灾区进行区域间接经济损失评估,常用的评估方法为经验系数法及GDP对比法。

(1) 经验系数法[27]。又称比例系数法,该方法假定间接经济损失与直接经济损失存在正相关,直接经济损失越大,间接经济损失也越大,影响持续时间越长。区域间接经济损失计算公式如下:

$$L_I = CL_D \tag{6.7}$$

式中,$L_I$为间接经济损失;$L_D$为直接经济损失;$C$为比例系数,根据地震直接经济损失与区域GDP之比参照文献[27]进行取值。

(2) GDP对比法。该法通过分析地震灾害发生前后灾区GDP产生的变化来评估灾区的间接经济损失。地震发生后灾区国民经济体系中各经济部门将不同程度受到地震灾害的影响,必将导致该地区的GDP下降,与灾前正常年份GDP平均值相比,此下降部分即为地震灾害间接经济损失,其计算模型如下:

$$L_I = \int_{t_0}^{t_1} [f_1(t) - f_2(t)] dt \tag{6.8}$$

式中,$t_0$为企业停止生产的初始时间,即地震灾害发生时间;$t_1$为企业停产减产结束时间,即为经济恢复到之前水平的时间;$f_1(t)$为地震灾害发生前区域GDP变化规律曲线,可以最近几年该区域GDP变化的平均值代替;$f_2(t)$为地震灾害发生后区域GDP实际变化规律曲线。

**2. 投入产出模型**

投入产出模型(input-output model)[28]是在一定经济理论指导下,编制投入产出表,建立相应的投入产出模型,系统地分析国民经济各部门、再生产各环节之间技术经济联系的一种经济数量分析方法,其主要内容包括编制投入产出表、构建投入产出模型及在此基础上的统计分析。投入产出表分为价值型、实物型和劳动型三种形式。目前国内主要编制有价值型投入产出表和实物型投入产出表,其中价值型投入产出表应用最广泛。当前根据核算区域大小的差异,又将投入产出表分为全国投入产出表和地区投入产出表。投入产出表由国家统计局国民经济核算司逢年尾数为2和7每五年编制一次,地区投入产出表由各省统计局编写,同样每五年编制一次。我国在编制投入产出表时,主要采用纯部门分解法,直接编制产品对称投入产出表。例如,价值型投入产出表即是以国民经济中的纯部门来进行编制的,它将各部门的投入与生产成果用价值形式表现出来[29]。

投入产出模型在经济规划、分析及预测方面具有独特的优势,目前已推广应用到包括自然灾害统计的各个领域,其中灾害评估系统 HAZUS[7]中间接经济损失评估模块即采用了投入产出模型。Hallegatte[30]改进了传统的 I-O 模型,利用自适应区域投入产出(adaptive regional input-output,ARIO)模型考虑灾后部门生产能力的变化以及经济弹性等因素,对 2005 年美国路易斯安那州 Katrina 飓风造成的经济影响进行了模拟评估。Wu 等[31]同样利用 ARIO 模型对 2008 年汶川地震的间接经济损失进行了区域性评估。王桂芝等[32]针对北京市"7·21"特大暴雨灾害,基于 I-O 模型对地区多部门暴雨灾害造成的间接经济损失进行了定量评估。

3. 社会核算矩阵模型

社会核算矩阵(social accounting matrix,SAM)[33]在投入产出表的基础上加以扩展,用以描述中间环节的整个收入流量,将生产部门的技术经济联系扩展到社会经济活动主体之间的收入和分配关系。20 世纪 60 年代以来,SAM 理论得到深入的研究和多方面拓展。目前有 50 多个国家先后建立了国家社会核算矩阵,并将其用于投入产出、税收、收入分配、金融风险和区域发展等方面的分析。

SAM 的编制通常分为两个过程:①编制宏观社会核算矩阵,以提供关于整个经济活动一个比较粗略的宏观描述;②在宏观社会核算矩阵的基础上编制详细的社会核算矩阵。随着社会核算矩阵的发展,其部门分类越来越详细,矩阵维数也不断增加。Cole 等[34]在社会核算矩阵的基础上,估算灾后经济损失,并对灾后经济恢复政策进行评价,其基本公式是

$$\Delta Y=(I-A)^{-1}\Delta X \qquad (6.9)$$

式中,$\Delta X$ 为灾害发生变化的活动量,即灾害事件核算矩阵;$\Delta Y$ 为灾害发生变化引起的收入变动;$A$ 为乘数矩阵。

考虑到实施灾后重建措施具有滞后性,引入时间变量,则式(6.9)变为

$$\Delta Y(T)=[I-A(T)]^{-1}\Delta X(T) \qquad (6.10)$$

自然灾害发生后,应迅速估算出受灾区的社会核算矩阵,并通过灾害事件核算矩阵(event accounting matrix,EAM)$\Delta Y$ 和灾害经济恢复措施矩阵 $\Delta X(T)$[35],计算出灾害对区域的生产、商品、劳动和资本,以及对城镇和农村,家庭、企业和政府,当地和外部地区带来的综合影响。

4. 其他模型

除上述方法和模型之外,地震灾害间接经济损失评估的方法还有很多,如生产函数法、可计算的一般均衡模型法、线性规划模型法、实地调查分析法和计量经济模型法等,但这些方法大多在应用过程中由于数据的精细程度限制而难以得出准确详细的结果,或只能获得粗略数值,在综合研究地震灾害间接损失上略显不足。

例如，可计算的一般均衡模型主要运用于贸易政策、财政政策、收入分配、环境保护、能源问题和金融危机的影响分析上，用于灾害统计，特别是对灾害经济损失的研究较少。Narayan[36]通过可计算的一般均衡（computable general equilibrium,CGE)模型对2003年Ami飓风袭击斐济岛造成的短期宏观经济影响进行了模拟评估；Rose等[37]运用20个部门的社会核算矩阵，构建美国波特兰地区的CGE模型，计算地震后供水系统中断导致的各部门和地区的经济损失，指出使用CGE模型可能存在经济损失被低估的可能。Tirasirichai等[38]基于CGE模型对地震导致城市桥梁损坏造成的间接影响进行了评估。结果表明，相比于直接经济损失，间接经济损失更显著。

5. 各模型比较

以上所介绍的各类评估方法和模型都在间接经济损失评估领域中得到应用。各模型的优缺点将通过下面几点对比分析来阐明。

1）计算结果的详尽程度

经验系数法和GDP对比法主要以区域乃至整个灾区国民经济系统为评估对象，只能评估灾区间接经济损失总值，而对国民经济系统内各企业部门的损失难以评估。这两种方法一般用于对地震灾害间接经济损失做初步粗略评估。I-O模型、SAM模型和CGE模型只要基础数据完善，理论上能够计算出各个部门产业关联损失，可为灾后恢复生产的各项工作提供有效指导。

2）计算结果的精确程度

对于经验系数法，因地震灾害的独特性和差异性，该法函数形式主观性过强，评估结果缺少科学性。对于GDP对比法，因其更侧重于企业停产减产损失评估，对部门间因经济联系产生的涟漪效应所导致的企业关联损失评估不足，评估结果将低于实际损失。并且该方法评估过程中对经济运行的实际情况考虑不足，通过以往的数据来预测和代替未来的经济发展，在理论上缺少可靠性。对于I-O模型、CGE模型和SAM模型，虽然能评估各部门的间接经济损失量，但是目前均无法对模型的可靠程度进行统计检验，只能参照其他模型评估结果评价其精确程度。并且I-O模型本身的前提假设过多，认为灾区国民经济系统短期内保持稳定的连锁关系，未考虑市场弹性和经济系统的自我调节能力，评估结果将会高于实际值；而SAM模型和CGE模型则因过度考虑市场弹性，评估结果将会低于实际值。

3）模型的适用性

经验系数法与GDP对比法因其评估结果相对粗略，一般适用于地震间接经济损失的初步评估。I-O模型以经济数学模型来反映客观经济现象之间的内在联系，因模型的建立做了许多基本假定，故认为国民经济系统短期内保持稳定的连锁关系，与实际经济系统不符，且模型属于静态模型，因此不能反映地震灾害对经济活动的动态影响。SAM模型在分析中往往需要固定比例系数,对非线性、变系数情况的处理仍缺乏有效手段。CGE模型基于SAM进行分析,因此它兼具SAM的优缺点,同时不受制于过多约束条件,可以构建非线性模型,能反映价格变动,突出市场的重要性,适用范围较广,但是CGE模型需要大量的外在参数,外在参数获得的难易和准确程度制约了CGE模型的实际应用[28]。

4) 对基础数据的要求

经验系数法是在得出直接经济损失总量的前提下进行间接经济损失评估,因此要求准确的直接经济损失数据。同时对系数参数的准确性有较高要求,需要依据以往多次地震灾害对灾区经济影响数据进行分析整合,但是在现实中地震震级的不同和各地区经济结构形式的差异性,往往给确定系数工作带来很大困难,因此在地震灾害经济损失评估中使用较少,得出的数据仅供参考。GDP对比法需要地震灾害前后评估灾区的国内生产总值变化规律,且需要对灾区经济恢复到灾前水平的时间进行预测。通过地震发生前正常年份GDP变化曲线预测未来无灾时GDP变化趋势本身就需要国民经济系统各部门的基础数据,且因救灾投入的力度与恢复重建工作的安排,对恢复时间的预测缺乏可靠性。I-O模型在这几类模型中需要的基础数据量最少,只要灾区所在地的地震灾害发生前最近年份的价值型投入产出表和各部门直接经济损失数据就能完成评估,而且可以根据直接经济损失数据的详细程度选择部门详细程度不同的原始投入产出表。SAM模型和CGE模型所需要的基础数据繁多,不仅需要投入产出表数据,还需要居民、企业和政府的消费和收入等方面的数据,有时甚至还需要进行系数估算。部分数据难以获取和估算的不准确性造成该评估模型难以应用到实际操作中。

## 6.3.2 投入产出模型的分析与改进

投入产出模型是一种经济数学模型。现实的经济问题是错综复杂、变化多端的,任何经济数学模型都必须运用科学的抽象,舍弃一些次要因素或变量,集中说明重要的少数主要变量之间的关系。因此,经济数学模型是简化经济活动中数量关系的数学表达形式,通常由变量、系数和函数关系三个主体构成[24]。

投入产出表是一张反映一个国家或者某个地区所有产业部门分配和消、投入与产出数量关系的二维表格,但表格描述只涉及表面现象,而没有揭示内在的规律性联系。通过投入产出表建立的平衡方程,都是用编制表格时期的变量来建立的,这对于当期的分析是很重要的。但是,对今后时期的分析和预测就显得力不从心了。因为变量是不稳定的,不同时期可能取不同的量。投入产出表编制出来必定是以前年份的,如果不引进相对稳定的因素建立经济数学模型,那么花费了大量人力、物力、财力和时间编制出来的表格就无法发挥其应有的功能。因此,首先应该通过原始的投入产出表求解各类稳定系数,然后才能进行下一步的投入产出分析和研究,这也是正确运用投入产出模型的前提条件。

下面介绍投入产出法中相对稳定因素(即各类系数)的含义和计算方法,从而引出评估地震灾害间接经济损失 I-O 模型中的分配系数法和消耗系数法,并对其不足之处加以改进。

1) 改进消耗系数法[39]

(1) 直接消耗系数。

直接消耗系数 $a_{ij}$ 是指 $j$ 部门生产单位总产出对 $i$ 部门产品的直接消耗量,其计算式为

$$a_{ij}=\frac{x_{ij}}{X_j}, \quad i,j=1,2,\cdots,n \tag{6.11}$$

式中,$x_{ij}$ 为 $j$ 部门在生产过程中对 $i$ 部门产品的消耗数量;$X_j$ 为第 $j$ 部门的总投入。

根据式(6.11)可知,$x_{ij}=a_{ij}X_j$,代入平衡方程中,可得

$$\begin{cases} a_{11}X_1+a_{12}X_2+\cdots+a_{1n}X_n+Y_1=X_1 \\ a_{21}X_1+a_{22}X_2+\cdots+a_{2n}X_n+Y_2=X_2 \\ \vdots \\ a_{n1}X_1+a_{n2}X_2+\cdots+a_{nn}X_n+Y_n=X_n \end{cases} \tag{6.12}$$

用 $A$ 表示直接消耗系数矩阵,$I$ 表示 $n$ 阶单位矩阵,$X$ 和 $Y$ 表示各部门总产出列向量和最终使用列向量,则

$$A=\begin{bmatrix} a_{11} & a_{12} & \cdots & a_{1n} \\ a_{21} & a_{22} & \cdots & a_{2n} \\ \vdots & \vdots & & \vdots \\ a_{n1} & a_{n2} & \cdots & a_{nn} \end{bmatrix}, \quad X=\begin{bmatrix} X_1 \\ X_2 \\ \vdots \\ X_n \end{bmatrix}, \quad I=\begin{bmatrix} 1 & 0 & \cdots & 0 \\ 0 & 1 & \cdots & 0 \\ \vdots & \vdots & & \vdots \\ 0 & 0 & \cdots & 1 \end{bmatrix}, \quad Y=\begin{bmatrix} Y_1 \\ Y_2 \\ \vdots \\ Y_n \end{bmatrix}$$

其矩阵形式为

$$AX+Y=X \tag{6.13}$$

整理得

$$X=(I-A)^{-1}Y \tag{6.14}$$

式中,$(I-A)^{-1}$ 称为里昂惕夫逆矩阵。

式(6.14)将总产品与最终产品通过直接消耗系数联系起来。

(2) 求解完全消耗系数。

国民经济各个部门之间的联系除了有直接消耗和被消耗的联系,还有非常复杂和层次众多的间接消耗及被消耗的联系[24]。如果经济体系中某一个部门的生产或者消费发生变化,则可能会使得整个国民经济体系中所有部门的生产和消费都发生不同程度的变化。完全消耗系数是生产单位最终使用(产品)所要直接消耗某种产品的数量与全部间接消耗这种产品的数量之和,用 $b_{ij}$ 表示完全消耗系数。

$b_{ij}$ 的含义是 $j$ 部门生产单位最终产品所要直接消耗的 $i$ 部门产品数量和间接消耗的 $i$ 部门产品数量之和。用 $B$ 表示完全消耗系数矩阵,则

$$B=\begin{bmatrix} b_{11} & b_{12} & \cdots & b_{1n} \\ b_{21} & b_{22} & \cdots & b_{2n} \\ \vdots & \vdots & & \vdots \\ b_{n1} & b_{n2} & \cdots & b_{nn} \end{bmatrix}$$

投入产出表中的中间流量 $x_{ij}$ 是 $j$ 部门生产最终产品对 $i$ 部门产品的直接消耗数量而非完全消耗数量,无论总产出还是最终使用,都无法从表中找到 $j$ 部门产品生产中对 $i$ 部门产品的全部间接消耗量。因此,完全消耗系数不能像直接消耗系数那样可直接根据投入产出表计算。

以采煤消耗电力为例,采煤需要直接消耗电力、采煤工具、钢材等,采煤工具同样需要直接消耗电力、钢材和配件,生产钢材需要直接消耗电力、生铁、燃料,钢材、配件、生铁、燃料则需要使用电力等,如图 6.4 所示,通过分析生产一个单位的煤对电力的直接消耗和间接消耗情况来求解完全消耗系数。

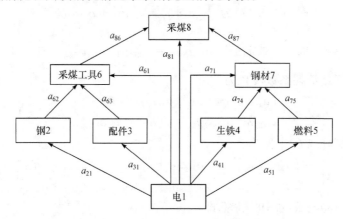

图 6.4 采煤对电力的完全消耗示意图

图 6.4 中,单位采煤对电的直接消耗是 $a_{81}$,单位采煤通过采煤工具和钢材对电的第 1 次间接消耗量是 $a_{86}a_{61}+a_{87}a_{71}$;类似地,单位采煤通过采煤工具和钢材再通过钢、配件、生铁和燃料对电的第 2 次间接消耗量是

$$a_{86}a_{62}a_{21}+a_{86}a_{63}a_{31}+a_{87}a_{74}a_{41}+a_{87}a_{75}a_{51}$$

因此,单位采煤对电的完全消耗系数为

$$b_{81}=a_{81}+a_{86}a_{61}+a_{87}a_{71}+a_{86}a_{62}a_{21}+a_{86}a_{63}a_{31}+a_{87}a_{74}a_{41}+a_{87}a_{75}a_{51} \quad (6.15)$$

将单位采煤对电的完全消耗表达式推而广之,$n$ 种产品之间的完全消耗系数可以表示为

$$b_{ij} = a_{ij} + \sum_{k=1}^{n} a_{ik}a_{kj} + \sum_{s=1}^{n}\sum_{k=1}^{n} a_{is}a_{sk}a_{kj} + \cdots, \quad i,j = 1,2,\cdots,n \quad (6.16)$$

假定有两个部门的投入产出表,则直接消耗系数矩阵为

$$A = \begin{bmatrix} a_{11} & a_{12} \\ a_{21} & a_{22} \end{bmatrix}$$

① 考察只有两种产品(部门)时的第 1 次间接消耗情况。对于式(6.16),当 $k=1,2$ 时,第 1 次间接消耗系数为

$$\sum_{k=1}^{2} a_{ik}a_{kj} = a_{i1}a_{1j} + a_{i2}a_{2j} \quad (6.17)$$

② 考察 $i=1,2$ 和 $j=1,2$ 时各种组合情况,即

当 $i=1,j=1$ 时,式(6.17)为 $\sum_{k=1}^{2} a_{ik}a_{kj} = a_{11}a_{11} + a_{12}a_{21}$;

当 $i=1,j=2$ 时,式(6.17)为 $\sum_{k=1}^{2} a_{ik}a_{kj} = a_{11}a_{12} + a_{12}a_{22}$;

当 $i=2,j=1$ 时,式(6.17)为 $\sum_{k=1}^{2} a_{ik}a_{kj} = a_{21}a_{11} + a_{22}a_{21}$;

当 $i=2,j=2$ 时,式(6.17)为 $\sum_{k=1}^{2} a_{ik}a_{kj} = a_{21}a_{12} + a_{22}a_{22}$。

第 1 次间接消耗系数转化为

$$\sum_{k=1}^{2} a_{ik}a_{kj} = \begin{bmatrix} a_{11}a_{11} + a_{12}a_{21} & a_{11}a_{12} + a_{12}a_{22} \\ a_{21}a_{11} + a_{22}a_{21} & a_{21}a_{12} + a_{22}a_{22} \end{bmatrix}, \quad i,j = 1,2 \quad (6.18)$$

则直接消耗矩阵 $A$ 的平方为

$$A^2 = \begin{bmatrix} a_{11} & a_{12} \\ a_{21} & a_{22} \end{bmatrix}^2 = \begin{bmatrix} a_{11}a_{11} + a_{12}a_{21} & a_{11}a_{12} + a_{12}a_{22} \\ a_{21}a_{11} + a_{22}a_{21} & a_{21}a_{12} + a_{22}a_{22} \end{bmatrix} \quad (6.19)$$

令式(6.18)与式(6.19)相等,即

$$\sum_{k=1}^{2} a_{ik}a_{kj} = A^2, \quad i,j = 1,2 \quad (6.20)$$

以此推广,式(6.16)可全部转化为矩阵形式:

$$B = A + A^2 + A^3 + \cdots + A^k \quad (6.21)$$

式中,$B$ 为完全消耗系数矩阵;$A$ 为直接消耗系数矩阵;$A^2$ 为第 1 次间接消耗系数矩阵;$A^3$ 为第 2 次间接消耗系数矩阵;$A^k$ 为第 $k-1$ 次间接消耗系数矩阵。

在式(6.21)的两边均加上单位矩阵,有

$$I + B = I + A + A^2 + A^3 + \cdots + A^k \quad (6.21a)$$

以 $(I-A)$ 左乘式(6.21a)两侧,则

$$(I-A)(I + A + A^2 + A^3 + \cdots + A^k) = I - A^{k+1} \quad (6.21b)$$

对于价值型投入产出表,有

$$0 \leqslant a_{ij} < 1, \quad i,j = 1,2,\cdots,n$$

当 $k \to \infty$ 时,$A^k \to 0$,则

$$(I-A)(I+A+A^2+A^3+\cdots+A^k) = I-A^{k+1} \to I$$

根据逆矩阵原理,两个矩阵相乘等于一个单位矩阵,则这两个矩阵互为逆矩阵。所以,$(I-A)$ 与 $(I+A+A^2+A^3+\cdots+A^k)$ 互为逆矩阵,即 $(I-A)$ 与 $(I+B)$ 互为逆矩阵,即 $I+B=(I-A)^{-1}$。

整理得

$$B = (I-A)^{-1} - I \tag{6.22}$$

式(6.22)即为完全消耗系数矩阵的求解公式。完全消耗系数矩阵等于里昂惕夫逆矩阵减去一个单位矩阵。

完全消耗系数 $b_{ij}$ 可表示为

$$b_{ij} = \frac{完全消耗量}{最终产品量} = \frac{直接消耗量+间接消耗量}{最终产品量}$$

$$= 直接消耗系数\ a_{ij} + 间接消耗系数 \tag{6.23}$$

式中,间接消耗系数是多个部门层层直接消耗量的乘积之和,即

$$b_{ij} = a_{ij} + \sum_{k=1}^{N} b_{ik} a_{kj}, \quad i,j=1,2,\cdots,n \tag{6.24}$$

写成矩阵形式则为

$$B = A + BA \tag{6.25}$$

整理得

$$B = A(I-A)^{-1} \tag{6.26}$$

式中,右边先加后减 $(I-A)^{-1}$,有

$$B = (I-A)^{-1} - (I-A)^{-1} + A(I-A)^{-1} \tag{6.27}$$

提取公因式,可得

$$B = (I-A)^{-1} - (I-A)(I-A)^{-1} \tag{6.28}$$

从而得到完全消耗系数为

$$B = (I-A)^{-1} - I \tag{6.29}$$

式(6.29)与式(6.22)完全相等。

(3) 消耗系数法的改进。

原消耗系数法中简单地认为地震灾害导致的直接经济损失实际上是最终产品(使用)的损失,用 $\Delta Y$ 表示。间接经济损失 $L_1$ 为总产品损失 $\Delta X$ 减去最终产品损失 $\Delta Y$,其计算公式如下:

$$L_1 = \Delta X - \Delta Y = (I-A)^{-1} \Delta Y - \Delta Y \tag{6.30}$$

将式(6.29)代入式(6.30),有

$$L_1 = B \Delta Y \tag{6.31}$$

由式(6.31)可以看出,在求解各部门间接经济损失过程中,无论对地震灾害中有直接经济损失的部门还是没有直接经济损失的部门,都将直接经济损失用最终产品 $\Delta Y$ 代替。但是根据对直接消耗和间接消耗的分析可知,地震灾害损失的研究应该从完全消耗角度出发,灾害造成的损失不能仅简单地看成最终产品的损失,它还包括由间接消耗减少带来的损失,即对于没有直接经济损失的部门,其间接经济损失求解时直接经济损失应该用总产品损失 $\Delta X$ 来代替,而不是用最终产品 $\Delta Y$ 来代替。

综上分析,给出改进的地震灾害各部门间接经济损失评估方法如下:

对于直接经济损失不为 0 的部门,其间接经济损失 $L_{I1}$ 可按式(6.32)计算:

$$L_{I1}=B\Delta Y=[(I-A)^{-1}-I]\Delta Y \qquad (6.32)$$

对于直接经济损失为 0 的部门,其间接经济损失 $L_{I0}$ 可按式(6.33)计算:

$$L_{I0}=B\Delta X=[(I-A)^{-1}-I](I-A)^{-1}\Delta Y \qquad (6.33)$$

则地震灾害间接经济损失总值 $L_I$ 为

$$L_I=L_{I1}+L_{I0} \qquad (6.34)$$

式中,$L_{I1}$ 代表直接经济损失不为 0 的产业部门的间接经济损失,这部分损失是由自身直接经济损失带来的,即为企业停产减产损失;$L_{I0}$ 代表直接经济损失为 0 的产业部门间接经济损失,这部分损失是由其他部门损失通过经济联系导致本部门的间接损失,即为产业关联损失。这与前面地震灾害间接经济损失的内涵相吻合,充分说明改进的消耗系数法能更全面准确地反映间接经济损失。

2) 改进分配系数法[39]

(1) 直接分配系数。

直接分配系数[24]是指一个部门的产品分配(提供)给各个部门作为生产使用和提供给社会最终使用的数量占该部门产品总量的比例,通常用 $h$ 表示,其计算公式为

$$h_{ij}=\frac{x_{ij}}{X_i}, \quad i=1,2,\cdots,n \qquad (6.35)$$

式中,$x_{ij}$ 为 $j$ 部门生产中消耗的 $i$ 部门的产品数量;$X_i$ 为第 $i$ 部门的总产出。

$h_{ij}$ 越大,即意味着产品部门 $i$ 分配给产品部门 $j$ 作为生产使用的中间产品越多。由于投入产出表实际上是矩阵形式,行表示收入,列表示支出。因此,换一个角度分析,$h_{ij}$ 值越大,说明 $i$ 部门从 $j$ 部门中得到的中间产品收入也越多。

转换成矩阵形式,有

$$H=\begin{bmatrix} h_{11} & h_{12} & \cdots & h_{1n} \\ h_{21} & h_{22} & \cdots & h_{2n} \\ \vdots & \vdots & & \vdots \\ h_{n1} & h_{n2} & \cdots & h_{nn} \end{bmatrix}, \quad x=\begin{bmatrix} x_{11} & x_{12} & \cdots & x_{1n} \\ x_{21} & x_{22} & \cdots & x_{2n} \\ \vdots & \vdots & & \vdots \\ x_{n1} & x_{n2} & \cdots & x_{nn} \end{bmatrix}, \quad X=\begin{bmatrix} X_1 \\ X_2 \\ \vdots \\ X_n \end{bmatrix}$$

即
$$H = \hat{X}^{-1} x \tag{6.36}$$
式中，$\hat{X}$ 是以 $X_i(i=1,2,\cdots,n)$ 为对角元素的对角矩阵。

若 $i$ 产品部门与 $j$ 产品部门存在直接联系，同时 $i$ 产品部门通过 $k$ 部门与 $j$ 部门保持的联系称为间接联系，这就引出一个新的概念——间接分配系数。类似直接消耗系数与间接消耗系数之间的关系，完全分配系数为直接分配系数与间接分配系数之和，用 $r_{ij}$ 表示，则按照定义其计算公式为

$$r_{ij} = \frac{x_{ij} + i \text{ 部门对 } j \text{ 部门的全部间接分配量}}{X_i}, \quad i,j=1,2,\cdots,n \tag{6.37}$$

令 $R$ 表示以完全分配系数 $r_{ij}$ 为元素的 $n$ 阶矩阵，称为完全分配系数矩阵，则

$$R = \begin{bmatrix} r_{11} & r_{12} & \cdots & r_{n1} \\ r_{21} & r_{22} & \cdots & r_{n2} \\ \vdots & \vdots & & \vdots \\ r_{n1} & r_{n2} & \cdots & r_{nn} \end{bmatrix}$$

以下介绍完全分配系数矩阵的求解方法。

(2) 求解完全分配系数。

一个部门对另一个部门产品消耗的同时，也可以看成后者对前者的分配。因此，从分配的角度分析，国民经济各个部门之间直接消耗与间接消耗的联系可以看成直接分配与间接分配的联系。如果经济体系中某一个部门的分配或者消费发生变化，可能会使得整个国民经济体系中所有部门的分配和消费都发生不同程度的变化。因此计算完全分配系数能帮助我们更好地了解国民经济体系之间的联系。

投入产出表中的中间流量 $x_{ij}$ 是 $i$ 部门产品对 $j$ 部门最终产品的直接分配数量，而非完全分配数量，无论总产出还是最终使用，都无法从表中找到 $i$ 产品分配给 $j$ 产品的全部间接分配量。因此，完全分配系数不能像直接分配系数那样直接根据投入产出表计算。

与求解完全消耗系数类似，完全分配系数的求解同样需要通过直接分配系数加以求解。利用前面求解完全消耗系数的例子，如图 6.5 所示。

电力从采煤得到的直接收入是 $h_{81}$，第 1 次间接收入是 $h_{82}h_{21} + h_{83}h_{31}$，第 2 次间接收入是 $h_{84}h_{42}h_{21} + h_{85}h_{52}h_{21} + h_{87}h_{73}h_{31}$。

因此，电力从采煤得到的完全收入为

$$r_{81} = h_{81} + h_{82}h_{21} + h_{83}h_{31} + h_{84}h_{42}h_{21} + h_{85}h_{52}h_{21} + h_{87}h_{73}h_{31} + \cdots$$

将此公式推广，各部门之间的完全分配系数为

$$r_{ij} = h_{ij} + \sum_{k=1}^{n} h_{jk}h_{ki} + \sum_{s=1}^{n}\sum_{k=1}^{n} h_{js}h_{sk}h_{ki} + \cdots \quad i,j=1,2,\cdots,n \tag{6.38}$$

假定已知两个部门的投入产出表，则可计算出直接分配系数矩阵为

$$H = \begin{bmatrix} h_{11} & h_{12} \\ h_{21} & h_{22} \end{bmatrix}$$

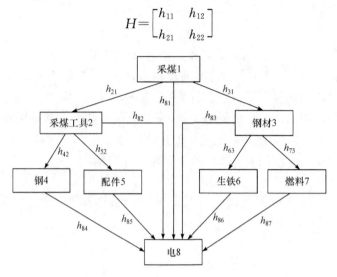

图 6.5　电力部门从采煤部门得到的完全收入示意图

① 考察只有两种产品(部门)时的第 1 次间接分配情况。对于式(6.38),当 $k=1,2$ 时,第 1 次间接分配为

$$\sum_{k=1}^{2} h_{jk} h_{ki} = h_{j1} h_{1i} + h_{j2} h_{2i} \tag{6.39}$$

② 考察 $i=1,2$ 和 $j=1,2$ 时各种组合情况,即

当 $i=1, j=1$ 时,式(6.39)为 $\sum_{k=1}^{2} k_{jk} h_{ki} = h_{11} h_{11} + h_{12} h_{21}$;

当 $i=1, j=2$ 时,式(6.39)为 $\sum_{k=1}^{2} k_{jk} h_{ki} = h_{21} h_{11} + h_{12} h_{21}$;

当 $i=2, j=1$ 时,式(6.39)为 $\sum_{k=1}^{2} k_{jk} h_{ki} = h_{11} h_{12} + h_{12} h_{22}$;

当 $i=2, j=2$ 时,式(6.39)为 $\sum_{k=1}^{2} k_{jk} h_{ki} = h_{21} h_{12} + h_{22} h_{22}$。

第 1 次间接分配系数转化为

$$\sum_{k=1}^{2} h_{jk} h_{ki} = \begin{bmatrix} h_{11} h_{11} + h_{12} h_{21} & h_{21} h_{11} + h_{12} h_{21} \\ h_{11} h_{12} + h_{12} h_{22} & h_{21} h_{12} + h_{22} h_{22} \end{bmatrix}, \quad i,j=1,2 \tag{6.40}$$

$H^{\mathrm{T}}$ 表示直接分配系数矩阵的转置矩阵,则第 1 次间接分配系数可用矩阵形式表示为

$$\sum_{k=1}^{2} h_{jk} h_{ki} = (H^{\mathrm{T}})^{2} \tag{6.41}$$

以此推广,式(6.41)可全部转化为矩阵形式:

$$R = H^T + (H^T)^2 + (H^T)^3 + \cdots + (H^T)^k \tag{6.42}$$

式中，$R$ 为完全分配系数矩阵；$H^T$ 为直接分配系数矩阵的转置矩阵；$(H^T)^2$ 为第 1 次间接分配系数矩阵；$(H^T)^3$ 为第 2 次间接分配系数矩阵；$(H^T)^k$ 为第 $k-1$ 次间接分配系数矩阵。

在式(6.42)两边加上单位矩阵 $I$，则

$$I + R = I + H^T + (H^T)^2 + (H^T)^3 + \cdots + (H^T)^k \tag{6.43}$$

用 $(I-H)^T$ 左乘式(6.43)，得 $(I-H^T)(I+R) = I$，则

$$(I-H^T)(I+R) = (I-H^T)[I + H^T + (H^T)^2 + (H^T)^3 + \cdots + (H^T)^k] \tag{6.44}$$

对于价值型投入产出表，有

$$0 \leqslant h_{ij} \leqslant 1, \quad i,j = 1,2,\cdots,n$$

当 $k \to \infty$ 时，$A^k \to 0$，则

$$(I-H^T)[I + H^T + (H^T)^2 + (H^T)^3 + \cdots + (H^T)^k] = I - (H^T)^k \to I \tag{6.45}$$

即

$$(I-H^T)(I+R) = I \tag{6.46}$$

则

$$I + R = (I-H^T)^{-1} \tag{6.47}$$

因此，完全分配系数的求解公式为

$$R = (I-H^T)^{-1} - I \tag{6.48}$$

(3) 分配系数法的改进。

与原消耗系数法类似，原分配系数法同样简单地认为地震灾害直接经济损失为最终产品的损失，用 $\Delta Y$ 表示。因此间接经济损失 $L_I$ 可通过式(6.48)计算得到

$$L_I = R\Delta Y = [(I-H^T)^{-1} - I]\Delta Y \tag{6.49}$$

由式(6.49)可以看出，在求解各部门间接经济损失过程中，无论对地震灾害中有直接经济损失的部门还是没有直接经济损失的部门，都看成最终产品 $\Delta Y$ 的损失。但是根据前面直接收入和间接收入的分析可知，间接经济损失的研究应该从完全分配角度出发，灾害造成的间接经济损失不能仅简单地看成最终产品的损失，它还包括由间接收入减少带来的损失，即对于没有直接经济损失的部门，其间接经济损失求解时直接经济损失应该用总产品损失 $\Delta X$ 来代替，而不是用最终产品 $\Delta Y$ 来代替。

综上所述，地震灾害各部门间接经济损失可分为以下两种情况来求解。

对于直接经济损失不为 0 的部门，其间接经济损失 $L_{I1}$ 求解如下：

$$L_{I1} = R\Delta Y = [(I-H^T)^{-1} - I]\Delta Y \tag{6.50}$$

对于直接经济损失为 0 的部门，其间接经济损失 $L_{I0}$ 求解如下：

$$L_{I0} = R\Delta X = [(I-H^T)^{-1} - I](I-A)^{-1}\Delta Y \tag{6.51}$$

地震灾害间接经济损失总值 $L_I$ 为
$$L_I = L_{I1} + L_{I0} \tag{6.52}$$
式中，$L_{I1}$ 代表直接经济损失不为 0 的产业部门的间接经济损失，这部分损失是由自身直接经济损失带来的，即为企业停产减产损失；$L_{I0}$ 代表直接经济损失为 0 的产业部门的间接经济损失，这部分损失是由其他部门损失通过经济联系导致本部门的间接损失，即为产业关联损失。显然，与改进的消耗系数法相同，改进的分配系数法也可分别求解停产减产损失与产业关联损失。

## 6.4 地震灾害人员伤亡估计模型

地震灾害在造成直接和间接经济损失的同时会造成不同程度的人员伤亡。我国是地震灾害最为严重的国家之一，历史上华县大地震、唐山大地震、汶川地震、玉树地震等均造成了惨重的人员伤亡。据资料统计，地震作用下 90%～95% 的人员伤亡是由各种建筑物倒塌造成的。而且，随着我国城市化的推进，城市人口呈现爆炸式扩张，也使得地震灾害对人类生命安全的威胁越来越大。因此，探究地震造成人员伤亡的原因及影响因素，提出地震灾害人员伤亡评估的方法与对策，对避免或减少人员伤亡意义重大。

### 6.4.1 现有模型研究

影响地震灾害人员伤亡的因素很多，如地震动强度、结构破坏状态、建筑使用功能、人员密度及在室率、居民的生活习惯、地震发生时间、救援的有效性等。然而，众多因素存在数据的不完备性及不确定性，使得国内外现有理论模型评估结果的准确性和适用性受到不同程度质疑。目前比较认可的模型主要有以下几个。

1. 尹之潜模型

尹之潜模型[3,40]考虑了不同破坏状态下建筑物的倒塌面积及对应的死亡率、室内人员密度、发震时间（白天/夜间）等计算参数。其表达式如下：
$$N_d = A_1 P_1 \rho + A_2 P_2 \rho + A_3 P_3 \rho \tag{6.53}$$
式中，$N_d$ 为总死亡人数；$A_1$、$A_2$、$A_3$ 分别为结构倒塌、严重破坏、中等破坏的面积，$m^2$；$P_1$、$P_2$、$P_3$ 分别为三种破坏状态对应的死亡率；$\rho$ 为室内人员密度，与地震发生的地区（城市/农村）及发震时间（白天/夜间）有关。

2. 马玉宏模型

马玉宏等[41]在对比已有地震灾害人员伤亡评估方法的基础上，基于相应的地震参数，采用最小二乘法统计回归出较精确、适用的评估方法，其表达式见式(6.54)和式(6.55)。该模型综合考虑了建筑物的倒塌率、发震时间、人口密度、总人口等因素的影响。

$$\lg RD = 9.0 RB^{0.1} - 10.07 \quad (6.54)$$

$$N_d = f_t f_\rho RD \cdot M \quad (6.55)$$

式中，$N_d$ 为总死亡人数；RB 为建筑物的倒塌率；RD 为死亡率；$M$ 为评估区域的总人口数；$f_t$ 为不同地震烈度下的发震时间修正系数；$f_\rho$ 为人口密度的修正系数。

3. Coburn-Spence 模型

Coburn-Spence 模型[42]考虑了建筑结构类型、人员密度、人员在室率、倒塌结构中被困人员数量及结构倒塌状态下的人员伤亡分布等因素，其中死亡人数假定为倒塌结构数目与倒塌状态下死亡率的乘积。其表达式如下：

$$LR = M_1 M_2 M_3 [M_4 + (1 - M_4) M_5] M_6 \quad (6.56)$$

$$C = D \cdot LR \quad (6.57)$$

式中，LR 为死亡率；$D$ 为结构倒塌的数目；$C$ 为死亡的人数；$M_1$ 为建筑物的人员数量；$M_2$ 为不同时间下的人员在室率；$M_3$ 为地震作用下的人员被困率；$M_4$ 为被困人员中伤亡人员分布；$M_5$ 为倒塌后由时间、受伤严重以及救援不及时等因素造成的死亡；$M_6$ 为结构的倒塌率（包括严重破坏和倒塌）。

4. HAZUS 模型

HAZUS 模型[43]采用事故树理论进行人员伤亡的估计，该模型考虑了建筑结构的破坏概率、不同破坏概率下的伤亡率、人员在室率等，同时，模型考虑了结构在完全破坏状态下倒塌和未倒塌情况下的伤亡率。其人员死亡模型的表达式如下：

$$P_{killed} = P_A P_E + P_B P_F + P_C P_G + P_D (P_H P_J + P_I P_K) \quad (6.58)$$

$$N_{killed} = N_{occupants} P_{killed} \quad (6.59)$$

式中，$N_{killed}$ 为总的死亡人数；$N_{occupants}$ 为受影响的人口数，其与建筑物的使用功能、人员在室率、人口密度等有关；$P_{killed}$ 为结构的死亡概率；$P_A$、$P_B$、$P_C$、$P_D$、$P_H$、$P_I$ 分别为结构发生不同破坏状态的概率；$P_E$、$P_F$、$P_G$、$P_J$、$P_K$ 分别为对应上述状态的死亡率。

5. PAGER 模型

USGS 统计了全球 1973 年之后约 4500 个地震的伤亡资料，基于残差最小化拟合给出了一种可快速评估全球范围内地震人员伤亡的新方法，并将其应用于 PAGER 系统中。该模型[44]以修正后的麦式震级强度（modified mercalli intensity，MMI）为主要因素，地震人员伤亡数为不同烈度下受影响的人口数与该烈度下人员死亡率的乘积。地震人员死亡率 $v$ 定义为自变量为地震烈度 $S$ 的双参数对数正态累积分布函数。其计算公式如下：

$$v(S) = \Phi\left[\frac{1}{\beta}\ln\left(\frac{S}{\theta}\right)\right] \tag{6.60}$$

$$E_i \approx \sum_j v_i(S_j) P_i(S_j) \tag{6.61}$$

式中，$\Phi$ 为标准正态分布函数；$S_j$ 为 $j$ 级地震烈度的离散值，如 5.0,5.5,…,10.0，相应的 $j$ 分别为 1,2,…,10；$\theta$、$\beta$ 分别为对数正态分布的均值和方差；$E_i$ 为预期地震死亡人数；$v_i(S_j)$ 为第 $i$ 个地震事件 $j$ 级地震烈度下人员死亡率；$P_i(S_j)$ 为第 $i$ 个地震事件 $j$ 级地震烈度下受影响人口数。

如上所述，尹之潜模型和马玉宏模型是我国目前地震灾害人员伤亡评估的主流方法，多用于震后的快速评估及震害预测，但其模型多基于历史震害数据进行统计回归而建立，适用性无法保证，未能全面考虑结构类型以及使用功能造成的死亡率差异以及人员密度的变化。Coburn-Spence 模型考虑了建筑结构类型、人员密度、人员在室率、倒塌结构中被困人员数量及结构倒塌状态下的人员伤亡分布等因素，但其未考虑结构未完全倒塌时引起的人员伤亡。HAZUS 模型是美国目前普遍采用的方法，采用事故树理论进行人员伤亡的估计，考虑了建筑结构的破坏概率、不同破坏概率下的伤亡率、人员在室率等；同时，考虑了结构在完全破坏状态下倒塌和未倒塌情况下的伤亡率。但该模型需要比较详实的数据资料，如不同使用功能下人员在室率、结构类型-使用功能相对应的人员分布等，使其在我国的应用受到限制。PAGER 模型是一种经验的地震伤亡评估模型，主要用于震后的快速评估，模型中评估区域的人员数量及分布多根据已有震害统计数据进行拟合，其评估精度更多依赖于评估区域的基础数据。因此，如何建立一个适用于我国、便捷、可靠度高的地震灾害人员伤亡评估模型是本章讨论的重点。

### 6.4.2 地震灾害人员伤亡影响因素分析

地震造成的人员伤亡数量，不仅与地震动本身的强度有关，还与建筑物的结构类型、抗震性能、发震时间、人员密度等因素有关。而其中人员密度的大小与城市的规模及经济发展水平有密切关系，且不同使用功能建筑物的人员密度也会呈现较大的差异(如大型商场、重点医院等人员密度均比较大)。如果强震发生在高密度人口区域且发震时间在夜晚，其所造成的人员伤亡将会更大。本节对影响地震灾害人员伤亡的因素进行整理与分析，试图建立一个可合理考虑各主要因素影响的人员伤亡评估模型。

#### 1. 地震动强度

地震动强度用于描述地震震动的强烈程度，可用峰值加速度、峰值速度、峰值位移、宏观烈度等参数来表征。我国进行震后人员伤亡评估更多采用宏观烈度来描述。文献[45]和[46]基于震害调查,对汶川地震中都江堰市和玉树地震中受灾区域人员伤亡与烈度的关系进行了统计分析,指出人员的伤亡率随着地震烈度的增大呈双指数规律增长。

2. 结构类型

研究表明,地震作用下90%～95%的人员伤亡是由建筑物破坏或倒塌造成的,建筑物结构类型的不同,使得建筑物的整体抗震性能差异较为明显。汶川、玉树等震害统计表明,土坯结构、砖木结构、多层砌体结构(尤其是未按规范要求设置构造柱和圈梁、墙体间连接不可靠的建筑)在地震作用下均发生了严重破坏或倒塌,而依照规范设计施工的框架结构,尤其是剪力墙结构、框架-剪力墙结构则表现出良好的抗震性能[45,46]。图6.6给出了玉树地震中不同类型结构的遇难死亡人数分布。

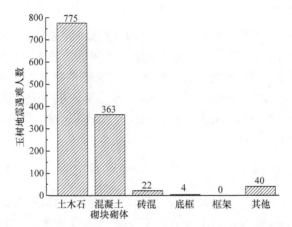

图6.6 玉树地震中不同类型结构的遇难死亡人数分布

3. 使用功能

使用功能是建筑物社会功能的体现,与人们的工作和生活习惯息息相关。因震害统计资料中一般无详细的关于使用功能的伤亡资料,以往的人员伤亡模型很少考虑使用功能因素造成的影响。然而,由于使用功能的不同,在不同的发震时间段内,人员伤亡的空间分布会有很大差异,例如,当地震发生在白天时,商场、学校、办公大楼等破坏、倒塌造成的室内外人员伤亡会比较明显;但当地震发生在夜晚时间段内,大部分人员都在住宅内休息,地震造成的住宅类房屋的人员伤亡数量会比较集中。陈洪富等[46]对玉树7.1级地震震害调查表明,地震发生在早上7时,大部分人都在休息,使得92.1%的遇难人员位于居民住宅内及寄宿校舍内。使用功能的不同主要表现在不同时间段内的人员分布特征不同,对于建筑物使用功能的考虑可采用不同使用功能下的人员密度及不同时间段各使用功能建筑的人员在室率进行细致描述。

4. 发震时间

地震的发生时间(白天或夜间)与伤亡人数呈一定的相关性。Coburn 等[47]分析了日本、希腊、土耳其等国家地震发生时刻与死亡人数的关系,指出午夜前后地震造成的人员伤亡会高于其他时刻。一般而言,夜晚地震较白天地震造成的人员伤亡大得多,通常为白天地震人员伤亡的 3~5 倍。其原因主要表现在两个方面:①夜晚时段,大部分人员都在住宅内,室内人口密度比较大,且休息时人的行动能力较弱,无法采取及时有效的保护或逃离措施;②白天大部分人员都在室外活动,造成的伤亡人数相对比较少。

5. 人员密度

人员密度是指建筑物单位面积所容纳的人员数量,是建筑物中所容纳的总人数与建筑总面积的比值,其在一定程度上描述了建筑物的人口数量分布。城市区域的人员密度较乡镇和农村的人员密度大,一旦强烈地震发生在城市区域或附近,将造成惨重的人员伤亡。徐超等[45]基于汶川地震都江堰市人员伤亡调查指出,人口密集的重要建筑物倒塌造成人员伤亡出现聚集现象,如中学教学楼和医院住院部的倒塌造成 448 人遇难。

6. 人员在室率

人员在室率描述建筑物在某一时间段内人员的存在情况,其涉及的因素很多,如地震发生时间(白天、夜间及节假日)、天气情况、人员密度、人口数量以及居民的生活、生产情况等。

7. 其他因素

除此之外,影响人员伤亡的因素还有很多,如受灾人口的年龄分布、性别结构、人员的受教育与防灾意识普及程度,救援工作的有效性以及外部环境的影响等。

### 6.4.3 地震灾害人员伤亡计算模型

基于 6.4.2 节地震灾害人员伤亡影响因素分析,本节综合考虑地震动强度、结构类型、破坏状态概率、使用功能、人员密度、发震时间(人员在室率)等因素,提出地震灾害人员伤亡评估模型,以对评估区域死亡人数、重伤人数、轻伤人数进行估计,具体模型见式(6.62)~式(6.64)。其中,死亡人数是指地震导致的直接死亡人数和重伤 3 日内死亡的人数;重伤人数是指地震导致的必须依靠住院才能治疗的受伤人员;轻伤人数是指只需提供简单医疗援助的受伤人员。

$$N_d = \sum_{i=1}^{n} N_i = \alpha\eta\rho \sum_{i=1}^{n} A_i P_i \tag{6.62}$$

$$N_{w1} = \sum_{j=1}^{n} N_j = \alpha\eta\rho \sum_{j=1}^{n} A_j P_j \tag{6.63}$$

$$N_{w2} = \sum_{m=1}^{n} N_m = \alpha\eta\rho \sum_{m=1}^{n} A_m P_m \tag{6.64}$$

式中,$N_d$、$N_{w1}$、$N_{w2}$ 分别为评估区域的总死亡人数、总重伤人数、总轻伤人数;$N_i$、$N_j$、$N_m$ 分别为评估区域单栋建筑物的死亡人数、重伤人数、轻伤人数;$\alpha$ 为建筑物分布区域调整系数,农村区域取 0.6,城郊结合区域取 0.8,城市区域取 1.0;$\eta$ 为不同用途建筑物在不同发震时间的人员在室率;$\rho$ 为不同用途建筑物的人员密度;$A$ 为建筑物的使用面积;$P_i$、$P_j$、$P_m$ 分别为地震作用下建筑物的均值死亡概率、重伤概率和轻伤概率,按式(6.65)~式(6.67)计算:

$$P_i = P_{l=1}P_{s=1} + P_{l=2}P_{s=2} + P_{l=3}P_{s=3} + P_{l=4}P_{s=4} + P_{l=5}P_{s=5} \tag{6.65}$$

$$P_j = P_{l=1}P_{z=1} + P_{l=2}P_{z=2} + P_{l=3}P_{z=3} + P_{l=4}P_{z=4} + P_{l=5}P_{z=5} \tag{6.66}$$

$$P_m = P_{l=1}P_{q=1} + P_{l=2}P_{q=2} + P_{l=3}P_{q=3} + P_{l=4}P_{q=4} + P_{l=5}P_{q=5} \tag{6.67}$$

式中,$P_l$ 为建筑物发生不同破坏状态的概率,$l=1、2、3、4、5$ 分别对应基本完好、轻微破坏、中等破坏、严重破坏及倒塌状态;$P_s$、$P_z$、$P_q$ 分别为不同破坏状态下的死亡概率、重伤概率及轻伤概率,$s、z、q=1、2、3、4、5$。

### 6.4.4 模型相关参数确定

1. 建筑物分布区域调整系数

一般情况下,处于城市、农村、城郊结合地带等不同区域的建筑物,其相同地震灾害造成的人员伤亡差异较大。农村建筑一般使用面积比较大,但人口比较少;而城市建筑则相反,人口密度大。因此,本章提出采用建筑物分布区域调整系数来调节不同区域建筑因使用面积及人员密度不协调而造成的影响。基于西安市灞桥区建筑物调查统计结果,建议建筑物分布区域调整系数 $\alpha$ 取值为:农村区域 0.6,城郊结合区域 0.8,城市区域 1.0。

2. 人员密度确定

人员密度是指建筑物在正常使用过程中单位面积所容纳的人员数量或每人所拥有的建筑面积,其在一定程度上描述了建筑物的人口数量分布。本节所规定的人员密度是指建筑物人数最多时的人员密度,采用在室率来描述不同时间段人员的变化。建筑按其使用功能可分为住宅、商业、医疗、工业、办公、教育等6类(建筑使用功能的分类见附录C,其中工业建筑人员密度比较特殊,本节暂不考虑),不同使用功能建筑物在不同时间段内的人员密度和在室率差异较大,应分别予以统计分析,以期为地震灾害人员伤亡评估提供更加精细可靠的数据支持。

1) 人员密度的调查方法

人员密度的调查方法有多种,不同使用功能建筑物所适合的方法也不尽相同。总体来说,以下四种调查方法较为常用[48]。

(1) 直接调查法。

每隔一定时间间隔对重点目标进行人员数量计数,可以直接得出人员密度随时间的分布。此法是最基本、最直接的方法,适用于房屋大,房间数量少的建筑物。

(2) 出入口实时计测法。

将调查目标按时间分为 $N$ 个均等时间段,分别在出入口处统计每一个时间段流入和流出人员数量,则每个时间段的人员密度为该时间段及之前所有时间段人员净数量(流入人员数与流出人员数之差)之和与建筑面积的比值。该方法适用于出入口少、人流多和房间多的建筑物。

(3) 相对数量调查法。

相对数量调查法主要用于学校类建筑的调查,其总人数已知且较为固定,在较短时间内人员集中且单一流入(或流出)。该方法与出入口实时计测法的差别在于其更适用于人员密度最大值已知(如学校上课学生总人数已知),人员变化时间段固定且单纯流入(或流出)的情况。这样只需要记录时刻和调查某一代表性区域的人员密度,即可进行归一化处理,从而根据总体满员时人员数量和房屋面积推算人员密度随时间变化值,而不需要在时间全程上对对象区域统计绝对数量或密度。

(4) 问卷调查法。

对于住宅、办公等用途建筑物的人员密度,由于不属于特定的目标建筑类型,室内人员密度变化较大,因此不能采用以上3种方法完成调查。相对而言,采用问卷调查法是比较切实可行的。问卷调查法是用书面形式间接搜集人员数量的调查手段,通过向调查者发出简明扼要的问卷调查表,基于调查者的回复信息间接获得材料和信息的一种方法。

以下基于已有统计分析数据,结合文献法、问卷调查法、专家调查法等对各参数进行逐一分析确定,为地震灾害人员伤亡评估提供更加精细可靠的数据支持。

2) 不同使用功能建筑物的人员密度

(1) 商业建筑。

商业建筑是指对外营业和为人民服务的各种用房及附属用房,如以商店、百货、超市、市场等为主要用途的建筑物。

① 人员密度的影响因素。

由于从事的商业活动不同、经营方式不同,不同商业建筑的人员密度存在较大差异,同一城市同一类型的商业建筑在不同营业时段,其人员密度也存在较大差异[49]。综合已有的研究资料,将影响商业建筑人员密度的因素大致分为以下三类。

A. 城市经济发展水平。

商业建筑的客流量及人员密度的大小与所在城市的经济发展水平及所处该城市中的地理位置紧密相关。本节通过对多个城市的超市类人员密度分析发现,随着城市 GDP 的增长,其商业建筑的人员密度基本呈降低趋势(图 6.7)。

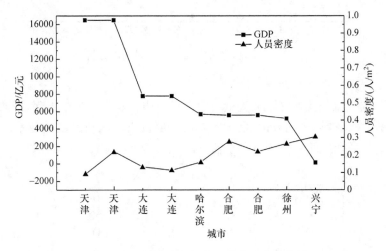

图 6.7　不同城市的超市人员密度变化曲线

从图 6.7 可以看出,城市所在地的经济发展水平会对商业建筑的人员密度有较为明显的影响,虽然大城市人口较为集中,但商业体较多也分散了人流量;而小型城市虽然人口较少,但由于被调查的商业体为该城市较大的商业建筑,通常有较多人员前来购物,其人流量反而较大。

B. 建筑物的规模及商业类型。

商店的经营方式、经营范围对人员密度的影响很大,按照商业建筑所经营的商品种类不同将商业建筑分为大型超市、百货商场和建材商城等三个类型,图 6.8 为天津和西安两个城市各商业体的人员密度变化趋势图。

从图 6.8 可以看出,经营方式对商业建筑的人员密度有很大的影响。大型超市类建筑由于其开放式的经营模式,且所售商品与居民生活紧密相连,是人员活动的中心,因此人员密度相对较大;百货商场类建筑由于档次稍高,客流量相对超市较小;而建材类商场由于售卖商品目的性较为明确,加之所经营的商品占用空间较大,其人员密度也会大大降低。

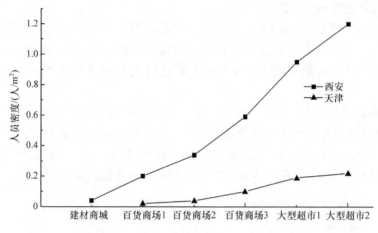

图 6.8　不同类型的商业建筑人员密度分析

C. 是否为购物高峰期与否。

由于商业建筑的特殊性,客流量一般会在节假日及周末集中出现,即商业的购物高峰期。在高峰期时间段中,最大的人员密度及平均人员密度均较平时高出很多,图 6.9 为商业建筑在工作日和节假日的人员密度对比图。

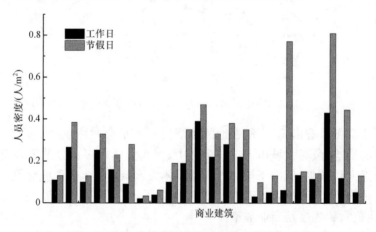

图 6.9　商业建筑不同营业时间的人员密度对比

从图 6.9 可以发现,随着居民日常生活节奏的加快,正常工作日内居民很难有空余时间去逛街购物,加之节假日期间各种商家的促销活动,使得节假日成为逛街购物活动的主要时间。

② 不同规范对商业建筑人员密度的规定。

由于公共建筑都有逃生疏散及防火等设计要求,在商业建筑的相关设计规范中,都有对人员密度的相关规定。图 6.10 为国内外商业建筑规范对人员密度的规定,其中"商店"、"高层"、"公共"和"空调"分别是指我国规范中的《商店建筑设计规范》(JGJ 48—2014)、《建筑设计防火规范》(GB 50016—2014)、《公共建筑节能设计标准》(GB 50189—2015)和《民用建筑供暖通风与空气调节设计规范》(GB 50736—2012)。

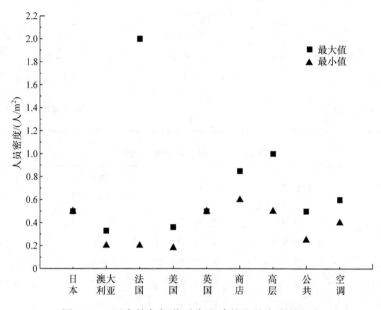

图 6.10　国内外各规范对商业建筑人员密度的规定

从图 6.10 可以看出,国外商业建筑规范对人员密度的规定普遍在 0.2~0.5 人/$m^2$,较我国规范的规定值稍低,其主要是我国较其他国家的人口基数大、城市人口密集度偏高等客观因素造成的。

③ 人员密度回归模型的建立。

设计规范中规定的人员密度范围多是基于建筑结构设计及防火、逃生、疏散等情况为保证生命安全要求而设定的参考值,但现实生活中由于各种因素的影响,不同的商业建筑其人员密度差异很大,规范规定的均一化方法在实际运用中并不合理。

由于研究项目示范区域的经济发展水平相对较低,其商业建筑规模较低且商业类型单一,实地调查并不具有代表性,因此对于商业建筑的人员密度,本节汇总统计了我国学者关于商业建筑的实地调研结果[50],对商业建筑按照三种影响因素分类(表 6.15),建立了两套评估商业建筑人员密度的数据库,其中一套数据库用于人员密度模型的回归分析(表 6.16),另一套数据库用于回归模型的准确性验证(表 6.17)。

表 6.15 商业建筑分类

| 分类名称 | 分类形式 | 依据 |
|---|---|---|
| 商业类型 | 综合超市类<br>百货商场类<br>建材、家具类 | 经营商品类型、运营方式 |
| 所在城市 | 第一类城市<br>第二类城市<br>第三类城市 | GDP≥10000 亿元<br>5000 亿元≤GDP<10000 亿元<br>GDP<5000 亿元 |
| 运营时期 | 工作日<br>节假日 | 商家促销活动及其客流量 |

表 6.16 模型回归分析数据库

| 样本 | 所在城市 | 商业类型 | 工作日最大人员密度/(人/m$^2$) | 节假日最大人员密度/(人/m$^2$) |
|---|---|---|---|---|
| 1 | 昆明 | 家具商场 | 0.011 | 0.011 |
| 2 | 西安 | 家具商场 | 0.080 | 0.170 |
| 3 | 昆明 | 家具商场 | 0.011 | 0.011 |
| 4 | 昆明 | 家具商场 | 0.013 | 0.013 |
| 5 | 长沙 | 百货商场 | 0.197 | 0.243 |
| 6 | 三河 | 百货商场 | 0.500 | 0.720 |
| 7 | 西安 | 百货商场 | 0.190 | — |
| 8 | 天津 | 百货商场 | 0.110 | — |
| 9 | 长沙 | 百货商场 | 0.215 | — |
| 10 | 徐州 | 百货商场 | 0.119 | 0.223 |
| 11 | 长沙 | 百货商场 | 0.181 | 0.212 |
| 12 | 宁德 | 百货商场 | 0.462 | 0.693 |
| 13 | 西安 | 百货商场 | 0.340 | 0.370 |
| 14 | 天津 | 百货商场 | 0.190 | 0.350 |
| 15 | 上海 | 百货商场 | 0.220 | 0.270 |
| 16 | 天津 | 百货商场 | 0.100 | 0.190 |
| 17 | 广州 | 百货商场 | 0.215 | — |
| 18 | 合肥 | 大型超市 | 0.280 | 0.380 |
| 19 | 兴宁 | 大型超市 | 0.800 | 1.100 |
| 20 | 西安 | 大型超市 | 0.410 | 0.430 |

续表

| 样本 | 所在城市 | 商业类型 | 工作日最大人员密度/(人/m²) | 节假日最大人员密度/(人/m²) |
|---|---|---|---|---|
| 21 | 徐州 | 大型超市 | 0.266 | 0.384 |
| 22 | 天津 | 大型超市 | 0.250 | 0.270 |
| 23 | 大连 | 大型超市 | 0.290 | 0.350 |
| 24 | 哈尔滨 | 大型超市 | 0.250 | 0.280 |
| 25 | 天津 | 大型超市 | 0.220 | 0.330 |
| 26 | 大连 | 大型超市 | 0.270 | 0.290 |

表 6.17 模型验证数据库

| 样本 | 所在城市 | 商业类型 | 工作日最大人员密度/(人/m²) | 节假日最大人员密度/(人/m²) |
|---|---|---|---|---|
| 1 | 淮南 | 地下商业街 | 0.500 | — |
| 2 | 西安 | 家具城 | 0.050 | — |
| 3 | 三河 | 影院 | 0.061 | 0.770 |
| 4 | 徐州 | 大型超市 | 0.310 | — |
| 5 | 南京 | 大型超市 | 0.350 | 0.390 |
| 6 | 天津 | 大型超市 | 0.240 | 0.310 |
| 7 | 天津 | 百货商场 | 0.110 | 0.130 |
| 8 | 长沙 | 百货商场 | 0.250 | 0.347 |
| 9 | 徐州 | 百货商场 | 0.246 | 0.260 |
| 10 | 西安 | 百货商场 | 0.250 | 0.330 |

由于获取的数据中仅有部分样本包含节假日的人员密度，为了更精确地分析商业建筑节假日和工作日的人员密度与商业体所在城市及商业类型的关系，本节选择适用于定性变量的广义线性回归模型(generalized linear models，GLM)建立商业建筑的最大人员密度预测模型(表 6.18)，其中模型 1 是指工作日的最大人员密度模型，模型 2 是指节假日的最大人员密度模型，$X_1$ 表示不同的商业类型，超市类、百货商场类和建材类分别取 1、2、3；$X_2$ 表示不同的城市经济发展水平，第一类、第二类和第三类城市分别取 1、2、3。

表 6.18 广义线性回归模型

| 模型 | 模型公式 |
|---|---|
| 1 | $Y_0 = 0.280 + 0.140 X_1 - 0.165 X_2$ |
| 2 | $Y_0 = 0.055 + 0.259 X_1 - 0.108 X_2$ |

通过 SPSS 软件统计分析,获得两回归模型的线性相关系数 $R^2$、回归参数显著性检验值 $t$、差异性显著检验值 Sig 和回归方程的显著性检验值 $F$,见表 6.19 和表 6.20。

表 6.19　广义线性回归模型 1

| 模型 1 | 系数 | $t$ | Sig | $F$ | 调整 $R^2$ |
|---|---|---|---|---|---|
| 常量 | 0.280 | 3.515 | 0.008 | | |
| 城市 | 0.140 | 4.307 | 0.000 | 21.607 | 0.713 |
| 类型 | −0.165 | −5.532 | 0.000 | | |

表 6.20　广义线性回归模型 2

| 模型 2 | 系数 | $t$ | Sig | $F$ | 调整 $R^2$ |
|---|---|---|---|---|---|
| 常量 | 0.055 | 1.374 | 0.071 | | |
| 城市 | 0.259 | 4.351 | 0.000 | 10.124 | 0.653 |
| 类型 | −0.108 | −1.823 | 0.083 | | |

从表可以看出,模型 1 的线性相关系数较大,说明拟合效果较好,而模型 2 的线性相关系数稍小,介于 0.5~0.8,拟合效果也可以接受。回归方程的显著性检验值 $F$ 越大,表明检验方程的显著性越好,从两个模型来看,模型 1 的显著性较模型 2 稍好;而回归参数显著性检验值 $t$ 和差异性显著检验值 Sig 均表征回归参数的显著性优劣,效果相似,从两个模型来看,其 Sig 值基本均介于 0~0.1,表明显著性检验较为可靠。

④ 回归模型的验证。

利用验证数据库中的 10 个样本分别对上述两个模型进行验证分析,其结果见表 6.21 和表 6.22。

表 6.21　模型 1 准确性验证

| 样本 | 估算人员密度 /(人/m²) | 实际人员密度 /(人/m²) | 人员密度残差 /(人/m²) | 相对误差 |
|---|---|---|---|---|
| 1 | 0.370 | 0.500 | 0.130 | 0.2600 |
| 2 | 0.045 | 0.050 | 0.005 | 0.1000 |
| 3 | 0.370 | 0.061 | 0.309 | 5.0656 |
| 4 | 0.295 | 0.310 | 0.015 | 0.0484 |
| 5 | 0.395 | 0.350 | 0.045 | 0.1286 |
| 6 | 0.255 | 0.240 | 0.015 | 0.0625 |
| 7 | 0.090 | 0.110 | 0.020 | 0.1818 |

续表

| 样本 | 估算人员密度 /(人/m²) | 实际人员密度 /(人/m²) | 人员密度残差 /(人/m²) | 相对误差 |
|---|---|---|---|---|
| 8 | 0.230 | 0.250 | 0.020 | 0.0800 |
| 9 | 0.230 | 0.246 | 0.016 | 0.0650 |
| 10 | 0.230 | 0.250 | 0.020 | 0.0800 |

表 6.22 模型 2 准确性验证

| 样本 | 估算人员密度 /(人/m²) | 实际人员密度 /(人/m²) | 人员密度残差 /(人/m²) | 相对误差 |
|---|---|---|---|---|
| 3 | 0.616 | 0.770 | 0.154 | 0.2000 |
| 5 | 0.465 | 0.390 | 0.075 | 0.1923 |
| 6 | 0.306 | 0.310 | 0.004 | 0.0129 |
| 7 | 0.098 | 0.130 | 0.032 | 0.2462 |
| 8 | 0.357 | 0.347 | 0.010 | 0.0288 |
| 9 | 0.257 | 0.260 | 0.003 | 0.0115 |
| 10 | 0.357 | 0.330 | 0.027 | 0.0818 |

从表中可以看出,除了个别样本的误差较大(样本 3 的商业类型系电影院,其人员密度规律性与一般商业建筑差异较大),大多数样本人员密度估算结果的相对误差均在 20% 范围之内,基本能够满足预测精度要求。

(2) 医疗建筑。

医疗建筑是指供医疗、护理病人使用并且综合性、专业性较强的公共建筑,一般包括综合医院、疗养院等类型,可向人们提供治疗、诊断、休养等系列服务,其组成一般有门诊部、急诊部、医技(治疗)部、住院部、行政办公部、后勤部、生活服务设施等。本节所述的医疗建筑是指除行政办公、后勤、生活服务等建筑之外的专业性医用建筑。

① 影响医疗建筑人员密度的因素。

改革开放以来,我国卫生事业取得了较大发展,其中综合医院的建设成就令人瞩目,大部分省市级医院都进行了新建或改建。现代医疗技术的迅速发展,加上人们对身体健康重视程度的提升,医院内常有人员密集的情况出现,图 6.11 和 6.12 分别为 2006~2011 年我国医疗卫生机构门诊量及床位数的增长曲线[50]。

现有医疗建筑规范规定,我国的医疗建筑按病床数量为 200、300、400、500、600、700、800 床而分为七种规模,而在实现生活中,很多医院病床数量都达到了 1500 床甚至更多,同时医院的规模也常用门诊量来衡量。影响医疗建筑人流量的因素通常有医院的规模、选址、专业性等。

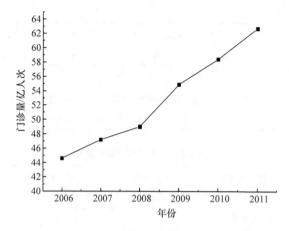

图 6.11　2006~2011 年我国医疗机构门诊量增长曲线

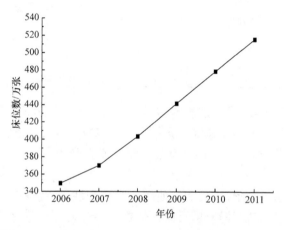

图 6.12　2006~2011 年我国医疗机构床位数增长曲线

② 人员密度的相关研究。

迄今为止，国内对综合医院内部各区域人员密度的研究无统一结论，设计人员难以准确地确定医院各功能空间的人数，只能从以往患者门诊量或者参考商业办公等建筑的规定来估算其人员密度。但从医院实际运行发现，医院某些区域的实际人员密度远高于设计值，并且大量病人家属的存在，使得医院内人数难以确定，特别是就医高峰期的门急诊部及探视高峰期的住院部。由于医院的组成部门繁多，为了便于统计，针对上述实际情况，暂将医院各部门分为门急诊部和住院部两大类。

由于不同医院的门急诊部人流量差别较大，因此医院门急诊部出现人员密集的时间段、人流量随着月份或季节的变化趋势等内容也是国内外学者的研究重点。

分析文献[51]关于医院建筑人流量及人员密度的统计结果发现,不同城市及不同规模的医院,虽其人流量及人员密度差异较大,但各医院每天的人流量变化规律基本相同(图6.13),即每天上午和下午均有一个高峰区段,且上午的人流量较下午偏多。

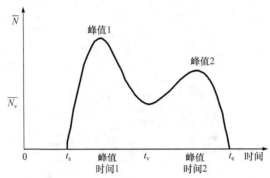

图6.13 医院门急诊楼人流量分布

对住院部而言,病房内的人员组成相对固定,主要包括患者、医护人员、陪护人员和探视人员。其中,较为固定的有患者人数、医护人数和陪护人数,而探视人数则存在部分变化,相对于门急诊部来说住院部的人员密度相对平稳。

本节对医疗类建筑人员在室率的调查采用文献法进行,即通过分析关于对医院类建筑内人员分布规律研究结果,统计给出其门急诊部、住院部的人员在室率随时间的变化规律,如图6.14所示。

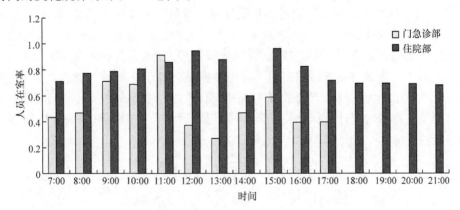

图6.14 门急诊部、住院部的人员在室率随时间的变化规律

③ 人员密度的确定。

对于住院部,由于床位的设置有限,其人员密度基本变化不大。通过诸多样本的病房中人数及其人员密度统计,得到住院部房间内人员密度的变化规律,如图6.15所示。从图中可以看出,虽然不同住院部病房中设置的床位不一,但其最

大人员密度基本稳定在 0.28～0.38 人/m²,可以此作为医院住院部的最大人员密度取值范围。

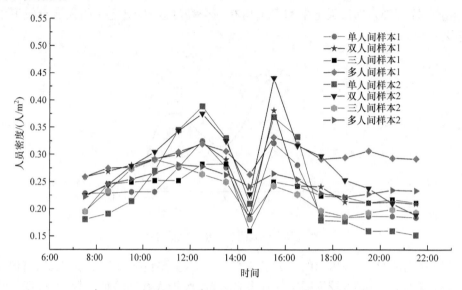

图 6.15　医院住院部房间内人员密度变化规律

对于门急诊部,由于影响因素较多,离散型较大,医院规模、知名度、所在城市、周围交通是否便利、节假日与否等都会对其人流量产生一定的影响[52～54],统计表明,2011 年三级医院的平均诊疗人次分别是二级医院和一级医院的 4.2 倍和 23.8 倍[55]。由于影响人流量的因素过多且统计资料有限而不能一一考虑,本节将医院按照等级规模、所在城市经济发展水平、节假日与否进行分类,并研究其对医院人流密度的影响。其中医院等级按照《医院分级管理办法》分为一、二级和三级医院两类。由于一线城市或省会城市的医院患者明显会高于一般城市的医院,因此将医院所在城市分为一线或省会城市和一般城市两类。时间段分为正常工作日和节假日两类。通过对统计数据分类,得到医院门急诊部人员密度模型的分析数据库和验证数据库[56],见表 6.23 和表 6.24。

表 6.23　模型回归分析数据库

| 样本 | 医院规模 | 城市 | 工作日与否 | 最大人员密度/(人/m²) |
| --- | --- | --- | --- | --- |
| 1 | 一、二级 | 一般城市 | 节假日 | 0.57 |
| 2 | 一、二级 | 一般城市 | 节假日 | 0.56 |
| 3 | 一、二级 | 一般城市 | 节假日 | 0.56 |
| 4 | 一、二级 | 一般城市 | 节假日 | 0.34 |

续表

| 样本 | 医院规模 | 城市 | 工作日与否 | 最大人员密度/(人/m²) |
|---|---|---|---|---|
| 5 | 一、二级 | 一般城市 | 节假日 | 0.42 |
| 6 | 一、二级 | 一般城市 | 节假日 | 0.49 |
| 7 | 三级 | 一线、省会城市 | 工作日 | 1.41 |
| 8 | 三级 | 一般城市 | 工作日 | 0.72 |
| 9 | 三级 | 一般城市 | 工作日 | 0.90 |
| 10 | 三级 | 一线、省会城市 | 工作日 | 1.45 |
| 11 | 三级 | 一般城市 | 工作日 | 0.58 |
| 12 | 三级 | 一线、省会城市 | 工作日 | 1.39 |
| 13 | 三级 | 一般城市 | 工作日 | 0.63 |
| 14 | 三级 | 一般城市 | 工作日 | 0.87 |
| 15 | 三级 | 一般城市 | 工作日 | 0.79 |
| 16 | 三级 | 一般城市 | 工作日 | 0.87 |
| 17 | 三级 | 一线、省会城市 | 工作日 | 1.42 |
| 18 | 三级 | 一般城市 | 工作日 | 0.79 |
| 19 | 三级 | 一般城市 | 工作日 | 0.55 |
| 20 | 三级 | 一般城市 | 工作日 | 0.71 |
| 21 | 三级 | 一线、省会城市 | 工作日 | 1.53 |
| 22 | 三级 | 一般城市 | 工作日 | 1.00 |

表6.24 模型验证数据库

| 样本 | 医院规模 | 城市 | 工作日与否 | 最大人员密度/(人/m²) |
|---|---|---|---|---|
| 1 | 一、二级 | 一般城市 | 节假日 | 0.86 |
| 2 | 一、二级 | 一般城市 | 节假日 | 0.59 |
| 3 | 一、二级 | 一般城市 | 节假日 | 0.51 |
| 4 | 一、二级 | 一般城市 | 工作日 | 0.55 |
| 5 | 一、二级 | 一般城市 | 工作日 | 0.57 |
| 6 | 三级 | 一线、省会城市 | 工作日 | 1.39 |
| 7 | 三级 | 一般城市 | 工作日 | 1.02 |
| 8 | 三级 | 一线、省会城市 | 工作日 | 1.27 |
| 9 | 三级 | 一线、省会城市 | 工作日 | 1.40 |
| 10 | 三级 | 一般城市 | 工作日 | 0.87 |

本节仍选择广义线性回归模型建立医疗建筑的最大人员密度预测模型（表 6.25），其中 $X_1$ 指不同的医院规模，一或二级、三级分别取 2、1；$X_2$ 指医院所在城市，一线或省会城市、一般城市分别取 1、2；$X_3$ 指时间段，工作日、节假日分别取 1、2。

表 6.25　广义线性回归模型

| 模型 | 模型公式 |
| --- | --- |
| 1 | $Y_0 = 2.434 - 0.214X_1 - 0.653X_2 - 0.125X_3$ |

通过 SPSS 软件统计分析，获得该回归模型的线性相关系数 $R^2$、回归参数显著性检验值 $t$、差异性显著检验值 Sig 和回归方程的显著性检验值 $F$，见表 6.26。

表 6.26　广义线性回归系数计算结果

| 模型 1 | 系数 | $t$ | Sig | $F$ | 调整 $R^2$ |
| --- | --- | --- | --- | --- | --- |
| 常量 | 2.434 | 23.649 | 0.000 | | |
| 规模 | −0.214 | −3.162 | 0.004 | 92.824 | 0.852 |
| 所在城市 | −0.653 | −11.824 | 0.000 | | |
| 节假日与否 | −0.125 | −1.720 | 0.097 | | |

从表 6.26 可以看出，模型的调整 $R^2$ 大于 0.8，有很好的拟合效果；$F$ 值大，表明检验方程的显著性好；从表征回归参数显著性优劣的 $t$ 值和 Sig 值来看，Sig 值很小，全部介于 0~0.1，表明显著性检验较为可靠。

④ 回归模型的验证。

为了进一步验证所建模型在实际预测过程中的可信度，选取验证性数据库中的 10 个样本对模型进行验证分析，通过对比模型估算结果与实际人员密度的差异来验证回归模型的实际估算能力，见表 6.27。

表 6.27　模型 1 准确性验证

| 样本 | 实际人员密度 /(人/m$^2$) | 估算人员密度 /(人/m$^2$) | 人员密度误差 /(人/m$^2$) | 相对误差 |
| --- | --- | --- | --- | --- |
| 1 | 0.870 | 0.450 | 0.420 | 0.4828 |
| 2 | 0.570 | 0.450 | 0.120 | 0.2105 |
| 3 | 0.510 | 0.450 | 0.060 | 0.1177 |
| 4 | 1.390 | 1.442 | 0.052 | 0.0374 |
| 5 | 1.020 | 0.789 | 0.231 | 0.2265 |
| 6 | 0.860 | 0.789 | 0.071 | 0.0826 |
| 7 | 0.550 | 0.575 | 0.025 | 0.0455 |

续表

| 样本 | 实际人员密度/(人/m²) | 估算人员密度/(人/m²) | 人员密度误差/(人/m²) | 相对误差 |
|---|---|---|---|---|
| 8 | 0.590 | 0.575 | 0.015 | 0.0254 |
| 9 | 1.400 | 1.442 | 0.042 | 0.0300 |
| 10 | 1.270 | 1.442 | 0.172 | 0.1354 |

由表 6.27 可以看出,除了个别样本的误差较大,大部分样本的人员密度估算结果的相对误差基本在 20% 范围之内,基本能够满足预测精度要求。由于样本数目较少,能够选取的影响因素较少,评估时可根据实际医院的知名度、周围交通便利与否等进行相应调整。

(3) 教育建筑。

教育建筑并非指学校内所有建筑物的总和,而是特指从事教育、学习为主的教学楼、实验楼、科研楼、图书馆等建筑物。由于校园中的宿舍楼、行政办公楼等建筑的人员变化情况与教育建筑相差较大,因此本节将学校宿舍楼、行政办公楼分别划分在随后叙述的住宅建筑和办公建筑中。

① 规范规定。

我国相关建筑规范中对各类学校教室人员密度均有明确规定:《国家学校体育卫生条件试行基本标准》中规定:普通教室的人均使用面积,小学至少 $1.15m^2$,中学至少 $1.12m^2$;《全国民用建筑工程设计技术措施 2009 规划·建筑·景观》中规定的学校教室人均建筑面积见表 6.28。

表 6.28　学校教室人员密度规定

| 中小学校 | 人均建筑面积/m² | 人员密度/(人/m²) |
|---|---|---|
| 中小学普通教室 | 1.36~1.39 | 0.72~0.74 |
| 幼儿及中等师范普通教室 | 1.37 | 0.73 |
| 中小学合班教室 | 0.89~0.90 | 1.11~1.12 |

对于图书馆,《全国民用建筑工程设计技术措施 2009 规划·建筑·景观》和《图书馆建筑设计规范》(JGJ 38—2015)中第 B.0.1 条规定阅览空间每座占使用面积设计计算指标应符合表 6.29 规定。

表 6.29　图书馆阅览室人员密度规定

| 阅览室类型 | 面积指标/m² | 人员密度/(人/m²) |
|---|---|---|
| 普通报刊阅览室 | 1.80~2.30 | 0.43~0.56 |
| 普通阅览室 | 1.80~2.30 | 0.43~0.56 |

续表

| 阅览室类型 | 面积指标/m² | 人员密度/(人/m²) |
| --- | --- | --- |
| 专业参考阅览室 | 3.50 | 0.29 |
| 非书本资料阅览室 | 3.40 | 0.29 |
| 盲人读书室 | 3.50 | 0.29 |
| 珍善本书阅览室 | 4.00 | 0.25 |
| 集体视听室 | 1.50(2.00~2.50 含控制室) | 0.67 |
| 个人视听室 | 4.00~5.00 | 0.20~0.25 |
| 儿童阅览室 | 1.80 | 0.56 |

② 相关调查研究。

由于学校建筑的特殊性,教学楼的人员密度几乎完全随上课时间及休息时间的设置而变化,节假日变化较规律,因此关于教学楼人员密度的实地调查研究也相对较少。文献[57]对四所典型学校进行实地调研,指出学校一般采用阶梯形放学制,上学及放学时间段教室的人员密度变化呈规律性增加和减小;文献[58]对图书馆流通系统的人员分布密度进行研究,统计了每天来图书馆的学生人次、时间及停留时间。文献[59]对图书馆的人员密度进行实地调查统计,其结果见表6.30。

表6.30 图书馆的人员密度分布

| 图书馆功能区域名称 | 人员密度/(人/m²) |
| --- | --- |
| 密集书库、视听阅览室、专业图书阅览区、总服务前台 | 0.220 |
| 综合报刊阅览区、科技及外文图书阅览区 | 0.313 |
| 社科图书阅览一区、社科图书阅览二区 | 0.199 |
| 电子阅览室、教员研究生阅览区、情报阅览室 | 0.533 |

③ 人员密度范围值。

综合以上相关规范规定与调查结果分析,建议建筑类最大人员密度取规范规定值,最小人员密度取学者实地调研值,从而获得教育类建筑的人员密度为0.20~1.12人/m²。

(4) 住宅建筑。

住宅建筑是指供家庭和集体生活起居使用的房屋,如民用住宅、公寓、职工宿舍(包括职工家属宿舍和单身公寓)、学生宿舍及以提供住宿为主的快捷酒店、宾馆、招待所等建筑物。

① 民用住宅。

2010年第六次全国人口普查[58]中,人均建筑面积分别按照户主职业及受教育程度两个层次来调查,两者统计结果差异较小,其人员密度均在0.030~0.034,

见表 6.31。

表 6.31　2010 年人口普查数据

| 行政级别 | 按户主职业调查的家庭住房状况 | | 按户主受教育程度调查的家庭住房状况 | |
| --- | --- | --- | --- | --- |
| | 人均建筑面积/m² | 人员密度/(人/m²) | 人均建筑面积/m² | 人员密度/(人/m²) |
| 城市 | 29.93 | 0.033 | 29.02 | 0.034 |
| 镇 | 32.92 | 0.030 | 31.61 | 0.032 |
| 乡村 | 31.52 | 0.032 | 30.72 | 0.033 |
| 平均值 | 31.46 | 0.032 | 30.45 | 0.033 |

为了更清楚地说明住宅人员密度与区域人口密度的不同,结合示范区——西安市灞桥区建筑与人口信息调查结果,分别对其 9 个街道办事处(街道办)的区域人口密度和住宅人员密度进行统计分析,结果如图 6.16 所示。

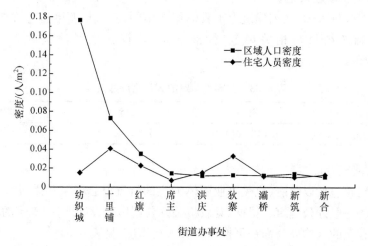

图 6.16　西安市灞桥区各街道办的区域人口密度和住宅人员密度图

从图 6.16 可以看出,各街道办的住宅人员密度相对较小,介于 0.015~0.03 人/m²,这是由于灞桥区的城市化水平不高,农业人口比例较高而住宅面积比例相对较大。另外,由于纺织城和十里铺街道办的区域面积较小而人口数量较多,其区域人口密度与住宅人员密度的差异较大。

从各街道办的区域人口密度分布来看,人口密度较为集中的纺织城街道办和十里铺街道办的人口密度高达 0.17 人/m² 和 0.07 人/m²,明显高于其住宅人员密度,因此以往方法依据区域人口密度统计结果对高密度城市区域住宅建筑进行地震灾害人员伤亡评估往往会造成较大的误差。

② 学生宿舍。

2006年2月实施的《宿舍建筑设计规范》(JGJ 36—2016)将宿舍居室按照其使用要求分为4类,并给出各类宿舍最小人员密度,见表6.32[59]。《国家学校体育卫生条件试行基本标准》规定,学生宿舍的居室人均使用面积不得低于3.0m²。

表6.32 《宿舍建筑设计规范》(JGJ 36—2016)规定的人员密度

| 宿舍类型 | 一类 | 二类 | 三类 | 四类 |
| --- | --- | --- | --- | --- |
| 最小人员密度/(人/m²) | 1/16 | 1/8 | 1/5 | 1/3 |

③ 宾馆、酒店。

由于旅馆、旅店、酒店等场所的人员密度因其商业规模和等级的不同而差异较大,因此仅对较为典型的连锁酒店房间面积及人房比进行调查研究。经对比多数经济类酒店、旅馆发现,多数经济型酒店的房间面积为12~18m²,其人房比为1∶4.5左右。

④ 人员密度建议值。

由以上分析可知,住宅建筑由于具体用途不同,其人员密度也存在较大差异,结合相关调查结果与相关规范、标准规定,建议住宅类建筑的人员密度按表6.33取值。

表6.33 住宅类建筑的人员密度建议值

| 使用功能 | 住宅 | 宿舍 | 旅店 |
| --- | --- | --- | --- |
| 人员密度范围/(人/m²) | 0.015~0.033 | 0.125~0.33 | 0.1~0.22 |

(5) 办公建筑。

办公建筑包括以政府、机关事业团体为主的行政办公建筑和以设计、科研、金融等为主的一般办公建筑。根据《党政机关办公用房建设标准》中规定的不同行政等级办公建筑的人均办公面积可换算出其人员密度,见表6.34[60]。

表6.34 不同行政等级办公建筑的人员密度

| 用房等级 | 人员密度/(人/m²) | 适用范围 |
| --- | --- | --- |
| 一级 | 0.033~0.040 | 中央部(委)级机关、省(自治区、直辖市)级机关,以及相当于该级别的其他机关 |
| 二级 | 0.042~0.050 | 市(地、州、盟)级机关,以及相当于该级别的其他机关 |
| 三级 | 0.056~0.063 | 县(市、旗)级机关,以及相当于该级别的其他机关 |

《实用供热空调设计手册》基于大量资料统计,给出一般办公建筑各类型房间的人均面积指标及相应的人员密度,见表6.35[61]。

表 6.35　一般办公建筑各类型房间人员密度

| 办公室类型 | 人均使用面积/m² | 人员密度/(人/m²) |
|---|---|---|
| 普通办公室 | 4 | 0.250 |
| 高档办公室 | 8 | 0.125 |
| 会议室 | 2.5 | 0.400 |
| 其他 | 20 | 0.050 |

《全国民用建筑工程设计技术措施 2009 规划·建筑·景观》规定,学校教师办公室的人均建筑面积为 $5m^2$。

由于办公类建筑的上下班时间较为固定,其人员密度变化范围也较为稳定。但随着大中型城市经济发展水平的提升,城市人口日益集中,办公室的使用率也在逐步增加,实际生活中办公室的平均人员面积较规范规定有一定的降低。鉴于此,建议办公建筑的人员密度取为 $0.015\sim0.400$ 人/$m^2$。

(6) 各类用途建筑物人员密度取值。

基于上述分析,给出各类用途建筑物的人员密度取值范围,见表 6.36,评估时可根据实际情况确定具体取值。

表 6.36　各类用途建筑物人员密度取值

| 建筑物的使用功能 | 商业 | 医疗 | | 教育 | 住宅 | 办公 |
|---|---|---|---|---|---|---|
| | | 门诊部 | 住院部 | | | |
| 人员密度/(人/m²) | 0.09~0.72 | 0.45~1.44 | 0.28~0.38 | 0.20~1.12 | 0.015~0.33 | 0.033~0.40 |

3. 人员在室率确定

众所周知,发震时间是影响地震灾害人员伤亡的主要因素,国内外诸多学者都研究过地震灾害人员伤亡与时间的关系。文献[62]对 143 次历史震害资料进行了统计分析,分别探讨 6.0~7.0 级地震和 7.0~8.0 级地震在不同时间段的人员伤亡百分比来获得人员伤亡与发震时间的关系。结果显示,7.0~8.0 级地震造成的人员死亡主要集中在凌晨 1~3 点,这个时间段的死亡人数占总死亡人数的 95%;6.0~7.0 级地震中人员伤亡最多的时间段在凌晨 5~6 点,且在凌晨 0:00~6:00 时间段内,地震伤亡人数是其他时间段的 2~19 倍。文献[63]对蒙阴县和沂南县农村人口抽样调查结果显示,白天发生地震对人员伤亡影响的概率是夜晚的 0.3 倍。文献[64]对希腊、土耳其、日本的震发时间与死亡人数的研究,也证实地震发生在在室率较高的夜间造成的死亡人数明显高于在室率较低的白天。

1) 在室率的调查方法

学者对人员在室率进行了统计分析,文献[65]通过实地调查,根据云南地区(特别是农村)居民的生活、生产习惯,给出了该地区各时段的人员户外率,随后文献[66]在此基础上给出了各时段人员户外率的加权值,见表6.37。

表6.37 云南地区各时段的人员户外率及其时间加权值

| 时段 | 1:00~6:00 | 6:00~9:00 | 9:00~20:00 | 20:00~24:00 |
| --- | --- | --- | --- | --- |
| 户外率/% | 0 | 50 | 90 | 30 |
| 加权值 | 2 | 1 | 5/9 | 5/3 |

文献[67]按照农村与城市居民生活规律的不同,对其在不同时段的人员在室率进行了研究。文献[68]将人员按照不同职业划分为城市有职者、城市无职者、农村劳动者、农村非劳动者四类,统计了不同时间段的人员在室率;田丽莉[69]对贵州地区正常气候和非正常气候下的人员工作日及非工作日的在室率进行了调查统计;文献[70]为了反映建筑物昼夜使用情况的不同,将建筑物分为昼夜连续使用的建筑物、正常班制下使用的建筑物、居住型建筑物和超正常服务的建筑物四类,并研究了各类建筑物的容人时间分布规律。

综上分析,以往的人员在室率基本都是针对某些特定地区,依据其人员生活规律进行调查,对全国来说尚不具有普遍的适用性。随着我国经济的快速发展及城镇化的加速,农村居民的生活已有较大改观,之前对农村的调查资料存在一定的滞后性。而且,以往的调查多是按照城市及农村人员生活规律的不同进行分类,或按建筑物为起居类、办公学习类、娱乐类来分类,对按详细用途划分的建筑物的人员在室率研究较少。本节将一天分为7个时间段,按前面对不同使用功能建筑物的分类,分别研究各类建筑的人员在室率。

为了获得具有全国适用性的人员在室率调查结果,本节除了对示范区——西安市灞桥区进行实地问卷调查,还利用网络平台对全国其他地区人员的生活规律进行抽样调查,以期得到适用于全国不同地区各功能类型建筑物在各时间段的人员在室率。

2) 调查问卷的设计

按照问卷调查的设计原则,从被调查者的角度出发,围绕不同用途建筑物的人员在室率问题进行调查问卷设计。同时,为方便被调查者能迅速理解并填写所调查内容,本节将各类用途建筑物人员在室率情况转化为在室内的概率。

基于人员在室率的主要影响因素分析,分别给出恶劣天气和正常天气条件下"地震时建筑物内人员在室率调查问卷",见附录Ⅰ。调查问卷分为基本信息、在室率情况、地震常识三个部分,其中人员在室率按工作日、节假日分别统计。

3）数据收集及分析

在示范区——西安市灞桥区的实地问卷调查时间为 2014 年 3 月～2014 年 5 月，耗时三个月，课题组成员走访了项目示范区诸居民区，采用随机方式选择被调查者进行问卷调查。共发放 1500 份问卷调查表，回收 1459 份，其中有效问卷 1417 份。

（1）参与调查者基本情况分析。

参与调查者基本情况统计结果如图 6.17～图 6.19 所示。由图可以看出，参与调查问卷的人群基本符合随机性原则。

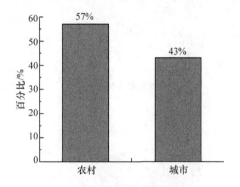

图 6.17 调查者所在农村及城市分布

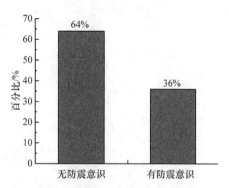

图 6.18 参与调查者有无防震意识

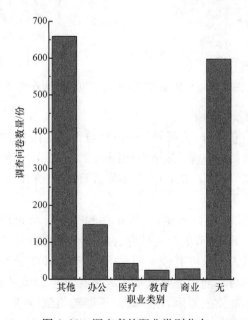

图 6.19 调查者的职业类别分布

(2) 被调查者防震知识分析。

本调查表设计了地震突发时的四个不同场景,旨在调查人们面对突发地震时的应急反应及日常防震知识的掌握程度,调查结果如图 6.20 所示。可以看出,人们平时的防震知识比较匮乏,相当比例居民的应急反应不是科学有效的。

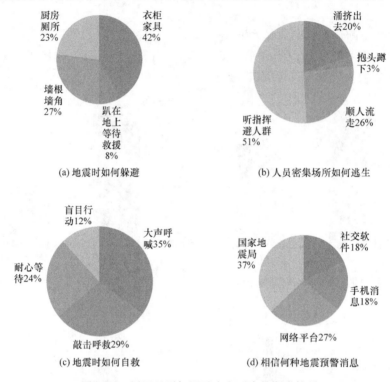

图 6.20　居民地震知识及应急反应的调查结果

(3) 人员在室率统计结果。

基于上述实地问卷调查,按照天气的正常与否及工作日、节假日分别统计获得不同用途建筑物的人员在室率,其结果如图 6.21～图 6.24 所示。各用途建筑物在正常天气与恶劣天气及正常工作日与节假日的人员在室率差值分析结果如图 6.25 和图 6.26 所示。

从图 6.21～图 6.24 可以看出,天气条件和节假日与否均对建筑物的人员在室率有一定的影响。其中,节假日对教育、办公、商业的影响都较为显著,节假日期间,教育、办公类建筑人员密度有较为明显下降,而商业类建筑的人员在室率有一定的增加。天气条件对不同用途建筑物的人员在室率影响差异较大,这是因为在实际生活中由于工作性质的原因,很多时候不能随天气的恶劣与否自由选择是否上班,但恶劣天气对在室外的活动影响较大,使得某些用途建筑物的人员在室率有一定的提升。

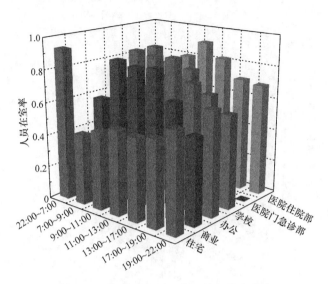

图 6.21　正常天气下工作日的人员在室率

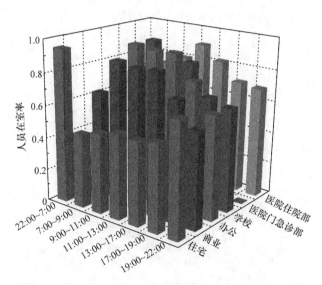

图 6.22　恶劣天气下工作日的人员在室率

**4. 结构在不同破坏状态下的伤亡率**

地震造成人员伤亡最直接的原因是结构的破坏与倒塌,相对于结构在不同破坏状态下的直接经济损失率,结构在不同破坏状态下的人员受伤率和死亡率的研究更为复杂。原因是地震时建筑内人员的状况是不确定的、随机的。一般来说,建筑全部倒塌时直接经济损失率为 100%,而此时无人员伤亡的情况却可以经常看

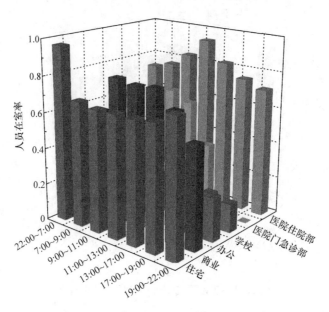

图 6.23　正常天气下节假日的人员在室率

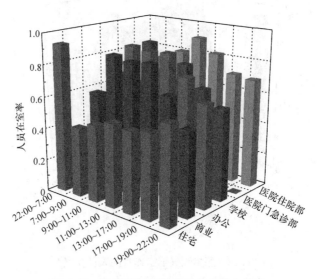

图 6.24　恶劣天气下节假日的人员在室率

到,如地震时建筑内空无一人即可出现此类情况。即使地震时建筑内有人,而结构处于同一破坏状态水平的人员伤亡情况也会因结构类型不同而异。

尹之潜[71]对结构破坏程度与人员伤亡关系进行了研究,给出了结构在不同破坏状态下的人员伤亡率,见表 6.38。

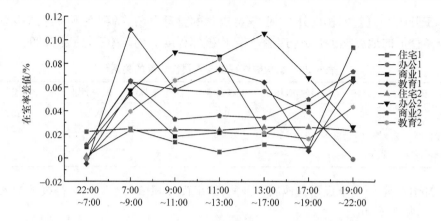

图 6.25　天气对各用途建筑物人员在室率的影响

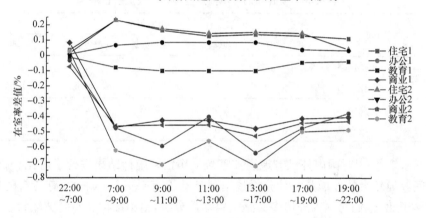

图 6.26　节假日对各用途建筑物人员在室率的影响

表 6.38　结构破坏程度与人员伤亡的关系

| 破坏状态 | 受伤率 | 死亡率 |
| --- | --- | --- |
| 完好 | 0 | 0 |
| 轻微破坏 | 0 | 0 |
| 中度破坏 | 1/100 | 0 |
| 严重破坏 | 1/50 | 1/400 |
| 极重破坏 | 1/10 | 1/100 |
| 倒塌 | 1 | 1/5 |

王开顺[72]通过对国内外 20 个震害资料的整理分析,得到在不考虑结构类型影响条件下的地震灾害人员伤亡率与结构破坏程度的统计关系,见表 6.39。

表 6.39 结构破坏程度与人员伤亡率的关系

| 破坏状态 | 完好 | 轻微破坏 | 中等破坏 | 严重破坏 | 部分倒塌 | 倒塌 |
| --- | --- | --- | --- | --- | --- | --- |
| 死亡率 | 0 | 0 | 0.001 | 0.01 | 0.05 | 0.15 |
| 受伤率 | 0 | 0.0005 | 0.008 | 0.05 | 0.15 | 0.35 |
| 伤亡比 | — | — | 8 | 5 | 3 | 2.3 |

郑恒利等[73]基于民乐盆地震害预测,给出夜晚和白天不同震害等级下的人员伤亡率,见表 6.40。

表 6.40 夜晚和白天不同震害等级下人员伤亡率

| 发震时间 | | 震害等级 | | | | |
| --- | --- | --- | --- | --- | --- | --- |
| | | 基本完好 | 轻微破坏 | 中等破坏 | 严重破坏 | 倒塌 |
| 夜晚 | 受伤率 | 0 | 0 | 0.03 | 0.04 | 0.05 |
| | 死亡率 | 0 | 0 | 0 | 0.02 | 0.035 |
| 白天 | 受伤率 | 0 | 0 | 0.03 | 0.04 | 0.05 |
| | 死亡率 | 0 | 0 | 0 | 0.006 | 0.02 |

马玉宏等[41]对国内外已有地震灾害人员伤亡率统计结果进行了对比分析,指出其间差异较大的原因是统计分析数据都是基于有限资料得来的,有各自的局限性。鉴于此,他们对国内外诸多文献资料汇总分析,给出结构在不同破坏状态下的人员受伤率和死亡率的取值范围,见表 6.41。

表 6.41 结构在不同破坏状态的人员受伤率和死亡率　　　(单位:%)

| 破坏状态 | 基本完好 | 轻微破坏 | 中等破坏 | 严重破坏 | 倒塌 |
| --- | --- | --- | --- | --- | --- |
| 死亡率 | 0 | 0 | 0~0.1 | 0.1~1 | 1~30 |
| 受伤率 | 0 | 0~0.05 | 0.02~3 | 0.1~5 | 5~70 |

综上所述,由于所选取的震害统计资料或结构类型不同,其地震灾害人员伤亡率的统计结果会存在一定差异。基于国内地震灾害人员伤亡率的既有研究成果,统计给出我国不同类型结构在不同破坏状态下的人员伤亡(轻伤、重伤、死亡)率,见表 6.42。

第6章 社会经济损失评估方法研究

表 6.42 不同类型结构在不同破坏状态下的人员伤亡率

(单位：%)

| 类别 | 基本完好 | | | 轻微破坏 | | | 中等破坏 | | | 严重破坏 | | | 倒塌 | | |
|---|---|---|---|---|---|---|---|---|---|---|---|---|---|---|---|
| | 轻伤 | 重伤 | 死亡 | 轻伤 | 重伤 | 死亡 | 轻伤 | 重伤 | 死亡 | 轻伤 | 重伤 | 死亡 | 轻伤 | 重伤 | 死亡 |
| A | 0 | 0 | 0 | 0.10 | 0.01 | 0 | 5.0 | 0.50 | 0.010 | 10 | 5.0 | 1.0 | 30.0 | 15.0 | 5.0 |
| ST | 0 | 0 | 0 | 0.10 | 0.01 | 0 | 5.0 | 0.50 | 0.010 | 10 | 5.0 | 1.0 | 30.0 | 15.0 | 5.0 |
| URM | 0 | 0 | 0 | 0.10 | 0.01 | 0 | 1.0 | 0.10 | 0.010 | 15 | 5.0 | 1.0 | 25.0 | 15.0 | 5.0 |
| RBM | 0 | 0 | 0 | 0.01 | 0 | 0 | 0.1 | 0.01 | 0.001 | 10 | 2.5 | 0.5 | 20.0 | 10.0 | 3.0 |
| RM1 | 0 | 0 | 0 | 0.01 | 0 | 0 | 0.1 | 0.01 | 0.001 | 10 | 2.5 | 0.5 | 20.0 | 10.0 | 3.0 |
| RM2 | 0 | 0 | 0 | 0.01 | 0 | 0 | 0.1 | 0.01 | 0.001 | 10 | 2.5 | 0.5 | 20.0 | 10.0 | 3.0 |
| FSW | 0 | 0 | 0 | 0.01 | 0 | 0 | 0.1 | 0.01 | 0.001 | 10 | 2.5 | 0.5 | 20.0 | 10.0 | 3.0 |
| LM | 0 | 0 | 0 | 0.01 | 0 | 0 | 0.1 | 0.01 | 0.001 | 10 | 2.5 | 0.5 | 20.0 | 10.0 | 3.0 |
| RCF | 0 | 0 | 0 | 0.01 | 0 | 0 | 0.1 | 0.01 | 0.001 | 10 | 2.5 | 0.5 | 20.0 | 10.0 | 3.0 |
| C1 | 0 | 0 | 0 | 0.01 | 0 | 0 | 0.1 | 0.01 | 0.001 | 10 | 2.5 | 0.5 | 20.0 | 10.0 | 3.0 |
| C2 | 0 | 0 | 0 | 0.01 | 0 | 0 | 0.1 | 0.01 | 0.001 | 10 | 2.5 | 0.5 | 20.0 | 10.0 | 3.0 |
| C3 | 0 | 0 | 0 | 0.01 | 0 | 0 | 0.1 | 0.01 | 0.001 | 10 | 2.5 | 0.5 | 20.0 | 10.0 | 3.0 |
| C4 | 0 | 0 | 0 | 0.01 | 0 | 0 | 0.1 | 0.01 | 0.001 | 10 | 2.5 | 0.5 | 20.0 | 10.0 | 3.0 |
| C5 | 0 | 0 | 0 | 0.01 | 0 | 0 | 0.1 | 0.01 | 0.001 | 10 | 2.5 | 0.5 | 20.0 | 10.0 | 3.0 |
| C6 | 0 | 0 | 0 | 0.01 | 0 | 0 | 0.1 | 0.01 | 0.001 | 10 | 2.5 | 0.5 | 20.0 | 10.0 | 3.0 |
| C7 | 0 | 0 | 0 | 0.01 | 0 | 0 | 0.1 | 0.01 | 0.001 | 10 | 2.5 | 0.5 | 20.0 | 10.0 | 3.0 |
| S1 | 0 | 0 | 0 | 0.01 | 0 | 0 | 0.1 | 0.01 | 0.001 | 10 | 2.5 | 0.5 | 20.0 | 10.0 | 3.0 |
| S2 | 0 | 0 | 0 | 0.01 | 0 | 0 | 0.1 | 0.01 | 0.001 | 10 | 2.5 | 0.5 | 20.0 | 10.0 | 3.0 |
| S3 | 0 | 0 | 0 | 0.01 | 0 | 0 | 0.1 | 0.01 | 0.001 | 10 | 2.5 | 0.5 | 20.0 | 10.0 | 3.0 |
| S4 | 0 | 0 | 0 | 0.01 | 0 | 0 | 0.1 | 0.01 | 0.001 | 10 | 2.5 | 0.5 | 20.0 | 10.0 | 3.0 |
| S5 | 0 | 0 | 0 | 0.01 | 0 | 0 | 0.1 | 0.01 | 0.001 | 10 | 2.5 | 0.5 | 20.0 | 10.0 | 3.0 |
| S6 | 0 | 0 | 0 | 0.01 | 0 | 0 | 0.1 | 0.01 | 0.001 | 10 | 2.5 | 0.5 | 20.0 | 10.0 | 3.0 |
| W | 0 | 0 | 0 | 0.10 | 0.01 | 0 | 1.0 | 0.50 | 0.050 | 10 | 5.0 | 1.0 | 30.0 | 10.0 | 5.0 |

## 6.5 本章小结

本章在国内外已有成熟理论的基础上,对适用于我国的社会经济损失评估模型进行了系统性研究,主要内容如下：

（1）提出了适用于我国的地震灾害直接经济损失评估模型,该模型考虑了主体结构破坏损失、建筑装修损失（非结构构件损失）及室内财产损失。

（2）对国内外已有的地震灾害间接经济损失评估方法进行了分析整理,系统地对 I-O 模型进行了阐述,并对 I-O 中分配系数法和消耗系数法进行了改进。

（3）提出了适用于我国的地震灾害人员伤亡估计模型,该模型考虑了结构类型、建筑功能、人员在室率、结构在不同破坏状态下的伤亡率等因素。

### 参 考 文 献

[1] 郑通彦,冯蔚,郑毅. 2014 年中国大陆地震灾害损失述评[J]. 世界地震工程,2015,31(2)：202-208.

[2] 章在墉. 地震危险性分析及其应用[M]. 上海：同济大学出版社,1993.

[3] 尹之潜. 地震灾害及损失预测方法[M]. 北京：地震出版社,1995.

[4] 刘吉夫. 宏观震害预测方法在小尺度空间上的适用性研究[M]. 北京：气象出版社,2011.

[5] 陈棋福,陈凌. 地震损失预测评估中的易损性分析[J]. 中国地震,1999,15(2)：97-105.

[6] 中华人民共和国国家质量监督检验检疫总局,中国国家标准化管理委员会. GB/T 18208.4—2011 地震现场工作 第 4 部分：灾害直接损失评估[S]. 北京：中国标准出版社,2011.

[7] 陈鑫连,谢广林. 航空遥感的震害快速评估与救灾决策[J]. 自然灾害学报,1996,5(3)：29-34.

[8] 孙振凯,顾建华. 地震灾害损失评估的新方法——航空测量法[J]. 国际地震动态,2000,(5)：18-19.

[9] Aslani H, Miranda E. Probabilistic earthquake loss estimation and loss disaggregation in buildings[D]. Palo Alto：Stanford University,2005.

[10] Ramirez C M, Miranda E. Building-specific loss estimation methods & tools for simplified performance-based earthquake engineering[D]. Palo Alto：Stanford University,2009.

[11] 马宏旺,吕西林,陈晓宝. 建筑结构地震直接经济损失估计方法[J]. 土木工程学报,2005,38(3)：38-43.

[12] 羡丽娜,何政. 不同 CMR 的 RC 框架结构地震损失分析[J]. 工程力学,2014,31(12)：155-163.

[13] Federal Emergency Management Agency, National Institute of Building Sciences. Earthquake loss estimation methodology—HAZUS99[R]. Washington DC：Federal Emergency Management Agency,1999.

[14] 陈洪富. 城市房屋建筑装修震害损失评估方法研究[D]. 哈尔滨：中国地震局工程力学研究

所,2008.

[15] Hancilar U,Tuzun C,Yenidogan C,et al. ELER software—a new tool for urban earthquake loss assessment[J]. Natural Hazards and Earth System Sciences,2010,10(12):2677-2696.

[16] 中华人民共和国国家质量监督检验检疫总局,中国国家标准化管理委员会. GB/T 24335—2009 建(构)筑物地震破坏等级划分[S]. 北京:中国标准出版社,2009.

[17] 中华人民共和国国家统计局. 指标解释——建筑业[EB/OL]. www. stats. gov. cn/tjsj/zb-js/201310/t20131029_449439. html[2013-10-29].

[18] 毕可为. 群体建筑的易损性分析和地震损失快速评估[D]. 大连:大连理工大学,2009.

[19] 尹之潜,李树桢. 震害与地震损失的估计方法[J]. 地震工程与工程振动,1990,10(1):99-108.

[20] 高小旺,李荷,王菁,等. 不同重要性建筑抗震设防标准的探讨[J]. 建筑科学,1999,15(2):11-16.

[21] 谢礼立,马玉宏,翟长海. 基于性态的抗震设防与设计地震动[M]. 北京:科学出版社,2009.

[22] 吴文英,吴炳玉,李进强. 城市地震灾害风险分析模型研究[M]. 北京:北京理工大学出版社,2012.

[23] 赵阿兴,马宗晋. 自然灾害损失评估指标体系的研究[J]. 自然灾害学报,1993,2(3):1-7.

[24] 黄渝祥,杨宗跃,邵颖红. 灾害间接经济损失的计量[J]. 灾害学,1994,9(3):7-11.

[25] 王海滋,黄渝祥. 地震灾害间接经济损失的概念及分类[J]. 自然灾害学报,1997,6(2):11-16.

[26] 高庆华,马宗晋,张业成,等. 自然灾害评估[M]. 北京:气象出版社,2007.

[27] 徐嵩龄. 灾害经济损失概念及产业关联型间接经济损失计量[J]. 自然灾害学报,1998,7(4):7-25.

[28] 中华人民共和国国家质量监督检验检疫总局,中国国家标准化管理委员会. GB/T 27932—2011 地震灾害间接经济损失评估方法[S]. 北京:中国标准出版社,2011.

[29] 向蓉美. 投入产出法[M]. 2版. 成都:西南财经大学出版社,2013.

[30] Hallegatte S. An adaptive regional input-output model and its application to the assessment of the economic cost of Katrina[J]. Risk Analysis,2008,28(3):779-799.

[31] Wu J,Li N,Hallegatte S,et al. Regional indirect economic impact evaluation of the 2008 Wenchuan Earthquake[J]. Environmental Earth Sciences,2012,65(1):161-172.

[32] 王桂芝,李霞,陈纪波,等. 基于IO模型的多部门暴雨灾害间接经济损失评估——以北京市"7.21"特大暴雨为例[J]. 灾害学,2015,30(2):94-99.

[33] 孙慧娜. 重大自然灾害统计及间接经济损失评估[D]. 成都:西南财经大学,2011.

[34] Cole S,Pantoja E,Razak V. Social Accounting for Disaster Preparedness and Recovery Planning[M]. New York:National Center for Earthquake Engineering Research,1994.

[35] 徐怀礼. 灾害经济学研究[D]. 长春:吉林大学,2007.

[36] Narayan P K. Macroeconomic impact of natural disasters on a small island economy:Evidence from a CGE model[J]. Applied Economic Letters,2003,1(10):721-723.

[37] Rose A,Liao S Y. Modeling regional economic resilience to disasters:A computable general

equilibrium analysis of water service disruptions[J]. Journal of Regional Science, 2005, 45(1):75-112.

[38] Tirasirichai C, Enke D. Case study: Applying a regional CGE model for estimation of indirect economic losses due to damaged highway bridges[J]. Engineering Economist, 2007, 52(4):367-401.

[39] 杜兴. 地震间接经济损失评估方法研究[D]. 西安:西安建筑科技大学, 2015.

[40] 尹之潜, 李树桢, 赵直, 等. 地震灾害预测与地震灾害等级[J]. 中国地震, 1991,(1):9-19.

[41] 马玉宏, 谢礼立. 地震人员伤亡估算方法研究[J]. 地震工程与工程振动, 2000, 20(4):140-147.

[42] Coburn A, Spence R. Earthquake Protection [M]. 2nd ed. London: John Wiley and Sons, 2002.

[43] Federal Emergency Management Agency, National Institute of Building Sciences. Earthquake loss estimation methodology—HAZUS97[R]. Washington DC: Federal Emergency Management Agency, 1997.

[44] Jaiswal K S, Wald D J, Hearne M. Estimating casualties for large earthquakes worldwide using an empirical approach[R]. Reston: US Geological Survey, 2009.

[45] 徐超, 刘爱文, 温增平. 汶川地震都江堰市人员伤亡研究[J]. 地震工程与工程振动, 2012, 32(1):182-188.

[46] 陈洪富, 戴君武, 孙柏涛, 等. 玉树7.1级地震人员伤亡影响因素调查与初步分析[J]. 地震工程与工程振动, 2011, 31(4):18-25.

[47] Coburn A W, Pornonis A, Sakai S. Assessing strategies to reduce fatalities in earthquakes [C]//Proceedings of International Workshops on Earthquake Injury Epidermology for Mitigation and Response, Baltimore, 1989:107-132.

[48] 刘如山, 颜冬启, 越潇. 用于地震救援指引的重点目标人员密度研究[J]. 地震工程与工程振动, 2014,(s1):1077-1082.

[49] 冯磊, 谭常春, 陆守香. 商业类建筑人员密度统计分析与建模[J]. 火灾科学, 2009, 18(3):130-137.

[50] 刘勇, 徐志胜, 赵望达. 商业综合体人员密度调查与分析[J]. 中国安全生产科学技术, 2015, 11(5):175-180.

[51] 陈敏. 我国综合医院人流量预测模型的研究[D]. 重庆:重庆大学, 2012.

[52] 陈亚华, 李向阳, 汤仕忠. 医院门诊不同时间段各服务环节病人流量测定[J]. 中国卫生统计, 2005, 33(5):328-330.

[53] 董四平. 县级综合医院规模经济效率及其影响因素研究[D]. 武汉:华中科技大学, 2010.

[54] 李志建. 综合医院规模经济性及其影响因素研究[D]. 上海:上海交通大学, 2012.

[55] 常亚男, 田立启. 各类医疗机构门诊病人流向与费用分析[J]. 经济师, 2016,(7):265-266.

[56] 蔡智澄, 张根彬. 图书馆流通系统读者分布密度及回归分析[J]. 情报杂志, 2004,(3):114-115.

[57] 王平, 支援. 线性规划理论在人员疏散研究中的应用[J]. 消防科学与技术, 2009, 28(2):

110-113.

[58] 中华人民共和国国家统计局. 2010 年第六次全国人口普查主要数据公报(第 1 号)[J]. 中国计划生育学杂志, 2011, 54(8): 511-512.

[59] 中华人民共和国建设部. JGJ 36—2005 宿舍建筑设计规范[S]. 北京: 中国建筑工业出版社, 2006.

[60] 中华人民共和国国家发展和改革委员会. 党政机关办公用房建设标准[EB/OL]. http://www.ndrc.gov.cn/zcfb/zcfbtz/201411/t20141127_649731.html[2015-04-05].

[61] 陆耀庆. 实用供热空调设计手册[M]. 2 版. 北京: 中国建筑出版社, 2008.

[62] 杨杰英, 李永强, 刘丽芳, 等. 地震三要素对地震伤亡人数的影响分析[J]. 地震研究, 2007, 30(2): 182-187.

[63] 冯志泽, 何钧. 地震人员伤亡预测研究——以鲁南地区为例[J]. 地震学刊, 1996, (1): 58-62.

[64] 赵振东, 林均歧, 钟江荣. 地震人员伤亡指数与人员伤亡状态函数[J]. 自然灾害学报, 1998, 7(3): 90-96.

[65] 王景来, 杨子汉. 地震灾害时间进程法[J]. 地震研究, 1997, 20(4): 424-430.

[66] 陶谋立. 震害预测树状图改进, 抗震防灾对策[M]. 郑州: 河南科学技术出版社, 1988.

[67] 肖东升, 黄丁发, 陈维锋, 等. 地震压埋人员压埋率预估模型[J]. 西南交通大学学报, 2009, 44(4): 574-579.

[68] 程家喻, 杨哲. 评估地震人员伤亡的软件系统[J]. 地震地质, 1996, 18(4): 462-470.

[69] 田丽莉. 地震灾害人员伤亡影响因素分析及人员伤亡估算公式研究[D]. 北京: 首都经济贸易大学, 2012.

[70] 廖旭, 高常波. 不同时刻地震直接人员伤亡人数的预测[J]. 自然灾害学报, 1999, 18(4): 92-96.

[71] 尹之潜. 地震灾害损失预测研究[J]. 地震工程与工程振动, 1991, 11(4): 87-96.

[72] 王开顺. 震害预测简易法[J]. 工程抗震, 1990, (2): 31-35, 45.

[73] 郑恒利, 张振中, 金铭. 民乐盆地震害预测及其数据库[C]//中国建筑学会、中国地震学会第三届全国地震工程会议, 大连, 1990.

# 第7章 多龄期建筑加固决策体系研究及震后功能快速恢复

## 7.1 引　言

　　城市建筑由于建造的历史时期不同以及建造时所依据的设计规范体系不同，而表现出多龄期特性，新建、老龄和超龄结构并存，这些建筑的设计参数和性能劣化程度不同，从而其抗震性能存在明显差异。据统计，每年均会有一些建筑因结构性能不满足要求，在尚未达到设计使用年限时被拆除或重建，造成大量的人力、物力资源浪费，这与建设节约型社会的宗旨相违背，在目前尚不能准确预测地震的前提下，避免建筑物因拆除或重建产生资源浪费的一种有效措施就是在地震发生前对性能不满足要求的建筑结构采取相应的加固措施，以避免或减轻建筑物在未来可能遭遇的地震中造成较大的经济损失与人员伤亡。然而，对业主或政府决策管理者来说，面临的主要问题是确定哪些建筑物需要加固以及加固所需的费用与效益。对建筑物进行加固决策分析是解决上述问题的一种有效途径。

　　对于性能满足现行抗震规范设计要求的建筑物，其地震灾害风险低，不需要进行加固处理。而对性能远不能达到抗震设计规范要求的建筑物来说，地震灾害风险大，经加固后其地震灾害风险降低的效果不明显或者加固费用过高，通过加固措施并不能带来预期的经济效益，不应进行加固处理。受时间以及资金的限制，通常只需对能够获得较高加固效益的建筑物采取相应加固措施。

　　通过加固决策分析确定具有加固价值的建筑物并对其进行加固处理，就可利用有限的资金有效地控制地震灾害造成的破坏及损失，使经济损失和人员伤亡降到最低限度。同时，建筑物加固优先权的确定非常重要，有限的资金首先应该用以加固生命线工程、地震易造成非常严重的经济损失与人员伤亡的建筑工程以及加固效益显著的建筑物。基于此，本章对城市多龄期建筑的加固决策理论体系进行研究，研究框架如图7.1所示。

## 7.2 砌体结构建筑物加固费用估算模型研究

　　砌体结构建筑作为典型的建筑结构类型，广泛分布于我国城市区域，而且建筑物多服役龄期长，部分结构未设置完善的抗震构造措施（如圈梁、构造柱设置及墙体连接不满足现行规范要求），由此造成建筑物的抗震性能较差。本节基于多元线

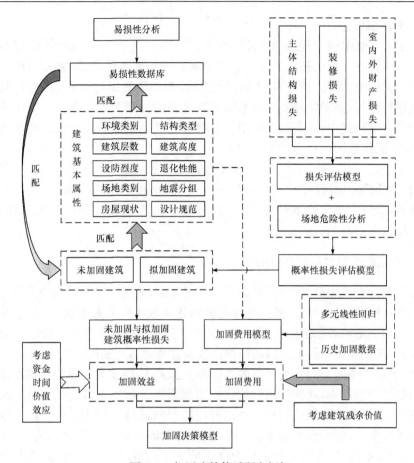

图 7.1 加固决策体系研究框架

性费用估算模型以及后向消去法对砌体结构建筑加固费用估算方法与模型进行研究,研究成果可为政府的防震减灾决策制定以及震后恢复重建提供技术支持。

### 7.2.1 多元线性费用估算模型的建立

1. 多元线性回归模型的定义

多元线性回归分析[1]是处理变量之间关系的一种统计方法,用来研究多个独立变量对因变量的影响程度。该方法通过建立多个独立变量与因变量之间的统计关系方程式,对未来时刻的预报量做出预报估计,有助于认识客观事物的定量关系及其内在规律。

在回归分析中,非独立变量与多个独立变量分别采用 $Y$ 和 $X_1,X_2,X_3,\cdots,X_p$ 来表示,则它们之间的关系如下:

$$Y=f(X_1,X_2,X_3,\cdots,X_p)+\varepsilon \tag{7.1}$$

式中，ε为随机误差。

目前很多数学模型均采用多元线性回归分析方法得到，翁文达[2]利用多元线性回归方法建立了板料杯突值与力学性能间的相关性数学模型，刘军[3]建立了股票定价的回归模型等。通过多元线性回归方法对加固费用与影响加固费用的各相关参数进行分析，明确加固费用与影响参数之间的相互关系。在加固费用多元线性回归模型的研究中，假定加固费用与影响参数满足模型的线性假定并且均相互独立，则多元线性回归模型可表示如下：

$$Y_0 = \beta_0 + \beta_1 X_1 + \beta_2 X_2 + \beta_3 X_3 + \cdots + \beta_p X_p + \varepsilon \quad (7.2)$$

式中，$Y_0$ 为预测加固费用；$X_1, X_2, X_3, \cdots, X_p$ 为影响加固费用的独立参数；$\beta_0$ 为模型常数项，取值大小与样本数据有关；$\beta_1, \beta_2, \beta_3, \cdots, \beta_p$ 为模型回归相关系数，取值大小与样本数据有关。

2. 多元线性回归模型参数的定义

砌体结构建筑物经过长时间的服役，其安全性、适用性随着时间的推移将逐渐降低，通常建筑物龄期越长，其抗震性能较新建建筑物降低越明显，一般情况下认为加固费用会随着龄期的延长而增多。此外，建筑物的层数对加固费用的影响也比较大，在相同地震条件下结构的损伤指数随着高度的增加而增加[4]，建筑物的高度越高，底部楼层所受的倾覆力与剪力也将会越大，性能退化严重的建筑物在地震中的损伤将会越严重，这就使得建筑物加固费用也会随之提高；在 FEMA 加固费用估算模型中，考虑建筑总面积对加固费用的影响，但包括 FEMA 估算模型在内的既有模型中，大都均未考虑建筑层高、服役龄期等对加固费用的影响，本节拟将建筑总面积、层高、服役龄期分别作为自变量参与模型回归，以探讨其各自变化对加固费用的影响程度，并建立更为科学合理的加固费用估算模型。

砌体结构加固费用多元线性回归模型，参照既有加固费用预测模型并结合课题组采集获得的已有建筑信息数据建立。将与加固费用密切相关的各独立变量拟定为建筑物的层高、层数、服役龄期、总面积，则加固费用多元线性回归模型可表示为

$$Y_0 = \beta_0 + \beta_1 X_1 + \beta_2 X_2 + \beta_3 X_3 + \beta_4 X_4 \quad (7.3)$$

式中，自变量与因变量的定义见表 7.1。

表 7.1  模型变量的定义

| 变量 | 定义 | 变量形式 | |
|---|---|---|---|
| | | 因变量 | 自变量 |
| $Y_0$ | 加固费用 | √ | — |
| $X_1$ | 建筑物层高 | — | √ |
| $X_2$ | 建筑物层数 | — | √ |
| $X_3$ | 建筑物龄期 | — | √ |
| $X_4$ | 建筑物总面积 | — | √ |

考虑到砌体结构建造的历史时期不同,以及建造时所依据的设计规范体系不同,不同龄期的砌体结构建筑的抗震设防标准也会有所差异,从而造成对其进行加固设计时因抗震设防标准的提升而增加加固成本。研究表明[5],结构的抗震设防标准的改变对加固费用有着较大影响,当抗震设计基本地震加速度由 0.08$g$ 增加到 0.21$g$ 时,加固费用增加 14% 左右,由此推算,当加固后建筑物的设防标准较加固前设防标准每提高 0.05$g$ 时,加固费用将在式(7.3)的基础上提高 5.38%。本节考虑设防标准的改变对加固费用的影响,提出加固费用改进模型如下:

$$Y = \varphi Y_0 \tag{7.4}$$

$$\varphi = \left(1 + 0.0538 \times \frac{\mathrm{PGA}_1 - \mathrm{PGA}_0}{0.05}\right) \tag{7.5}$$

式中,$Y$ 为考虑设防烈度改变后的加固费用;$\varphi$ 为考虑设防烈度的加固费用调整系数;$\mathrm{PGA}_0$、$\mathrm{PGA}_1$ 分别为建筑物加固前与加固后的地震动峰值加速度,当原设计烈度为 6 度或 7 度时,$\mathrm{PGA}_0$ 取 0.01$g$。

### 7.2.2 加固费用估算模型数据库

为建立砌体结构的加固费用估算模型,根据 7.2.1 节关于模型参数的定义,对在本地区设防烈度地震作用下处于中等破坏至倒塌状态的陕西、山西、四川等地 35 栋砌体结构建筑物主体结构的历史加固费用(加固所需的材料费、人工费、管理费、机械使用费等之和)及建筑参数进行了统计,所采集的数据样本均包含前述的自变量及因变量,并按照一定比例随机将其分成两部分:一部分用来进行加固费用估算模型的回归分析以得到费用估算回归模型;另一部分用来对回归得到的费用估算模型准确性进行验证。一般情况下,回归要有足够的数据样本以用来保证回归模型的精确性,同样对于模型验证,也要保证有一定数量的样本,为此随机将所采集的建筑物中 25 栋建筑物划为模型回归数据样本,剩余的建筑物则被划为模型验证样本。

模型分析数据样本以及模型验证数据样本分别见表 7.2 及表 7.3。

表 7.2 模型分析数据样本

| 样本 | 龄期/年 | 加固时间/年 | 层高/m | 层数 | 总面积/m² | 原设防烈度 | 现设防烈度 | 加固费用/万元 |
|---|---|---|---|---|---|---|---|---|
| 1 | 12 | 2008 | 3.10 | 5 | 1036.00 | 7 度(0.10$g$) | 7 度(0.10$g$) | 61.20 |
| 2 | 10 | 2008 | 3.00 | 5 | 2600.00 | 7 度(0.15$g$) | 7 度(0.15$g$) | 96.10 |
| 3 | 25 | 2010 | 3.36 | 3 | 870.00 | 8 度(0.20$g$) | 8 度(0.20$g$) | 27.83 |
| 4 | 19 | 2004 | 3.00 | 2 | 895.40 | 7 度(0.15$g$) | 8 度(0.20$g$) | 22.90 |
| 5 | 17 | 2008 | 3.00 | 6 | 1120.00 | 6 度(0.05$g$) | 7 度(0.15$g$) | 72.32 |

续表

| 样本 | 龄期/年 | 加固时间/年 | 层高/m | 层数 | 总面积/m² | 原设防烈度 | 现设防烈度 | 加固费用/万元 |
|---|---|---|---|---|---|---|---|---|
| 6 | 28 | 2010 | 3.30 | 2 | 2372.00 | 8度(0.20g) | 8度(0.20g) | 91.00 |
| 7 | 12 | 2009 | 3.68 | 4 | 1838.00 | 8度(0.20g) | 8度(0.20g) | 66.20 |
| 8 | 43 | 2014 | 3.30 | 6 | 8000.00 | 6度(0.05g) | 7度(0.15g) | 357.70 |
| 9 | 22 | 2010 | 3.80 | 4 | 1907.20 | 8度(0.20g) | 8度(0.20g) | 95.34 |
| 10 | 约45 | 2009 | 3.50 | 3 | 3293.58 | 6度(0.05g) | 7度(0.10g) | 164.10 |
| 11 | 28 | 2003 | 3.30 | 2 | 1065.00 | 6度(0.05g) | 8度(0.20g) | 61.80 |
| 12 | 15 | 2008 | 3.00 | 6 | 1422.90 | 6度(0.05g) | 7度(0.15g) | 87.60 |
| 13 | 7 | 2008 | 3.00 | 5 | 1583.48 | 7度(0.15g) | 7度(0.15g) | 63.80 |
| 14 | 10 | 2013 | 3.60 | 4 | 2096.00 | 8度(0.20g) | 8度(0.20g) | 63.25 |
| 15 | 15 | 2008 | 3.00 | 6 | 2845.84 | 6度(0.05g) | 7度(0.15g) | 138.40 |
| 16 | 约26 | 2011 | 3.30 | 3 | 1032.12 | 6度(0.05g) | 6度(0.05g) | 36.70 |
| 17 | 17 | 2010 | 3.60 | 3 | 2076.00 | 8度(0.20g) | 8度(0.20g) | 132.70 |
| 18 | 23 | 2010 | 3.30 | 4 | 1638.00 | 8度(0.20g) | 8度(0.20g) | 32.56 |
| 19 | 20 | 2010 | 3.60 | 3 | 1020.00 | 8度(0.20g) | 8度(0.20g) | 34.20 |
| 20 | 28 | 2004 | 3.30 | 2 | 533.40 | 6度(0.05g) | 8度(0.20g) | 32.50 |
| 21 | 17 | 2008 | 3.00 | 6 | 2802.38 | 6度(0.05g) | 7度(0.15g) | 188.00 |
| 22 | 18 | 2009 | 3.00 | 2 | 300.00 | 6度(0.05g) | 7度(0.10g) | 10.74 |
| 23 | 19 | 2012 | 3.60 | 3 | 473.00 | 6度(0.05g) | 7度(0.10g) | 17.60 |
| 24 | 37 | 2008 | 3.00 | 6 | 3673.86 | 6度(0.05g) | 7度(0.10g) | 121.50 |
| 25 | 23 | 2014 | 3.90 | 3 | 1522.00 | 8度(0.20g) | 8度(0.20g) | 69.70 |

表7.3 模型验证数据样本

| 样本 | 龄期/年 | 加固时间/年 | 每层均高/m | 层数 | 总面积/m² | 原设防烈度 | 现设防烈度 | 加固费用/万元 |
|---|---|---|---|---|---|---|---|---|
| 1 | 12 | 2001 | 3.30 | 3 | 889.50 | 8度(0.20g) | 8度(0.20g) | 32.10 |
| 2 | 15 | 2010 | 3.30 | 3 | 1349.34 | 7度(0.15g) | 8度(0.20g) | 65.34 |
| 3 | 17 | 2008 | 3.00 | 6 | 2560.00 | 6度(0.05g) | 7度(0.15g) | 135.68 |
| 4 | 10 | 2008 | 3.00 | 5 | 2391.17 | 7度(0.15g) | 7度(0.15g) | 98.20 |
| 5 | 27 | 2009 | 3.60 | 4 | 2534.00 | 8度(0.20g) | 8度(0.20g) | 130.20 |
| 6 | 26 | 2010 | 3.60 | 1 | 224.00 | 8度(0.20g) | 8度(0.20g) | 6.12 |
| 7 | 15 | 2008 | 3.00 | 6 | 4268.77 | 6度(0.05g) | 7度(0.15g) | 201.10 |
| 8 | 约35 | 2009 | 3.00 | 6 | 1358.40 | 6度(0.05g) | 8度(0.20g) | 66.00 |
| 9 | 10 | 2003 | 3.60 | 3 | 848.52 | 6度(0.05g) | 7度(0.10g) | 34.70 |
| 10 | 15 | 2006 | 3.30 | 3 | 1944.00 | 8度(0.20g) | 8度(0.20g) | 89.78 |

## 7.2.3 多元线性回归方法的选取

在加固费用估算模型研究中,所提及的建筑层高、层数、服役龄期、总面积等自变量均可能会对建筑物加固费用产生一定的影响,如果各自变量未经显著性检验而均参与模型回归,则有可能影响模型精确性并降低费用估算的速度,因此自变量最优组合的确定对加固费用预测模型的建立至关重要。为此,首先应用后向消去法(backward elimination,BE)或前向选择法(forward selection,FS)对所有自变量进行回归系数的显著性分析,进而按照最优模型评价准则来确定最优加固费用回归分析模型。

对于前向选择法,当某个自变量要比其他自变量对加固费用的影响更显著时,该自变量将会第一个加入模型中进行回归分析,而当其他对加固费用没有显著影响的变量也加入该模型中时,则回归分析过程终止。相比于前向选择法,后向消去法则是从包含所有变量的模型进行分析,根据其对因变量的贡献程度逐次剔除对成本费用影响不显著的自变量。尽管前向选择法和后向消去法都能够回归得到同一个模型,但由于后向消去法在前期的回归模型分析中,能够分析所有自变量对因变量的影响,这是前向选择法所不具备的,因此后向消去法在模型的回归分析中更加合理可取。相比于前向选择法,后向消去法在回归中对所有变量都进行了分析,即使部分模型包含不显著变量,对于模型变量的显著性分析也是有帮助的,因此在模型的回归上,更推崇采用后向消去法。Lowe 等[6]在对建筑建设成本的研究中,分别采用后向消去法和前向选择法对建筑物建设成本进行回归分析,发现采用后向消去法得到的模型线性相关系数以及绝对误差百分比均比前向选择法得到的要小,即相对于前向选择法,后向消去法得到的模型拟合程度更好,该模型能更准确地反映建筑物的实际建设成本。

总体来说,相比于前向选择法,采用后向消去法对自变量与因变量进行回归分析时更易选取对加固费用影响显著的自变量参数,得到的模型更能较精确地估算建筑物实际的加固费用,因此本节将采用后向消去法对加固费用模型进行多元线性回归分析。

## 7.2.4 基于后向消去法的模型回归分析

由于模型分析数据库中部分建筑物加固前后的设防标准并不一致,加固设防标准的改变,会导致加固费用的增加,为统一加固费用模型的研究标准,对表 7.2 所示模型分析数据样本中 25 栋建筑物主体结构加固费用按式(7.4)和式(7.5)进行处理。

为研究建筑物各自变量参数与未考虑抗震设防标准改变时主体结构加固费用之间的线性关系及显著性影响程度,对建筑层高、层数、龄期、总面积与主体结构加固费用进行单参数拟合分析,其结果如图 7.2~图 7.5 所示。各参数与主体结构加固费用之间的线性相关系数、标准估计值误差,以及通过 $T$ 检验所得各参数的 $t$ 值与 $R^2$,见表 7.4。

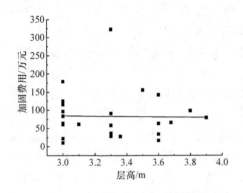

图 7.2　层高与加固费用的关系

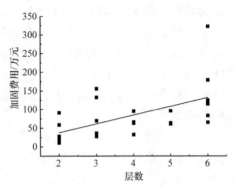

图 7.3　层数与加固费用的关系

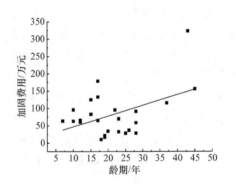

图 7.4　龄期与加固费用的关系

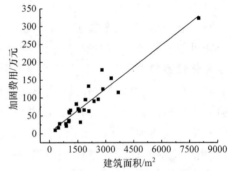

图 7.5　建筑面积与加固费用的关系

表 7.4　各参数与加固费用的拟合结果

| 参数 | 层高 | 层数 | 龄期 | 建筑面积 |
| --- | --- | --- | --- | --- |
| $R^2$ | 0.043 | 0.536 | 0.387 | 0.882 |
| $t$ 值 | 0.286 | 3.195 | 2.398 | 13.561 |
| $t_{0.05}(23)$ | 2.069 | 2.069 | 2.069 | 2.069 |

由图 7.2~图 7.5 及表 7.4 可以看出,主体结构加固费用与建筑面积的线性相关系数接近于 1,各数据点均匀分布于拟合曲线两侧,表明建筑面积与加固费用之间存在较强的线性关系。建筑层数和龄期与加固费用之间的线性关系次之,而建筑层高与加固费用之间的线性相关性很小。建筑面积、龄期和层数的 $t$ 值均大于显著性水平为 0.05 的临界 $t$ 值,表明这些自变量参数对于加固费用的影响显

著,满足线性假设。据此,以下仅考虑建筑面积、龄期和层数 3 个自变量参数对主体结构加固费用的影响来建立相应多元线性回归模型。

为探讨不同参数组合参与回归分析对主体结构加固费用预测结果的影响程度,利用 SPSS 统计分析软件,对不考虑建筑抗震设防标准改变时主体结构加固费用数据与各自变量参数,应用后向消去法进行多元线性回归分析,得到相应加固费用回归模型,见表 7.5。进而,应用式(7.4)及式(7.5)即可求出各模型在考虑设防烈度改变后的加固费用。

表 7.5 多元线性回归模型

| 模型 | 模型中自变量 | 去除的自变量 | 模型公式 |
| --- | --- | --- | --- |
| 1 | $X_2, X_3, X_4$ | $X_1$ | $Y_0 = -7.829 + 4.031X_2 + 0.042X_3 + 0.039X_4$ |
| 2 | $X_2, X_4$ | $X_1, X_3$ | $Y_0 = -6.748 + 3.880X_2 + 0.039X_4$ |
| 3 | $X_4$ | $X_1, X_2, X_3$ | $Y_0 = 4.463 + 0.041X_4$ |

表 7.5 中,模型 1~模型 3 为按对加固费用影响程度由小到大的次序,依次忽略建筑层高、服役龄期、层数 3 个自变量所得加固费用的数学表征。通过 SPSS 软件统计分析,给出各线性回归模型的线性相关系数($R^2$)、显著性检验值 $F$ 等,见表 7.6。

表 7.6 各模型的 SPSS 分析结果

| 模型 | $R^2$ | $F$ 值 | $F_{0.05}(p, n-p-1)$ | $F_{0.01}(p, n-p-1)$ |
| --- | --- | --- | --- | --- |
| 1 | 0.872 | 67.688 | 3.07 | 4.87 |
| 2 | 0.876 | 79.710 | 3.44 | 5.72 |
| 3 | 0.882 | 151.915 | 4.28 | 7.88 |

由表 7.6 可以看出,各模型的线性相关系数较大,说明拟合效果较好;$F$ 值均大于显著水平为 0.05 和 0.01 的 $F$ 值临界值,表明各模型满足线性假设,因此可利用表 7.5 给出的多元线性回归模型进行建筑物主体结构加固费用的预测[7]。

### 7.2.5 最优加固费用估算模型的选取与验证

1. 最优模型评价准则

在回归分析中,常用的评价准则[8~11]主要有均方根误差($\text{RMSE}_p$)、赤池信息量准则($\text{AIC}_p$)、调整后的赤池信息量准则($\text{AIC}_p^c$)、贝叶斯信息准则($\text{BIC}_p$)等,依次如式(7.6)~式(7.9)所示。以下综合应用这些评价准则对所建立的加固费用评估模型进行最优判断。

$$\text{RMSE}_p = \frac{\text{RSS}_p}{n-p-1} \tag{7.6}$$

$$\text{AIC}_p = n\ln\left(\frac{\text{RSS}_p}{n}\right) + 2p \tag{7.7}$$

$$\text{AIC}_p^c = \text{AIC}_p + \frac{2(p+2)(p+3)}{n-p-3} \tag{7.8}$$

$$\text{BIC}_p = n\ln\left(\frac{\text{RSS}_p}{n}\right) + p\ln n \tag{7.9}$$

式中,残差平方和 $\text{RSS}_p = \sum_{i=1}^{n}(Y_i - \hat{Y}_i)^2$;$n$ 为样本容量;$p$ 为回归模型中自变量的个数。

2. 最优模型的选取

根据模型分析数据库中 25 栋砌体结构建筑物的信息参数(表 7.2),应用所建立的 3 个加固费用估算模型(表 7.5)分别对各建筑物主体结构进行加固费用估算,并按式(7.4)和式(7.5)算出各建筑物考虑设防烈度变化影响的主体结构加固费用,其与实际加固费用之差即为加固费用残差值,见表 7.7。

表 7.7  实际加固费用与模型估算费用的残差值　　　(单位:万元)

| 样本 | 模型 1 | 模型 2 | 模型 3 |
| --- | --- | --- | --- |
| 1 | 16.32 | 10.14 | 16.26 |
| 2 | 18.05 | 21.95 | 17.96 |
| 3 | 11.41 | 15.99 | 15.30 |
| 4 | 12.99 | 16.97 | 23.49 |
| 5 | 5.03 | 7.63 | 19.52 |
| 6 | 2.92 | 7.52 | 13.72 |
| 7 | 14.28 | 16.25 | 16.62 |
| 8 | 7.99 | 8.18 | 13.54 |
| 9 | 11.74 | 14.19 | 15.68 |
| 10 | 22.25 | 25.58 | 20.10 |
| 11 | 11.92 | 14.39 | 8.90 |
| 12 | 7.32 | 9.82 | 21.04 |
| 13 | 10.58 | 12.61 | 8.59 |
| 14 | 27.21 | 29.27 | 30.15 |
| 15 | 3.34 | 4.84 | 22.22 |

续表

| 样本 | 模型 1 | 模型 2 | 模型 3 |
|---|---|---|---|
| 16 | 8.91 | 10.44 | 13.08 |
| 17 | 46.76 | 51.84 | 46.12 |
| 18 | 40.58 | 42.09 | 42.06 |
| 19 | 10.68 | 12.47 | 15.08 |
| 20 | 8.70 | 9.16 | 11.92 |
| 21 | 49.06 | 50.64 | 57.60 |
| 22 | 2.63 | 4.66 | 9.92 |
| 23 | 2.93 | 4.91 | 10.54 |
| 24 | 48.36 | 48.91 | 52.94 |
| 25 | 5.11 | 7.45 | 5.84 |

对表 7.7 所示 3 个模型中每栋建筑物主体结构加固费用残差值进行分析,得到各模型的最小残差、最大残差、残差均值以及残差平方和 $RSS_p$,见表 7.8。

表 7.8 各模型的残差分析结果

| 模型 | 最小残差 | 最大残差 | 残差均值 | 残差平方和 |
|---|---|---|---|---|
| 1 | 2.63 | 49.06 | 16.28 | 11774.69 |
| 2 | 4.66 | 51.84 | 18.32 | 13638.35 |
| 3 | 5.84 | 57.60 | 21.13 | 15849.70 |

按式(7.6)~式(7.9)所示 4 个评价准则对所建立的 3 个加固费用评估模型进行最优判断,其结果见表 7.9。

表 7.9 按不同准则分析所得各模型的评价指标

| 模型 | 评价指标 | | | |
|---|---|---|---|---|
| | $RMSE_p$ | $AIC_p$ | $AIC_p^c$ | $BIC_p$ |
| 1 | 560.700 | 159.871 | 163.029 | 163.527 |
| 2 | 619.925 | 161.544 | 163.544 | 163.982 |
| 3 | 689.117 | 163.301 | 164.444 | 164.520 |

由表 7.9 可知,各评价准则评估结果均表明模型 1 最优,其原因在于该模型包含对建筑物主体结构加固费用影响显著的所有自变量参数。而模型 2 和模型 3 依次忽略了对加固费用也有显著影响的 1 个和 2 个自变量参数,从而其评价精度逐步变差。

3. 回归模型的验证

应用上述分析所得最优模型(模型1),对验证数据样本(表7.3)中的10栋建筑物主体结构进行加固费用估算,得到各建筑物主体结构的估算加固费用与实际加固费用对比见表7.10。表中同时给出了模型1估算加固费用与实际加固费用的残差及相对误差。

表7.10 模型1的加固费用估算结果验证

| 样本 | 实际加固费用<br>/万元 | 估算加固费用<br>/万元 | 加固费用残差<br>/万元 | 相对误差/% |
|---|---|---|---|---|
| 1 | 32.10 | 39.46 | 7.36 | 22.93 |
| 2 | 65.34 | 60.61 | 4.73 | 7.24 |
| 3 | 135.68 | 129.49 | 6.19 | 4.56 |
| 4 | 98.20 | 106.00 | 7.80 | 7.94 |
| 5 | 130.20 | 108.26 | 21.94 | 16.85 |
| 6 | 6.12 | 6.03 | 0.09 | 1.47 |
| 7 | 201.10 | 203.21 | 2.11 | 1.05 |
| 8 | 66.00 | 82.23 | 16.23 | 24.59 |
| 9 | 34.70 | 39.81 | 5.11 | 14.73 |
| 10 | 89.78 | 80.71 | 9.07 | 10.10 |

在决策管理中,回归模型的精度应在可接受的范围以内。Barnes[12]认为在绝大多数情况下,项目建设成本估算模型要保证33%的精度,此时则认为模型是可以被接受的;Ogunlana等[13]在成本估算研究中建议加固项目初步设计阶段的加固费用预测精度应控制在15%~20%以内,详细设计阶段的加固费用预测精度应控制在13%~18%以内。我国在拟建项目可行性研究中规定项目成本估算精度应在±10%的范围内[14]。由于本节所述的建筑物主体结构加固费用预测并不涉及项目的详细设计方案,因此在精度上可适当予以放宽。综上所述,并结合文献[6]的研究成果,本节提出建筑物主体结构加固费用估算模型应保证具有25%的精度,显然模型1满足此要求(表7.10),可应用于实际砌体结构加固工程的费用估算。

## 7.3 其他结构类型建筑物加固费用估算

受已有加固数据的限制,本章尚未建立混凝土结构、钢结构等建筑物主体结构的多元线性加固费用估算模型。研究表明[15],各类建筑物主体结构的地震灾害损失主要表现在对地震作用中受到损伤与破坏的结构构件的修复费用,因此对于混凝土结构、钢结构等建筑物,可将其在遭受本地区基本设防烈度地震作用下主体结构破坏造成的直接经济损失评估结果作为其加固费用(包括材料费、人工费、管理费、机械使用费等),即混凝土结构、钢结构等建筑物主体结构的加固费用可按式(7.10)估算。

$$Y=L_D \tag{7.10}$$

式中,$Y$ 为估算加固费用;$L_D$ 为建筑物在遭受本地区基本设防烈度地震作用下主体结构破坏造成的直接经济损失。

当对加固费用估算精度要求不高或对估算的速度有较高要求时,对于砌体结构、混凝土结构、钢结构等建筑物可采用费用综合单价法对其主体结构进行抗震加固费用的估算(加固费用为建筑总面积与加固费用综合单价的乘积),参考相关研究成果[16],对在本地区设防烈度地震作用下处于中等破坏至倒塌状态的建筑物,其主体结构加固费用综合单价(加固所需的材料费、人工费、管理费、机械使用费等之和)可取为 350~450 元,具体可结合当地实际情况及经济水平确定。

## 7.4 基于费用效益分析的建筑物加固决策体系研究

### 7.4.1 加固费用效益分析评价参数

工程加固项目的费用效益分析所研究的是建筑物在未来几年、十几年甚至几十年内的加固费用与加固效益,其时间跨度比较大,而且加固费用与加固效益并不是同时发生的,一般情况下加固费用自加固项目完成时一次性形成,而加固效益则收益于自加固项目完成到建筑物寿命终结之间的任一时间。由于在不同时间付出或得到同样数额的资金在价值上是不相等的,资金会随着时间的推移而发生价值的增加[17],加固项目费用效益分析受资金时间价值效应的影响较大,因此在加固效益分析中应考虑资金时间价值效应对费用与效益的影响。

1. 资金贴现率

资金贴现率是把未来的各种效益和费用折算成现值,并适用于各行各业的统一贴现率,它表征从国家角度对资金机会成本和资金时间价值的估量[18]。通过资金贴现率将发生在不同时间的加固费用与加固效益贴现到同一时间水平,此时才能将贴现后的费用与效益进行分析比较。

资金贴现率取值的高低将直接影响费用效益分析的各项评价指标,进而影响项目决策结果的准确性。资金贴现率的取值受多方面因素影响,如政治、经济、文化、社会等因素,因此不同国家的资金贴现率也不尽相同。文献[19]指出,对于公共建筑物的资金贴现率建议取 3%~4%,而非公共建筑建议取 4%~6%;英国的资金贴现率取 6%~8%[20];澳大利亚的资金贴现率取 7%[21];瑞典、加拿大的资金贴现率取 4%[22,23]。国内学者胡江碧等[24]、王韧超[25]在其研究中分别建议我国的资金贴现率取 7%~8% 和 7.721%,王闽雄[26]通过计算得到了 7.67% 资金贴现率。本节参考文献[27],并结合国内现有研究成果与经济发展情况建议建筑物主体结构资金贴现率的取值范围为 7%~8%,且资金贴现率 $i_s$ 取值为 7.5%。

为考虑资金的时间价值效应对加固费用及加固效益的影响,应用上述建议的资金贴现率将现金流量终值进行折现,假设加固项目每年的加固收益现金流量终值为 FV,根据净现值的计算公式,则第 $t$ 年的收益现金流量终值 FV 与现金流量现值 PV 的关系如式(7.11)所示。

$$PV = FV(1+i_s)^{-t} \tag{7.11}$$

式中,PV 为现金流量现值;FV 为现金流量终值;$t$ 为计算期;$i_s$ 为资金贴现率。

2. 残值率与残余价值

残值率是指固定资产报废时回收的残值占固定资产原值的比率。为了避免人为地高估或低估固定资产净残值,根据我国现行《施工、房地产开发企业财务制度》的规定,残值率按住宅建成后所形成固定资产原值的 3%~5% 来确定[28]。当残值率过高或者过低时,应当报相关主管部门进行备案。文献[24]中建议残值率取 4%,本节结合国内已有研究成果与国家相关规定,建议建筑物主体结构的残值率取 4%。

建筑物、设备等在固定资产的使用寿命已满并处于使用寿命终了时的预期状态而不能继续使用时,将其拆除变现而得到的价值称为残余价值。建筑物主体结构的残余价值可按式(7.12)计算。

$$V_s = M_i \lambda \tag{7.12}$$

式中,$V_s$ 为建筑物的残余价值;$M_i$ 为第 $i$ 类建筑物的重置成本;$\lambda$ 为建筑物的残值率,建议取 4%。

3. 收益基准年与计算期

在加固费用效益分析中,加固效益资金的时间价值对分析结果影响较大,因此确定加固项目的起始收益基准时间与终止收益基准时间显得尤为重要。当前防灾减灾加固项目的经济效益计算中,通常把加固项目完工时间作为加固工程项目开始收益的起始基准年,其与《水利建设项目经济评价规范》(SL 72—2013)[29]所规定的收益基准年相一致。对于加固项目终止收益的基准时间的确定目前主要有两种观点:观点一认为是建筑物停止使用或使用功能丧失的时间,即建筑物闲置或废置拆除的时间;观点二则认为建筑物达到设计使用寿命的时间,即收益的终止时间。

由于部分建筑物设计时所采用的设计规范不同,并受政治、经济、城市规划等因素影响,其可能没有达到设计使用寿命而提前被拆除,而一些建筑物因后期维护得当而使得其使用寿命超出设计使用年限,从而每栋建筑物的实际使用寿命并不完全一致,这就使得建筑物的收益终止基准年限变得复杂多样,并且目前也没有一种切实可行的方法来确定建筑物的停止使用或使用功能丧失的时间,因此观点一对于城市建筑群的加固收益计算并不适用。

受施工质量、设计缺陷、后期使用不当等因素的影响,部分建筑物在设计使用寿命内其使用功能不能满足规范规定要求时,需要对建筑物整体或局部进行加固处理,经加固处理的建筑物使用年限会因此延长,为统一建筑物加固设计使用年限,《混凝土结构加固设计规范》(GB 50367—2013)[30]、《砌体结构加固设计规范》(GB 50702—2011)[31]及《钢结构加固技术规范》(CECS 77:96)[32]中分别建议各类建筑物经加固后使用年限宜按 30 年考虑,戴国莹[33]也提出各类结构建筑物改造后的设计使用年限(后续设计使用年限)少于结构设计基准期 50 年,多数情况不少于 30 年。结合已有研究成果,取建筑物自加固项目完工后的 30 年作为工程收益的终止收益基准年限,此时各类建筑物的终止收益基准年限是统一的,并且是科学的。

### 7.4.2 加固费用与效益的识别原则

费用与效益识别的要求如下[34]:

(1) 费用与效益的识别应站在投资者或决策者角度来进行计量分析。
(2) 对项目计算期内费用与效益分析中的全部费用以及效益进行全面分析。
(3) 保证防灾减灾加固费用与加固效益的计算范围保持一致。
(4) 效益和费用采用统一的度量单位,符合决策分析的一致性原则。
(5) 考虑的是建筑物预期采取加固措施后产生的未来效益与费用。
(6) 对加固效益与费用进行识别时,不考虑加固项目所带来的用货币难以反映甚至较难量化的一些无形效益与费用。
(7) 当工程项目所获得的效益净现值与工程总投资之比最大时,投资利用率最高,此时工程投资才是最优的。

### 7.4.3 加固费用现值与效益现值的计算

1. 加固费用现值的计算

基于 7.2 节所建立的在本地区设防烈度地震作用下处于中等破坏至倒塌状态的砌体结构建筑物主体结构加固费用估算模型,给出其加固费用估算公式如下:

$$Y = \left(1 + 0.0538 \times \frac{\mathrm{PGA}_1 - \mathrm{PGA}_0}{0.05}\right)(-7.829 + 4.031X_2 + 0.042X_3 + 0.039X_4)$$

(7.13)

式中,$Y$ 为考虑设防烈度改变后的加固费用;$X_2$、$X_3$、$X_4$ 分别为建筑物层数、服役龄期、总面积;$\mathrm{PGA}_0$、$\mathrm{PGA}_1$ 分别为建筑物加固前与加固后的地震动峰值加速度,当原设计烈度为6度或7度时,$\mathrm{PGA}_0$ 取 $0.01g$。

受已有加固数据的限制,本章尚未给出混凝土结构、钢结构等建筑物的多元线性加固费用估算模型,这类建筑物的主体结构加固费用可按式(7.10)计算确定。

经加固的建筑物在其加固后30年内能够保证使用功能满足要求而不需要对其进行实质性维修,因此加固费用为一次性投资,不需要考虑该费用的时间价值效应。在加固决策分析中,建筑物在达到设计使用年限而被拆除变现得到的残余价值 $V_s$,可按加固费用的残余价值考虑[35]。

在加固项目的收益起始基准年0年时投资成本为$Y$,在其收益终止基准年 $t$ 年时获得加固残余价值为 $V_s$,则加固项目在计算期内的加固费用与残余价值的现金流量如图7.6所示。

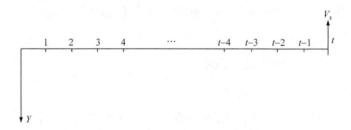

图7.6 计算期内加固费用与残余价值的流量图

依照费用与效益的识别原则,保证防灾费用与效益计算范围的一致性,残余价值的折现是在建筑物达到设计寿命时,而加固费用的识别则是在计算期之初,因此需要对建筑物的残余价值 $V_s$ 考虑时间价值效应,则定义的加固费用净现值可按式(7.14)计算。

$$Y_{\mathrm{NPV}} = Y - V_s(1+i_s)^{-t}$$ 

(7.14)

式中,$Y_{\mathrm{NPV}}$ 为加固费用净现值;$Y$ 为加固费用估算值;$V_s$ 为残余价值;$i_s$ 为资金年贴现率;$t$ 为计算期。

2. 加固效益现值的计算

加固工程的效益是指通过实施加固而使建筑物在地震中避免的损失,计算期内的概率性直接效益为未经加固与加固建筑物的概率性损失之差。

依据 6.2.2 节所建立的多龄期建筑物地震灾害直接经济损失评估模型式(6.3)～式(6.6)，即可求出未经加固建筑物与加固建筑物在任一强度地震动作用下的主体结构破坏损失、装修破坏损失、室内财产损失以及建筑物总直接经济损失。

其中，计算分析中经加固建筑物主体结构的重置成本可取为未经加固建筑物主体结构的重置成本 $M_i$ 与主体结构加固费用之和，计算公式如下：

$$M_i^R = M_i + Y \tag{7.15}$$

式中，$M_i^R$ 为加固建筑物主体结构的重置成本；$Y$ 为建筑物主体结构的加固费用（包括材料费、人工费、管理费、机械使用费等）；$M_i$ 为未经加固建筑物主体结构的重置成本，按 6.2.2 节规定取值。

加固项目每期所获得的概率性加固收益 $E(B)$，为未经加固建筑物与经加固建筑物每期在任一强度地震动作用下的总直接经济损失之差 $E(L)-E(L^R)$，可表示为

$$E(B) = E(L) - E(L^R) \tag{7.16}$$

项目自完工时开始计算加固收益，则加固项目在计算期内的概率性加固收益的现金流量如图 7.7 所示。

图 7.7　计算期内加固收益的流量图

考虑到地震发生的不确定性，加固效益收益于自加固项目完成到建筑物寿命终结之间的任何一时间点，则可以认为加固效益现金流量在任意时间的贴现都是连续的，考虑资金时间价值效应对加固效益的影响，此时任一时间上的概率性加固收益现金流量终值与其现值的关系可转换为式(7.17)所示贴现公式。

$$E(B_{NPV}) = \int_0^t E(B)(1+i_s)^{-\tau} d\tau \tag{7.17}$$

在计算期内所获得的概率性加固效益的净现值 $E(B_{NPV})$ 也可表示为

$$E(B_{NPV}) = \int_0^t \int_0^{+\infty} (L-L^R)(1+i_s)^{-\tau} d\nu(IM) d\tau \tag{7.18}$$

则加固工程概率性经济效益计算模型可进一步简化为

$$E(B_{NPV}) = \frac{1-(1+i_s)^{-t}}{\ln(1+i_s)} \int_0^{+\infty} (L-L^R) d\nu(IM) \tag{7.19}$$

式中，$i_s$ 为资金贴现率；$t$ 为计算期；$L$、$L^R$ 分别为未经加固和经加固后建筑物在某一强度地震动作用下的经济财产损失总和；$\nu(IM)$ 为地震动强度的年平均超越概率。

### 7.4.4 加固费用效益分析模型及评价体系

1. 加固费用效益分析模型

本节采用费用效益比(cost-benefit ratio,CBR)作为评价指标对建筑物进行加固决策分析。费用效益比是指项目在计算期内所获得的效益流量现值与全部投资成本流量现值的比率,其经济含义是单位投资成本所能够获得的项目效益,反映了工程项目资金的利用效率,其计算公式如下:

$$\mathrm{CBR} = \frac{\sum_{t=1}^{n} B_t (1+i_s)^{-t}}{\sum_{t=1}^{n} C_t (1+i_s)^{-t}} \tag{7.20}$$

式中,CBR 为费用效益比;$B_t$ 为第 $t$ 期的经济效益;$C_t$ 为第 $t$ 期的投资成本;$i_s$ 为资金年贴现率;$n$ 为项目计算期。

结合前面关于加固费用现值与效益现值的定义与表征,有

$$E(B_{\mathrm{NPV}}) = \sum_{t=1}^{n} B_t (1+i_s)^{-t} \tag{7.21}$$

$$Y_{\mathrm{NPV}} = \sum_{t=1}^{n} C_t (1+i_s)^{-t} \tag{7.22}$$

结合式(7.14)和式(7.19),则有建筑物加固费用效益分析模型如下:

$$\mathrm{CBR} = \frac{\dfrac{1-(1+i_s)^{-t}}{\ln(1+i_s)} \int_{0}^{+\infty} (L - L^{\mathrm{R}}) \mathrm{d}v(\mathrm{IM})}{Y - V_s (1+i_s)^{-t}} \tag{7.23}$$

式中,CBR 为费用效益比;$i_s$ 为资金年贴现率,建议取 7.5%;$t$ 为计算周期;$Y$ 为加固费用估算值;$V_s$ 为建筑物残余价值,$V_s = M\lambda$,$\lambda$ 为建筑物的残值率,建议取 4%;$L$、$L^{\mathrm{R}}$ 分别为未经加固和经加固后建筑物在某一强度地震动作用下的经济财产损失总和;$v(\mathrm{IM})$ 为地震动强度的年平均超越概率。

2. 加固费用效益分析的评价指标体系

(1)当费用效益比 CBR≥1 时,在计算期内项目的投资已获得等值或超值的加固效益,具有较高的盈利水平,有利于实现有限投资的净收益最大化,建议对该建筑物在震前采取相应的加固措施。建筑物加固费用效益比越大,其单位投资所获得的收益就越高,则越有必要对其进行震前加固,加固费用预计为 $Y$。

(2)当费用效益比 CBR<1 时,表明在计算期内加固项目所收益的效益小于项目的加固投入,则对建筑物进行震前加固经济上不合理,且加固费用效益比越

小,其投资利用率越低,此时从经济角度上讲,如果对建筑物进行加固会造成有限资源的浪费,建议对该建筑物不采取加固措施(宜拆除重建)。

## 7.5 震后功能快速恢复技术

### 7.5.1 震后功能快速恢复措施

根据建筑物的破坏状态,对每栋建筑物做相应的标识,确定各个区域地震灾害的严重程度,可为震后救灾人力物力分配及震后建筑物功能恢复资金分配提供指导性意见。首先根据建筑物的破坏状态可大体确定需要加固和不需要加固建筑物的名称和实际工程量,进而根据其破损严重程度进行分类,确定可以暂缓加固和急需加固的建筑物,以及没有加固价值的建筑物。对急需要进行加固的建筑物,按照一般加固程序实施加固;对无加固价值的建筑物,将予以拆除。震后建筑物加固分析流程如图7.8所示。

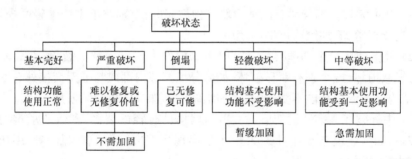

图7.8 震后建筑物加固分析流程

处于基本完好状态下的建筑结构,其使用功能正常,不加维修即可继续使用;发生轻微破坏的建筑结构,其基本使用功能不受影响,稍加维修或不加维修即可继续使用;发生中等破坏的建筑结构,其基本使用功能受到一定影响,维修后即可使用;发生严重破坏的建筑结构,其基本使用功能受到严重影响,甚至部分功能丧失,难以修复或无修复价值;发生倒塌的建筑结构,其使用功能不复存在,已无修复可能。

### 7.5.2 各类建筑物具体加固措施

根据结构加固工程的特点,加固设计应遵循下述原则[36]:

(1) 首先应充分调查研究,掌握建筑物的原始资料、受力性能和技术现状,并进行周密细致的全面评定,再根据房屋类型、结构特点、材料情况、施工条件及要求等因素的综合考虑进行加固设计,才能做到摸清根源,有针对性地提出加固方案。

（2）根据房屋的重要程度，分清主次，明确项目，区别对待，在一般建筑中，要优先加固人员集中的建筑和重要部门。

（3）加固设计时，应尽量保留和利用有价值的结构，避免不必要的拆除，同时又要能确保所保留部分的安全可靠性和耐久性，若要拆除也应考虑材料的回收及重复利用的可能性。

（4）加固方案设计也应考虑建筑美观，结合立面造型和室内装修，进行必要的艺术处理，可取得良好的艺术效果，尽量避免遗留加固的痕迹。加固方案应切实可行、安全可靠、施工方便，尽量减少施工难度。

（5）由于高温、腐蚀、冻融、振动、地基不均匀沉降等因素造成的结构破坏，加固时必须同时考虑消除、减少或抵御这些不利因素的有效措施，以免加固后的结构继续受害，避免二次加固。

1. 钢筋混凝土结构

钢筋混凝土结构在不同破坏状态下的破坏情况宏观描述如下[37]：

（1）基本完好。框架梁、柱、剪力墙等构件完好；个别非承重构件轻微损坏；结构使用功能正常，不加维修可继续使用。

（2）轻微破坏。个别框架梁、柱、剪力墙构件表面出现细微裂缝；部分非承重构件有轻微损坏，或个别有明显破坏，如部分填充墙内部或与框架交接处有明显裂缝等；结构基本使用功能不受影响，稍加维修或不加维修可继续使用。

（3）中等破坏。多数框架梁、柱、剪力墙构件有轻微裂缝，多数非承重构件有明显破坏，如多数填充墙有明显裂缝，个别出现严重裂缝等；结构基本使用功能受到一定影响，维修后可使用。

（4）严重破坏。框架梁、柱构件破坏严重，多数梁、柱端混凝土剥落、主筋外露，个别柱主筋压屈；多数剪力墙出现了明显裂缝，个别剪力墙出现了严重裂缝，裂缝周围大面积混凝土剥落，部分墙体主筋屈曲；非承重构件破坏严重，如填充墙大面积破坏，部分外墙倒塌；或整体结构明显倾斜；结构基本使用功能受到严重影响，甚至部分功能丧失，难以修复或无修复价值。

（5）倒塌。框架梁、柱、多数剪力墙构件破坏严重，结构濒临倒塌或者已局部或整体倒塌；结构使用功能不复存在，已无修复可能。

对钢筋混凝土结构进行加固应满足《建筑抗震加固建设标准》（建标 158—2011）、《混凝土结构加固设计规范》（GB 50367—2013）、《混凝土结构加固构造》（13G311—1）、《混凝土结构加固构造》（地基基础及结构整体加固改造）（08SG311-2）等的要求。

1）轻微破坏状态下混凝土构件的加固方法

由于该破坏状态下建筑物结构破坏不严重，承载力损伤较小，因此对于发生轻微破坏的这类建筑物优先采用加固技术成熟、施工方便并且加固费用较低的加固措施进行加固,加固方法见表 7.11。

**表 7.11 轻微破坏状态下混凝土构件加固方法**

| 构件 | 加固方法 |
| --- | --- |
| 柱、梁 | 外包碳纤维法、粘贴钢板法、增大截面法、高压灌浆法、裂缝修补法 |
| 墙 | 粘贴钢板法、高压灌浆/裂缝修补法 |

注:具体施工做法参照《混凝土结构加固构造》(13G311—1)。

2) 中等破坏状态下混凝土构件的加固方法

该状态下混凝土构件加固方法见表 7.12。

**表 7.12 中等破坏状态下混凝土构件加固方法**

| 构件 | 加固方法 |
| --- | --- |
| 柱 | 外包碳纤维法、粘贴钢板法、外包型钢法、增大截面法、置换混凝土法、强化塑料与纤维法、预应力法、绕死法、高强不锈钢绞线网-渗透性聚合物砂浆法、高压灌浆/裂缝修补法 |
| 梁 | 外包碳纤维法、粘贴钢板法、外包型钢法、增大截面法、强化塑料与纤维法、预应力法、高强不锈钢绞线网-渗透性聚合物砂浆法、增设支点法、高压灌浆/裂缝修补法 |
| 板 | 增大截面法、预应力法、高强不锈钢绞线网-渗透性聚合物砂浆法、增设支点法、高压灌浆/裂缝修补法 |
| 墙 | 增大截面法、粘贴钢板法、高压灌浆/裂缝修补法 |

2. 砌体结构

砌体结构在不同破坏状态下的破坏情况宏观描述如下[37]:

(1) 基本完好。主要承重墙体基本完好,屋盖和楼盖完好;个别非承重构件轻微损坏,如个别门窗口有细微裂缝等;结构使用功能正常,不加维修可继续使用。

(2) 轻微破坏。承重墙无破坏或个别有轻微裂缝,屋盖和楼盖完好;部分非承重构件有轻微损坏,或个别有明显破坏,如屋檐塌落、坡屋面溜瓦、女儿墙出现裂缝、室内抹面有明显裂缝等;结构基本使用功能不受影响,稍加维修或不加维修可继续使用。

(3) 中等破坏。多数承重墙出现轻微裂缝,部分墙体有明显裂缝,个别墙体有严重裂缝;个别屋盖和楼盖有裂缝;多数非承重构件有明显破坏,如坡屋面有较多的移位变形和溜瓦、女儿墙出现严重裂缝、室内抹面出现脱落等;结构基本使用功能受到一定影响,维修后可使用。

(4) 严重破坏。多数承重墙有明显裂缝,部分出现严重破坏,如墙体错动、破碎、内或外倾斜、局部倒塌;屋盖和楼盖出现裂缝,坡屋顶部分塌落或严重移位变形;非承重构件严重破坏,如非承重墙体成片倒塌、女儿墙塌落等;或整体结构明显倾斜;结构基本使用功能受到严重影响,甚至部分功能丧失,难以修复或无修复价值。

(5) 倒塌。多数墙体严重破坏,结构濒临倒塌或已倒塌;结构使用功能不复存在,已无修复可能。

对砌体结构进行加固应满足《建筑抗震加固建设标准》(建标 158—2011)、《砌体结构加固设计规范》(GB 50702—2011)、《砖混结构加固与修复》(15G611)、《房屋建筑抗震加固(一)(中小学校舍抗震加固)》(09SG619-1)、《房屋建筑抗震加固(二)(医疗建筑抗震加固)》(12G619-2)、《房屋建筑抗震加固(三)(单层工业厂房、烟囱、水塔)》(12SG619-3)、《房屋建筑抗震加固(四)(砌体结构住宅抗震加固)》(11SG619-4)、《房屋建筑抗震加固(五)(公共建筑抗震加固)》(13SG619-5)等的要求。

砌体结构常用的加固方法如下:①钢筋网水泥砂浆面层法;②扶壁柱法;③钢筋混凝土外加层法;④外加构造柱与圈梁法;⑤预应力法;⑥增大截面法;⑦外包型钢法;⑧高压灌浆/裂缝修补法。

3. 钢结构

钢结构在不同破坏状态下的破坏情况宏观描述如下[37]:

(1) 基本完好。框架梁、柱、支撑(钢框架-支撑结构)构件完好;个别非承重构件轻微损坏,如个别填充墙内部或与框架交接处有轻微裂缝,个别装修有轻微损坏等;结构使用功能正常,不加维修可继续使用。

(2) 轻微破坏。个别框架梁、柱节点连接处出现轻微变形或焊缝处出现细微裂缝;个别钢支撑出现轻微的拉伸变形或个别细长型支撑出现屈曲,螺栓节点连接处出现轻微变形;部分非承重构件有轻微损坏,或个别有明显破坏,如部分填充墙内部或与框架交接处有明显裂缝,玻璃幕墙上个别玻璃碎落等;结构基本使用功能不受影响,稍加维修或不加维修可继续使用。

(3) 中等破坏。部分框架梁、柱节点连接处出现永久变形,个别焊接节点处出现贯穿焊缝的明显裂缝,或个别螺栓节点连接处出现螺栓断裂或螺栓孔洞增大现象;部分钢支撑出现轻微拉伸变形,个别发生屈曲;多数非承重构件出现明显破坏,如多数填充墙有明显裂缝,个别出现严重裂缝,玻璃幕墙支撑部分变形较大等;结构基本使用功能受到一定影响,维修后可使用。

(4) 严重破坏。多数框架梁、柱构件严重破坏,导致结构产生明显的永久变形,部分梁、柱构件翼缘屈曲、焊缝断裂、节点处出现明显的永久变形或节点严重破坏;多数支撑出现了屈曲或断裂现象;非承重构件破坏严重,如填充墙大面积破坏,部分外闪倒塌;或整体结构明显倾斜;结构基本使用功能受到严重影响,甚至部分功能丧失,难以修复或无修复价值。

(5) 倒塌。多数框架梁、柱构件严重破坏,或部分关键梁、柱和支撑构件及节点破坏导致结构出现危险的永久位移,结构濒临倒塌或已倒塌;结构使用功能不复存在,已无修复可能。

对钢结构进行加固应满足《建筑抗震加固建设标准》(建标 158—2011)、《钢结构加固技术规范》(CECS 77:96)等的要求。

钢结构常用加固方法如下:①改变结构计算图形;②构件截面加固;③连接节点加固;④柱子卸荷法。

## 7.6 本章小结

(1) 依据我国既有砌体结构建筑物主体结构历史加固费用及建筑参数统计,基于多元线性费用估算模型以及后向消去法,研究建立了砌体结构建筑加固费用估算方法与模型,该模型考虑了建筑层数、服役龄期、总面积、结构抗震设防标准改变等因素对建筑物加固费用的影响。

(2) 根据加固费用与效益的识别原则,研究建立了加固工程的加固费用现值及加固效益净现值的计算方法与模型。在此基础上,研究建立了多龄期建筑物加固费用效益分析模型及评价指标体系。

(3) 提出了建筑物震后功能快速恢复措施,并给出各类建筑物在不同破坏状态下的具体加固措施建议。

### 参 考 文 献

[1] 罗凤明,邱劲飚,李明华.如何使用统计软件 SPSS 进行回归分析[J].电脑知识与技术:学术交流,2008,1(2):293-294.

[2] 翁文达.金属薄板杯突值与力学性能的多元回归分析[J].理化检验:物理分册,2003,39(1):35-38.

[3] 刘军.基于股票市价与会计信息指标的多元线性回归股票定价模型研究[D].成都:西南财经大学,2009.

[4] Gülhan D,Güney I Ö. The behaviour of traditional building systems against earthquake and its comparision to reinforced concrete frame systems: experience of Marmara earthquake damage assessment studies in Kocaeli and Sakarya[C]//Proceedings of the UNESCO-ICOMOS International Conference on the Seismic Performance of Traditional Building, Istanbul, 2000.

[5] Potangaroa R. The seismic strengthening of existing buildings for earthquakes[D]. Welling-

ton: Victoria University, 1985.

[6] Lowe D J, Emsley M W, Harding A. Predicting construction cost using multiple regression techniques[J]. Journal of Construction Engineering and Management, 2006, 132(7): 750-758.

[7] 李金海. 多元回归分析在预测中的应用[J]. 河北工业大学学报, 1996, 25(3): 57-61.

[8] 谢宇. 回归分析[M]. 北京: 社会科学文献出版社, 2013.

[9] Akaike H. Selected Papers of Hirotugu Akaike[M]. New York: Springer, 1998.

[10] 迪博尔德. 经济预测基础教程[M]. 4版. 杜江, 等译. 北京: 机械工业出版社, 2012.

[11] 韩明. 贝叶斯统计学及其应用[M]. 上海: 同济大学出版社, 2015.

[12] Barnes N M L. Cost modelling—An integrated approach to planning and cost control[J]. Engineering and Process Economics, 1977, 2(1): 45-51.

[13] Ogunlana O, Thorpe A. Design phase cost estimating: The state of the art[J]. International Journal of Construction Management and Technology, 1987, 2(4): 34-47.

[14] 左苏. 基于主成分回归模型的工程项目成本预测[D]. 扬州: 扬州大学, 2014.

[15] Aslani H, Miranda E. Probabilistic earthquake loss estimation and loss disaggregation in buildings[D]. Palo Alto: Stanford University, 2005.

[16] 张亚男. 既有建筑抗震加固需求与设防对策研究[D]. 哈尔滨: 哈尔滨工业大学, 2015.

[17] 刘晓丽, 谷莹莹, 王安华, 等. 建筑工程经济[M]. 北京: 北京大学出版社, 2014.

[18] 于飞. 环境基础设施投资项目费用效益分析研究[D]. 大连: 大连理工大学, 2006

[19] FEMA. A benefit-cost model for the seismic rehabilitation of buildings[R]. Washington DC: FEMA-Building Seismic Safety Council, 1992.

[20] Treasury H M. Economic Appraisal in Central Government: A Technical Guide for Government Departments[M]. London: Bernan Press, 1991.

[21] Harrison M. Valuing the Future: The Social Discount Rate in Cost-benefit Analysis[M]. Canberra: Social Science Electronic Publishing, 2010.

[22] Troive S, Sundquist H. Optimisation of design parameters for lowest life-cycle cost of concrete bridges[C]//Proceedings of the 5th International Conference on Developments in Short and Medium Span Bridge Engineering, Calgary, 1998: 1101-1113.

[23] Boardman A E, Moore M A, Vining A R. The social discount rate for Canada based on future growth in consumption[J]. Canadian Public Policy, 2010, 36(3): 325-343.

[24] 胡江碧, 刘妍, 高玲玲. 桥梁全寿命周期费用折现率分析[J]. 公路, 2008, (9): 363-367.

[25] 王韧超. 绿色建筑节水与水资源化利用增量成本及其经济性研究[D]. 重庆: 重庆大学, 2007.

[26] 王闽雄. 钢筋混凝土框架结构的地震损失估计与概率风险分析[D]. 哈尔滨: 哈尔滨工业大学, 2011.

[27] 国家发展改革委, 建设部. 建设项目经济评价方法与参数[M]. 北京: 中国计划出版社, 2006.

[28] 宋献中. 企业财务管理学[M]. 广州: 暨南大学出版社, 2005.

[29] 中华人民共和国水利部. SL 72—2013 水利建设项目经济评价规范[S]. 北京: 水利水电

出版社,2013.

[30] 中华人民共和国住房和城乡建设部,中华人民共和国国家质量监督检验检疫总局. GB 50367—2013 混凝土结构加固设计规范[S]. 北京:中国建筑工业出版社,2013.

[31] 中华人民共和国住房和城乡建设部,中华人民共和国国家质量监督检验检疫总局. GB 50702—2011 砌体结构加固设计规范[S]. 北京:中国建筑工业出版社,2011.

[32] 清华大学. CECS 77:96 钢结构加固技术规范[S]. 北京:中国计划出版社,1996.

[33] 戴国莹. 现有建筑加固改造综合决策方法和工程应用[J]. 建筑结构,2007,36(11):1-4.

[34] 李为. 城市轨道交通项目国民经济评价方法与参数研究[D]. 成都:西南交通大学,2007.

[35] Wei H H, Skibniewski M J, Shohet I M, et al. Benefit-cost analysis of the seismic risk mitigation for a region with moderate seismicity: The case of Tiberias, Israel[J]. Procedia Engineering,2014,85:536-542.

[36] 王毅恒. 宁德市建筑物抗震易损性评价与加固策略[D]. 泉州:华侨大学,2012.

[37] 中华人民共和国国家质量监督检验检疫总局,中国国家标准化管理委员会. GB/T 24335—2009 建(构)筑物地震破坏等级划分[S]. 北京:中国地震局,2009.

# 第8章 我国地震保险制度与费率厘定研究

## 8.1 引　　言

地震发生后,为减少人员伤亡,降低经济损失,应尽快进行灾区恢复重建,而恢复重建将造成大量人力、物力消耗。对于重建资金来源途径,各个国家都有不同的做法,但主要分为两类:主要依靠市场;主要依靠政府。恢复重建资金依靠市场是指通过地震保险,将地震风险分散于资本市场中,因此其震后重建资金大多来源于市场或市场与政府相结合模式,此类方式可充分利用本国资本市场乃至世界各国资本资源来进行重建工作。相反,我国历次地震震后重建资金大多来源于政府财政支持或全国各族人民八方支援,充分体现了我们社会主义制度的优越性和全国各族人民的互帮互爱,恢复重建效率较高,但由于地震事发突发性与损失巨量性两方面的特点,这种模式势必造成较大的政府财政负担,其局限性随着我国资本市场的发展更加明显。我国推行市场经济体制已近40年,如果能够建立符合我国国情的地震保险制度,建立覆盖全国的商业地震保险,依靠资本市场进行恢复重建,不仅可以为受灾群众提供充裕的恢复重建资金,也可减轻国家财政负担,加快灾后重建速度。

## 8.2 国外地震保险制度论述

1. 美国加利福尼亚州地震保险制度

美国没有全国性的地震保险政府机构,目前较为成熟的地震保险机构为加利福尼亚州地震局,其仅在美国加利福尼亚州开展地震保险业务。

1994年1月17日,加利福尼亚州发生震中位于圣费尔南多谷的里氏6.7级地震(北岭地震),地震持时约30s。此次地震共造成约有11000多间房屋倒塌,震中30km范围内高速公路、高层建筑毁坏或倒塌,煤气、自来水管爆裂,电话信号中断,加利福尼亚州民众房屋多采用延性好、地震需求较小的木结构,因此地震造成的人员伤亡并不严重,直接和间接死亡58人,受伤600多人,但由于加利福尼亚州洛杉矶城市地区是全美第二大城市群,因此此次地震经济损失较严重,损失值约300亿美元,为美国历次地震损失之最。

先于北岭地震,加利福尼亚州保险公司已开展地震保险业务,出售地震保险保单,但保险公司严重低估了地震可能造成的经济损失,地震保险保单价格较低。地震发生后,保费较低使得累积保费较少从而最终导致保险公司赔付能力不足,致使许多开展地震保险业务的保险公司申请破产,严重冲击了加利福尼亚州居民财产保险业。自1994年北岭地震发生后,加利福尼亚州已经历1172次超过里氏4.0级的地震,包括近年发生的里氏6.0级南帕地震。加利福尼亚州地震断带预测机构预测在未来30年中,加利福尼亚州将有99.7%的可能遭受里氏6.7级以上的地震,将有68%的可能遭受里氏7.0级以上的地震,将有46%的可能遭受里氏7.5级以上的地震,故加利福尼亚州居民购买地震保险意愿较强,但经过北岭地震,保险公司大多不愿开展地震保险业务,而加利福尼亚州法律规定,保险公司在出售房屋财产保险时有义务提供地震保险,因此为防止发生类似北岭地震而导致赔付能力不足的情况,许多保险公司都大大削减地震保险保单出售数目或提高保单费用以降低居民购买意愿。截至1995年2月,有93%保险公司限制或停止签发房屋保险保单,导致加利福尼亚州房屋地震保险行业跌入低谷。

为解决此状况,加利福尼亚州立法机构于1995年出台了迷你地震保单,保险公司可通过出售迷你地震保单来满足法律强制规定,迷你保单仅对房屋屋顶地震损失进行保险,大大降低了保险公司可能面临的赔付金额。1996年,加利福尼亚州立法机构进一步进行制度设计,成立了具备资本私营与公共管理特点的加利福尼亚州地震局,以取代迷你地震保险保单。加利福尼亚州任意居民财产保险公司可自主选择是否加入加利福尼亚州地震局成为其成员公司,或者自己签发地震保险保单。经过近20年的发展,加利福尼亚州地区约75%的家庭财产保险公司加入加利福尼亚州地震局成为其成员公司,使得加利福尼亚州地震局具有76%的地震保单市场占有额,年保费收入超过5.7亿美元,从而成为世界上最大的地震保险保单提供者之一。加利福尼亚州地震局具备出售地震保单功能,加利福尼亚州地震局也与许多类似美国红十字会、加利福尼亚州应急服务办公室等机构合作,进行地震知识宣传,以提高加利福尼亚州居民的地震风险意识,指导居民遭遇地震时如何自救、如何进行日常房屋加固修缮,以减少震后人员伤亡及经济损失。

加利福尼亚州地震局针对不同客户需求共设计四种地震保险保单:①固定房屋所有者(独楼独户居民);②公寓所有者(一栋楼有多户居民);③移动房屋所有者;④租住者。针对同类型客户也给出两种不同选择:自选型与标准型。表8.1详细列出了不同保单涵盖范围。表中地震保单主体结构保险金额采用房屋价值,应急修复费用为总保险价值的5%,其余部分保险价值均为确定常数。加利福尼亚州地震局保单免赔率为5%~25%,对于任意一种保单,当应急修复与额外附加居住费用小于1500美元时均无免赔率;对于标准型保单,保单各部分免赔率与房屋主体结构免赔率相同;对于自选型保单,投保者可根据自身情况自主选择室内个人财产及额外附加费用两部分免赔率。

表 8.1 不同类型居民地震保险保单范围

| 保险范围 | 固定房屋所有者 | | 公寓所有者 | 移动房屋所有者 | | 租住者 |
| --- | --- | --- | --- | --- | --- | --- |
| | 自选型 | 标准型 | 标准型 | 自选型 | 标准型 | 标准型 |
| 主体结构 | √ | √ | ○ | √ | √ | × |
| 房屋修缮加固 | √ | √ | √⁶ | √ | √ | × |
| 室内个人财产 | ○ | √ | ○ | ○ | √ | √ |
| 应急修复费用 | √ | √ | √³ | √ | √ | √ |
| 额外附加居住费用 | ○ | √ | × | ○ | √ | √ |
| 损失评估 | × | × | ○ | × | × | × |

注:"√"表示此保单涵盖此项;"×"表示此保单不涵盖此项;"○"表示由客户自主选择保单是否涵盖该项;"√⁶"与"√³"表示当保单涵盖第 6 项或第 3 项(即损失评估或室内个人财产)时此项自动包含。

美国加利福尼亚州通过立法规定,用于机构日常管理的开支不应超过保费收入 6%,以保证保费收入真正用于震后赔付。而在日常管理中,加利福尼亚州地震局将保费可用于商业投资以保证其增值。加利福尼亚州地震局具有三个明显特征:非盈利、资本市场化及公共管理。

(1) 非盈利是指加利福尼亚州地震局成员保险公司并不通过地震保险保单进行收益,成员公司参加加利福尼亚州地震局基于两方面考量:①依照加利福尼亚州法律规定,保险公司若不开展地震保险业务将导致无法开展其余保险业务,如家庭财产保险,而加入加利福尼亚州地震局可将地震风险进行分担避免独立承担地震风险,且由于该机构的非盈利性,加利福尼亚州地震局成员公司无需缴纳营业所得税,可降低保险公司管理成本,因此大多数保险均愿意加入该机构;②加利福尼亚州地震局成员公司可从保费投资收益中获得相应利润。

(2) 资本市场化是指震后用于赔付的资金均来源于资本市场,与政府财政资金无关。

(3) 公共管理是指政府部门对保费收入进行管理,以保证保费收入仅用于灾害赔付。

除上述三个显著特点之外,其还具备下述特点:加利福尼亚州政府不对加利福尼亚州地震局进行财政支持,因此加利福尼亚州地震局保费收入也不为政府所用;加利福尼亚州地震局不能申请破产,若地震造成的损失超过了加利福尼亚州地震局的赔付能力,其会按一定比例对投保者降低赔付额进行赔付或者经加利福尼亚州地震局董事会同意采用分期付款形式进行赔付。

美国独户木结构房屋较多,为鼓励民众积极对房屋进行加固及投保地震保险,加利福尼亚州地震局对同时满足如下5个条件的结构给予20%保费折扣:①建造年代为1979年之前的木框架结构;②房屋结构采用立式基础;③结构与混凝土基础有效连接;④房屋室内热水器等室内设施与主体结构连接;⑤房屋削弱墙之间相互连接或与夹板墙相互连接,连接方式满足现行规范要求。

综上所述,作为全球地震保险开展较成熟的加利福尼亚州通过立法方式强制保险公司开展地震保险业务,通过组建由保险公司组成的、具备非盈利、资本市场化及公共管理三个主要特征的加利福尼亚州地震局以求将地震风险进行分摊,消除保险公司顾虑。加利福尼亚州地震局通过令投保者根据意愿自主选择是否投保或购买哪种形式保险及保单涵盖范围,并对符合要求的房屋给予保费折扣,大大提高了地震保单在加利福尼亚州地区的普及率。但其也存在固有缺陷,政府仅起到管理作用,若保单索赔额超过加利福尼亚州地震局赔付能力时,其未能很好地解决赔付问题,按比例进行赔付或分期赔付均不能很好地解决灾民震后恢复重建需求;房屋类型分类简单、层数分类简单,保费未能按结构抗震性能进行区分。

2. 日本地震保险制度

日本司职于地震保险业务的机构为日本地震再保险公司。

日本保险费率厘定方法如下。①费率厘定中关于日本地震基础数据为:1498年6月19日至1976年6月16日发生的347次破坏性地震,外加1978年发生的两次地震,共479年349次地震。②根据历史上349次地震,将日本国土划分为5类地区,从1类地区到5类地区,地震危险性逐步增大;将结构分为木结构建筑与非木结构建筑。③费率计算原理:假定这349次地震发生在现在,评估计算其所能造成的经济损失额,除以479求得年平均经济损失额,再将年平均经济损失额除以保险金额总额(保险费率标准定义:保险费/保险金额,日本地震保险制定时原则上收支相抵,因此假定保险费收入即等于年平均经济损失赔付额)。

日本地震保险分家庭财产地震保险和企业财产地震保险,其中家庭财产地震保险分建筑物价值保险和室内财产保险。当地震所造成的家庭财产损失额超过保险金额时,由政府基金进行兜底赔偿,无需进行国外巨灾再保险;而企业财产地震保险则不同,政府不对其进行兜底赔偿,因此企业财产保险属于完全市场行为。日本地震保险包括在火灾险中。

经过2011年3·11东日本大地震,日本地震再保险公司所积累保费收入损耗殆尽,日本保险制度进行了三方面修改:基本保险费率、地震风险分散机制、房屋损坏及赔付标准。保险费率方面,2014年费率提高15.5%,2015年费率继续上调19%,以期较快积累保费应对未来可能发生的损失。地震风险分散机制方面,政府对地震风险分散机制进行多次修改,降低日本地震再保险公司及保险公司承担比例,增大政府承担风险比例,以期通过财政资金恢复赔付能力。2011年5月1日以前风险分散机制如下:①损失小于1150亿日元由日本地震再保险公司承担;②损失为1150亿~19250亿日元,政府承担50%损失,保险公司与日本地震再保险公司共同承担50%;③损失为19250亿~55000亿日元,政府承担95%损失,保险公司与日本地震再保险公司共同承担5%。2014年4月1日修正后地震风险分散机制如下:①小于1150亿日元损失由日本地震再保险公司承担;②损失为1150亿~3620亿日元,政府承担50%损失,保险公司与日本地震再保险公司共同承担50%;③损失为3620亿~70000亿日元,政府承担95%损失,保险公司与日本地震再保险公司共同承担5%。由以上论述可知,政府所承担的风险由最初的78%上升至现在的96.27%,政府风险承担比例显著上升。

房屋损坏评定标准及赔付标准方面见表8.2~表8.5。表8.2和表8.3为现行标准,表8.4和表8.5为修订后标准。由表8.4和表8.5可知,修订后的损坏评定标准及赔付标准仅将半损程度细化,使得震后赔付更加贴合实际情况,总体上减少保费赔付。

表8.2 现行损坏评定标准

| 损坏程度 | 保险类别 | |
|---|---|---|
| | 建筑物 | 室内财产 |
| 全损 | 损失值≥50%建筑物价值 | 损失值≥80%财产价值 |
| 半损 | 20%<损失值<50% | 30%<损失值<80% |
| 局部损失 | 3%<损失值≤20% | 10%<损失值≤30% |

表8.3 现行赔付标准

| 损坏程度 | 赔付金额 |
|---|---|
| 全损 | 100%保险金额且不超过其市场价值 |
| 半损 | 50%保险金额且不超过其50%市场价值 |
| 局部损失 | 5%保险金额且不超过其5%市场价值 |

表8.4 修订后损坏评定标准

| 损坏程度 | 保险类别 | |
|---|---|---|
| | 建筑物 | 室内财产 |
| 全损 | 损失值≥50%建筑物价值 | 损失值≥80%财产价值 |
| 半损① | 40%<损失值<50% | 60%<损失值<80% |
| 半损② | 20%<损失值≤40% | 30%<损失值≤60% |
| 局部损失 | 3%<损失值≤20% | 10%<损失值≤30% |

表 8.5 修订后赔付标准

| 损坏程度 | 赔付金额 |
| --- | --- |
| 全损 | 100%保险金额 |
| 半损① | 60%保险金额 |
| 半损② | 30%保险金额 |
| 局部损失 | 5%保险金额 |

## 8.3 我国地震保险制度研究

**1. 地震可保性**

保险[1]是集合具有同类危险的众多单位或个人,以合理计算分担金(保险费)的形式,实现对少数成员因该危险事故所致生命伤亡和经济损失的补偿行为。

普通保险行业存在两个主体:保险公司与被保险者。对于被保险者,即投保人可通过保险保单将风险转移至保险公司,使之在遭受保单所保损失后获得赔付,从而降低损失;对于保险公司,其基于雄厚资本建立良好信用度以吸引消费者从而获得大量保单,在总费率中纳入纯费率、日常开销、税率及利润,依据大数法则原理保证其正常盈利,且随着资本市场深入,保险公司可使用手中充裕资源进行有益投资,以期最终获得更大利润。

大数法则在保险学中的应用:假设保险公司共 $n$ 件同类保单,保险标的损失独立同分布,期望值为 $E(X)$,方差为 $D(X)$,随机变量均值为 $\overline{X}$,则其期望、方差可表达如下:

$$E(\overline{X}) = E(X) \qquad (8.1)$$

$$D(\overline{X}) = \frac{1}{n} D(X) \qquad (8.2)$$

$$\lim_{x \to +\infty} D(\overline{X}) = 0 \qquad (8.3)$$

由式(8.3)可知,随着保单数目增大,保险标的损失均值方差趋于0,因此期望趋于定值$E(X)$,而对于保险公司,单件保单赔付为稳定有限值,因此在理想情况下保险公司赔付额也为稳定有限值。保险公司厘定保费时,令纯保费等于定值$E(X)$,则可保证保险公司不亏损,从而得以控制风险。

对保险公司来说,并不是所有风险都可以进行保险,也就是说,保险公司保险所承担的风险和责任是有条件的[2]。文献[2]给出了自然灾害可保性条件:

(1) 自然灾害保单数目必须足够大,以满足大数法则使用条件。

(2) 保单涵盖风险意外性,避免逆向选择与风险可预知性。

(3) 损失可计算性,即损失可计算性是厘定保险费率前提。

文献[3]认为地震风险并不很适合进行保险。这是由地震两个基本属性造成的：①发生概率不可预测性；②破坏区域面积较广且损失巨量。发生概率不可预测性导致地震损失期望值不易计算得到，破坏区域面积较广且损失巨量导致单独区域性保险公司震后不足以进行灾区索赔赔付。根据 Swiss Re[4] 统计，1969～1998年，美国由于巨灾保单赔付而破产的公司占破产保险公司总数的 6%，因此保险公司并不愿意承保地震等巨灾风险。

我国大地保险江西分公司曾于 2007 年在四川省九江地区推行过地震保险，也是目前为止我国唯一一次地震保险试行。此次试行是否可行，免除其余因素，仅从自然灾害可保性第一个条件即可判断其不合理。试想，若九江地区发生强震，而大地保险公司江西分公司却不能将损失分摊，势必造成该公司破产。美国加利福尼亚州保险公司在实施地震保险初期，由于对地震损失估计严重不足，北岭地震发生后，大量索赔蜂拥而至，导致保险无力赔付而破产。

综上所述，与普通保险不同，地震保险并不完全具备自然灾害可保性条件，尤其是第一条与第三条不易满足。而地震所造成的直接经济损失、间接经济损失及人员伤亡损失巨大，又必须对其采用的保险方式进行风险控制。因此，为使地震风险具备可保性，应对地震保险进行特别考量：①尽管地震造成的损失难以计算，但随着 PSHA 方法使得地震预测趋于本质，结构易损性分析方法使得建筑结构破坏趋于清晰，震后损失调研使得震后经济损失趋于明朗，最终使得结构地震损失计算趋于合理，从而满足可保性第三个条件。②地震造成破坏具有区域性特征，因此，为了具备足够保险保单以满足大数定理，应该将全国各地区纳入地震保险覆盖范围之内，从而满足可保性第一个条件。结合上述两方面措施，结合地震风险本身具备可保性第二个条件，最终使得地震风险具有可保性。

通过上述讨论可以发现，地震风险本身不完全具备可保性，但随着地震工程学等科学技术发展及对地震保险采取有效政策措施进行干预，使得地震风险最终具备可保性。

2. 我国地震保险进展

"完善保险经济补偿机制，建立巨灾保险制度"是我国巨灾保险改革过程中面临的一项非常重要的任务，同时也给我国巨灾保险业的发展提供了新方向。中国保险监督管理委员会积极开展巨灾保险方案的研究制定和实施工作，推动巨灾保险在地方层面破题开局。

2012 年 9 月，中国保险监督管理委员会选定云南、深圳两地作为巨灾保险试点。其中，云南开展地震保险，深圳开展综合巨灾保险。2013 年 12 月 30 日，《深圳市巨灾保险方案》审议通过，标志着深圳市巨灾保险制度正式实施。深圳市巨灾保险制度由三部分组成：一是政府巨灾救助保险。由深圳市政府出资向商业保险公司购买,用于巨灾发生时对所有在深圳人员的人身伤亡救助和核应急救助。二是建立巨灾基金。在政府巨灾救助保险的基础上,由深圳市政府每年再另外拨付一定资金,主要用于承担在政府巨灾救助保险赔付限额之上,对居民进行人身伤亡救助和核应急转移救助。三是个人巨灾保险。由商业保险公司研发和提供相关保险产品,居民自主购买。云南省楚雄市地震保险试点目前还未实施,主要有两个争议焦点:①保费由谁承担;②费率如何计算。目前拟定的保费支出主要由政府承担,受益农户出小部分,但负担比例尚未确定;根据现拟保费,当每户保险金额不高于1万元时,保险公司才能覆盖成本和风险,而当地政府希望保险金额为2万元。

我国于2015年4月16日成立了中国城乡居民住宅地震巨灾保险共同体,符合相关条件的保险公司均可申请加入,截至目前已有45家保险公司加入,标志着我国巨灾保险制度建设迈出坚实的一步。

综上所述,我国目前对地震保险制度建立及如何实践进行了有益探索,对我国地震保险制度发展起到一定的推动作用。但不可否认,现阶段我国地震保险还处于摸索阶段,对采用何种保险形式规避地震风险了解甚少,保险制度考虑因素涉及面较窄,因此有必要全方位探讨适合我国国情的地震保险制度。

3. 政府介入方式

政府介入方式是保险制度建立过程中关键的一环。普通保险可通过资本市场自主进行保险费率确定、保险政策制定、保单发售及保单索赔等系列行为,而地震保险行业则不能自由发展,具体原因如下:①地震损失巨量性导致单一保险公司不具备赔付能力,因此政府机构需作为枢纽联合各保险公司组建共保体以应对巨额损失。②资本市场追逐利润最大化。为规避地震可能造成的巨额赔偿,保险公司会只在地震风险较低地区开展地震保险业务,或在风险较高地区提高保费,或是震后拒绝赔付,这一点在美国加利福尼亚州北岭地震中体现尤为突出。我国地震保险制度应以民众可接受的保费普及地震保险,与资本市场本质相矛盾,因此政府需对地震保险行业进行扶持与引导。③我国民众受教育水平较低,部分民众对于地震保险会采取逆向选择,而保险公司与民众信息的不对称最终导致高费率,反而使得房屋质量好、日常注意维修的优质客户不愿投保,因此政府需对民众进行正确引导。

综上所述,地震灾害损失巨量性、时空不确定性导致其不能在资本市场自由发展,而应有政府介入,这一点在巨灾保险制度成熟国家已充分体现,也成为学术界的共识,但政府部门采用何种方式介入、介入程度如何,则应与国家基本国情相适应。

政府介入一般采用三种形式:行政介入、财政介入、综合介入。行政介入是指政府通过行政手段对地震保险行业进行扶持,或作为非财政角色参与地震保险市场运营。财政介入是指政府以特定方式对资本市场进行资金支持,例如,政府对地震保险公司进行担保,若资本市场赔付能力不足,政府对超过资本市场赔付能力之外的索赔进行兜底赔付。综合介入即为两者综合。

我国地震保险制度中政府应起到综合介入的角色:①政府应成立特定部门以起到枢纽作用,通过沟通协调将全国资产良好的保险公司联合起来组建共保体;②政府部门应加强地震风险宣传力度,提高民众风险意识;③政府部门应从财政上对共保体成员公司给予支持,如降低税率;④政府部门应对超过共保体赔付能力的索赔进行财政兜底以提高共保体信用等级。上述①、②为行政介入,③、④为财政介入。

4. 保险普及方式

目前各国地震保险普及方式有完全自愿、部分强制、完全强制三种。

完全自愿是指居民自主选择是否投保。采用此类普及方式的国家或地区经济发展水平、民众受教育水平及风险意识均较高,如日本、美国加利福尼亚州等;部分强制是指居民并不被强制购买地震保险,但当居民办理某些业务时(如办理购房贷款)会被要求购买地震保险,如新西兰等;完全强制是指居民须先投保地震保险才可以申请住宅产权登记,如土耳其、罗马尼亚等。

现阶段我国应采用部分强制方式普及地震保险,原因如下:①我国居民受教育水平、风险意识较低。采取自愿购买形式的居民家庭财产保险在我国经济、政治、文化中心的北京普及率仅为 4.1%(根据 2011 年北京保险学会调查报告),因此完全自愿普及方式会造成地震保险普及率较低,故此方式不适宜。②我国现阶段经济发展水平较低,完全强制普及方式给居民造成额外负担,也不适宜。

我国部分强制式地震保险应逐步分层次进行普及,例如,先从新建房屋实行,民众购买房屋时强制缴纳;对于已建房屋,业主购买财产保险、火险或办理贷款业务时强制投保;剩余部分房屋应考虑地域差异循序渐进实施。为鼓励民众积极投保,政府的财政补贴应根据用户投保地震保险与否区别对待。对于拒不投保地震保险的房屋屋主,首先,不存在保险公司震后赔付;其次,不给予其政府财政补贴或补贴额度相较于投保用户降低一定比例,以引导居民投保。

5. 保单出售方式

地震保险制度健全的国家主要以两种方式出售保单:①作为火灾保险、家庭财产险等基本险的附加选择项,由民众自主选择;②与火灾保险、家庭财产保险等基本险捆绑出售,民众在购买财产基本险时必须购买地震保险,如法国、西班牙。多数国家和地区(如日本、美国加利福尼亚州、欧盟多数成员国)将地震保险保单与火灾保险保单共同发售的原因在于他们的房屋多为木结构,历次地震造成的火灾损失十分巨大,故将两者结合。

我国城镇、农村房屋多为钢筋混凝土结构和砌体结构等,相较于木结构,房屋主体结构受火灾影响较小,因此作者认为我国地震保单可单独出售。与火灾保险、家庭财产保险平行单独出售的另一个优势在于居民可根据家庭情况灵活性组合购买。

6. 保险金额制定

保险金额[1]是指在保险合同约束条款下,保险公司承担赔偿或给付保险金责任的最高限额,同时又是保险公司收取保险费的计算依据。通过设定保险保单赔付上限,进行限额赔付,保险公司可将风险控制在一定范围之内。与一般保险相同,我国地震保险也需设定保险金额作为地震保险最高赔付额。

地震保险成熟国家和地区保险金额设定原则各有不同:罗马尼亚保险金额为10000欧元、20000欧元两个档次;日本取火灾保险限额的30%~50%,主体结构不大于1000万日元,室内家庭财产不大于500万日元。

作者认为,地震保险目的在于保证居民震后基本住房需求,因此我国地震保险金额应根据家庭人数、区域人均住房面积、区域建筑物市场单价之积计算确定,这种确定方法有其独特优点:①考虑人均住房面积可保障震后居民基本住房需求;②保险费直接与保险金额相关,根据人均住房面积、建筑物市场单价确定保险金额可以更好地考虑各地经济水平差异,提高各地居民购买地震保险的积极性。

7. 免赔率确定

免赔率[1]为损失免赔金额与损失金额比值,分为相对免赔率与绝对免赔率两种。相对免赔率是指当实际损失比例超过免赔率时,保险公司赔偿被保险者的金额为实际全部损失额;绝对免赔率是指当实际损失比例超过免赔率时,保险公司仅赔偿被保险者超过免赔率部分的损失。

现阶段国际上采用最广泛的地震保险费率取值区间为2%~15%或规定固定免赔金额。参考各国免赔率并结合我国实际国情,建议我国地震保险制度应采取5%~10%的绝对免赔率。

设定免赔率优点:①设定免赔率可为地震保险公司减少损失较小的索赔单,降低工作量;②设定免赔率可提高房主日常主动维修房屋积极性以避免小震引起房屋损失较小而不能进行索赔的情形;③设定免赔率可减少被保险人保费支出,降低被保险人保费负担。

8. 保单涵盖范围

目前各国地震保险保单涵盖范围有住宅、个人财产两方面,新西兰、日本、法国及土耳其保单涵盖住宅与个人财产损失,墨西哥保单仅涵盖住宅损失。为与直接经济损失分类相对应,作者认为我国地震保险保单应涵盖三方面:房屋主体结构、房屋室内装修、房屋室内财产,居民在购买地震保险时可根据具体情况灵活投保,如房屋所有者可同时选三者进行投保,房屋租客则可只投保室内财产,而房屋出租者则只需投保房屋主体结构与房屋室内装修。

### 9. 地震保险法律法规

从多数地震保险成熟国家地震保险发展历程来看,其均以法律法规或立法机构颁布相关法令作为地震保险实施的后盾。例如,北岭地震之前,美国加利福尼亚州于1985年颁布相关法律,要求保险公司保险需涵盖地震风险,1996年加利福尼亚州立法机构通过了AB13、AB3232、SB1993、AB2086及SB1716法案应对北岭地震所出现的新问题;日本于1996年5月颁布《地震保险法》及《地震再保险特别会计法案》,并于同年6月实施;新西兰于1944年和1993年分别颁布《地震与战争损害法》和《地震委员会法》;法国于1982年颁布《1982年7月13日法》;土耳其于2000年颁布《强制地震保险法令(第578号)》。因此为使我国地震保险行业快速健康发展,我国应立法颁布适用于我国国情的地震保险法律法规,为我国地震保险行业发展奠定基础。

### 10. 地震风险分担机制

我国地震风险分担机制应分为三层:①保险公司;②中国地震保险共保组织;③政府机构,如图8.1所示。

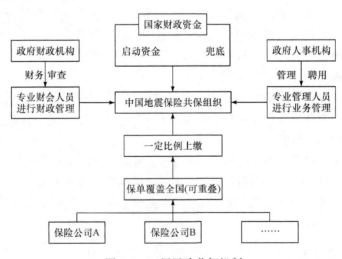

图8.1 三层风险分担机制

第一层为具备一定条件的保险公司,对于保险公司资格审查应由政府相关机构进行,以确保其良好信用与赔付能力。各保险公司可自由开展保险业务,保单覆盖范围可重叠,促使保险公司进行良性竞争以降低总保费中管理支出的费用。保险公司按一定比例上缴保费收入,其余保费自留,因此保险公司承担此部分风险,而保险公司在取得相关许可情况下可将此部分保费进行投资产生利润,反过来刺激保险公司更好地扩大保单涵盖范围。

第二层为中国地震保险共保组织,其处于核心地位,负责保险资金管理与保险赔付等业务管理。负责财政管理与业务管理的人员不为政府人员与保险公司人员,而是具备专业能力的第三方从业人员,但政府财政部门对中国地震保险共保组织进行财务审查,政府人事部门对中国地震保险共保组织进行人事管理与任命。综上所述,政府机构对中国地震保险共保组织负责,但不涉及具体业务管理,以提高管理效率。中国地震保险共保组织承担保险公司所缴保费相应比例的责任,负责保费管理、保险政策制定、建筑物损坏评估及保险赔付等相关工作。

第三层为政府财政部门。其具备两个功能:在共保组织建立之初,为确保共保组织具备一定的赔付能力,政府财政部门应对其给予财政支持;当国内某地遭受较大地震灾害损失使得赔付额超过共保组织赔付能力时,政府应对其兜底赔付。

地震保险成熟国家在风险承担机制中均引入再保险机制,究其原因是由各国保险覆盖面较小造成的:日本、新加坡、土耳其版图面积较小,保费积累较慢,若不引入再保险机制,一旦发生破坏性地震,赔付能力将严重不足;美国尽管版图较大,但仅加利福尼亚州地区实施地震保险,亦受限制。基于上述原因,作者认为我国无需进行地震风险再保险,原因如下:

根据西安市灞桥区群体建筑保险分析结果,结合灞桥区GDP占西安市比例、西安市GDP占陕西省比例、陕西省GDP占全国比例,估算出在地震保险完全普及、保险金额为100000元情况下,我国每年地震保费收入达500亿元以上。每次地震震后我国会对其造成的直接经济损失进行统计,而直接经济损失包括多项损失,远不止建筑物破坏损失,但与直接经济损失对比也可得到有益结论。2014年4月14日,玉树地震共造成直接经济损失560亿元,其损失程度基本等于全国地震年保费收入;2008年汶川地震造成直接经济损失达8451亿元,假定此损失由全国累积年保费进行赔付,仅需17年即可。破坏性较大的地震重现时间不好确定,而唐山地震至汶川地震时间跨度有30余年,累积年保费足以进行赔付。综上所述,作者认为我国现阶段尚不需要向国外保险公司进行再保险,原因有两个方面:①我国幅员辽阔,仅凭累积保费收入足以应对破坏性地震可能造成的损失;②不采用国外再保险可避免我国保费资源流失国外。

关于震后责任赔付问题分两种情况：①当震后索赔额未超过总累计保费额度时，保险公司承担赔付额等于未上缴保费收入比例与总索赔额乘积，共保组织所承担赔付额为总索赔额与保险公司承担赔付额之差，如图 8.2(a)所示；②当震后索赔额超过总累计保费额度时，保险公司承担赔付额等于未上缴保费收入比例与总累计保费乘积，共保组织所承担赔付额为总索赔额与保险公司承担赔付额之差，而超过累计总保费收入部分，由国家财政部进行兜底赔付，如图 8.2(b)所示。

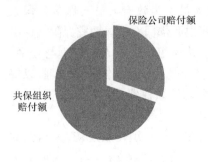 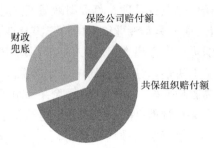

(a) 索赔额未超过累计保费额度　　　　(b) 索赔额超过累计保费额度

图 8.2　震后赔付责任划分

### 11. 震后赔付标准

震后赔付之前，需首先确定住所破坏状态，与保险费率计算相对应，作者认为我国地震保险赔付应根据结构破坏状态确定，而房屋住所破坏状态应根据住所与整体结构破坏严重者确定。

当住所破坏为严重破坏状态与倒塌时，认定拆除重置，保险赔付额取保险金额减免赔额；当住所破坏状态为基本完好、轻微破坏及中等破坏时，认定进行修复，保险赔付额根据房屋修复费用、保险金额、房屋价值及免赔额确定。

综上所述，本保险制度赔付标准为按照保险金额与房屋价值比例调整修复建筑物恢复原状所需费用。

## 8.4　建筑物地震保险费率厘定方法研究

与普通保险费率厘定不同，地震保险费率不能基于大数法则通过统计数据得到：①地震发生概率不能通过统计得到；②建筑物结构类型千差万别，因此通过统计得到的建筑物破坏概率具有很大局限性。鉴于上述原因，基于地震工程学理论以进行保险费率厘定的思路得到国内外学者的逐步认同，此法实施的前提条件是地震危险性、结构易损性及社会经济损失评估理论方法与模型的建立。本节基于第4章～第6章的研究成果，就如何合理地将其理论模型结合以实施建筑物地震保险费率厘定进行重点阐述。

### 8.4.1 地震危险性

关于地震危险性的相关概念及理论分析方法与模型已在第4章给出详细介绍，此处不再赘述。我国幅员辽阔，各个地区地震危险性差异很大，这一点可从我国地震区划图得到充分体现，因此各地区地震保险费率厘定应对本地区地震危险性差异给予充分考虑。如何合理恰当考虑地震危险性来进行地震费率厘定是本章论述重点之一。按照普通保险费率厘定原理：令保险纯费率等于被保险物损失期望值，即普通保险在费率厘定时考虑了所有可能导致保险标的产生损失的风险。文献[5]～[7]认为厘定费率应考虑所有可能发生的地震，其纯费率计算基本形式见式(8.4)，其本质是结构年损失期望值。文献[8]和[9]认为对于强度较小的地震，其所造成的灾害损失较小，因此不予考虑，其纯费率计算见式(8.5)。

$$BR = \sum_{I}\sum_{DS} P(DS,SH) \cdot DR_{DS} \cdot SH_I \tag{8.4}$$

$$BR = \sum_{I=6}^{11}\sum_{DS} P(DS,SH) \cdot DR_{DS} \cdot SH_I \tag{8.5}$$

式中，$I$ 为烈度级别；DS 为结构破坏状态；$SH_I$ 为可引起 $I$ 烈度的地震年发生概率；$P(DS,SH)$ 为地震烈度发生时，各破坏状态发生概率；$DR_{DS}$ 为 DS 破坏状态下的结构损失比。

厘定建筑物地震保险费率应遵从两个基本原则：

(1) 纯费率厘定理论基础正确，即其理论基础得到现阶段学术界认同。

(2) 建筑物地震保险费率应尽量降低，即在保证共保组织具备相当赔付能力前提下尽量降低地震保费。此外，在设计的地震保险制度中，保险公司为吸纳更多保单以吸收资本进行投资也会降低保费中管理成本与利润的比例。

基于上述原则，采用一定超越概率水平的地震动（地区设防烈度水平地震动强度）来表征地震危险性以进行地震保险费率厘定是可行的。除此之外，采用此指标还有如下优势：①计算某地区地震动超越概率曲线工作量较大，而我国地震动区划图即是以一定超越概率水平的地震动强度编制的，任何地区的相关数据均可轻易得到；②我国地震动区划图基于 CPSHA 理论制定，因此选用区域设防水平地震动强度进行费率厘定具有严谨的理论基础；③我国地震动区划图每隔一定时间即根据最新震害及地质研究最新进展进行更新，从而使得此指标不断更新，最终保证保险费率趋于合理。

## 8.4.2 结构地震易损性

结构地震易损性分析是指在可能遭遇到的各种强度地震作用下,一个地区的工程结构发生某种破坏程度的概率或可能性,也称为震害预测[10]。关于结构地震易损性分析的相关理论方法与模型已在第 4 章给出详细介绍,此处不再赘述。

目前国内学者厘定保险费率多基于经验易损性矩阵,经验易损性矩阵根据震后统计数据得到,有其固有缺陷:①基础数据少。我国未系统进行震后建筑物破坏数据统计,导致灾区既有建筑物震害数据不足。除此之外,现阶段我国城市大量新型结构形式与体系并未遭受过破坏性地震考验,缺乏震害资料。②适用性差。某地区统计得到的经验易损性矩阵由于地区差异并不一定适应另一地区,如两地场地条件不同使得地基-基础相互作用不同从而最终导致建筑物破坏状态不同。③不连续。一次地震只能统计得到该地震动强度下的结构破坏概率,经验易损性的不连续性使得选择合适地震风险以进行费率厘定难以实现。④主观性强。地震学专家在灾区判断建筑物破坏状态时主观判断影响较大,且根据既有结构经验易损性矩阵推断其他结构易损性矩阵也存在较大主观性。

与经验易损性比较,解析易损性方法得到的地震易损性曲线具有如下优点:①易损性曲线的获得不依赖于基础数据,对于任何结构均可建立典型结构有限元模型进行分析从而得到相关指标,并最终获得典型结构的地震易损性曲线;②在进行有限元分析时可根据具体情况区别对待以考虑建筑物特性,即易损性曲线适用性更强;③易损性曲线具备连续性,这一点对于选择合适地震动强度进行费率厘定尤为重要;④解析易损性原理具有严谨数学理论基础,使得其在运用过程中受主观影响较小,结论更加客观;⑤易损性曲线具有标准数学表征,不同建筑结构只需根据有限元分析结果修改参数即可,使得易损性曲线储存与调用更加方便。

综上所述,本章基于解析地震易损性曲线进行保险费率厘定。

## 8.4.3 建筑结构地震灾害损失

保险费率厘定涉及两方面:①保险标的损失概率;②相应保险标的损失大小。8.4.1 节和 8.4.2 节主要解决第一方面问题,即概率问题,本节主要对地震可能造成的损失种类及如何合理度量损失进行论述。依据第 6 章的理论成果,可将建筑物地震保险费率分为主体结构费率、建筑装修费率及室内财产费率三部分,其中不同类型结构的破坏状态定义、损失比取值等详见 6.2.2 节。

## 8.4.4 保险费率厘定方法与保险赔付

地震保险总费率由三部分构成:纯费率、保险公司或再保险公司正常营业开销及相应利润。而保费中营业开销与利润应通过一定时间业务实施方可确定,因此本节暂不涉及这部分内容,仅对纯费率厘定进行论述。

1. 纯费率厘定方法论述

分别按两种不同方案进行地震保险纯费率厘定,以对比说明本节所采用的纯费率厘定方法是合理可行的。

方案一:考虑所有破坏性较强的地震危险性进行费率厘定。首先仅考虑50年超越概率分别为2%、10%、63.2%三个水平地震动作为地震危险性表征以进行地震保险费率厘定,若考虑此三类地震危险性水平所厘定出的费率已不合理,则无需考虑所有破坏性地震。

方案二:考虑一定超越概率水平地震动强度作为地震危险性表征以进行地震保险费率厘定。这里考虑以50年超越概率为10%的地震动水平作为地震危险性表征以进行纯费率厘定。

方案一地震保险费率厘定见式(8.6)。式中,不同地震危险性水平所对应的不同破坏状态概率意义如图8.3所示。

$$BR = \sum_{SH}\sum_{DS} P(DS, SH) \cdot DR_{DS} \cdot P_{SH} \tag{8.6}$$

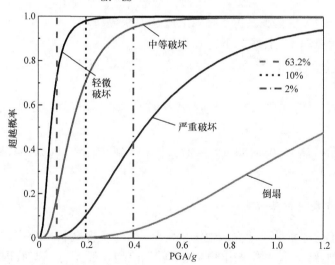

图 8.3　方案一费率厘定示意图

方案二保险费率厘定见式(8.7)。

$$BR = P_{SH} \cdot PML \tag{8.7}$$

式中,PML为结构可能的最大损失值,本节将其定义为结构遭受本地区设防烈度水平地震动作用(假定结构所在地区基本设防烈度在地震动区划图更新后未改变)

后可能的最大损失值,按式(8.8)计算。

$$\text{PML} = \sum_{\text{DS}} P(\text{DS},\text{SH}) \cdot \text{DR}_{\text{DS}} \tag{8.8}$$

式中,不同地震危险性水平所对应的不同破坏状态概率意义如图8.4所示。

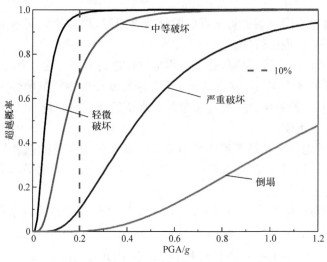

图8.4 方案二费率厘定示意图

根据CPSHA中地震发生在时间上服从泊松分布理论假定,不同危险性水平地震动年发生概率 $P_{\text{SH}}$ 计算如下:

由 $1-[1-P_{\text{SH}}(10\%,50)]^{50}=63.2\%$ 计算得到 $P_{\text{SH}}=0.02$,即重现周期 $1/P_{\text{SH}}=50$ 年。

由 $1-[1-P_{\text{SH}}(10\%,50)]^{50}=10\%$ 计算得到 $P_{\text{SH}}=0.002105$,即重现周期 $1/P_{\text{SH}}=475$ 年。

由 $1-[1-P_{\text{SH}}(10\%,50)]^{50}=2\%$ 计算得到 $P_{\text{SH}}=0.000404$,即重现周期 $1/P_{\text{SH}}=2475$ 年。

**2. 纯费率厘定方法确定**

本节基于前述章节所建立的地震危险性、结构易损性及社会经济损失评估理论方法与模型,结合本章拟采用的两种地震保险费率厘定方案对我国地震保险费率厘定方法进行讨论。

如前所述,地震保险费率厘定需在正确理论基础之上尽量降低费率水平,因此本节首先通过两种不同方案厘定出保险费率,然后通过与地震保险发展成熟国家保险费率进行对比,说明选择何种方案合适。

方案一:考虑所有破坏性较强的地震危险性进行费率厘定,首先仅考虑50年超越概率分别为2%、10%、63.2%三个水平的地震动作为地震危险性表征,以进行地震保险费率厘定,若考虑此三个水平地震危险性得到的地震保险费率不合理,则无需再多考虑其他水平的地震危险性。

方案二:考虑以50年超越概率为10%的地震动水平作为地震危险性表征,以进行地震保险费率厘定。

以下基于第5章所建立的各类典型结构解析地震易损性曲线数据库进行相应结构地震保险费率厘定。不妨以典型RC框架结构作为实例来进行费率厘定过程说明。典型RC框架结构:建筑高度(层数)为2层、5层、8层、10层,层高3.6m,抗震设防烈度为6度(0.05g)、7度(0.1g)、7度(0.15g)、8度(0.2g),服役龄期为30年,抗震设计规范为《工业与民用建筑抗震设计规范》(TJ 11—78)。其中,《工业与民用建筑抗震设计规范》(TJ 11—78)、30年、8度设防、不同层数典型RC框架结构的解析地震易损性曲线如图8.5所示。

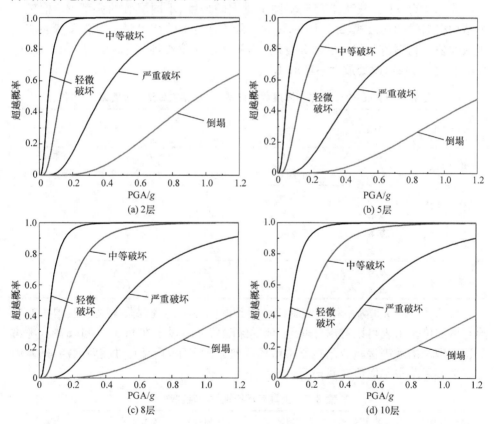

图8.5 TJ 11—78、30年、8度设防、不同层数的典型RC框架结构地震易损性曲线

根据式(8.8)计算得到TJ 11—78、30年、不同抗震设防烈度、不同层数的典型RC框架主体结构的PML值,如图8.6所示。

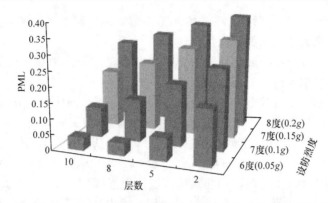

图 8.6　TJ 11—78、30 年不同层数的典型 RC 框架主体结构的 PML 值

表 8.6 为 TJ 11—78、30 年、不同抗震设防烈度、不同层数的典型 RC 框架主体结构根据式(8.6)、式(8.7)两种不同方案计算所得的纯费率。因总保费还应包含保险公司利润、管理费、税金等费用,相关文献建议在纯费率基础上乘以 1.2～1.67 的放大系数,此处放大系数取 1.5。

表 8.6　TJ 11—78、30 年不同层数的典型 RC 框架主体结构纯费率　（单位:‰）

| 设防烈度 | 方案 | 层数 | | | |
| --- | --- | --- | --- | --- | --- |
|  |  | 10 | 8 | 5 | 2 |
| 6 度(0.05g) | 方案二 | 0.131 | 0.128 | 0.233 | 0.561 |
|  | 方案一 | 0.309 | 0.296 | 0.608 | 2.157 |
| 7 度(0.1g) | 方案二 | 0.437 | 0.436 | 0.635 | 1.052 |
|  | 方案一 | 1.365 | 1.338 | 2.300 | 3.405 |
| 7 度(0.15g) | 方案二 | 0.682 | 0.713 | 0.902 | 1.211 |
|  | 方案一 | 2.006 | 2.078 | 3.144 | 4.947 |
| 8 度(0.2g) | 方案二 | 0.820 | 0.943 | 1.079 | 1.190 |
|  | 方案一 | 2.610 | 3.533 | 4.538 | 4.970 |

表 8.7～表 8.9 为由相关文献统计得到的国际上地震保险发展成熟国家的保险费率取值。由表可以看出,国际上地震保险费率多设定在 0.5‰～1.55‰,考虑到这些国家的地震保险业已在资本市场成熟运营多年,且经受过震后索赔考验,因此其地震保险费率取值对我国有一定的参考价值。

表 8.7　土耳其现行地震保险费率　（单位:‰）

| 结构类型 | 1 类地区 | 2 类地区 | 3 类地区 | 4 类地区 | 5 类地区 |
| --- | --- | --- | --- | --- | --- |
| 钢、RC 框架 | 2.20 | 1.55 | 0.83 | 0.55 | 0.44 |
| 砌体 | 3.85 | 2.75 | 1.43 | 0.60 | 0.50 |
| 其他结构 | 5.50 | 3.53 | 1.76 | 0.78 | 0.58 |

注:1～5 类地区编号表征地区地震危险性,1 类地震危险性最高,5 类最低。

**表 8.8　日本现行地震保险费率**　　　　　　　　　　（单位：‰）

| 区域 | 木结构 | | 非木结构 | |
| --- | --- | --- | --- | --- |
| | 建筑物 | 财产 | 建筑物 | 财产 |
| 1 类地区 | 2.3 | 1.7 | 0.7 | 0.5 |
| 2 类地区 | 2.9 | 2.0 | 0.8 | 0.6 |
| 3 类地区 | 3.7 | 2.6 | 1.4 | 1.0 |
| 4 类地区 | 4.2 | 3.0 | 1.6 | 1.1 |
| 5 类地区 | 4.8 | 3.4 | 1.8 | 1.3 |

注：1～5 类地区编号表征地区地震危险性，1 类地震危险性最低，5 类最高。

**表 8.9　其他国家或地区地震保险费率**　　　　　　（单位：‰）

| 国家/地区 | 费率 |
| --- | --- |
| 新西兰 | 0.1～0.5 |
| 美国加利福尼亚州 | 1.05～5.25 |
| 墨西哥 | 0.2～5.3 |
| 法国 | 基本保单的 12% |

由表 8.6 可知，除去 6 度设防（其地震危险性较小导致费率太小，故不予考虑），由方案一确定的地震保险费率为 1.365‰～4.97‰，由方案二确定的地震保险费率为 0.437‰～1.19‰，而所选结构为 RC 框架结构且龄期较短（30 年），对于龄期更长的 RC 框架结构，或者抗震性能较差的砌体结构，此费率会更高。由此可见，方案一确定的地震保险费率远高于地震保险成熟国家现行费率，而方案二确定的保险费率则相对较接近，比较合理。

采用此水平地震危险性意味着某地保费需积累 245 年才可应对该强度地震动所造成的损失，若地震发生时间提前，相应累计保费赔付能力将不足。处理此问题的方式已在 8.3 节给予论述，即所建立的保险制度不是区域性的，而是全国性的，换句话说，共保组织保费收入来源于全国各地，但其保费赔付仅针对地震灾区。进一步的计算分析表明，按方案二确定的地震保险费率收取保费，运营 17 年其保费积累即可应对汶川地震所造成的经济损失，运营 1 年其保费积累即可应对玉树地震所造成的经济损失，表明按方案二确定的保险费率水平具有理论依据，使得共保组织具备赔付能力，同时可降低投保居民经济压力，提高国民投保积极性，即满足前面所提出的厘定方法正确与尽量降低保险费率这两个原则。

3. 总费率确定

我国地震保险运行需市场化，且需保证市场运营稳定，因此应在本节厘定出的保险纯费率基础上考虑利润等附加系数与稳定系数。如前文所述，我国地震保险制度宜采取保险公司、共保组织、政府兜底三个层次,而保险公司与共保组织运营机制不同会导致附加系数不同,因此需对其原理详细说明。

根据地震灾害所造成的损失情况不同,保险公司、共保组织所需赔付额相应变化:①当索赔额小于免赔额时,保险公司与共保组织无需进行赔付;②当索赔额大于免赔额而小于保险金额时,保险公司与共保组织对于索赔额按各自责任比例进行赔付;③当索赔额大于保险金额时,保险公司与共保组织对保险金额按各自责任比例进行赔付。在考虑保险公司、共保组织不同管理方式及利润情况下,得到建筑物年总保费计算公式如下:

$$\begin{aligned}\text{TP} = [&(AL-IV\cdot\delta)\kappa_1\gamma(1+\beta_1)(1+\varphi_1)\\&+(AL-IV\cdot\delta)\kappa_1(1-\gamma)(1+\beta_2)(1+\varphi_2)\\&+(IV-IV\cdot\delta)\kappa_2\gamma(1+\beta_1)(1+\varphi_1)\\&+(IV-IV\cdot\delta)\kappa_2(1-\gamma)(1+\beta_2)(1+\varphi_2)]\times\xi\end{aligned} \quad (8.9)$$

式中,$\kappa_1$ 为索赔额大于免赔额而小于保险金额时的概率;$\kappa_2$ 为索赔额大于保险金额时的概率;$\gamma$ 为保险公司所承担风险责任比例;$\beta_1$ 为保险公司利润系数,涵盖保险公司利润、管理费、税金等费用;$\varphi_1$ 为保险公司稳定系数,可保证保险公司赔付能力稳定;$\beta_2$ 为共保组织利润系数,涵盖共保组织利润、管理费、税金等费用;$\varphi_2$ 为共保组织稳定系数,可保证共保组织赔付能力稳定;$\xi$ 为重置成本差异系数,用以反映各地经济发展水平差异;AL 为建筑物纯年保费,或称建筑物年纯索赔期望值;IV 为建筑物保险金额;$\delta$ 为免赔率。

地震保险总费率按式(8.10)计算:

$$\text{TPR}=\frac{\text{TP}}{\text{IV}} \quad (8.10)$$

由此可见,为求得地震保险总费率,不仅需要解决 $\kappa_1$、$\kappa_2$ 这些目前较难求解的理论问题,而且还需要解决 $\varphi$、$\beta$ 这些与市场运营等实践方面相关的问题,而我国在这方面缺乏成熟研究。国际上通常采取扩大系数法对其进行粗略考虑,因此本节不对其进行探讨,仅对总费率核心部分——纯费率进行详细阐述。后面如无特指总费率,均采用费率称谓代替纯费率。

需要说明的是,因费率厘定计算所采用的损失比为损失比中间值或平均值,其值与地区经济发展水平密切相关,对于震后建筑物赔付,赔付额与建筑物破坏状态及建筑物重置相关,而全国各地房屋重建费用相差较大,对于全国各地区均采用相同损失比进行费率厘定显然是不合理的,因此需将损失比与区域经济联系起来,因此引入能反应各地区建筑物重置成本差异的系数 $\xi$ 以修正地震保险费率。

通过查阅 2011~2015 年《中国统计年鉴》(建筑业),筛选出各地区建筑业房屋建筑面积(竣工面积)与各地区建筑业总产值,得到各地区建筑物平均单价与全国平均单价,对比得到各年度各地区建筑物平均单价与全国(未包含港澳台数据)平均单价比值,最后综合考虑得到建筑物重置成本差异系数 $\xi$,以表征经济发展水平对保险费率的影响，重置成本差异系数 $\xi$ 取值见表 8.10。

表 8.10 建筑物重置成本差异系数（未包含港澳台数据）

| 地区 | 年份 | | | | | $\xi$ |
|---|---|---|---|---|---|---|
| | 2014 | 2013 | 2012 | 2011 | 2010 | |
| 北京 | 2.12 | 2.21 | 2.05 | 2.53 | 2.22 | 2.226 |
| 天津 | 3.06 | 2.65 | 2.96 | 3.06 | 2.54 | 2.854 |
| 河北 | 1.07 | 1.03 | 1.02 | 1.01 | 0.90 | 1.006 |
| 山西 | 1.89 | 2.09 | 2.21 | 2.48 | 2.10 | 2.154 |
| 内蒙古 | 0.92 | 1.04 | 1.03 | 0.93 | 0.75 | 0.934 |
| 辽宁 | 1.14 | 1.14 | 1.13 | 1.01 | 0.91 | 1.066 |
| 吉林 | 0.82 | 0.85 | 0.86 | 1.05 | 0.80 | 0.876 |
| 黑龙江 | 1.33 | 1.46 | 1.43 | 1.24 | 1.24 | 1.340 |
| 上海 | 1.74 | 1.99 | 1.96 | 2.07 | 1.75 | 1.902 |
| 江苏 | 0.77 | 0.78 | 0.79 | 0.75 | 0.65 | 0.748 |
| 浙江 | 0.82 | 0.81 | 0.82 | 0.79 | 0.67 | 0.782 |
| 安徽 | 0.86 | 0.85 | 0.83 | 0.82 | 0.69 | 0.810 |
| 福建 | 1.04 | 1.01 | 0.94 | 0.91 | 0.82 | 0.944 |
| 江西 | 0.78 | 0.71 | 0.72 | 0.72 | 0.66 | 0.718 |
| 山东 | 0.92 | 0.90 | 0.88 | 0.91 | 0.73 | 0.868 |
| 河南 | 0.96 | 1.01 | 0.96 | 0.94 | 0.85 | 0.944 |
| 湖北 | 0.97 | 0.93 | 0.90 | 0.92 | 0.86 | 0.916 |
| 湖南 | 0.87 | 0.83 | 0.86 | 0.90 | 0.76 | 0.844 |
| 广东 | 1.44 | 1.42 | 1.26 | 1.26 | 1.17 | 1.310 |
| 广西 | 0.93 | 0.96 | 0.97 | 0.90 | 0.76 | 0.904 |
| 海南 | 0.85 | 0.77 | 0.91 | 1.18 | 0.99 | 0.940 |
| 重庆 | 1.04 | 0.95 | 0.90 | 1.00 | 0.77 | 0.932 |
| 四川 | 0.99 | 0.92 | 1.04 | 1.04 | 0.87 | 0.972 |
| 贵州 | 1.40 | 1.36 | 1.46 | 1.46 | 1.17 | 1.370 |
| 云南 | 1.01 | 1.10 | 1.05 | 1.14 | 8.71 | 2.602 |
| 西藏 | 1.08 | 1.69 | 1.64 | 2.80 | 2.41 | 1.924 |
| 陕西 | 1.58 | 1.60 | 1.71 | 1.53 | 2.05 | 1.694 |
| 甘肃 | 1.04 | 1.12 | 1.11 | 1.04 | 0.95 | 1.052 |
| 青海 | 2.17 | 2.33 | 2.48 | 3.72 | 2.59 | 2.658 |
| 宁夏 | 1.00 | 0.72 | 0.80 | 0.84 | 0.81 | 0.834 |
| 新疆 | 0.90 | 0.90 | 0.93 | 0.84 | 0.96 | 0.906 |

本节所采用的建筑物重置成本差异系数 $\xi$ 范围仅体现到部分省（自治区、直辖市），因数据缺乏暂不能再进行细分，若后续数据完善，可采用类似方法对同省各地区进行进一步修正划分，使得地区经济水平差异进一步得到体现。

4. 震后保险赔付

震后进行赔付时，由具有震害评估经验的专家对索赔受损房屋进行现场评估（房屋受损程度评估原则见表 8.4），赔付金额结合建筑物受损程度、相应损失比、当地建筑物重置单价及保险金额综合分析确定，具体按式(8.11)计算：

$$CP=\begin{cases} 0, & LC \leqslant IV \cdot \alpha \\ LC \cdot \dfrac{IV}{TV} - IV \cdot \alpha, & LC > IV \cdot \alpha \end{cases} \quad (8.11)$$

式中，LC 为赔付金额，为尽快恢复重建，震后可先按式(8.12)估算，待房屋修复后再按实际修复费用进行修正，以加快震后恢复重建；IV 为保险金额，主体结构、建筑物装修及室内财产保险金额均可由投保者自己设定；TV 为房屋总价或建筑物装修总价或室内财产总价；$\alpha$ 为免赔率，可由投保者根据实际情况自己设定。

$$LC = UCR \cdot AR \cdot LR_i \quad (8.12)$$

式中，UCR 为地区房屋重置单价；AR 为房屋面积；$LR_i$ 为与建筑物损坏程度相对应的损失比，建筑物损坏程度由专家评估。

## 8.5 RC 框架结构地震保险费率厘定

基于第 4 章～第 6 章所建立的地震危险性、结构易损性及社会经济损失评估理论方法与模型，结合 8.4.4 节方案二建立的地震保险纯费率计算公式(8.7)，可计算得到不同高度（层数）、服役龄期、设防烈度、抗震设计规范的典型 RC 框架结构主体结构、建筑装修和室内财产的地震保险费率，见表 8.11～表 8.19。

表 8.11　GBJ 11—89 典型 RC 框架结构主体结构地震保险费率（单位：‰）

| 龄期 | 设防烈度 | 层数 | | | |
| --- | --- | --- | --- | --- | --- |
| | | 10 | 8 | 5 | 2 |
| 30 年 | 6 度(0.05g) | 0.085 | 0.088 | 0.155 | 0.374 |
| | 7 度(0.1g) | 0.266 | 0.283 | 0.394 | 0.576 |
| | 7 度(0.15g) | 0.390 | 0.475 | 0.566 | 0.626 |
| | 8 度(0.2g) | 0.494 | 0.521 | 0.581 | 0.644 |

续表

| 龄期 | 设防烈度 | 层数 | | | |
|---|---|---|---|---|---|
| | | 10 | 8 | 5 | 2 |
| 40 年 | 6 度(0.05g) | 0.090 | 0.092 | 0.163 | 0.393 |
| | 7 度(0.1g) | 0.279 | 0.297 | 0.414 | 0.605 |
| | 7 度(0.15g) | 0.410 | 0.498 | 0.594 | 0.657 |
| | 8 度(0.2g) | 0.519 | 0.547 | 0.610 | 0.677 |
| 50 年 | 6 度(0.05g) | 0.106 | 0.102 | 0.185 | 0.431 |
| | 7 度(0.1g) | 0.312 | 0.331 | 0.455 | 0.648 |
| | 7 度(0.15g) | 0.448 | 0.540 | 0.637 | 0.699 |
| | 8 度(0.2g) | 0.562 | 0.589 | 0.653 | 0.720 |
| 60 年 | 6 度(0.05g) | 0.113 | 0.120 | 0.186 | 0.454 |
| | 7 度(0.1g) | 0.331 | 0.351 | 0.479 | 0.678 |
| | 7 度(0.15g) | 0.471 | 0.566 | 0.666 | 0.731 |
| | 8 度(0.2g) | 0.589 | 0.617 | 0.683 | 0.751 |

表 8.12　GBJ 11—89 典型 RC 框架结构建筑装修地震保险费率(单位:‰)

| 龄期 | 设防烈度 | 层数 | | | |
|---|---|---|---|---|---|
| | | 10 | 8 | 5 | 2 |
| 30 年 | 6 度(0.05g) | 0.131 | 0.118 | 0.204 | 0.381 |
| | 7 度(0.1g) | 0.404 | 0.458 | 0.488 | 0.624 |
| | 7 度(0.15g) | 0.484 | 0.574 | 0.658 | 0.679 |
| | 8 度(0.2g) | 0.593 | 0.593 | 0.677 | 0.735 |
| 40 年 | 6 度(0.05g) | 0.225 | 0.223 | 0.295 | 0.505 |
| | 7 度(0.1g) | 0.409 | 0.420 | 0.524 | 0.692 |
| | 7.5 度(0.15g) | 0.520 | 0.599 | 0.683 | 0.740 |
| | 8 度(0.2g) | 0.606 | 0.632 | 0.692 | 0.751 |
| 50 年 | 6 度(0.05g) | 0.242 | 0.239 | 0.323 | 0.557 |
| | 7 度(0.1g) | 0.446 | 0.464 | 0.579 | 0.760 |
| | 7 度(0.15g) | 0.573 | 0.659 | 0.750 | 0.810 |
| | 8 度(0.2g) | 0.678 | 0.706 | 0.766 | 0.825 |

续表

| 龄期 | 设防烈度 | 层数 | | | |
|---|---|---|---|---|---|
| | | 10 | 8 | 5 | 2 |
| 60年 | 6度(0.05g) | 0.250 | 0.246 | 0.322 | 0.578 |
| | 7度(0.1g) | 0.463 | 0.482 | 0.601 | 0.789 |
| | 7度(0.15g) | 0.595 | 0.684 | 0.778 | 0.841 |
| | 8度(0.2g) | 0.705 | 0.733 | 0.795 | 0.856 |

表 8.13　GBJ 11—89 典型 RC 框架结构建筑室内财产地震保险费率

（单位:‰）

| 龄期 | 设防烈度 | 层数 | | | |
|---|---|---|---|---|---|
| | | 10 | 8 | 5 | 2 |
| 30年 | 6度(0.05g) | 0.007 | 0.007 | 0.015 | 0.035 |
| | 7度(0.1g) | 0.026 | 0.032 | 0.385 | 0.071 |
| | 7度(0.15g) | 0.047 | 0.058 | 0.070 | 0.082 |
| | 8度(0.2g) | 0.058 | 0.066 | 0.079 | 0.083 |
| 40年 | 6度(0.05g) | 0.009 | 0.009 | 0.018 | 0.048 |
| | 7度(0.1g) | 0.032 | 0.033 | 0.049 | 0.081 |
| | 7度(0.15g) | 0.051 | 0.064 | 0.079 | 0.093 |
| | 8度(0.2g) | 0.066 | 0.073 | 0.084 | 0.091 |
| 50年 | 6度(0.05g) | 0.012 | 0.012 | 0.021 | 0.058 |
| | 7度(0.1g) | 0.038 | 0.041 | 0.059 | 0.097 |
| | 7度(0.15g) | 0.061 | 0.078 | 0.095 | 0.110 |
| | 8度(0.2g) | 0.079 | 0.088 | 0.101 | 0.110 |
| 60年 | 6度(0.05g) | 0.013 | 0.013 | 0.022 | 0.062 |
| | 7度(0.1g) | 0.041 | 0.044 | 0.064 | 0.105 |
| | 7度(0.15g) | 0.066 | 0.084 | 0.103 | 0.121 |
| | 8度(0.2g) | 0.087 | 0.095 | 0.110 | 0.119 |

表 8.14　TJ 11—78 典型 RC 框架结构主体结构地震保险费率（单位:‰）

| 龄期 | 设防烈度 | 层数 | | | |
|---|---|---|---|---|---|
| | | 10 | 8 | 5 | 2 |
| 30年 | 6度(0.05g) | 0.089 | 0.088 | 0.160 | 0.384 |
| | 7度(0.1g) | 0.291 | 0.291 | 0.423 | 0.701 |
| | 7度(0.15g) | 0.455 | 0.475 | 0.601 | 0.767 |
| | 8度(0.2g) | 0.547 | 0.629 | 0.720 | 0.794 |

续表

| 龄期 | 设防烈度 | 层数 | | | |
|---|---|---|---|---|---|
| | | 10 | 8 | 5 | 2 |
| 40年 | 6度(0.05g) | 0.094 | 0.096 | 0.168 | 0.395 |
| | 7度(0.1g) | 0.300 | 0.323 | 0.454 | 0.742 |
| | 7度(0.15g) | 0.454 | 0.476 | 0.602 | 0.809 |
| | 8度(0.2g) | 0.547 | 0.630 | 0.721 | 0.855 |
| 50年 | 6度(0.05g) | 0.116 | 0.122 | 0.205 | 0.451 |
| | 7度(0.1g) | 0.320 | 0.339 | 0.485 | 0.777 |
| | 7度(0.15g) | 0.517 | 0.542 | 0.674 | 0.858 |
| | 8度(0.2g) | 0.613 | 0.702 | 0.797 | 0.870 |
| 60年 | 6度(0.05g) | 0.123 | 0.130 | 0.226 | 0.474 |
| | 7度(0.1g) | 0.360 | 0.358 | 0.505 | 0.811 |
| | 7度(0.15g) | 0.543 | 0.569 | 0.704 | 0.894 |
| | 8度(0.2g) | 0.643 | 0.734 | 0.831 | 0.910 |

表8.15 TJ 11—78 典型 RC 框架结构建筑装修地震保险费率（单位:‰）

| 龄期 | 设防烈度 | 层数 | | | |
|---|---|---|---|---|---|
| | | 10 | 8 | 5 | 2 |
| 30年 | 6度(0.05g) | 0.140 | 0.136 | 0.233 | 0.505 |
| | 7度(0.1g) | 0.428 | 0.428 | 0.551 | 0.814 |
| | 7度(0.15g) | 0.581 | 0.598 | 0.715 | 0.916 |
| | 8度(0.2g) | 0.667 | 0.744 | 0.829 | 0.903 |
| 40年 | 6度(0.05g) | 0.226 | 0.234 | 0.302 | 0.518 |
| | 7度(0.1g) | 0.603 | 0.607 | 1.127 | 1.029 |
| | 7度(0.15g) | 0.579 | 0.598 | 0.716 | 0.918 |
| | 8度(0.2g) | 0.668 | 0.745 | 0.830 | 0.905 |
| 50年 | 6度(0.05g) | 0.243 | 0.248 | 0.324 | 0.558 |
| | 7度(0.1g) | 0.472 | 0.471 | 0.607 | 0.891 |
| | 7度(0.15g) | 0.638 | 0.660 | 0.785 | 1.000 |
| | 8度(0.2g) | 0.729 | 0.816 | 0.907 | 0.984 |

续表

| 龄期 | 设防烈度 | 层数 | | | |
|---|---|---|---|---|---|
| | | 10 | 8 | 5 | 2 |
| 60年 | 6度(0.05g) | 0.252 | 0.251 | 0.327 | 0.579 |
| | 7度(0.1g) | 0.490 | 0.489 | 0.624 | 0.924 |
| | 7度(0.15g) | 0.662 | 0.685 | 0.815 | 1.038 |
| | 8度(0.2g) | 0.760 | 0.847 | 0.942 | 1.024 |

表8.16 TJ 11—78典型RC框架结构建筑室内财产地震保险费率

(单位:‰)

| 龄期 | 设防烈度 | 层数 | | | |
|---|---|---|---|---|---|
| | | 10 | 8 | 5 | 2 |
| 30年 | 6度(0.05g) | 0.009 | 0.009 | 0.018 | 0.048 |
| | 7度(0.1g) | 0.035 | 0.035 | 0.055 | 0.114 |
| | 7度(0.15g) | 0.059 | 0.063 | 0.086 | 0.139 |
| | 8度(0.2g) | 0.078 | 0.095 | 0.114 | 0.136 |
| 40年 | 6度(0.05g) | 0.010 | 0.011 | 0.019 | 0.052 |
| | 7度(0.1g) | 0.064 | 0.066 | 0.245 | 0.185 |
| | 7度(0.15g) | 0.060 | 0.063 | 0.086 | 0.140 |
| | 8度(0.2g) | 0.079 | 0.096 | 0.115 | 0.137 |
| 50年 | 6度(0.05g) | 0.013 | 0.013 | 0.024 | 0.058 |
| | 7度(0.1g) | 0.043 | 0.043 | 0.066 | 0.139 |
| | 7度(0.15g) | 0.072 | 0.076 | 0.104 | 0.169 |
| | 8度(0.2g) | 0.093 | 0.116 | 0.139 | 0.160 |
| 60年 | 6度(0.05g) | 0.013 | 0.015 | 0.026 | 0.063 |
| | 7度(0.1g) | 0.046 | 0.046 | 0.071 | 0.152 |
| | 7度(0.15g) | 0.078 | 0.082 | 0.113 | 0.187 |
| | 8度(0.2g) | 0.103 | 0.127 | 0.153 | 0.183 |

表8.17 TJ 11—78之前典型RC框架结构主体结构地震保险费率

(单位:‰)

| 龄期 | 设防烈度 | 层数 | | | |
|---|---|---|---|---|---|
| | | 10 | 8 | 5 | 2 |
| 40年 | 6度(0.05g) | 0.262 | 0.271 | 0.366 | 0.418 |
| 50年 | 6度(0.05g) | 0.288 | 0.343 | 0.371 | 0.528 |
| 60年 | 6度(0.05g) | 0.298 | 0.369 | 0.410 | 0.653 |

表 8.18　TJ 11—78 之前典型 RC 框架结构建筑装修地震保险费率

(单位:‰)

| 龄期 | 设防烈度 | 层数 | | | |
|---|---|---|---|---|---|
| | | 10 | 8 | 5 | 2 |
| 40 年 | 6 度(0.05g) | 0.274 | 0.282 | 0.391 | 0.610 |
| 50 年 | 6 度(0.05g) | 0.295 | 0.356 | 0.395 | 0.672 |
| 60 年 | 6 度(0.05g) | 0.305 | 0.386 | 0.412 | 0.697 |

表 8.19　TJ 11—78 之前典型 RC 框架结构建筑室内财产地震保险费率

(单位:‰)

| 龄期 | 设防烈度 | 层数 | | | |
|---|---|---|---|---|---|
| | | 10 | 8 | 5 | 2 |
| 40 年 | 6 度(0.05g) | 0.012 | 0.020 | 0.022 | 0.058 |
| 50 年 | 6 度(0.05g) | 0.016 | 0.022 | 0.037 | 0.070 |
| 60 年 | 6 度(0.05g) | 0.019 | 0.025 | 0.050 | 0.076 |

注:因 1978 年之前我国无抗震设计规范,因此 1978 年之前建筑物均按 6 度抗震设防烈度考虑。

对比表 8.11~表 8.19 可知:

(1) 随着抗震设计规范不断改进与完善,RC 框架结构主体结构、建筑装修及室内财产的地震保险费率均逐渐降低,该规律与我国建筑物结构可靠度随抗震设计规范更新而不断提升相一致。

(2) 随着建筑层数增加,地震保险费率逐渐降低;随地区设防烈度提高,地震保险费率逐渐增大;随着服役龄期的增加,建筑物抗震性能逐步劣化,则地震保险费率相应增大。

(3) 建筑装修地震保险费率最高,主体结构地震保险费率次之,室内财产地震保险费率最低,原因在于相同破坏状态下,建筑装修损失相较于其重置成本来说所占比例较大。尽管建筑装修地震保险费率较高,但因其重置成本低,相应建筑装修年保费仍较低。

(4) 在相同抗震设计规范与设防烈度下,地震保险费与建筑物层数和服役龄期有关,其随建筑物层数增加而降低、随服役龄期增长而提高。以下采用 MATLAB 对保险费率进行多因素拟合分析,以得到相同抗震设计规范与设防烈度下,RC 框架结构地震保险费率与层数和服役龄期的关系,如式(8.13)所示,图 8.7 为相应 MATLAB 拟合图。由表 8.20 及图 8.7 可知,拟合精度较高,按其即可求得相同抗震设计规范与设防烈度下,任意层数与服役龄期 RC 框架结构的地震保险费率。

$$BR = A + Bx + Cy \tag{8.13}$$

式中,$x$ 为服役龄期;$y$ 为层数;$A$、$B$、$C$ 为待定参数,其拟合值见表 8.20。

表 8.20 典型 RC 框架结构地震保险费率公式参数拟合值

| 类别 | 参数 | | | |
|---|---|---|---|---|
| | A | B | C | $R^2$ |
| 8度(0.2g)、TJ 11—78 | 0.7366 | 0.00394 | −0.03145 | 0.9699 |
| 7度(0.15g)、TJ 11—78 | 0.7483 | 0.00342 | −0.04454 | 0.9412 |
| 7度(0.1g)、TJ 11—78 | 0.6920 | 0.00272 | −0.05548 | 0.8972 |
| 6度(0.05g)、TJ 11—78 | 0.3815 | 0.00134 | −0.03910 | 0.8343 |
| 8度(0.2g)、GBJ 11—89 | 0.5805 | 0.00342 | −0.01993 | 0.9928 |
| 7度(0.15g)、GBJ 11—89 | 0.6070 | 0.00325 | −0.03079 | 0.9770 |
| 7度(0.1g)、GBJ 11—89 | 0.5555 | 0.00279 | −0.04197 | 0.9291 |
| 6度(0.05g)、GBJ 11—89 | 0.3709 | 0.00150 | −0.03878 | 0.8327 |

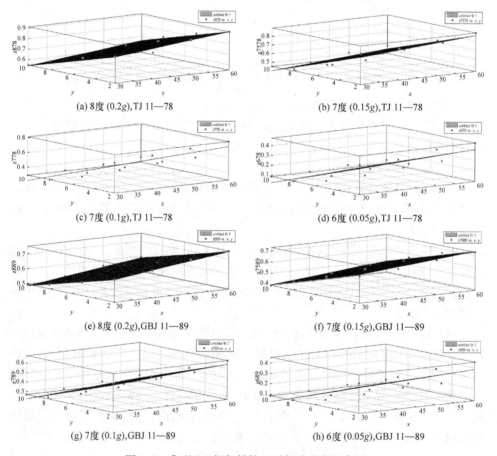

图 8.7 典型 RC 框架结构地震保险费率拟合图

## 8.6 钢框架结构地震保险费率厘定

基于第4章～第6章所建立的地震危险性、结构易损性及社会经济损失评估理论方法与模型,结合8.4.4节方案二建立的地震保险纯费率计算公式(8.7),可计算得到不同高度(层数)、服役龄期、设防烈度、抗震设计规范的典型钢框架结构主体结构、建筑装修和室内财产的地震保险费率,见表8.21～表8.26。

表 8.21　GBJ 11—89 典型钢框架结构主体结构地震保险费率（单位:‰）

| 龄期 | 设防烈度 | 层数 | | | |
|---|---|---|---|---|---|
| | | 10 | 8 | 5 | 3 |
| 30年 | 6度(0.05g) | 0.076 | 0.079 | 0.148 | 0.314 |
| | 7度(0.1g) | 0.249 | 0.268 | 0.311 | 0.332 |
| | 8度(0.2g) | 0.282 | 0.308 | 0.340 | 0.378 |
| | 9度(0.4g) | 0.343 | 0.361 | 0.383 | 0.406 |
| 40年 | 6度(0.05g) | 0.081 | 0.082 | 0.153 | 0.365 |
| | 7度(0.1g) | 0.263 | 0.285 | 0.391 | 0.416 |
| | 8度(0.2g) | 0.393 | 0.400 | 0.425 | 0.470 |
| | 9度(0.4g) | 0.440 | 0.461 | 0.488 | 0.516 |
| 50年 | 6度(0.05g) | 0.089 | 0.091 | 0.176 | 0.406 |
| | 7度(0.1g) | 0.271 | 0.326 | 0.420 | 0.474 |
| | 8度(0.2g) | 0.467 | 0.486 | 0.501 | 0.543 |
| | 9度(0.4g) | 0.509 | 0.563 | 0.593 | 0.620 |
| 60年 | 6度(0.05g) | 0.104 | 0.112 | 0.184 | 0.434 |
| | 7度(0.1g) | 0.492 | 0.525 | 0.551 | 0.578 |
| | 8度(0.2g) | 0.501 | 0.530 | 0.565 | 0.612 |
| | 9度(0.4g) | 0.559 | 0.596 | 0.627 | 0.687 |

表 8.22　GBJ 11—89 典型钢框架结构建筑装修地震保险费率（单位:‰）

| 龄期 | 设防烈度 | 层数 | | | |
|---|---|---|---|---|---|
| | | 10 | 8 | 5 | 3 |
| 30年 | 6度(0.05g) | 0.093 | 0.105 | 0.178 | 0.322 |
| | 7度(0.1g) | 0.314 | 0.334 | 0.379 | 0.401 |
| | 8度(0.2g) | 0.349 | 0.376 | 0.409 | 0.450 |
| | 9度(0.4g) | 0.413 | 0.432 | 0.454 | 0.479 |

续表

| 龄期 | 设防烈度 | 层数 | | | |
|---|---|---|---|---|---|
| | | 10 | 8 | 5 | 3 |
| 40年 | 6度(0.05g) | 0.138 | 0.139 | 0.213 | 0.436 |
| | 7度(0.1g) | 0.329 | 0.351 | 0.463 | 0.489 |
| | 8度(0.2g) | 0.465 | 0.473 | 0.499 | 0.546 |
| | 9度(0.4g) | 0.515 | 0.536 | 0.565 | 0.595 |
| 50年 | 6度(0.05g) | 0.146 | 0.148 | 0.237 | 0.479 |
| | 7度(0.1g) | 0.337 | 0.394 | 0.494 | 0.550 |
| | 8度(0.2g) | 0.543 | 0.563 | 0.578 | 0.622 |
| | 9度(0.4g) | 0.587 | 0.644 | 0.675 | 0.703 |
| 60年 | 6度(0.05g) | 0.161 | 0.170 | 0.245 | 0.508 |
| | 7度(0.1g) | 0.569 | 0.603 | 0.631 | 0.659 |
| | 8度(0.2g) | 0.579 | 0.609 | 0.645 | 0.695 |
| | 9度(0.4g) | 0.639 | 0.679 | 0.710 | 0.774 |

表8.23 GBJ 11—89典型钢框架结构建筑室内财产地震保险费率

(单位:‰)

| 龄期 | 设防烈度 | 层数 | | | |
|---|---|---|---|---|---|
| | | 10 | 8 | 5 | 3 |
| 30年 | 6度(0.05g) | 0.007 | 0.008 | 0.014 | 0.025 |
| | 7度(0.1g) | 0.025 | 0.026 | 0.030 | 0.032 |
| | 8度(0.2g) | 0.027 | 0.030 | 0.032 | 0.036 |
| | 9度(0.4g) | 0.033 | 0.034 | 0.036 | 0.038 |
| 40年 | 6度(0.05g) | 0.080 | 0.091 | 0.016 | 0.035 |
| | 7度(0.1g) | 0.026 | 0.028 | 0.037 | 0.039 |
| | 8度(0.2g) | 0.037 | 0.037 | 0.040 | 0.043 |
| | 9度(0.4g) | 0.041 | 0.043 | 0.045 | 0.047 |
| 50年 | 6度(0.05g) | 0.011 | 0.011 | 0.018 | 0.038 |
| | 7度(0.1g) | 0.026 | 0.031 | 0.039 | 0.044 |
| | 8度(0.2g) | 0.043 | 0.045 | 0.046 | 0.050 |
| | 9度(0.4g) | 0.047 | 0.051 | 0.054 | 0.056 |

续表

| 龄期 | 设防烈度 | 层数 | | | |
|---|---|---|---|---|---|
| | | 10 | 8 | 5 | 3 |
| 60年 | 6度(0.05g) | 0.012 | 0.013 | 0.019 | 0.040 |
| | 7度(0.1g) | 0.045 | 0.048 | 0.050 | 0.053 |
| | 8度(0.2g) | 0.046 | 0.049 | 0.052 | 0.056 |
| | 9度(0.4g) | 0.051 | 0.054 | 0.057 | 0.062 |

表 8.24 TJ 11—78 典型钢框架结构主体结构地震保险费率 （单位：‰）

| 龄期 | 设防烈度 | 层数 | | | |
|---|---|---|---|---|---|
| | | 10 | 8 | 5 | 3 |
| 30年 | 6度(0.05g) | 0.075 | 0.079 | 0.156 | 0.349 |
| | 7度(0.1g) | 0.280 | 0.290 | 0.385 | 0.413 |
| | 8度(0.2g) | 0.405 | 0.423 | 0.445 | 0.462 |
| | 9度(0.4g) | 0.455 | 0.466 | 0.479 | 0.551 |
| 40年 | 6度(0.05g) | 0.085 | 0.093 | 0.160 | 0.375 |
| | 7度(0.1g) | 0.288 | 0.302 | 0.422 | 0.544 |
| | 8度(0.2g) | 0.448 | 0.463 | 0.562 | 0.596 |
| | 9度(0.4g) | 0.513 | 0.569 | 0.610 | 0.656 |
| 50年 | 6度(0.05g) | 0.102 | 0.112 | 0.191 | 0.441 |
| | 7度(0.1g) | 0.318 | 0.338 | 0.472 | 0.622 |
| | 8度(0.2g) | 0.485 | 0.523 | 0.602 | 0.668 |
| | 9度(0.4g) | 0.574 | 0.610 | 0.658 | 0.713 |
| 60年 | 6度(0.05g) | 0.112 | 0.122 | 0.202 | 0.468 |
| | 7度(0.1g) | 0.325 | 0.344 | 0.509 | 0.675 |
| | 8度(0.2g) | 0.510 | 0.565 | 0.660 | 0.717 |
| | 9度(0.4g) | 0.610 | 0.667 | 0.714 | 0.768 |

表 8.25 TJ 11—78 典型钢框架结构建筑装修地震保险费率 （单位：‰）

| 龄期 | 设防烈度 | 层数 | | | |
|---|---|---|---|---|---|
| | | 10 | 8 | 5 | 3 |
| 30年 | 6度(0.05g) | 0.112 | 0.126 | 0.196 | 0.399 |
| | 7度(0.1g) | 0.346 | 0.357 | 0.457 | 0.486 |
| | 8度(0.2g) | 0.477 | 0.497 | 0.519 | 0.537 |
| | 9度(0.4g) | 0.530 | 0.542 | 0.556 | 0.632 |

续表

| 龄期 | 设防烈度 | 层数 | | | |
|---|---|---|---|---|---|
| | | 10 | 8 | 5 | 3 |
| 40 年 | 6 度(0.05g) | 0.142 | 0.150 | 0.221 | 0.447 |
| | 7 度(0.1g) | 0.355 | 0.370 | 0.495 | 0.624 |
| | 8 度(0.2g) | 0.522 | 0.539 | 0.642 | 0.678 |
| | 9 度(0.4g) | 0.591 | 0.650 | 0.693 | 0.741 |
| 50 年 | 6 度(0.05g) | 0.159 | 0.170 | 0.253 | 0.516 |
| | 7 度(0.1g) | 0.387 | 0.408 | 0.548 | 0.705 |
| | 8 度(0.2g) | 0.561 | 0.602 | 0.685 | 0.754 |
| | 9 度(0.4g) | 0.655 | 0.693 | 0.743 | 0.801 |
| 60 年 | 6 度(0.05g) | 0.170 | 0.181 | 0.264 | 0.544 |
| | 7 度(0.1g) | 0.393 | 0.414 | 0.587 | 0.762 |
| | 8 度(0.2g) | 0.588 | 0.646 | 0.745 | 0.805 |
| | 9 度(0.4g) | 0.693 | 0.753 | 0.802 | 0.858 |

表 8.26　TJ 11—78 典型钢框架结构建筑室内财产地震保险费率

(单位:‰)

| 龄期 | 设防烈度 | 层数 | | | |
|---|---|---|---|---|---|
| | | 10 | 8 | 5 | 3 |
| 30 年 | 6 度(0.05g) | 0.007 | 0.081 | 0.014 | 0.033 |
| | 7 度(0.1g) | 0.032 | 0.035 | 0.041 | 0.043 |
| | 8 度(0.2g) | 0.037 | 0.040 | 0.044 | 0.050 |
| | 9 度(0.4g) | 0.045 | 0.047 | 0.050 | 0.054 |
| 40 年 | 6 度(0.05g) | 0.009 | 0.010 | 0.019 | 0.048 |
| | 7 度(0.1g) | 0.034 | 0.037 | 0.052 | 0.055 |
| | 8 度(0.2g) | 0.052 | 0.053 | 0.056 | 0.062 |
| | 9 度(0.4g) | 0.058 | 0.061 | 0.065 | 0.069 |
| 50 年 | 6 度(0.05g) | 0.012 | 0.013 | 0.022 | 0.054 |
| | 7 度(0.1g) | 0.035 | 0.043 | 0.055 | 0.063 |
| | 8 度(0.2g) | 0.062 | 0.064 | 0.066 | 0.072 |
| | 9 度(0.4g) | 0.068 | 0.075 | 0.079 | 0.083 |

续表

| 龄期 | 设防烈度 | 层数 | | | |
|---|---|---|---|---|---|
| | | 10 | 8 | 5 | 3 |
| 60年 | 6度(0.05$g$) | 0.013 | 0.014 | 0.023 | 0.057 |
| | 7度(0.1$g$) | 0.065 | 0.070 | 0.073 | 0.077 |
| | 8度(0.2$g$) | 0.067 | 0.070 | 0.075 | 0.082 |
| | 9度(0.4$g$) | 0.074 | 0.079 | 0.084 | 0.092 |

对比表8.21～表8.26可知：

(1) 钢框架结构与RC框架结构的地震保险费率规律变化基本相同：随着抗震设计规范不断改进与完善，钢框架结构主体结构、建筑装修及室内财产的地震保险费率均逐渐降低；随着建筑层数增加，地震保险费率逐渐降低；随地区设防烈度的提高，地震保险费率逐渐增大；随着服役龄期的增加，建筑物抗震性能逐步劣化，则地震保险费率相应增大。

(2) 室内财产保险费率约为主体结构保险费率的10%，因此在简化计算中，可取主体结构地震保费的10%作为室内财产地震保费。

(3) 相比RC框架结构，不同层数钢框架结构的地震保险费率差异相对较小，且随着抗震设防烈度的增加钢框架结构的地震保险费率提升相对缓慢。

(4) 同理，采用MATLAB对地震保险费率进行多因素拟合分析，也可得到相同抗震设计规范与设防烈度下，钢框架结构保险费率与层数和服役龄期的关系，同式(8.13)，表8.27为公式中各待定参数的拟合值，图8.8为相应MATLAB拟合图。由表8.27和图8.8可知，拟合精度较高，按其即可求得相同抗震设计规范与设防烈度，任意层数与服役龄期钢框架结构的地震保险费率。

表8.27 钢框架结构地震保险费率公式参数拟合值

| 类别 | 参数 | | | |
|---|---|---|---|---|
| | $A$ | $B$ | $C$ | $R^2$ |
| 6度(0.05$g$)、TJ 11—78 | 0.3627 | 0.005114 | −0.04059 | 0.8162 |
| 7度(0.1$g$)、TJ 11—78 | 0.4700 | 0.004129 | −0.03814 | 0.8787 |
| 8度(0.2$g$)、TJ 11—78 | 0.4089 | 0.005906 | −0.02178 | 0.9221 |
| 9度(0.4$g$)、TJ 11—78 | 0.4228 | 0.006568 | −0.01810 | 0.9546 |
| 6度(0.05$g$)、GBJ 11—89 | 0.3488 | 0.001818 | −0.03844 | 0.8076 |
| 7度(0.1$g$)、GBJ 11—89 | 0.1621 | 0.007728 | −0.01931 | 0.8672 |

续表

| 类别 | 参数 | | | |
|---|---|---|---|---|
| | A | B | C | $R^2$ |
| 8度(0.2g)、GBJ 11—89 | 0.1911 | 0.007519 | −0.01223 | 0.9760 |
| 9度(0.4g)、GBJ 11—89 | 0.2212 | 0.008259 | −0.01282 | 0.9653 |

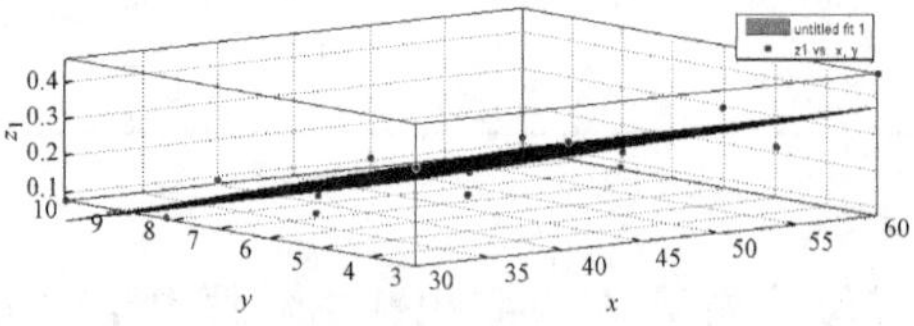

(a) 6度(0.05g), TJ 11—78

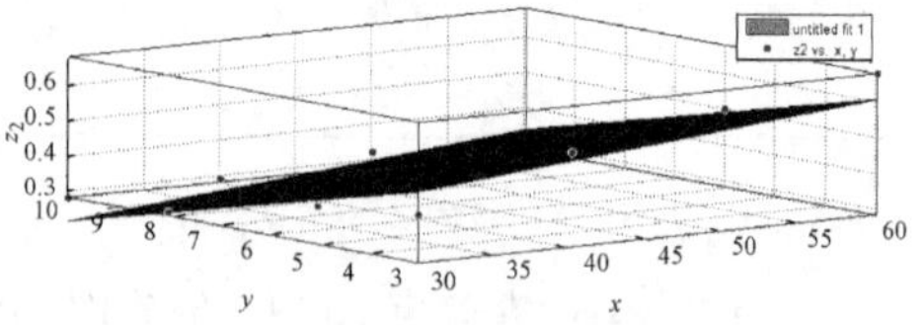

(b) 7度(0.1g), TJ 11—78

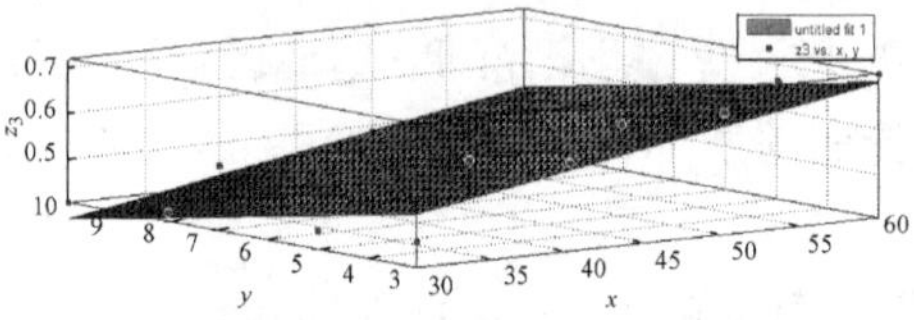

(c) 8度(0.2g), TJ 11—78

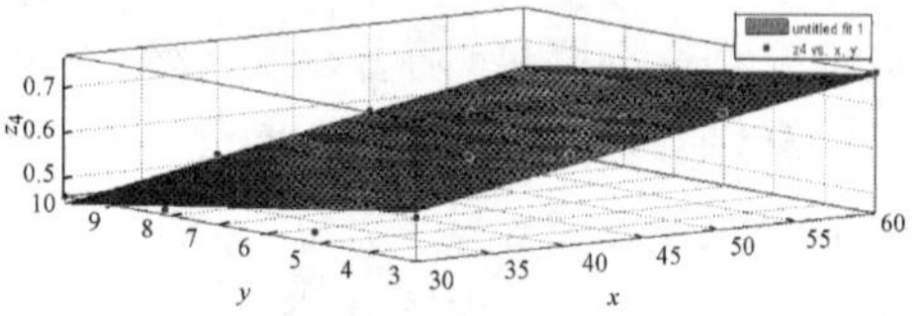

(d) 9度(0.04g), TJ 11—78

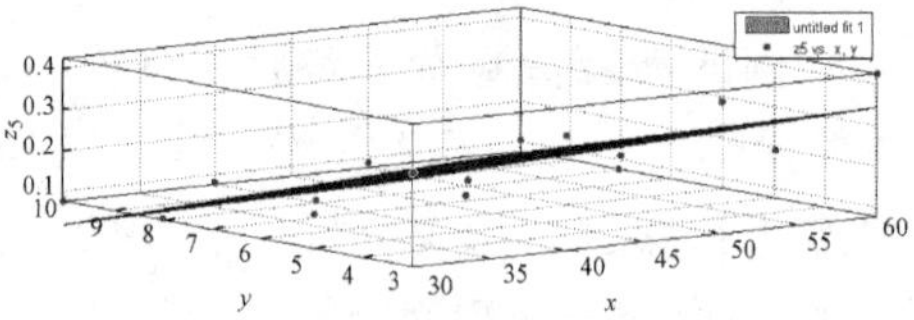

(e) 6度(0.05g), GBJ 11—89

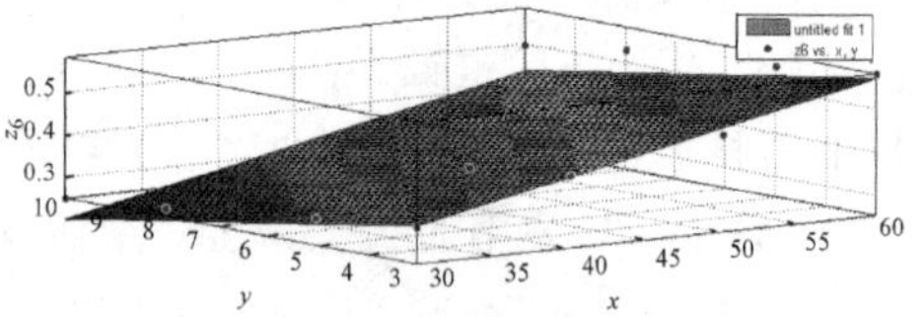

(f) 7度(0.1g), GBJ 11—89

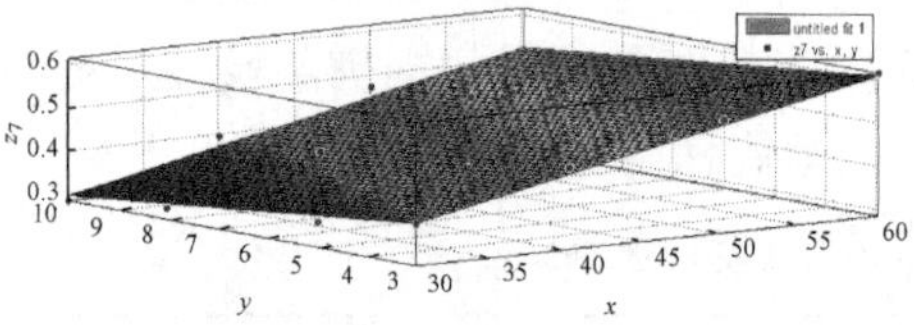

(g) 8度(0.2g), GBJ 11—89

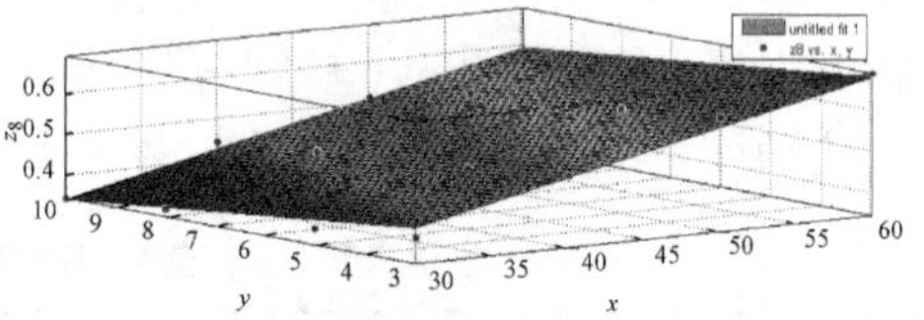

(h) 9度(0.4g), GBJ 11—89

图 8.8　典型钢框架结构地震保险费率拟合图

## 8.7　砖砌体结构地震保险费率厘定

基于第 4 章~第 6 章所建立的地震危险性、结构易损性及社会经济损失评估理论方法与模型，结合 8.4.4 节方案二建立的地震保险纯费率计算公式(8.7)，可计算得到不同高度(层数)、服役龄期、设防烈度、抗震设计规范的典型(有抗震构造措施、小开间)砖砌体结构主体结构、建筑装修和室内财产的地震保险费率，见表 8.28~表 8.33。

表 8.28　GBJ 11—89 典型砖砌体结构主体结构地震保险费率（单位：‰）

| 龄期 | 设防烈度 | 层数 | | |
| --- | --- | --- | --- | --- |
| | | 6 | 4 | 2 |
| 30 年 | 6 度(0.05g) | 0.280 | 0.174 | 0.332 |
| | 7 度(0.1g) | 0.596 | 0.499 | 0.639 |
| | 8 度(0.2g) | 0.732 | 0.693 | 0.641 |
| | 9 度(0.4g) | — | 0.712 | 0.680 |
| 40 年 | 6 度(0.05g) | 0.323 | 0.208 | 0.380 |
| | 7 度(0.1g) | 0.649 | 0.546 | 0.694 |
| | 8 度(0.2g) | 0.792 | 0.760 | 0.695 |
| | 9 度(0.4g) | — | 0.825 | 0.729 |
| 50 年 | 6 度(0.05g) | 0.369 | 0.245 | 0.426 |
| | 7 度(0.1g) | 0.701 | 0.595 | 0.706 |
| | 8 度(0.2g) | 0.851 | 0.828 | 0.746 |
| | 9 度(0.4g) | — | 0.888 | 0.774 |
| 60 年 | 6 度(0.05g) | 0.415 | 0.274 | 0.476 |
| | 7 度(0.1g) | 0.757 | 0.648 | 0.800 |
| | 8 度(0.2g) | 0.919 | 0.895 | 0.848 |
| | 9 度(0.4g) | — | 0.934 | 0.893 |

表 8.29　GBJ 11—89 典型砖砌体结构建筑装修地震保险费率（单位：‰）

| 龄期 | 设防烈度 | 层数 | | |
| --- | --- | --- | --- | --- |
| | | 6 | 4 | 2 |
| 30 年 | 6 度(0.05g) | 0.280 | 0.174 | 0.332 |
| | 7 度(0.1g) | 0.679 | 0.587 | 0.722 |
| | 8 度(0.2g) | 0.810 | 0.779 | 0.723 |
| | 9 度(0.4g) | — | 0.859 | 0.759 |
| 40 年 | 6 度(0.05g) | 0.323 | 0.208 | 0.380 |
| | 7 度(0.1g) | 0.731 | 0.633 | 0.776 |
| | 8 度(0.2g) | 0.867 | 0.843 | 0.775 |
| | 9 度(0.4g) | — | 0.916 | 0.802 |

续表

| 龄期 | 设防烈度 | 层数 | | |
|---|---|---|---|---|
| | | 6 | 4 | 2 |
| 50 年 | 6 度(0.05g) | 0.369 | 0.245 | 0.426 |
| | 7 度(0.1g) | 0.782 | 0.681 | 0.827 |
| | 8 度(0.2g) | 0.923 | 0.907 | 0.825 |
| | 9 度(0.4g) | — | 1.056 | 0.958 |
| 60 年 | 6 度(0.05g) | 0.415 | 0.274 | 0.476 |
| | 7 度(0.1g) | 0.835 | 0.732 | 0.878 |
| | 8 度(0.2g) | 0.988 | 0.971 | 0.922 |
| | 9 度(0.4g) | — | 0.121 | 1.116 |

表 8.30 GBJ 11—89 典型砖砌体结构建筑室内财产地震保险费率

(单位：‰)

| 龄期 | 设防烈度 | 层数 | | |
|---|---|---|---|---|
| | | 6 | 4 | 2 |
| 30 年 | 6 度(0.05g) | 0.0316 | 0.0094 | 0.0568 |
| | 7 度(0.1g) | 0.0760 | 0.0286 | 0.1019 |
| | 8 度(0.2g) | 0.1485 | 0.0875 | 0.1140 |
| | 9 度(0.4g) | — | 0.0159 | 0.1075 |
| 40 年 | 6 度(0.05g) | 0.0426 | 0.0144 | 0.0745 |
| | 7 度(0.1g) | 0.0978 | 0.0418 | 0.1297 |
| | 8 度(0.2g) | 0.1619 | 0.1210 | 0.1433 |
| | 9 度(0.4g) | — | 0.1539 | 0.1667 |
| 50 年 | 6 度(0.05g) | 0.0565 | 0.0218 | 0.0903 |
| | 7 度(0.1g) | 0.1222 | 0.0588 | 0.1539 |
| | 8 度(0.2g) | 0.2184 | 0.1607 | 0.1686 |
| | 9 度(0.4g) | — | 0.1751 | 0.2015 |
| 60 年 | 6 度(0.05g) | 0.0728 | 0.0279 | 0.1146 |
| | 7 度(0.1g) | 0.1512 | 0.0810 | 0.1884 |
| | 8 度(0.2g) | 0.2645 | 0.2056 | 0.2361 |
| | 9 度(0.4g) | — | 0.2501 | 0.2814 |

表 8.31　TJ 11—78 典型砖砌体结构建筑主体结构地震保险费率

（单位：‰）

| 龄期 | 设防烈度 | 层数 | | |
|---|---|---|---|---|
| | | 6 | 4 | 2 |
| 30 年 | 6 度(0.05g) | 0.280 | 0.174 | 0.332 |
| | 7 度(0.1g) | 0.697 | 0.606 | 0.743 |
| | 8 度(0.2g) | 0.806 | 0.766 | 0.740 |
| | 9 度(0.4g) | — | 0.850 | 0.836 |
| 40 年 | 6 度(0.05g) | 0.323 | 0.208 | 0.381 |
| | 7 度(0.1g) | 0.759 | 0.662 | 0.803 |
| | 8 度(0.2g) | 0.872 | 0.839 | 0.775 |
| | 9 度(0.4g) | — | 0.924 | 0.838 |
| 50 年 | 6 度(0.05g) | 0.369 | 0.245 | 0.426 |
| | 7 度(0.1g) | 0.819 | 0.719 | 0.860 |
| | 8 度(0.2g) | 0.938 | 0.916 | 0.863 |
| | 9 度(0.4g) | — | 1.287 | 0.986 |
| 60 年 | 6 度(0.05g) | 0.415 | 0.274 | 0.476 |
| | 7 度(0.1g) | 0.883 | 0.779 | 0.917 |
| | 8 度(0.2g) | 1.013 | 0.992 | 0.933 |
| | 9 度(0.4g) | — | 1.325 | 1.112 |

表 8.32　TJ 11—78 典型砖砌体结构建筑装修地震保险费率　（单位：‰）

| 龄期 | 设防烈度 | 层数 | | |
|---|---|---|---|---|
| | | 6 | 4 | 2 |
| 30 年 | 6 度(0.05g) | 0.282 | 0.174 | 0.332 |
| | 7 度(0.1g) | 0.777 | 0.692 | 0.824 |
| | 8 度(0.2g) | 0.874 | 0.843 | 0.826 |
| | 9 度(0.4g) | — | 0.954 | 0.862 |
| 40 年 | 6 度(0.05g) | 0.323 | 0.208 | 0.381 |
| | 7 度(0.1g) | 0.836 | 0.747 | 0.882 |
| | 8 度(0.2g) | 0.937 | 0.914 | 0.853 |
| | 9 度(0.4g) | — | 1.007 | 0.912 |

续表

| 龄期 | 设防烈度 | 层数 | | |
|---|---|---|---|---|
| | | 6 | 4 | 2 |
| 50年 | 6度(0.05g) | 0.369 | 0.245 | 0.426 |
| | 7度(0.1g) | 0.894 | 0.802 | 0.936 |
| | 8度(0.2g) | 0.999 | 0.986 | 0.925 |
| | 9度(0.4g) | — | 1.289 | 1.157 |
| 60年 | 6度(0.05g) | 0.415 | 0.274 | 0.476 |
| | 7度(0.1g) | 0.954 | 0.859 | 0.990 |
| | 8度(0.2g) | 1.069 | 1.056 | 1.002 |
| | 9度(0.4g) | — | 1.359 | 1.183 |

表8.33 TJ 11—78 典型砖砌体结构建筑室内财产地震保险费率

(单位:‰)

| 龄期 | 设防烈度 | 层数 | | |
|---|---|---|---|---|
| | | 6 | 4 | 2 |
| 30年 | 6度(0.05g) | 0.0335 | 0.0103 | 0.0758 |
| | 7度(0.1g) | 0.1235 | 0.0676 | 0.1571 |
| | 8度(0.2g) | 0.2285 | 0.1611 | 0.1546 |
| | 9度(0.4g) | — | 0.1792 | 0.1977 |
| 40年 | 6度(0.05g) | 0.0538 | 0.0245 | 0.1238 |
| | 7度(0.1g) | 0.1558 | 0.0910 | 0.1938 |
| | 8度(0.2g) | 0.2717 | 0.2000 | 0.1896 |
| | 9度(0.4g) | — | 0.2310 | 0.2646 |
| 50年 | 6度(0.05g) | 0.0678 | 0.0338 | 0.1203 |
| | 7度(0.1g) | 0.1903 | 0.1190 | 0.2257 |
| | 8度(0.2g) | 0.3173 | 0.2533 | 0.3029 |
| | 9度(0.4g) | — | 0.2882 | 0.3459 |
| 60年 | 6度(0.05g) | 0.0914 | 0.0438 | 0.1146 |
| | 7度(0.1g) | 0.2304 | 0.1526 | 0.2697 |
| | 8度(0.2g) | 0.3736 | 0.3113 | 0.3372 |
| | 9度(0.4g) | — | 0.3613 | 0.3996 |

对比表 8.21～表 8.33 可知：

（1）相比钢框架结构和 RC 框架结构，砖砌体结构因抗震性能相对较差，导致其相同条件下地震保险费率相对较高。

（2）随着抗震设计规范不断改进与完善，砖砌体结构主体结构、建筑装修及室内财产的地震保险费率均逐渐降低；随着服役龄期的增加，或地区设防烈度的提高，砖砌体结构地震保险费率相应增大。但随着建筑层数增加，砖砌体结构地震保险费率变化不明显，其很大程度上是由于砖砌体结构层高差异性较小。

## 8.8 本章小结

（1）对美国和日本地震保险制度进行了简单介绍，重点说明了地震可保性条件及我国现阶段地震保险业进展，进而从政府介入方式、保险普及方式、保单出售方式、保险金额制定、免赔率确定、保单涵盖范围、地震保险法律法规、地震风险承担机制及震后赔付标准等方面对如何建立我国地震保险制度进行了论述。

研究表明，政府应采用财政与行政综合方式介入地震保险业；应采用部分强制式逐步普及地震保单覆盖范围；应采用单独出售地震保单方式出售地震保险；应根据家庭人数、区域人均住房面积、区域建筑物市场单价确定保险金额；应采用 5%～10% 的绝对免赔率；应采用涵盖建筑物主体结构、建筑装修及室内财产的保单涵盖形式；应以法律法规作为地震保险业开展的基础；应采用保险公司、共保组织及国家财政三层风险承担机制应对地震风险；应依据保险金额与房屋价值比例调整修复建筑物恢复原状所需费用来确定保险赔付额。以上地震保险制度建立思路对我国地震保险制度建立具有一定的借鉴意义。

（2）通过对比分析，提出了依据建筑物最大可能地震灾害损失进行地震保险费率厘定的方法，该方法采用 50 年超越概率为 10% 的地震动水平作为地震危险性表征、采用结构解析地震易损性曲线作为建筑物易损性表征。其中，结构解析地震易损性曲线可考虑结构类型、结构层数、结构抗震设防烈度、结构服役龄期、结构设计规范等因素变化影响。由于典型结构地震易损性曲线中层数、服役龄期属于离散变量，因此采用 MATLAB 将层数与服役龄期离散变量连续化，以便于不同层数与服役龄期建筑地震保险费率厘定时应用。

进行了 RC 框架、钢框架及砖砌体结构地震保险费率厘定，结果表明：随着抗震规范不断更新，三类结构主体结构、建筑装修及室内财产的地震保险费率均逐渐降低；随着建筑物服役龄期的增加，或地区设防烈度的增大，三类结构的地震保险费率均逐步增大；随着建筑层数增加，RC 框架及钢框架结构的地震保险费率均不断降低，但砖砌体结构地震保险费率变化不明显，其很大程度上是由于砖砌体结构层高差异性较小;在相同情况下,砖砌体结构的地震保险费率最高,RC 框架结构次之,钢框架结构最低。

## 参 考 文 献

[1] 魏华林,林宝清. 保险学原理[M]. 北京:高等教育出版社,2005.
[2] 石兴,黄崇福. 自然灾害风险可保性研究[J]. 应用基础与工程科学学报,2008,13(1):382-392.
[3] Soberon F S. The regulation of earthquake insurance in Mexico[J]. Journal of Insurance Regulation,1995,14(1):115-146.
[4] Swiss Re. Natural Catastrophes and Reinsurance[M]. Zürich:Swiss Reinsurance Company,2003.
[5] Petseti A,Nektarios M. Proposal for a national earthquake insurance programme for Greece[J]. The Gevena Papers on Risk and Insurance Issues and Practice,2012,37(2):377-400.
[6] Yucemen M S,Yilmaz C,Erdik M. Probabilistic assessment of earthquake insurance rates for important structures:Application to Gumusova-Gerede motorway[J]. Structural Safety,2008,30(5):420-435.
[7] Deniz A. Estimation of earthquake insurance premium rates based on stochastic methods[D]. Ankara:Middle East Technical University,2006.
[8] Tao Z,Wu D D,Zheng Z,et al. Earthquake insurance and earthquake risk management[J]. Human and Ecological Risk Assessment,2010,16(3):524-535.
[9] 肖光先. 确定地震保险费率的基础研究[J]. 地震学刊,1991,(1):108-115.
[10] 谢礼立,马玉宏,翟长海. 基于性态的抗震设防与设计地震动[M]. 北京:科学出版社,2009.

# 第 9 章 震后公共庇护物需求模型

历次强震不仅造成巨大经济损失,同时造成大量人员伤亡,伴随而来凸显出另一个亟待解决的问题:灾区居民震后庇护物需求量、安置区人员食物日需量。例如,1951 年我国台湾花莲近海地震造成 6000 余人无家可归;台湾火烧岛地震造成 212 人无家可归;1995 年云南孟连地震造成的无家可归人数达数千人;2008 年汶川地震,政府共安置灾民 600 余万人;2013 年雅安地震共转移安置约 23 万人。震后庇护物需求数目与食物需求量准确确定不仅对减少间接人员伤亡有益,还对灾区社会稳定意义重大。解决这一问题需要估算震后避难人口数量。震后庇护物需求研究不仅涉及建筑结构等工程学问题,还与社会科学领域紧密联系,较为复杂。目前,我国学者对震后庇护物需求研究甚少,因此本章基于目前运用较成熟的震后居民决策行为模拟模型,结合我国国情进行社会经济因素参数选择,并赋予其家庭属性,采用地震学者和城镇居民调查问卷的方法对各因素进行赋值,结合地震工程学理论,得到适合我国国情的震后庇护物需求模型,并结合《中国居民膳食指南》(2011),得到震后庇护区食物日需求量模型。

震后灾区居民是否寻求公共庇护物取决于两方面因素:①房屋震后可居住性,这是居民决定是否要寻求公共庇护物的首要影响因素。震后房屋是否可居住主要取决于房屋主体结构是否安全,以建筑结构地震易损性表征。②若房屋具备可居住性,居民也可能寻求公共庇护物。文献[1]通过公共庇护物模型模拟得出如下结论:在仅考虑房屋不可居住性情况下,模拟震后家庭庇护物需求数目不及真实需求数目的 1/5,说明震后公共庇护物需求不仅与房屋可居住性有关,更与一系列复杂的社会经济等非结构因素有关,本章称为家庭的社会经济属性,主要包括家庭社会经济情况、家庭人口结构等因素。

## 9.1 震后公共庇护物需求分析

### 9.1.1 公共庇护物需求人员定义

首先区分两个基本概念,即无家可归人员和公共庇护物需求人员。与传统认识不同,无家可归人员通常是指居民基于住所建筑物主体结构安全性问题,以及家庭社会经济属性等非工程因素问题两方面考量,决定离开家庭住所的人员。而公共庇护物需求人员是在无家可归人员基础上形成的概念,是指除去无家可归人员中可通过家庭途径自主寻找到住所的那部分人员外,所剩余的需要寻求政府帮助的人员。本章中公共庇护物需求人员即定义为别无去处、寻求政府公共庇护物人员。

### 9.1.2 居民公共庇护物需求行为影响因素

采用社会经济因素表征居民震后公共庇护物需求行为这种方法并不是独创,而是从另一学科引申而来的,即自然灾害的社会影响。Mileti 等[1]认为,对于自然灾害影响,人们起初仅注重可看见的物理损坏,如建筑物损坏,而对其可能造成的社会方面影响考虑较少,其主要原因在于:与物理损坏不同,自然灾害社会方面影响不易量化确定,因此 Cutter 等[2]、Mitchell[3]采用民众特征属性来描述自然灾害所造成的社会影响。而居民震后公共庇护物需求也是自然灾害所造成的社会影响之一,Chang 等[4]将这种思路引入公共庇护物需求模型中。通过相关文献[2]~[14]的统计分析,得到不同被引用因素的名称及其引用频数,如图 9.1 所示。

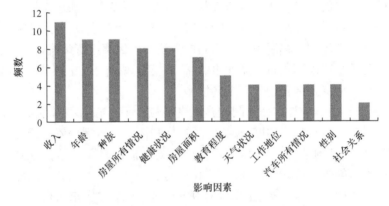

图 9.1 居民公共庇护物需求行为影响因素及其引用频数

### 9.1.3 公共庇护物需求家庭属性

公共庇护物需求模型应以家庭为基本单位,而不应以个人作为基本单位,也不应以社区作为基本单位,原因在于:①居民是否离开自己的住所不属于个人行为,而是家庭层面上的决议,属于家庭意志;②个人属性不能如实反映家庭真实状况,例如,个人收入与家庭总收入不匹配导致其对于选择公共庇护物与否看法不同,或个人不具备其他备选住所但家庭其他成员具备,或者个人受教育程度不同导致与其他家庭成员对于是否离开住所看法不同;③社区内各个家庭情况差异较大,以社区作为基本研究对象精度较差,使用该单位模拟公共庇护物需求可能导致结果与实际存在较大差别。基于上述原因,研究选取家庭作为公共庇护物需求模型基本单位。

如前文所述,影响居民震后公共庇护物需求行为的因素可分为两类:①工程因素,即为房屋所在建筑结构受地震影响损坏而导致房屋不具备居住性;②在房屋具备可居住性前提下,影响居民公共庇护物需求的社会经济因素,即家庭社会经济属性。以下对影响居民公共庇护物需求行为的家庭社会经济属性予以简单介绍。

1. 影响居民是否离开住所的家庭社会经济属性因素

(1)家庭受教育程度。取家庭成员最高受教育程度。总体来说,受教育程度较高的民众在房屋结构损坏程度相同的情况下,相较于受教育程度较低者,具备清醒的认识,盲从心理较小;受教育程度较高民众对新式媒介具有较强掌握能力,能够通过各种途径获取灾区最新资讯,避免受到谣言影响,具备良好判断能力。因此,受教育程度不同家庭在房屋损坏程度相同情形下会产生不同的庇护物需求。例如,受教育程度越高,面临大震时所了解的地震灾害严重性越充分,选择离开住所的可能性越大;而当面临中小震时,面对发生大强度余震谣言,会更倾向于留下。

(2)家庭成员结构。家庭中有年龄较小成员或年龄较大成员,如年龄小于12岁或大于65岁,家庭在决定是否离开住所时会对特殊年龄段成员给予考虑。一般来说,为保证特殊成员生命安全,家庭会更倾向于离开住所;若家庭结构均为年龄大于65岁的成员,考虑到行动不方便等因素,其离开住所意愿较低;若家庭无特殊年龄段成员,其离开住所意愿受家庭成员结构因素影响较小,由其他因素确定。

(3)天气状况。震后天气状况也是影响居民离开住所意愿的另一个原因。若地震发生时天气状况良好,因气候适宜,对健康影响较小,居民离开意愿较高;若地震发生时天气恶劣,离开住所反而可能导致家庭成员出现健康状况,故离开意愿相对较低。

(4)房屋所有权。分为房屋所有者与租住者两种情况。房屋所有者房屋归属感更强,离开意愿较低,而对于租住者来说,其可携带自身财物离开住所以寻求更安全的住所,离开意愿较高。

(5)行政要求。地震发生后,基于某些原因考量,政府可能会强制要求某区域居民离开住所,与天气状况因素相同,此因素属于可控因素。

上述五类影响居民离开住所意愿中,除天气状况与行政要求可人为控制外,剩余三类对居民是否离开住所影响程度不同。通过研究相关文献,作者认为,剩余三类影响居民意愿因素中,家庭成员结构权重最大,家庭受教育程度权重次之,房屋所有权权重再次之,为避免和降低主观性,邀请了多位有经验的专家通过专家调查问卷对两类家庭社会属性的各因素及子因素赋值,专家调查表见附录J,结合相关文献归整后得到权重赋值。需要指出的是,本章仅列出上述五类因素,原因在于上述因素所占比例较大且相互独立,在相关文献中反复提及,简单实用,并不代表此五种因素可完全表征居民离开意愿。其中家庭受教育程度的各互斥子因素赋值,依据所发生地震烈度是否高于本地区基本设防烈度有两组取值。如地震造成的实际烈度高于基本设防烈度取后者,反之取前者。

2. 影响居民是否寻求公共庇护物的家庭社会经济属性因素

(1) 家庭年收入。家庭年收入对居民是否会寻求公共庇护物影响较大,年收入较高家庭离开住所后可选择性较大,如居住在旅店或离开灾区,而低收入家庭出于经济方面考虑则更多选择公共庇护物。因此家庭年收入越低,其寻求公共庇护物意愿越高;反之则意愿越低。本章选择家庭月收入对此因素进行表征,建议将家庭月收入因素分为月收入<4000元、4000元≤月收入<7000元、7000元≤月收入<10000元、10000元≤月收入<15000元、月收入≥15000元,共5个层次,分别对不同收入等级公共庇护物寻求指数进行赋值。

(2) 家庭社会关系。此因素用来表征家庭成员社会地位。家庭成员社会地位较高者,其可获取资源较多,可自己寻求临时住所,因此公共庇护物需求指数较低;相反则需求指数较高。将社会地位分为三类:高、较高、普通。由于家庭社会地位通常与家庭财富相关,因此可依据家庭财产在当地所在层次进行划分。因此将社会地位分为三类:高(前5%)、较高(5%~20%)、普通(剩余80%)。

(3) 家庭亲戚朋友情况。地震发生后,家庭亲戚朋友较多者可寻求亲朋好友帮助,公共庇护物需求指数低;相反则需求指数较高。根据亲戚朋友数目将其分为三类:多(≥50人)、一般(10~50人)、少(<10人)。

(4) 汽车拥有情况。此因素用来表征居民自主选择住所交通可达性,汽车拥有家庭达到自主决定的临时住所可能较大,公共庇护物需求指数较低;相反则需求指数较高。

综上所述,震后居民是否决定离开住所、是否需求公共庇护物不应以个人为单位,而应以家庭作为最小单位。结合我国国情,对上述因素进行修正,修正后影响因素包括:①家庭受教育程度;②家庭成员结构;③天气状况;④房屋所有权;⑤行政要求;⑥家庭月收入;⑦家庭社会关系;⑧家庭亲戚朋友情况;⑨汽车所有情况。

### 9.1.4 家庭决策模拟

通过下述逻辑过程来模拟震后家庭决策过程以期较好地模拟实际情况。

决策1:房屋结构是否安全可住

依据前面所述,建筑结构在地震作用下会造成不同的破坏,其中结构破坏状态分为五类:基本完好、轻微破坏、中等破坏、严重破坏及倒塌。参考我国地震烈度表[15],给出不同破坏状态对应的震害指数表(表9.1),其中包括震害指数上下限及平均值。为进一步评估结构的地震损伤,本章借鉴基于易损性分析获得的结构破

坏状态失效概率,计算得到单体结构震害指数的数学期望并以此来定义结构的易损性指数[16]:

$$VI = \sum_{k=1}^{5} DF_k \cdot P(DS_k | PGA) \quad (9.1)$$

式中,$DF_k(k=1,2,\cdots,5)$为基本完好、轻微破坏、中等破坏、严重破坏及倒塌五类破坏状态所对应的震害指数,本章暂取平均值。PGA 为地面峰值加速度,$P(DS_k|PGA)$为结构发生第 $k$ 类破坏状态的概率。由此概念可定量评估该结构的地震损伤,并基于第 5 章中的解析地震易损性曲线,可以得到建筑的易损性指数。

表 9.1 破坏状态与相应的震害指数范围及平均值

| 震害指数 | 破坏状态 | | | | |
|---|---|---|---|---|---|
| | 基本完好 | 轻微破坏 | 中等破坏 | 严重破坏 | 倒塌 |
| 上下限/% | [0,10] | [10,30] | [30,55] | [55,85] | [85,100] |
| 平均值/% | 5 | 20 | 42.5 | 70 | 92.5 |

若房屋破坏状态为严重破坏与倒塌的概率达到限值,家庭势必会做出离开住所的决定。若房屋破坏状态为基本完好、轻微破坏及中等破坏,理论上认为结构安全可用,具备可居住性条件。但当房屋处于中等破坏状态时,居民可能由于其他因素离开住所,这取决于影响居民是否离开住所的家庭社会经济因素。此时需进行下一层决策。

决策2:居民是否愿意离开住所

在房屋具备可居住性条件下,居民可能由于其他因素离开住所,这取决于前面所提到的表征家庭社会经济属性的四类因素(除去行政命令)。采用五类家庭社会经济属性表征居民是否离开前,首先应进行各因素权重赋值,然后对各因素互斥子因素进行赋值,见表9.2和表9.3。此步骤家庭离开意愿输出结果为0~1,0表示不会离开,1表示会离开,中间值表示有一定离开意愿。当家庭离开意愿达到限值时,家庭是否寻求公共庇护物,须进入下一层决策。本阶段,若存在行政命令,则所评估区域家庭均离开住所,即所有家庭此步骤输出结果均为1,无需进行此步模拟过程。

表 9.2 不同离开意愿影响因素权重赋值

| 因素 | $\omega^{im}$ |
|---|---|
| 家庭成员结构 | 0.4 |
| 家庭受教育程度 | 0.3 |
| 房屋所有权 | 0.2 |
| 天气状况 | 0.1 |

表 9.3　离开意愿影响因素互斥子因素权重赋值

| 类别 | 子因素描述 | $\omega^{el}$ |
| --- | --- | --- |
| $Age_1$ | 成员年龄均大于 65 岁 | 0.2 |
| $Age_2$ | 成员年龄均位于 16~65 岁 | 0.4 |
| $Age_3$ | 存在家庭成员年龄小于 16 岁 | 0.8 |
| $Age_4$ | 存在家庭成员年龄大于 65 岁 | 0.8 |
| $Edu_1$ | 小学及小学以下 | 0.8/0.4 |
| $Edu_2$ | 初中或高中 | 0.6/0.5 |
| $Edu_3$ | 大学 | 0.5/0.6 |
| $Edu_4$ | 硕士及硕士以上 | 0.4/0.7 |
| $Ho_1$ | 屋主 | 0.4 |
| $Ho_2$ | 租客 | 0.8 |
| $Wea_1$ | 春冬两季 | 0.2 |
| $Wea_2$ | 夏秋两季且天气良好 | 0.7 |
| $Wea_3$ | 夏秋两季且天气较差 | 0.3 |

**决策 3：居民是否寻求公共庇护物**

根据上述模拟过程可确定无家可归家庭，而无家可归家庭是否寻求公共庇护物，与收入、社会关系及汽车拥有情况有关。与决策 2 类似，首先须进行各因素权重赋值，而后对各因素互斥子因素进行赋值，具体见表 9.4 和表 9.5。

表 9.4　公共庇护物寻求影响因素权重赋值

| 因素 | $\varphi^{im}$ |
| --- | --- |
| 收入 | 0.4 |
| 社会关系 | 0.2 |
| 亲戚 | 0.2 |
| 汽车拥有情况 | 0.2 |

表 9.5　公共庇护物寻求影响因素互斥子因素权重赋值

| 类别 | 子因素描述 | $\varphi^{el}$ |
| --- | --- | --- |
| $Inc_1$ | 月收入<4000 元 | 0.9 |
| $Inc_2$ | 4000 元≤月收入<7000 元 | 0.7 |
| $Inc_3$ | 7000 元≤月收入<10000 元 | 0.5 |
| $Inc_4$ | 10000 元≤月收入<15000 元 | 0.3 |
| $Inc_5$ | 月收入≥15000 元 | 0.1 |

续表

| 类别 | 子因素描述 | | $\varphi^{el}$ |
|---|---|---|---|
| $Soc_1$ | | 高 | 0.2 |
| $Soc_2$ | 社会关系 | 较高 | 0.5 |
| $Soc_3$ | | 普通 | 0.8 |
| $Rel_1$ | | 多 | 0.2 |
| $Rel_2$ | 亲戚朋友 | 一般 | 0.5 |
| $Rel_3$ | | 少 | 0.8 |
| $Car_1$ | | 拥有 | 0.5 |
| $Car_2$ | | 不拥有 | 0.7 |

此步骤得出的家庭寻求公共庇护物意愿输出结果为0~1,0表示不会寻求,1表示会寻求,中间值表示可能寻求。

上述三个步骤可详细模拟任何家庭震后公共庇护物寻求决策过程,模拟结果为政府或公益组织提供公共庇护物需求数目奠定基础。图9.2为震后家庭决策模拟逻辑框图。

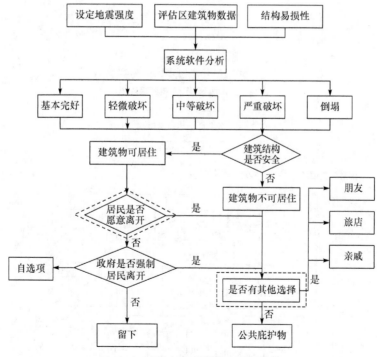

图9.2 震后家庭决策模拟逻辑框图

图 9.2 中各步骤"是"、"否"并不是真正意义上的是否,而带有一定的概率属性。图中两个虚线范围表示此步决策受多因素影响,"居民愿意离开"及"是否有其他选择"这两步详细决策过程如图 9.3 和图 9.4 所示。

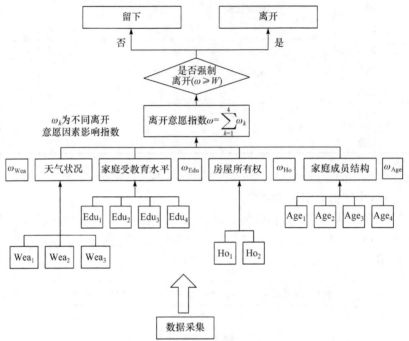

图 9.3 居民离开意愿多因素影响模拟

$\omega$ 为离开意愿值;$W$ 为离开极限值

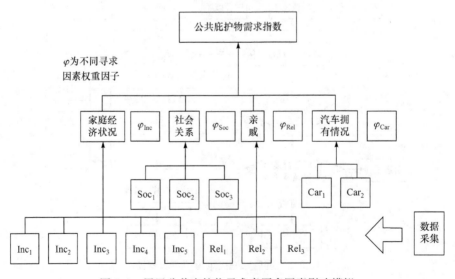

图 9.4 居民公共庇护物寻求意愿多因素影响模拟

## 9.2 震后公共庇护物寻求计算公式

结合9.1节所提出的震后家庭决策模拟模型,提出震后灾区公共庇护物寻求家庭数目及公共庇护物需求人员数目计算公式,为家庭决策模拟系统平台实现提供理论基础,并讨论所建模型与相应计算公式的优缺点。

### 9.2.1 无家可归家庭及人员数目计算公式

根据图9.2震后家庭决策模拟逻辑框图,本节从该框图顶层出发,逐步分析不同决策层次下无家可归家庭及人员数目。

(1) 由结构安全性导致的无家可归。对于某栋建筑物,房屋破坏状态为严重破坏与倒塌($VI \geqslant 55\%$),家庭势必会做出离开住所的决定,则该建筑物不可居住,应当疏散整栋建筑物的所有居民。这种情况下无家可归人员数目$N_1$及相应情况下无家可归家庭总数目$N_1'$分别按式(9.2)和式(9.3)计算:

$$N_1 = \Big\{ \sum_{i=1}^{m} \sum_{j=1}^{m_i \alpha_i} n_{ij}(1-R_{ik}) \,\big|\, VI \geqslant 55\% \Big\} \tag{9.2}$$

$$N_1' = \Big\{ \sum_{i=1}^{m} \sum_{j=1}^{m_i \alpha_i} 1 \,\big|\, VI \geqslant 55\% \Big\} \tag{9.3}$$

式中,$m$为评估区内的建筑物总栋数;$m_i$为第$i$栋建筑物总户数;$\alpha_i$为第$i$栋建筑住户入住率,取0.55;$n_{ij}$为第$i$栋建筑第$j$户家庭成员数;$R_{ik}$为第$i$栋建筑第$k$类破坏状态下的人员死亡率。依据作者课题组的研究按不同结构类型分类,取值见表9.6。

表9.6 不同类型结构在不同破坏状态下的人员死亡率

| 类别 | 基本完好 $R_{i1}/\%$ | 轻微破坏 $R_{i2}/\%$ | 中等破坏 $R_{i3}/\%$ | 严重破坏 $R_{i4}/\%$ | 倒塌 $R_{i5}/\%$ |
|---|---|---|---|---|---|
| 土坯、石及无抗震构造措施的砌体结构 | 0 | 0 | 0.01 | 1 | 5.0 |
| 有抗震构造措施砖砌体结构 | 0 | 0 | 0.001 | 0.5 | 3.0 |
| 钢筋混凝土结构 | 0 | 0 | 0.001 | 0.5 | 3.0 |
| 钢结构 | 0 | 0 | 0.001 | 0.5 | 3.0 |
| 钢与混凝土组合结构 | 0 | 0 | 0.05 | 1 | 5.0 |

(2) 由家庭社会经济属性导致的无家可归。调查表明,在建筑物可居住情况下,居民是否愿意留在建筑物内,受家庭社会经济等因素影响,如家庭成员受教育程度、家庭结构、天气状况等。本章采用$\omega$来表征居民家庭离开住所的意愿程度,计算公式如下:

$$\omega = \sum_{k=1}^{4} \omega_k \tag{9.4}$$

式中,$\omega$ 为居民家庭离开意愿指数($0 \leqslant \omega \leqslant 1$),居民离开住所意愿越强则 $\omega$ 越趋于 1,反之则 $\omega$ 越趋于 0;$\omega_k$ 为第 $k$ 类居民离开意愿因素影响指数($0 \leqslant \omega_k \leqslant 1$),除去行政命令共 4 类因素,按式(9.4)计算:

$$\omega_k = \omega_k^{im} \times \omega_k^{el} \tag{9.5}$$

式中,$\omega_k^{im}$ 为第 $k$ 类因素的权重因子,用来表征某类因素对居民离开意愿的影响程度,取值见表 9.2;$\omega_k^{el}$ 为第 $k$ 类因素中的互斥子因素权重因子,取值见表 9.3。上述因子均采用专家调查法进行赋值。

当建筑物处于中等破坏状态时($30\% \leqslant \mathrm{VI} \leqslant 55\%$),居民是否离开需要进一步判断。而其余结构安全性不存在较大风险的建筑则不需要疏散居民。考虑是否存在行政命令,按两种不同情况计算:

① 当居民意愿指数达到一定程度($\omega_{ij} \geqslant W$,取 60%)时,所导致的无家可归人员数目 $N_2$ 及相应情况下无家可归家庭总数目 $N_2'$ 可分别按式(9.6)和式(9.7)计算:

$$N_2 = \left\{ \sum_{i=1}^{m} \sum_{j=1}^{m_i a_i} n_{ij}(1 - R_{ik}) \mid 30\% \leqslant \mathrm{VI} \leqslant 55\%, \omega_{ij} \geqslant W \right\} \tag{9.6}$$

$$N_2' = \left\{ \sum_{i=1}^{m} \sum_{j=1}^{m_i a_i} 1 \mid 30\% \leqslant \mathrm{VI} \leqslant 55\% \right\} \tag{9.7}$$

式中,$\omega_{ij}$ 为第 $i$ 栋建筑物第 $j$ 户家庭离开意愿指数,按式(9.4)计算。其他符号含义同前。

② 当存在政府行政指令等外部因素时,居民不得不离开,则无家可归人员数目 $N_2$ 及相应情况下无家可归家庭总数目 $N_2'$ 可分别按式(9.8)和式(9.9)计算:

$$N_2 = \left\{ \sum_{i=1}^{m} \sum_{j=1}^{m_i a_i} n_{ij}(1 - R_{ik}) \mid 30\% \leqslant \mathrm{VI} \leqslant 55\% \right\} \tag{9.8}$$

$$N_2' = \left\{ \sum_{i=1}^{m} \sum_{j=1}^{m_i a_i} 1 \mid 30\% \leqslant \mathrm{VI} \leqslant 55\% \right\} \tag{9.9}$$

(3) 无家可归总人数和总户数。综上,无家可归人员总数目 $N_{DP}$ 及无家可归家庭总数目 $N_{DP}'$ 可分别按式(9.10)和式(9.11)计算:

$$N_{DP} = \sum_{i=1}^{2} N_i \tag{9.10}$$

$$N_{DP}' = \sum_{i=1}^{2} N_i' \tag{9.11}$$

(4) 对于无家可归家庭,根据家庭属性,其可选择居住在朋友亲戚家或旅馆住宿,若无其他选择,则需政府提供公共庇护物,因此对于政府风险控制来说,确定公共庇护物家庭需求数目意义重大,而为保障公共庇护区域居民日常生活需求,公共庇护物需求人员数目确定也是关键内容。

### 9.2.2 公共庇护物寻求人员计算公式

由以上论述可知,无家可归家庭是否寻求公共庇护物与多种因素相关,如居民家庭收入、居民家庭社会关系、居民家庭汽车拥有情况等。本章采用 $\varphi$ 来表征无家可归家庭公共庇护物的需求程度,计算公式如下:

$$\varphi = \sum_{k=1}^{4} \varphi_k \tag{9.12}$$

式中,$\varphi$ 为居民家庭公共庇护物寻求意愿指数($0 \leqslant \varphi \leqslant 1$)。居民寻求公共庇护物意愿越强则 $\varphi$ 越趋近于 1,反之则 $\varphi$ 越趋近于 0;$\varphi_k$ 为第 $k$ 类因素影响指数($0 \leqslant \varphi_k \leqslant 1$),共 4 类因素,按式(9.13)计算:

$$\varphi_k = \varphi_k^{\mathrm{im}} \varphi_k^{\mathrm{el}} \tag{9.13}$$

式中,$\varphi_k^{\mathrm{im}}$ 为某类因素的权重因子($\sum_{k=1}^{4} \varphi_k^{\mathrm{im}} = 1$),用来表征某类因素对居民寻求公共庇护物意愿的影响程度,取值见表 9.4;$\varphi_k^{\mathrm{el}}$ 为某类因素中的互斥子因素权重因子($0 \leqslant \varphi_k^{\mathrm{el}} \leqslant 1$),取值见表 9.5。上述因子采用专家调查法进行赋值。

综上,公共庇护物需求人员数目 $N_{\mathrm{SN}}$ 及相应情况下无家可归家庭数目 $N'_{\mathrm{SN}}$ 可分别按式(9.14)和式(9.15)计算:

$$N_{\mathrm{SN}} = \sum_{j=1}^{N'_{\mathrm{DP}}} n_j \varphi_j \tag{9.14}$$

$$N'_{\mathrm{SN}} = \sum_{j=1}^{N'_{\mathrm{DP}}} \varphi_j \tag{9.15}$$

式中,$n_j$ 为无家可归家庭中第 $j$ 户家庭人数;$\varphi_j$ 为无家可归家庭中第 $j$ 户家庭公共庇护物需求意愿指数。

### 9.2.3 公共庇护物需求模型讨论

以上给出了无家可归家庭及人员数目模型、公共庇护物寻求家庭及人员数目模型,本节对所建模型的使用条件及其优缺点给予简单介绍。

模型使用条件:以上模型后续会以插件形式集成于中国地震灾害评估系统,以实现公共庇护物需求分析。如前所述,模块实现需基于两个条件:①评估区域建筑物属性;②评估区域内各家庭社会经济属性。以评估区域建筑属性数据为基础,结合评估系统地震危险性模块和结构地震易损性模块即可得到各建筑物的破坏情况;以评估区域内各家庭社会经济属性为基础,即可通过上述模型得到各家庭离开意愿指数及公共庇护物需求指数;两者结合即可得到评估区域公共庇护物寻求家庭及人员数目。显然，在进行区域评估前，需采集并建立评估区域数据库，该数据库不仅要包含传统模型中的建筑物属性数据，更要包含各家庭社会经济属性信息，即前面所提到的各影响因素。需要注意的是，家庭社会经济属性信息调查与传统的人口普查不同，其更侧重于家庭属性。

模型优点：①模型可较客观地模拟居民震后是否离开住所以及是否寻求公共庇护物等一系列行为，有较高的可靠度；②模型可考虑影响居民震后行为的多种社会经济因素，以使模拟结果更为真实；③模型以家庭属性为基础，可以较好地反映居民震后公共庇护物寻求行为的家庭属性；④以取值位于0～1的居民离开意愿指数表征居民离开住所意愿，以取值位于0～1的公共庇护物需求指数表征无家可归家庭寻求公共庇护物行为，从而较好地解决了居民离开意愿与公共庇护物寻求意愿这两个多因素影响综合指标的量化问题，为系统相关模块开发与实现奠定基础；⑤模型采用绝对值，避免采用如SYNER-G模型的相对指标，结果可直接用来应急救援，为政府风险管理提供理论依据。

模型缺点：①模型以家庭为基本单位，既有的人口普查信息无法满足分析要求，而应对评估区域专门进行相关数据采集，工作量较大，而对某地区进行地震灾害评估前需进行建筑物属性数据普查，因此可将家庭属性与之结合进行统计；②通过分析，对居民震后行为影响较大的若干因素采用专家调查法对其进行权重赋值，此方法具有一定的经验性，随着相关数据库的健全，可采用主成分分析法进行分析，选取影响程度（或称解释能力）较高的若干因素，以专家赋值法确定各因素权重系数；③各因素互斥子因素赋值也采用专家赋值法，随着后续调查数据完善对该因子进行相应修正；④本庇护物需求家庭数目模型仅考虑了建筑地震破坏状态概率，而未考虑其他因素（如山体滑坡、泥石流等次生地质灾害）对其的影响。

## 9.3 公共庇护区食物日需求估算

地震发生后，民政部门如何按各公共庇护场所食物需求量供给食物，也是政府风险管理的重要内容，解决好此问题，对稳定社会秩序、提高食物利用率意义重大。本节基于震后公共庇护物寻求模型计算分析，给出公共庇护区日常食物日需求量估算模型。

《中国居民膳食指南》(2011)给出我国居民食物日摄入量，见表9.7。结合表9.7，可给出人均食物日需求量，见表9.8。根据表9.8所给人均食物日需求量，结合公共庇护物需求人员数目$N_{SN}$即可得到公共庇护区第$i$类食物日需求量$Vol_i$，计算公式如下：

$$Vol_i = \xi \delta_i V_i N_{SN} \tag{9.16}$$

式中，$V_i$为第$i$类食物人均日需求量，按表9.8取值；$\delta_i$为考虑特殊情况，如气温变化等造成的人均食物量日需求量变化,取值为 1.1~1.3;ξ 为应急储备因子,以考虑特殊状况所导致的公共庇护物需求人员突增,取值为 1.2~1.5。

表 9.7  我国居民食物日摄入量

| 类别 | 谷物 | 蔬菜 | 水果 | 牛奶 | 豆制品 | 肉类 | 食用油 | 饮用水 |
| --- | --- | --- | --- | --- | --- | --- | --- | --- |
| 儿童 | 150~240 | 180~300 | 120~240 | 180 | 18~30 | 60~120 | ≤12 | 720~900 |
| 成人 | 250~400 | 300~500 | 200~400 | 300 | 30~50 | 100~200 | ≤30 | 1200~1500 |
| 老人 | 187~300 | 225~375 | 150~300 | 225 | 23~38 | 75~150 | ≤23 | 900~1125 |

注:(1) 牛奶及饮用水单位为 mL,其余均为 g。
(2) 早餐食物量占全天食物量的 25%~30%,午餐为 30%~40%,晚餐为 30%~40%。

表 9.8  人均食物日需求量

| 类别 | 谷物 | 蔬菜 | 水果 | 牛奶 | 豆制品 | 肉类 | 食用油 | 饮用水 |
| --- | --- | --- | --- | --- | --- | --- | --- | --- |
| 人均 | 300 | 400 | 300 | 250 | 35 | 150 | 20 | 1400 |

注:(1) 牛奶及饮用水单位为 mL,其余均为 g。
(2) 早餐食物量占全天食物量的 25%~30%,午餐为 30%~40%,晚餐为 30%~40%。

## 9.4  本章小结

揭示了影响居民震后公共庇护物寻求因素不仅包含房屋可居住性,还包含家庭社会经济属性;指出了震后家庭决策行为模拟步骤:①房屋结构是否安全;②居民家庭是否愿意离开住所;③居民家庭是否寻求公共庇护物。

采用家庭受教育程度、家庭成员结构、天气状况、家庭住所房屋所有权及行政要求五种因素对家庭离开意愿指数进行量化;采用家庭月收入、家庭社会关系、家庭亲戚朋友情况及家庭汽车所有情况对居民公共庇护物寻求意愿进行量化,并赋予上述诸因素家庭属性,较好地解决了如何考量社会经济属性对公共庇护物寻求数目影响的问题。

通过从结构破坏性分析层次到公共庇护物需求层次层层分析,建立了震后公共庇护物寻求公式,结合我国居民日食物需求量,建立了考虑特殊情况的庇护区食物日需求量估算模型,以为政府应急救援提供技术支持。

### 参 考 文 献

[1] Mileti D, Noji E. Disasters by Design: A Reassessment of Natural Hazards in the United States[M]. Washington DC: Joseph Henry Press, 1999.
[2] Cutter S L, Boruff B J, Shirley W L. Social vulnerability to environmental hazards[J]. Social Science Quarterly, 2003, 84(2): 242-261.

[3] Mitchell J K. Crucibles of Hazard: Mega-cities and Disasters in Transition[M]. Tokyo: United Nations University Press, 1999.

[4] Chang S E, Pasion C, Yavari S, et al. Social impacts of lifeline losses: Modeling displaced populations and health care functionality[C]//TCLEE 2009: Lifeline Earthquake Engineering in a Multihazard Environment, Reston, 2009.

[5] Aldrich N, Benson W F. Peer reviewed: Disaster preparedness and the chronic disease needs of vulnerable older adults[J]. Preventing Chronic Disease, 2008, 5(1): 1-7.

[6] Ives J D. Disaster and Reconstruction: The Friuli (Italy) Earthquakes of 1976 by Robert Geipel; Philip Wagner[M]. London: Allen and Unwin, 1982.

[7] Chien S W, Chen L C, Chang S Y, et al. Development of an after earthquake disaster shelter evaluation model[J]. Journal of the Chinese Institute of Engineers, 2002, 25(5): 591-596.

[8] Braun J. Post-earthquake vulnerability indicators of shelter and housing in Europe[D]. Trier: University of Trier, 2011.

[9] Loukaitou-Sideris A, Kamel N M. Residential recovery from the Northridge earthquake: An Evaluation of Federal Assistance Programs[R]. Berkeley: University of California, 2004.

[10] Bolin R. Post-earthquake shelter and housing: Research findings and policy implications[C]// National Earthquake Conference, Memphis, 1993: 107-131.

[11] Levine J N, Esnard A M, Sapat A. Population displacement and housing dilemmas due to catastrophic disasters[J]. Journal of Planning Literature, 2007, 22(1): 3-15.

[12] Bolin R, Stanford L. Shelter, housing and recovery: A comparison of US disasters[J]. Disasters, 1991, 15(1): 24-34.

[13] Fothergill A, Peek L A. Poverty and disasters in the United States: A review of recent sociological findings[J]. Natural Hazards, 2004, 32(1): 89-110.

[14] Khazai B, Vangelsten B, Duzgun S, et al. Framework for integrating physical and socio-economic models for estimating shelter needs[R]. Karlsruhe: Center for Disaster Management and Risk Reduction Technology/Geophysical Institute, Karlsruhe of Technology, 2012.

[15] 中华人民共和国国家质量监督检验检疫总局, 中国国家标准化管理委员会. GB/T 17742—2008 中国地震烈度表[S]. 北京: 中国标准出版社, 2008.

[16] 于晓辉, 吕大刚, 范锋. 基于易损性指数的钢筋混凝土框架结构地震损伤评估[J]. 工程力学, 2017, 34(1): 69-75, 100.

# 中篇
## 系统开发研究

# 第 10 章 地震灾害损失评估系统设计与开发

地震造成城市建筑物等基础设施的倒塌破坏,以及大量的人员伤亡和经济损失,因此对城市地震灾害风险和损失预测已成为国内外研究的热点。在国内外学者的不懈努力下,目前已建立了许多比较完善的理论方法[1,2];同时,在理论成果的基础上,大量的评估系统也应运而生,广泛地应用于地震灾害评估和政府应急救灾工作(如 HAZUS-MH、MAEviz、TELES 及 STRUCTLOSS 等),显著推动了理论研究到实际应用的转变。唐山大地震后我国在震害预测和地震应急等方面进行了科学研究,取得了显著的研究成果。但目前我国还没有一套全面的地震风险与损失评估系统平台可以与 HAZUS 等主流软件平台相媲美。王晓青等[3]基于 ArcGIS 开发了地震现场灾害损失评估系统;陈洪富[4]基于 WebGIS 平台,建立了一个统一的 HAZ-China 地震灾害损失评估系统,但系统平台的可扩展性及适用性还有待完善。基于此,本章在前述理论研究的基础上,基于国内外最新的研究成果,集成开发了适用于我国的城市地震灾害损失评估系统。

## 10.1 已有地震灾害评估系统综述

本节系统地对国内外现有的地震灾害损失评估系统平台进行整理(表 10.1),并从理论方法、评估模块、开发平台等几个方面进行阐述,为本系统的集成开发提供基础支撑。

理论方法上,国内系统平台主要采用地震烈度作为地震动强度指标,依据易损性分类清单法,采用破坏概率矩阵对建筑物的破坏进行评估,更多用于地震现场的灾害损失评估(EDEP-93、MapEDLES 等)。HAZUS 基于建筑结构分类采用能力谱法对建筑物进行抗震性能评估,广泛应用于美国洪水、飓风和地震灾害风险评估。基于 HAZUS 的理论研究,ELER、SELENE、TELES、MAEviz、STRUCTLOSS 等系统被相继开发并应用于欧洲、我国台湾等地区的地震灾害损失评估工作。DBELA 采用基于位移的地震易损性分析方法进行地震灾害损失评估。

评估模块上,地震灾害损失评估主要涉及地震危险性、结构易损性、社会易损性以及评估对象等几个方面。HAZUS 是目前最全面的综合灾害风险管理平台,包括地震危险性评估、建筑物及各类基础设施结构地震易损性评估、社会经济损失评估等模块。在 HAZUS 评估模块的基础上,MAEviz 采用可扩展的开发模式集

表 10.1 现有地震灾害损失评估系统

| 软件名称 | 研究机构 | 开发语言 | 图形用户界面 | 可获得性 | 适用范围 | 可扩展性 | 分析模块 |
|---|---|---|---|---|---|---|---|
| EDEP-93[5] | 工力所 | FORTRAN | 有 | SA | 中国 | 差 | 设定地震损失评估 |
| MapEDLES[3] | 预测所 | ArcGIS应用 | 有 | SA | 中国 | 较好 | 设定地震损失评估 |
| EQRiskAsia[6] | 预测所 | ArcGIS应用 | 有 | SA | 中国 | 较好 | 地震风险评估 |
| HAZ-China[4] | 工力所 | ArcGIS应用 | 有 | SA | 中国 | 较好 | 设定地震损失评估 |
| TELES[7] | NCREE | VC++ | 有 | OS | 中国台湾 | 好 | 设定地震损失评估、损失评估/地震风险评估 |
| OpenQuake[8] | GEM | Web应用 | 无 | SA | 全球 | 较好 | 设定地震风险分析、损失评估及概率地震风险分析 |
| KOERILOSS[9] | KOERI | MATLAB | 有 | OS | 自定义范围 | 较好 | 设定地震风险分析、损失评估及概率地震风险分析 |
| SELENA[10] | NORSAR | MATLAB/C | 无 | OS | 自定义范围 | 差 | 设定地震风险分析、损失评估及概率地震风险分析 |
| EQRM[11] | GA | Python | 有 | SA | 自定义范围 | 较好 | 设定地震风险分析、损失评估 |
| ELER[12] | KOERI | MATLAB | 有 | SC | 全球 | 较好 | 设定地震风险分析、损失评估 |
| QLARM[13] | WAPMERR | Java | 有 | SC | 自定义范围 | 较好 | 设定地震和概率地震风险分析 |
| CEDIM[14] | CEDIM | VB | 有 | SC | 中美洲 | 较好 | 设定地震风险分析、损失评估 |
| CAPRA[15] | World Bank | VB | 无 | SC | 葡萄牙 | 差 | 设定地震风险分析、损失评估 |
| LNECLoss[16] | LNEC | FORTRAN | 有 | SA | 新西兰 | 较好 | 设定地震风险分析、损失评估 |
| RiskScape[17] | GNS | Java | 有 | SA | 美国 | 较好 | 设定地震风险分析、损失评估及概率地震风险分析 |
| HAZUS-MH[18] | FEMA | ArcGIS应用 | 有 | SA | 自定义范围 | 较好 | 设定地震风险分析、损失评估及概率地震风险分析 |
| MAEviz[19] | MAE Center | Java | 有 | OS | 美国 | 好 | 设定地震损失评估及概率地震风险分析 |
| OpenRisk[20] | AGORA | Java | 有 | SA | 美国 | 好 | 概率地震风险分析、成本效益分析 |

注：表中可获得性一栏，OS表示开源代码，可在网上下载；SA表示应用程序需向所有人申请；SC表示程序编码需要向所有人申请。

成了最新的分析模块,如庇护需求及决策支持等。国内系统平台主要包括地震动影响场、直接经济损失、人员伤亡以及无家可归人数评估模块。HAZ-China 在国内已有平台的基础上,融合了震害预测、地震应急、地震保险以及恢复重建等功能,扩展了我国地震灾害评估系统的适用性。

开发平台上,因系统平台的应用范围以及开发需求不同,评估系统所采用的开发环境各异,包括通用开发语言 Java、C++、VB、FORTRAN,还包括数学开发平台,如 MATLAB、Python 等。另外,由于 ArcGIS 平台的可视化效果及灵活开发性能,也得到了大量的应用,如 HAZUS、HAZ-China、CAT 等,MAEviz 为了保证系统的完全开源性,采用开源 GIS 平台进行了开发。SELENA 采用 C 语言进行系统功能开发,并开发了 RISe 平台使评估结果在 Google Earth 上进行可视化展示。总体而言,由于政府应急防灾的需求,基于 GIS 的可视化显示以及虚拟现实的模拟技术会成为地震灾害评估和应急救灾的发展趋势。

适用范围上,目前应用于全球的系统平台主要有 MAEviz、EQviz、GEM、SELANA、EQRM、ELER 等。MAEviz 为开源的系统平台,已应用于美国、土耳其区域,并开发了适用于土耳其的 HAZTurk;SYNER-G 项目在 MAEviz 系统架构的基础上开发了适用于全球的 EQviz 平台;GEM 开发了适用于全球的地震模型,可应用于全球区域的地震风险评估;然而,HAZUS 为闭源软件,只适用于美国范围内的应用;CAPPA 是世界银行资助开发的风险评估系统,仅适用于中美洲;RiskScape 采用 Java 平台进行开发,目前仅适用于新西兰地区;TELES 也只适用于中国台湾地区。地震是全球性灾害,防灾减灾是没有国界的,因此,建立可扩展、可更新、可共享的系统平台将是未来发展的趋势,如 GEM 的实施以及 PAGER 项目的扩展等。

综上所述,随着人类社会的快速发展,地震造成的社会经济损失越来越严重,对于地震灾害风险与损失评估系统的研究也成为各国政府及研究机构的需求。基于不同的研究基础和背景,不同研究机构开发的系统平台也各有差异,包括理论方法、评估系统、适用范围、功能模块等。在已有系统平台的基础上,充分吸纳各平台的优点,集成开发适用于我国的地震灾害损失评估系统成为研究的重点。

## 10.2 系统开发环境

上述章节系统地对国内外已有的地震灾害损失评估系统进行了分析整理,在此基础上,基于系统的研究需求及已有的平台架构,本节结合 GIS 技术的最新发展,以 ArcGIS Engine 技术为核心,.NET 为开发平台,基于 C/S 架构,采用组件式 GIS 集成开发出适用于我国的城市地震灾害损失评估系统。相应的开发环境介绍如下。

### 10.2.1 ArcGIS Engine

ArcGIS Engine 是 ESRI 公司基于 ArcObjects 组件开发的新一代 GIS 平台，与 ArcGIS 其他产品一样都是基于 ArcObjects 构建的(图 10.1)，继承了 ArcObjects 的核心功能，支持一系列的应用开发接口并提供大量的高级开发控件。基于 ArcGIS Engine 进行 GIS 应用程序开发，完全脱离了 ArcGIS 桌面平台，为用户提供了一个低成本、可扩展、高效的 GIS 应用开发工具，将提高系统整体的开发效率。用户可以基于 ArcGIS Engine 开发平台，利用 VB、COM、C++、.NET、C#、Java 等语言开发独立的应用程序，也可在 Windows、Solaris、UNIX 和 Linux 等平台上运行。

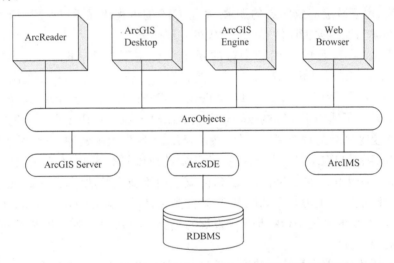

图 10.1　ArcGIS Engine 在 ArcGIS 中与其他组件的关系

ArcGIS Engine 包括 ArcGIS Engine 开发包和 ArcGIS Engine 运行时两种产品。ArcGIS Engine 开发包由控件、工具和对象库三个关键部分组成，为开发者建立解决方案提供了必需的组件和工具集；ArcGIS Engine 运行时用来定制应用程序所需的基础设施，包括 ArcObjects 的核心功能，可为最终用户运行应用程序提供一个稳定的运行环境。ArcGIS Engine 开发包允许用户在多平台多系统开发环境下开发独立的 ArcGIS 应用程序，具有无法比拟的优势，主要表现在以下几个方面[21]。

1) 标准的 GIS 框架

ArcGIS Engine 开发包提供了一个标准的 GIS 框架。如图 10.1 所示。像 ArcGIS 其他产品一样，ArcGIS Engine 基于 ArcObjects 构建，继承了 ArcObjects 的核心功能，其功能强大且可扩展性高，为开发者提供了完善的开发环境及配套功能。

2) 低成本的配置

使用 ArcGIS Engine 进行应用程序的开发,可以不受使用数量的限制,可供大范围的用户群使用。其中最核心的解决方法是采用 ArcGIS Engine 运行时进行许可授权,而其中 ArcGIS Engine 运行时允许多个 ArcGIS 应用程序在同一台计算机上运行,显著降低了系统开发的成本。

3) 多种可视化控件

ArcGIS Engine 开发包提供了一个庞大的可视化控件库来创建高质量的地图用户接口,可供 ArcGIS 应用程序开发使用,极大地提高了系统开发的效率,减少了不必要组件的开发。其主要的可视化控件有地图控件、页面布局控件、读者控件、工具条控件、球体控件、内容列表控件及命令集合和使用工具条的工具集合。

4) 支持标准开发语言

ArcGIS Engine 支持多种开发语言(VB、COM、C++、.NET、C#、Java 等)和操作系统平台(Windows、UNIX 和 Linux 等)。这种跨平台、跨语言的优势,使系统开发具有一定的可扩展性和灵活性。

### 10.2.2 .NET 平台

.NET 平台是微软公司开发的一套完整开发工具,用来实现 XML Web Services、面向服务的体系结构(service-oriented architecture,SOA)和敏捷性的技术,可用于桌面应用程序、Web 应用程序、移动应用程序和 XML Web Services[22]。而在.NET 平台上进行应用程序的开发主要基于核心功能框架.NET Framework,它是在.NET 平台上进行开发的基础,是创建、部署和运行应用程序的一个基础环境,.NET Framework 的组成结构如图 10.2 所示。其中,公共语言运行库(common language runtime,CLR)和.NET Framework 类库(framework class library,FCL)是其两大核心组件。CLR 是.NET Framework 的基础,在组件的开发和运行过程中扮演非常重要的角色,为组件的运行提供内存管理、线程管理和远程处理管理等核心服务,同时实施强制的安全性策略(如防止内存泄漏)。CLR 具有其无可比拟的代码管理优势,显著提高了组件运行的效率和安全性。FCL 是.NET Framework 的另一个重要组件,它是一个综合的、面向对象的、可重用的类型集合,为基于 CLR 的应用程序提供了一个新的标准环境[23]。类库是为实现系统功能而建立的库,包括相应的类、接口以及值类型,类库中包含有上千种类型的定义,每个类型都定义了某种功能,可供桌面应用程序、移动应用程序、XML Web Services 以及混合应用程序使用。

### 10.2.3 Oracle 数据库

Oracle 是以关系型和面向对象为中心管理数据的数据库管理平台,其在管理

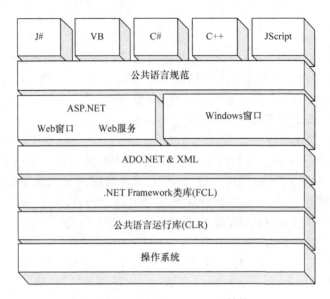

图 10.2 .NET Framework 结构

信息系统、企业数据处理、因特网及电子商务等领域有着非常广泛的应用。因其在数据安全性与数据完整性控制方面的优越性,以及跨操作系统、跨硬件平台的数据互操作能力,越来越多的用户将其作为应用数据的处理系统。

Oracle数据库在运行时都与一个数据库实例相关联,即当数据库启动时,系统首先在服务器内存中分配系统全局区(system global area,SGA),其构成了数据库的内存结构,然后启动若干个常驻内存的操作系统进程,即组成了数据库进程结构。实例由若干后台进程与内存区组成。简单地说,实例是用户与最终操作对象之间的一个桥梁,主要完成用户指定的相应操作。

Oracle数据库的主要特点体现在以下方面:

(1) 支持大数据库、多用户的高性能事务处理。Oracle支持大数据库(几百太字节),可充分利用硬件设备。支持大量用户同时在同一数据上执行各种应用,并使数据占用最小,保证数据的一致性。

(2) 硬件环境独立。Oracle具有良好的硬件环境独立性,支持各种大型、中型、小型和微型计算机系统。

(3) 遵守数据存取语言、操作系统、用户接口和网络通信协议的工业标准。

(4) 较好的安全性和完整控制。Oracle具有用户鉴别、特权、角色、触发器、日志、后备等功能,有效地保证了数据存取的安全性和完整性,以及并发控制和数据的回复。

(5) 具有可移植性、可兼容性与可连接性。Oracle不仅可以在不同型号的机器上运行,而且可以在同一厂家不同操作系统支持下运行,具有操作系统的独立性。

## 10.3 系统体系结构设计

### 10.3.1 系统目标

本系统主要针对我国目前城市地震灾害风险与损失评估系统研究的不足,基于整体研究需求,以我国城市多龄期建筑为目标,围绕震害预测与评估这一核心问题,在现有研究成果以及国外已有软件平台基础上集成开发适用于我国地震特点、建筑特点、人口与经济特点的先进的、可扩展的、可共享的地震灾害损失评估系统。并通过综合示范应用,为政府防灾减灾规划、应急救灾对策、地震保险费率厘定方案等制定提供科学依据。

### 10.3.2 系统结构设计

根据系统的研究需求,以 ArcGIS Engine 技术为核心、.NET 为开发平台,基于 C/S 架构,按照整体性和一致性原则进行系统整体架构设计,系统从逻辑上分为三层:数据服务层、业务模型层及应用展现层,如图 10.3 所示。采用组件式 GIS 集成开发了适用于我国的城市地震灾害损失评估系统。

1) 数据服务层

数据服务层是对各类功能数据进行整理,包括基础地理信息数据库、建筑工程数据库、地震易损性数据库、社会经济属性数据库、评估结果数据库以及系统运行过程中日志和文档资料等。采用 ArcSDE 空间数据引擎及大型关系型数据库 Oracle 进行空间数据和属性数据的管理。

2) 业务模型层

业务模型层是在数据和地震灾害评估专业功能模型的支撑下建立的描述业务与数据之间关系的模型,是基础数据和应用展现层之间连接的核心功能层,包括地震危险性分析模型、结构破坏分析模型、社会经济损失评估模型、成本效益分析模型以及地震保险费率厘定模型等。

3) 应用展现层

应用展现层是最终用户与系统各功能模块进行交互访问的一个平台,是用户最能直观感受并进行操作的界面平台。在应用展现层集成了地震危险性分析、结构破坏分析、地震易损性分析、社会经济损失评估、风险管理等功能模块,可以实现地震灾害快速评估、地震灾害境况模拟以及地震灾害风险评估并展现其结果。

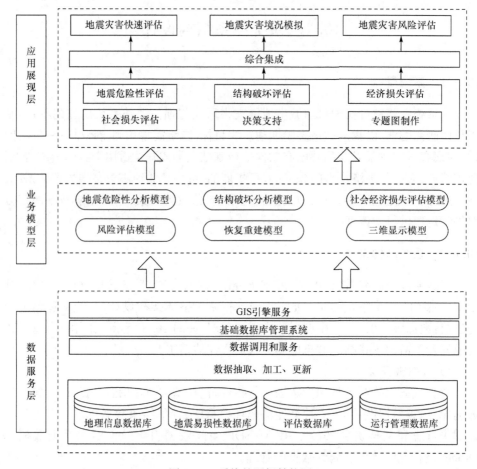

图 10.3 系统的逻辑结构图

## 10.3.3 系统功能设计

依据系统的研究需求,系统的功能设计主要由六大功能组成,即基础数据管理模块、地震危险性模块、结构易损性模块、损失评估模块、决策管理模块以及文档管理模块。系统的功能结构如图 10.4 所示。

1) 基础数据管理模块

基础数据管理模块是对基础数据(如地理信息、建筑物信息、经济分布等)进行浏览、查询、编辑等。该模块建立了桌面端、服务器端基础数据的编辑、整理功能,并与基于 Android 的移动终端进行交互,以实现多系统平台的协同数据管理模式。同时,融入了灾害数据管理及上传模块,可应用于灾害现场数据的采集与整理。

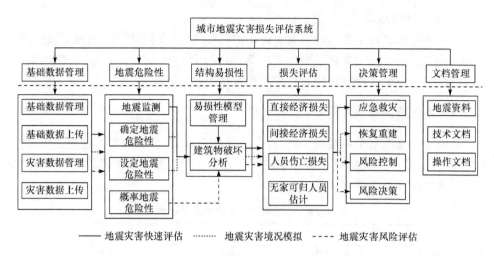

图 10.4　系统的功能结构图

2) 地震危险性模块

地震危险性模块主要实现地震作用下评估区域发生某种地震动强度的概率可能性。地震监测模块可以快速获取最新的地震信息,依据震级级别快速发布地震信息,应急人员可以进行地震灾害的快速评估。采用确定性及设定性地震危险性分析方法可以进行地震灾害境况模拟,结合详细的调查数据进行详细评估并指导灾区恢复重建工作。概率地震危险性可以对评估区域未来一定时期发生某地震动强度的概率进行估计,可以指导政府进行地震风险的识别和防灾部署。

3) 结构易损性模块

结构易损性模块主要是对城市区域不同建筑结构类型的地震易损性模型实施管理,包括地震易损性模型的录入、修改、查询以及删除等,集成了地震易损性曲线管理系统,并可实现数据文件在本地与服务端的协同存储。建筑物破坏分析功能主要是基于基础数据和地震危险性分析结果进行结构破坏概率分析,以作为后期进行社会经济损失评估的基础。

4) 损失评估模块

基于前述各模块的分析结果,损失评估模块可以实现地震灾害直接经济损失评估、间接经济损失评估、人员伤亡评估以及无家可归人员估计等功能。

5) 决策管理模块

决策管理模块主要用于政府对防震减灾、地震保险政策的制定,包括地震发生后的快速应急救灾决策、灾后恢复重建建议以及地震风险的识别、分析与控制决策的制定等。

6) 文档管理模块

文档管理模块系主要对地震灾害评估的各类文档(文档、图片、视频等)进行管理,包括地震资料、技术文档及操作文档等,可供用户进行查阅、上传、下载相关文档。可以使用户更方便地掌握系统的操作及核心功能的扩展。

### 10.3.4 系统硬件及软件需求

系统硬件支撑整个系统的运行,对于数据的存储、数据的交互传输等性能起着决定性作用,软件系统搭载在硬件系统等应用平台上,用于系统模块的开发和实现。系统的硬件及软件需求见表10.2。

表 10.2 系统的硬件及软件需求参数

| 分类 | 硬件环境 | | 软件应用 | |
|---|---|---|---|---|
| | 最低配置 | 推荐配置 | 明细 | 名称 |
| 客户机 | 硬盘:100GB | 硬盘:500GB | 操作系统 | Windows 7 旗舰版 |
| | 内存:2GB | 内存:4GB | 操作系统附加 | IIS 服务 V6.1 |
| | CPU:Intel® Core™ i3 | CPU:Intel® Core™ i5 | 数据库平台 | Oracle 11g 客户端 |
| | | | 应用补丁 | .Net Framework V4.5 |
| | | | | ArcGIS Engine V10.1 |
| 服务器 | 硬盘:1TB | 硬盘:2TB | 操作系统 | Windows NT/Windows 2000/Linux |
| | | | 操作系统附加 | IIS 服务 V6.1 |
| | 内存:2GB | 内存:4GB | 数据库平台 | Oracle 11g 数据库 |
| | | | | .Net Framework V4.5 |
| | CPU:Intel® Core™ i3 | CPU:Intel® Core™ i5 | 应用补丁 | Arc Engine V10.1 |
| | | | | ArcSDE V10.1 |

## 10.4 系统关键技术实现

**1. 基于插件技术的系统实现**

软件的扩展性和重用性是软件开发过程中需要重点考虑的问题。从最初的面向过程到面向对象再到面向组件的软件设计思想,都是提高软件开发效率及重复改造开发的过程。传统的软件架构具有模块分工明确、平台结构紧凑等优点,但系统的重用性和可扩展性较差,无法适用数据来源、功能模块日益发展的趋势[24]。插件技术是一项较为成熟的技术,是基于面向对象的设计和实现,其本质是在不修改程序主体的情况下对软件功能进行加强,具有模块性好、内部功能高效实现、可靠性好、连接简单、封装方便等特征,显著提高了系统的生成效率,并广泛应用于各种通用开发环境中。基于软件开发方便、后期可扩展性好的需求,本系统采用基于插件的设计思想进行开发,通过采用"平台+插件"的应用模型进行搭建,试图实现一个具有良好扩展性和定制能力的系统平台。具体的插件框架如图10.5所示。

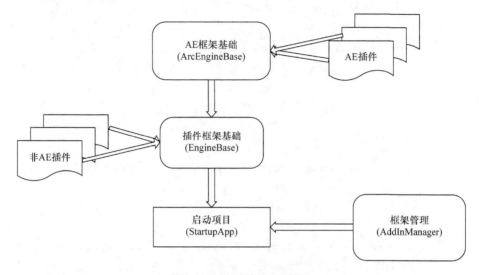

图10.5 插件框架示意图

系统开发中设置启动项目为"StartupApp",主要负责应用程序的部分设置、基础服务的初始化、插件引擎的初始化、日志服务的初始化等。在启动项目上层,是插件框架基础项目"EngineBase",为整个插件的基础,包含系统框架的界面基础、基础的进度条支持、提示信息的服务、进度管理的服务等。利用"EngineBase"中所定义的各类基础服务,可制作多个与"ArcGIS Engine"无关的插件。框架基础中还包含一层调用"AE"相关功能的程序集"ArcEngineBase",其为调用"ArcGIS Engine"功能所制作的各插件的基础。其中,插件配置文档的主体部分全部以"〈Path name="..."〉〈/Path〉"方式组织各项段落,按其中配置的内容,即可在约定位置生成供系统调用的功能插件,如文字标签、菜单项、工具按钮、下拉框等。以下为系统主工具栏配置文档的部分源程序示例。

------

```
<Path name ="/Workbench/Toolbar">
    <Condition name ="AnyMapOrPageOpend" action="Exclude">
        <ToolbarItem id="MapCtrlTools"
                label="${res:ToolBar_Common_Title}"
                dock="Top"
```

```xml
            type="ToolBar"
    />
    <ToolbarItem id="PageLayoutCtrlTools"
            label="${res:ToolBar_PageLayout_Title}"
            dock="Top"
            type="ToolBar"
    />
    <ToolbarItem id="StartEditing"
            label="${res:ToolBar_Editor_Title}"
            dock="Top"
            type="ToolBar"
    />
    <ToolbarItem id="DDDisplayCtrlTools"
            label="${res:ToolBar_3DDisplayTools_Title}"
            dock="Top"
            type="ToolBar"
    />
    <Condition name="EarthquakeDisasterSituation" action="Exclude">
     <ToolbarItem id="PageRightMenu"
            label="${res:ToolBar_PageLayoutExTools_Title}"
            dock="Top"
            type="ToolBar"
    />
      <ToolbarItem id="SystemToolbar"
            label="${res:ToolBar_OtherTools_Title}"
            dock="top"
            type="ToolBar"
    />
      <ToolbarItem id ="ExitSys"
            tooltip ="${res:Global.System.Exit}"
            icon ="System_Close32"
            class="EngineBase.ToolBarExitCommand"/>
      </ToolbarItem>
    </Condition>
   </Condition>
  </Path>
```

## 2. 唯一标识的模块开发模式

在模块开发过程中,为了更好地管理各个模块参数,对各个模块增加了唯一的"GUID"标识码特性,并扩展了模块名的特性,保证在系统运行时,各个模块运行的唯一性,即模块运行前,会根据唯一标识码检查是否已存在该模块运行记录,如果存在则询问继续运行还是直接加载上一次运行结果,且模块每次运行的参数、结果都会保存到设定的工程文件中。设置模块基类为 ModelClass,封装接口为 IModel,每一个新模块在编码时均继承自可实例化类 ModelClass,ModelClass 具体参数和方法见表 10.3。

表 10.3 模块基类 ModelClass 参数函数说明

| 返回值类型 | 名称及说明 |
| --- | --- |
| GUID | Guid ID {get; set;}<br>说明:模块的唯一标识码,用于区分模块 |
| string | string ModelName {set; get;}<br>说明:模块名称 |
| IPropertyset<br>(自定义) | RTS. ProjectManage. IPropertyset PropertySet {get; set;}<br>说明:模块所需要的参数,返回值为自定义的参数接口,封装了参数的添加、删除和比较,实现各模块参数的标准化,方便参数的保存和导入 |
| ModelStatus<br>(自定义) | ModelStatus Status {get; set;}<br>说明:模块的执行状态 |
| Void | void Run();<br>说明:模块执行入口函数 |
| Bool | bool Load();<br>说明:模块参数和上次结果的导入方法,返回是否导入成功 |
| Bool | bool Save();<br>说明:模块参数和配置信息的保存方法,返回是否保存成功 |
| Event | event ModelProgressChangedEventHandler ModelProgressChanged;<br>说明:模块进度发生变化时触发的事件 |

## 10.5 插件实例

为了更好地描述系统基于插件的开发思想,本节以 EditingFeatures 插件为例进行说明。EditingFeatures 插件主要用以实现要素的编辑功能,其插件文件代码展开子项如图10.6所示。

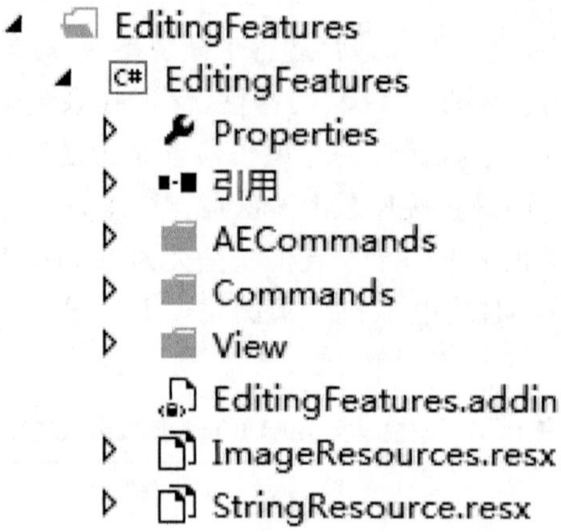

```
▲ 📁 EditingFeatures
    ▲ C# EditingFeatures
        ▷ 🔧 Properties
        ▷ ■■ 引用
        ▷ 📁 AECommands
        ▷ 📁 Commands
        ▷ 📁 View
          📄 EditingFeatures.addin
        ▷ 📄 ImageResources.resx
        ▷ 📄 StringResource.resx
```

图 10.6　插件子项示意图

插件项目主要包含三大类内容：第一类为各类插件功能的实现代码，包括所有继承自 ICSharpCode.Core.AbstractCommand 工具类的命令，还包括其所调用的其他相关功能代码；第二类为配置文档，即与项目名同名的文件，其后缀为"*.addin"；第三类为资源型文件，后缀为"*.resx"，一般"ImageResources.resx"用于管理图片资源，"StringResources.resx"用于管理字符串的键值资源。

### 10.5.1　资源文件的定义与使用

#### 1. 字符串资源的管理与使用

字符串资源通过"StringResources.resx"文件进行管理，其名称按"[功能或窗体名称]_[所用位置或用途]"样式整理，其值为名称对应的中文字符串。如图10.7所示。

在代码中使用字符串资源，可通过"ICSharpCode.Core"类库中定义的"ICSharpCode.Core.StringParser.Parse()"静态方法，其返回值即为字符串键值。若仅需按名称获得对应的字符串键值，则设置其参数为"${res:StringName}"字符串，其中"StringName"为具体的名称。在配置文档中使用字符串资源，可直接在对应的位置配置该样式的文本，如图10.8所示，将其"tooltip"属性设置为"${res:edit_featuresMove}"。

图 10.7　字符串资源

```
<ToolbarItem
  id = "Toolbar_StartEditing"
  tooltip = "${res:edit_startEditing}"
  icon = "edit_Icons_StartEditing"
  type="CheckBox"
  class = "EditingFeatures.StartEditingWithWPFForm"/>
```

图 10.8　字符串资源使用示例图

2. 图片资源的管理与使用

图片资源通过"ImageResources.resx"文件进行管理,其名称按"[所属类库]_[图片资源类型]_[所用位置或用途]"样式整理,如图10.9所示。其使用位置分为两类:第一类和字符串资源相同,在配置文档中配置,其中"edit_Icons_Save"即为图片资源的名称;第二类在代码中使用图片资源,可先按图片名称实例化一个"EngineBase.GUI.ResourceServiceImage"对象,然后通过该对象与各类图片格式的属性,即可获得所需的图片资源对象。示例源程序片段如下:

```
    EngineBase.GUI.ResourceServiceImage _Images =new
EngineBase.GUI.ResourceServiceImage("图片名称");
    _Images.Bitmap//System.Drawing.Bitmap 对象
    _Images.Icon//System.Drawing.Icon 对象
    _Images.ImageSource//System.Windows.Media.ImageSource 对象
```

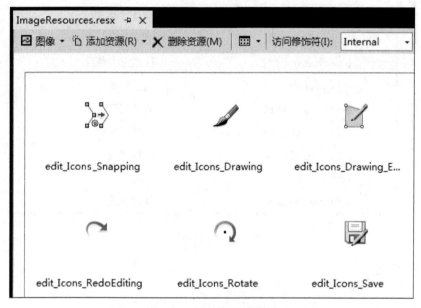

图 10.9　图片资源示意图

### 10.5.2　功能代码实现

在功能代码实现中，View 文件夹存放插件的所有界面，包括 winform 自定义控件和 WPF 自定义控件；AECommands 文件夹中包含继承自 ArcEngineBase.dll 中"CommonAeCommand"和"CommonAeTool"的相关工具类，其中继承自"CommonAeCommand"的类对应于实现 ArcGIS Engine 类库中"ESRI.ArcGIS.SystemUI.ICommand"接口的相关命令；而继承自"CommonAeTool"的类对应于实现"ESRI.ArcGIS.SystemUI.ITool"接口的相关视图操作工具。Commands 文件夹包含所有继承自 AbstractCommand 的类，其中每个继承的子类都必须重载 Run 函数，示例源程序如下：

```
    /// <summary>
    /// 扩展画笔
    /// </summary>
```

```csharp
public class MapSketchingExtension:ArcEngineBase.CommonAeTool
{
    public override void Run()
    {
        IMapControl3 mapCon=ArcEngineBase.ViewModel.ControlsSingleSynchronizer.GetInstance().MapControl;
        ESRI.ArcGIS.SystemUI.ICommand pCmd =
new AECommands.MapSketchEditingExtension();
        pCmd.OnCreate(mapCon.Object);
        pCmd.OnClick();
    }
}
/// <summary>
///注册资源文件
/// </summary>
public class LoadThisAssembly:AbstractCommand
    {
    static bool resourcesRegistered;
    public override void Run()
    {
    if (!resourcesRegistered)
    {
    resourcesRegistered =true;
    ResourceService.RegisterStrings("EditingFeatures.StringResource",
    typeof(LoadThisAssembly).Assembly);
        ResourceService.RegisterImages("EditingFeatures.ImageResources",
    typeof(LoadThisAssembly).Assembly);
    }
    }
    }
```

---

### 10.5.3 配置文档

插件的配置文档以"[所在类库名称].addin"命名,其格式采用 XML,内容包括插件本身的属性设置、定义所支配的程序集、设置引用的程序集、主菜单配置和主工具栏配置等。

**1. 插件对象属性**

插件对象属性是底层"AddIn"节点的各项属性配置,配置示例源程序如下:

```
<AddIn name ="Editing Features"
       author ="Jiaxiaocheng"
       url ="http://www.codeproject.com/TBD"
       description ="Editing Features in EditingMode of MapView"
       addInManagerHidden ="false"/>
```

在插件对象所代表的"AddIn"节点上,可设置多个属性,其中常用的属性包括名称(name)、作者(author)、描述(description)、是否能够被插件管理器控制等(addInManagerHidden)。

name:属性为所配置的当前插件在管理器中的显示名称,一般可按其用途填入中英文表示的文本。

author:属性填入当前插件的作者姓名。

url:属性一般填入存放此插件源代码的网络地址,不是必填项。

description:属性描述该插件的用途及其中包含的主要功能。

addInManagerHidden:属性为插件管理控制,所有插件都可以在插件管理器中被禁用,而某些插件不必暴露给插件管理器,则可将其设置为 true。

2. 所支配程序集

一般情况下,每个配置文档都存在与其对应的"*.dll"程序集,因此需在配置文档中指明对应的"*.dll"文件,在"Manifest"节点下设置"Identity"的"name"属性和"version"属性,"name"指定程序集的名称,"version"指定程序集的相对位置。配置示例源程序如下:

```
<Manifest>
    <!--unique name of the AddIn,used when others AddIns want to reference this AddIn-->
    <Identity name="EditingFeatures" version ="@ ./EditingFeatures.dll"/>
</Manifest>
```

3. 所引用的程序集

配置文档的〈Runtime〉节点中,指明了所需输入的程序集相对位置。所引入的外部程序集中,包含需在系统中注册的功能,可按如下代码配置:"〈Import assembly=" "〉"指定所引入的外部程序集的相对位置,其下添加了多个子节点,格式为"〈ConditionEvaluator name="X" class="XXX" /〉"。其中"name"为外部程序集名称,"class"为条件所对应类的全路径(包含完整的命名空间)。

---

```xml
<Runtime>
    <!--<Import assembly="../../ESRI.ArcGIS.Controls.dll"/>-->
    <Import assembly="./EditingFeatures.dll" >
    <ConditionEvaluator name="EditingStarted"
     class="EditingFeatures.Command.EditingStartedConditionEvaluator" />
    <ConditionEvaluator name="EditingStartedHasEdit"
class="EditingFeatures.Command.EditingStartedHasEditConditionEvaluator" />
    <ConditionEvaluator name="EditingUndoOperationExits"
class="EditingFeatures.Command.EditingUndoOperationExitsConditionEvaluator" />
    </Import>
    <Import assembly="../../Bin/Base/EngineBase.dll" />
    <Import assembly="../../Bin/Base/RTS.ProjectManage.dll" >
    </Import>
</Runtime>
```

---

### 4. 主菜单配置

"Path"节点的"name"属性以"/Workbench/MainMenu"开始,则可进行主窗体的菜单配置。其配置应按层级进行,并且每一层级的菜单项类型都由该节点的属性控制。该插件中菜单项配置示例源程序如下:

---

```xml
<Path name ="/Workbench/MainMenu/BaseData">
   <Condition name ="EditingSaseControlCondition" action="Disable">
      <MenuItem id ="EditBaseData" insertbefore="UploadDamageData"
         label ="&amp;${res:ViewMenu_EditBaseData}"
         shortcut ="Control|P"
         icon="File_Icon_Open"
         class ="EditingFeatures.StartEditingWithWPFForm2"
         loadclasslazy="false"/>
   </Condition>
</Path>
```

---

每一项"MenuItem"节点中的属性都对应菜单项的相关设置,相应的属性参数说明如下:

id:所配置菜单项的唯一标签,一般可按其用途填入英文表示的文本。

lable:菜单项上所显示的文本,如果此处需要引用字符串资源中的值,可按"＄{res:资源名称}"的格式填写。

icon:用于设置菜单项前端的图标,直接填入图片资源的名称即可。

shortcut:菜单项所对应的快捷键。如果是 Control＋字母键,则为"Control|E";如果是 Alt＋字母键则为"Alt|E"。

class:菜单项所对应的功能类,其内容为包含命名空间的完整类名称。

loadclasslazy:延迟建立菜单项与功能类之间的联系,体现在用户交互上,表现为用户在第一次使用该菜单项时没有反应,然后该菜单项的使用才会有效。

5. 主工具栏配置

配置工具栏文档中"Path"节点的"name"属性以"/Workbench/Toolbar"开始,则其所定义的内容为主工具栏上的各功能控件。工具栏中的每一项对应的节点为"ToolbarItem",配置示例源程序如下:

```
<Path name ="/Workbench/Toolbar/StartEditing">
  <Condition name ="EditingStarted" action="exclude">
    <Condition name ="EditingUndoOperationExits" action="Disable">
      <ToolbarItem id ="Toolbar_UndoEditing"
                   tooltip ="${res:edit_undoEditing}"
                   icon ="edit_Icons_UndoEditing"
                   shortcut="Ctrl|Z"
                   class ="EditingFeatures.ToolbarUndoEditing"/>
    </Condition>
  </Condition>
</Path>
```

## 参 考 文 献

[1] Federal Emergency Management Agency, National Institute of Building Sciences. Earthquake loss estimation methodology—HAZUS97[R]. Washington DC: Federal Emergency Management Agency, 1997.

[2] Ahmad N, Ali Q, Crowley H, et al. Earthquake loss estimation of residential buildings in Pakistan[J]. Natural Hazards, 2014, 73(3): 1889-1955.

[3] 王晓青,丁香. 基于 GIS 的地震现场灾害损失评估系统[J]. 自然灾害学报,2004,13(1): 118-125.

[4] 陈洪富. HAZ-China 地震灾害损失评估系统设计及初步实现[D]. 哈尔滨:中国地震局工程力学研究所,2012.

[5] 李树桢,贾相宇,朱玉莲. 震害评估软件 EDEP-93 及其在普洱地震中的应用[J]. 自然灾害学报,1995,4(1):39-46.

[6] 丁香,王晓青,王龙,等. 地震巨灾风险评估系统的研制与应用[J]. 震灾防御技术,2011, 6(4):454-460.

[7] Yeh C H, Loh C H, Tsai K C. Overview of Taiwan earthquake loss estimation system[J]. Natural Hazards,2006,37(1-2):23-37.

[8] Silva V, Crowley H, Pagani M, et al. Development of the OpenQuake Engine, the global earthquake model's open-source software for seismic risk assessment[J]. Natural Hazards, 2014,72(3):1-19.

[9] Strasser F O, Bommer J J, Sesetyan K, et al. A comparative study of European earthquake loss estimation tools for a scenario in Istanbul[J]. Journal of Earthquake Engineering,2008, 12(1):246-256.

[10] Molina S, Lang D H, Lindholm C D. SELENA—An open-source tool for seismic risk and loss assessment using a logic tree computation procedure[J]. Computers & Geosciences, 2010,36(3):257-269.

[11] EQRM. Applying geoscience to Australia's most important challenges[EB/OL]. http://www.ga.gov.au/hazards/earthquakes.html[2015-09-23].

[12] Hancilar U, Tuzun C, Yenidogan C, et al. ELER software—A new tool for urban earthquake loss assessment[J]. Natural Hazards and Earth System Sciences,2010,10(12):2677-2696.

[13] QLARM. QLARM, a tool for earthquake loss estimate in near real-time and scenario mode [EB/OL]. http://www.icesfoundation.org/Pages/Custompage.aspx?ID=122[2015-10-12].

[14] CEDIM. Center for disaster management and risk reduction technology[EB/OL]. http://www.cedim.de[2015-09-25].

[15] Cardona O D, Ordaz M, Reinoso E, et al. CAPRA—Comprehensive approach to probabilistic risk assessment:International initiative for risk management effectiveness[C]//Proceedings of the 15th World Conference of Earthquake Engineering,Lisbon,2012.

[16] Costa A C, Sousa M L, Carvalho A, et al. Evaluation of seismic risk and mitigation strategies for the existing building stock:Application of LNECloss to the metropolitan area of Lisbon [J]. Bulletin of Earthquake Engineering,2010,8(1):119.

[17] RiskScape. RiskScape model framework. http://www.riskscape.org.nz[2015-09-23].

[18] Schneider P J, Schauer B A. HAZUS—Its development and its future[J]. Natural Hazards Review,2007,7(7):40-44.

[19] MAEviz. Analysis framework developer's guide[EB/OL]. https://wiki.ncsa.illinois.edu/display/MAE/Home[2015-08-23].

[20] Porter K, Scawthorn C. OpenRisk:Open-source risk software and access for the insurance industry[C]//1st International Conference on Asian Catastrophe Insurance, Kyoto, 2007.
[21] 郭瑞. 基于 ArcEngine 的城市规划数据库管理系统的研究和实现[D]. 长沙:中南大学, 2008.
[22] 田波,周云轩,李俊红,等. 基于.NET 和 ArcGIS Engine 开发上海市滩涂资源管理系统[J]. 计算机工程与应用, 2007, 43(14):184-186.
[23] 张艳. 基于.NET 平台和 ArcGIS Engine 的土地利用规划信息系统的研究与开发[D]. 合肥:合肥工业大学, 2007.
[24] 黄桦. 基于 ArcGIS Engine 的插件式 GIS 研究与实践[D]. 上海:华东师范大学, 2008.

# 第11章 系统主要功能集成与实现

结合上篇理论方法研究及第10章系统平台的结构设计、功能设计以及关键技术等,基于.NET+ArcGIS Engine+ArcSDE+Oracle 11g的开发环境,本章进行城市地震灾害损失评估系统的开发工作,主要内容为软件系统各核心功能模块的流程分析及编码实现。

## 11.1 地震危险性分析模块

### 11.1.1 模块说明

地震危险性分析模块包括概率地震危险性模块、设定地震模块以及确定性地震危险性模块。应用概率地震危险性模块可获得研究场地的超越概率曲线,以进行地震小区划的编制;在概率地震危险性的基础上,应用设定地震模块可确定对研究场地影响最大的确定地震,为工程结构的抗震性能评估和抗震设计参数选取提供依据;基于设定地震确定的地震动参数,或历史地震动参数,应用确定性地震危险性模块可进行地震动场模拟,为震后灾害损失快速评估提供地震动强度指标。

地震危险性评估系统的设计开发思路:首先进行概率地震危险性分析,以考虑对场点有影响的所有可能潜在震源区,即以潜在震源区内所有可能震级-距离组合为最小计算单元来实施概率性的地震危险性分析;在概率地震危险性分析的基础上,根据加权平均法或最大概率法进行设定地震的确定,进而进行确定性地震危险性分析,各模块的理论方法见第4章。基于模块的功能需求,本章进行了地震危险性评估系统三模块的逻辑流程设计,各模块开发流程及相互关系如图11.1所示。

概率地震危险性分析涉及工程场地及控制计算点的确定、潜在震源区栅格化、衰减模型的选取、单一潜源的概率计算、不同时间段超越概率的计算求取、危险性曲线图及基岩峰值加速度区划图绘制等过程。每一个过程均涉及相关的模型参数和大量的基础数据交互。在概率地震危险性分析的基础上,通过最大概率法或加权平均法可获得最有可能发生的地震及相应震源参数,以作为确定性地震危险性分析的输入。同时,确定性地震危险性分析模块可对历史地震及情境地震进行模拟分析。

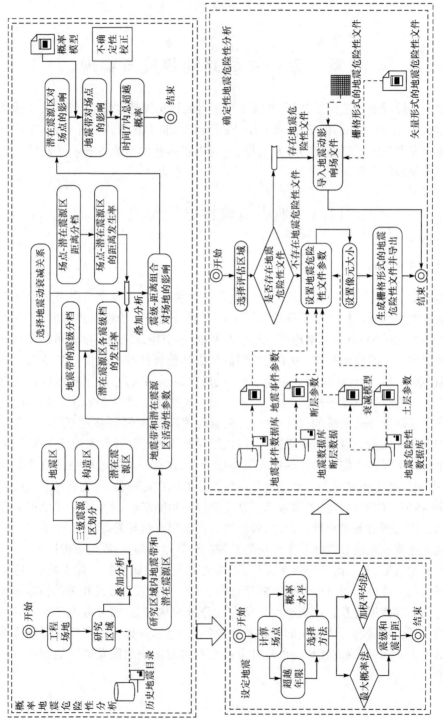

图 11.1 地震危险性分析模块流程

## 11.1.2 模块开发 UML 类图

统一建模语言(unified modeling language,UML)作为一种面向对象系统的图形化通用建模语言,UML 类图(class diagram)的主要功能是描述系统中各种类之间的组合、依赖、联系等静态结构关系,其中类(class)是指具有相同特征的对象的抽象集合。

由图 11.1 可知,地震危险性评估系统中主要包括工程场地及计算控制点的选取、潜在震源区和工程场地像元大小的设置、震级分档、利用地震动衰减关系确定空间任一点地震动参数值、采用插值法绘制超越概率曲线及等值线图、设定地震的确定、栅格形式的地震动影响场的生成及其与场地效应的叠加等。限于篇幅,仅对选择评估区域和栅格化地震动影响场生成相关模块的 UML 类图进行展示,如图 11.2 和图 11.3 所示。

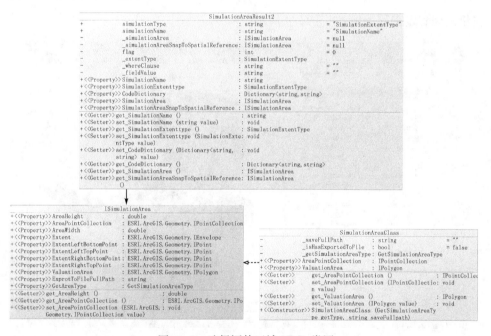

图 11.2 选择评估区域 UML 类图

## 11.1.3 功能模块界面展示

基于图 11.1 逻辑流程图进行了地震危险性分析模块的开发,相应的功能展示如下:

单击"地震危险性分析"菜单中"概率地震危险性分析"模块,进入概率地震危险性分析界面。首先可通过经纬度定义法确定工程场地或直接通过导入工程场地

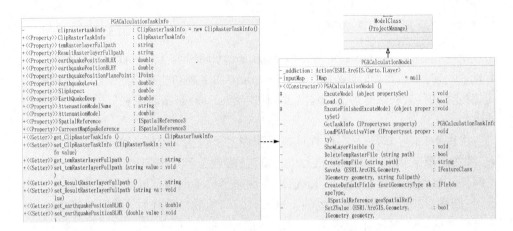

图 11.3　地震动影响场生成 UML 类图

矢量图来确定工程场地,如图 11.4 所示。

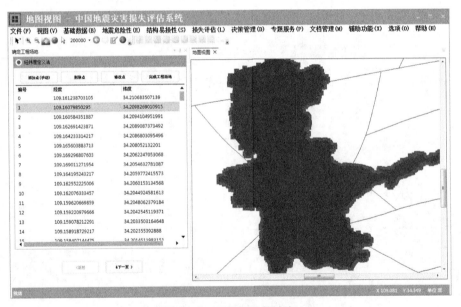

图 11.4　工程场地的确定

通过工程场地外扩法确定场地评估区域,进行潜在震源区划分方案(多为三级潜在震源区方案)的选取,并导入潜在震源区的活动性参数,进而实现研究区域与潜在震源区的叠加,如图 11.5 所示。

选择地震频度关系、地震发生概率模型以及地震动衰减关系等相关参数,并进行潜在震源区和工程场地的离散化。其中,工程场地的离散化既可通过计算控制点的导入(具有标准文件格式)实现,其界面如图 11.6 所示;也可将工程场地直接

第 11 章 系统主要功能集成与实现 · 279 ·

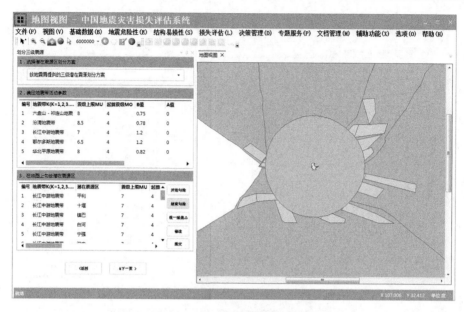

图 11.5 划分三级潜在震源区界面

按要求尺寸进行栅格划分。通过概率计算获得各场点基岩水平向峰值加速度超越概率曲线，进而通过界面右侧的选择按钮进行曲线的调整与校正、贡献率确定、导出等功能操作。地震危险性曲线界面如图 11.7 所示。

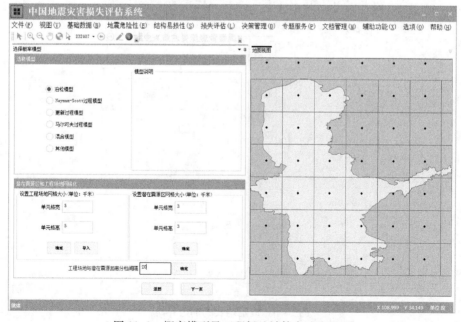

图 11.6 概率模型及工程场地计算点选取界面

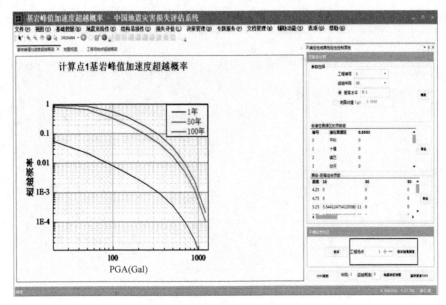

图 11.7  基岩峰值加速度超越概率曲线显示界面

基于概率地震危险性分析结果进行设定地震和确定性地震危险性分析计算，通过超越概率水平、场点等参数设置以及方法选择进行设定地震的确定。系统可以同时确定多个场点的多个超越概率水平下的设定地震，其界面如图 11.8 所示。

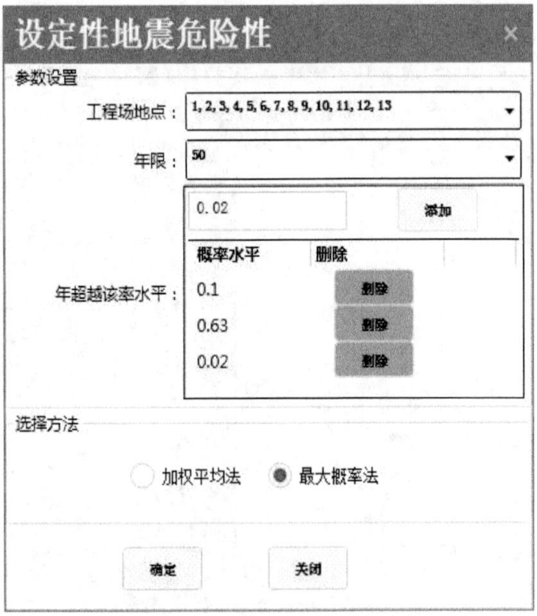

图 11.8  设定地震的确定界面

设定地震确定完成后,在"地震危险性分析"中选择"确定性地震危险性分析",输入设定地震的具体地震动参数,界面如图 11.9 所示,单击确定后,进行相应的确定性地震危险性分析,分析结果如图 11.10 所示。系统中,地震动参数来源主要有

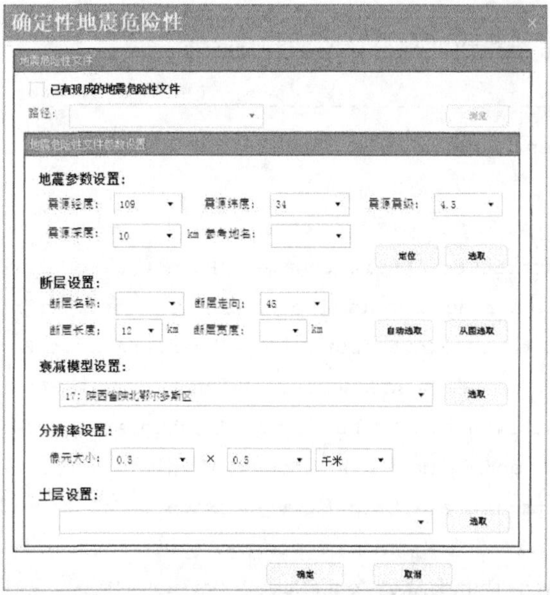

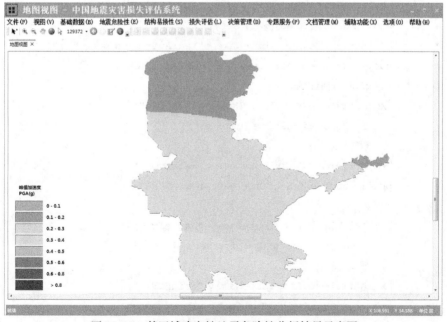

图 11.9　基于设定地震的地震动参数设置

图 11.10　某区域确定性地震危险性分析结果示意图

两种途径：一是选择历史地震目录进行地震灾害境况模拟；二是采用概率地震危险性分析方法计算设定地震，进而基于设定地震进行确定性地震危险性分析。

### 11.1.4 模块关键源程序

地震危险性分析模块的部分核心源程序如下：

------------------------------------------------------------

```
public class PotentialFocalArea :ProbabilisticSeismicHazardViewModel
    {
        public int FigureID {get; set;}
        [XmlAttribute(AttributeName ="PotentialFocalAreaName")]
        public string PotentialFocalAreaName {get; set;}
        [XmlAttribute(AttributeName ="MeshGenerationHeight")]
        public double MeshGenerationHeight {get; set;}
        [XmlAttribute(AttributeName ="MeshGenerationWidth")]
        public double MeshGenerationWidth {get; set;}
        [XmlAttribute(AttributeName ="MagnitudeInterval")]
        public double MagnitudeInterval {get; set;}
        [XmlAttribute(AttributeName ="ValueB2")]
        public double ValueB2 {get {return BValue*Math.Log(10);}}
        [XmlAttribute(AttributeName ="Area")]
        public double Area {get; set;}
        [XmlAttribute(AttributeName ="YearAverOccurRatio")]
        public double YearAverOccurRatio {get; set;}
        #region 方向性函数
        [XmlAttribute(AttributeName ="AngleOne")]
        public double AngleOne {get; set;}
        /// 权重 P1
        [XmlAttribute(AttributeName ="WeightOne")]
        public double WeightOne {get; set;}
        /// θ2
        [XmlAttribute(AttributeName ="AngleTwo")]
        public double AngleTwo {get; set;}
        /// 权重 P2
        [XmlAttribute(AttributeName ="WeightTwo")]
        public double WeightTwo {get; set;}
         public string Propagator {get {return "F(m) = (1- exp(-" + Math.
```

Round(ValueB2,3)+" (m-"+Math.Round(StartEarthquakeMagnitude)+")))/"+ Math.Round((1-Math.Exp(-1*ValueB2*(UpperEarthquakeMagnitude-StartEarthquakeMagnitude))),3);}}

    public string DensityFunction {get {return "F(m)=("+Math.Round(ValueB2,3)+"*exp(-"+Math.Round(ValueB2,3)+" (m-"+Math.Round(StartEarthquakeMagnitude)+")))/"+Math.Round((1-Math.Exp(-1*ValueB2*(UpperEarthquakeMagnitude-StartEarthquakeMagnitude))),3);}}

   #endregion
   public double PropagatorFun(double m)
    {
  return(1-Math.Exp(-1*ValueB2*(m-StartEarthquakeMagnitude)))/(1-Math.Exp(-1*ValueB2*(UpperEarthquakeMagnitude-StartEarthquakeMagnitude)));
   }
   public double DensityFun(double m)
    {
  return(ValueB2*Math.Exp(-1*ValueB2*(m-StartEarthquakeMagnitude)))/(1-Math.Exp(-1*ValueB2*(UpperEarthquakeMagnitude-StartEarthquakeMagnitude)));
   }
  }
 Public class PotentialFocalAreaCollection:System.Collections.ObjectModel.ObservableCollection<PotentialFocalArea>
  {
   private static PotentialFocalAreaCollection _Instance=new PotentialFocalAreaCollection();
   [XmlArray]
   [XmlArrayItem(typeof(PotentialFocalArea))]
   public static PotentialFocalAreaCollection Instance
   {
    get {return _Instance;}
   }
   public int QueryMaxZoneNum()
   {
    if(this.Count>0)
     return this.Select(a=>a.EarthquakeZoneNum).Max();
    else

```
        return 0;
    }
}
```

## 11.2 结构破坏分析模块

### 11.2.1 模块说明

结构的破坏分析涉及结构所遭受的地震动强度、结构的基本信息、结构的地震易损性曲线数据等基本信息。地震动强度可根据结构的经纬度由地震危险性分析结果获取,结构的基本信息由采集建立的数据库获取;同时,根据结构的基本属性匹配相应的地震易损性曲线数据库文件,可以获得结构在地震动作用下发生不同破坏状态的概率。结构破坏分析模块流程如图 11.11 所示。

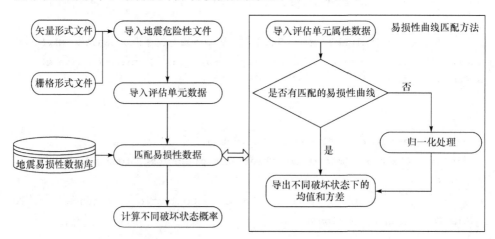

图 11.11　结构破坏分析模块流程

### 11.2.2 模块开发 UML 类图

结构破坏分析是在场地地震危险性分析及结构地震易损性分析的基础上进行的。根据易损性匹配原则,每栋不同属性的建筑物会匹配一条或多条易损性曲线,若为多条则需要进行归一化处理。通过地震危险性分析会获得每栋建筑物所处位置的峰值加速度,进而获得每栋建筑物实际的破坏概率分布。详细的 UML 类图如图 11.12 所示。

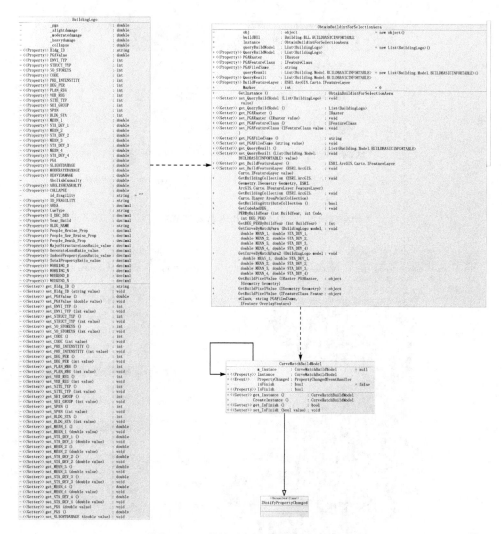

图 11.12　结构破坏分析模块 UML 类图

## 11.2.3　功能模块界面展示

基于上述模块分析,进行结构破坏分析模块的开发,图 11.13 为其参数设置界面。分析中,导入已完成的地震危险性分析结果,选择易损性数据库的匹配文件,结构破坏分析结果可保存至拟定位置。

图 11.14 给出了结构破坏分析结果,图 11.14(a)为建筑物发生不同破坏状态概率堆状图,图 11.14(b)为单一破坏状态下建筑物破坏概率图表。

图 11.13　结构破坏分析参数设置界面

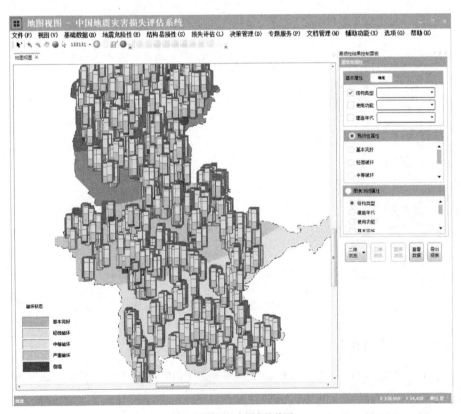

(a) 不同破坏状态概率堆状图

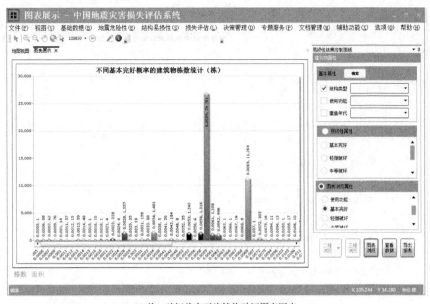

(b) 单一破坏状态下建筑物破坏概率图表

图 11.14　结构破坏分析结果

## 11.2.4　模块关键源程序

结构破坏分析模块的部分核心源程序如下：

----------------------------------------------------------

```
private void _StructDamageAnalysisMethod()
    {
    ArcEngineBase.ViewModel.ControlsSingleSynchronizer ctrlSynchronizer =
    ArcEngineBase.ViewModel.ControlsSingleSynchronizer.GetInstance();
    var model =new Tasks.CurveMatchBuildingModel();
    ILayer player =null,rasterLayer =null;
    if (m_FeatureLayer ==null)
     {
      var Layers =ctrlSynchronizer.MapControl.Map.Layers;
      ILayer m_layer =Layers.Next();
      while (m_layer ! =null)
      {
       if (m_layer is IFeatureLayer)
         {
         IGeoFeatureLayer n_geoFeatureLayer =m_layer as IGeoFeatureLayer;
         n_geoFeatureLayer.Renderer=
ArcEngineBase.Service.FeatureLayerClassifyRenderer.CreateSimpleRenderer()
as IFeatureRenderer;
```

```
            }
if(m_layer.Name == RTS.ProjectManage.ConstClass.ProjectDB_FeatureClass_Building)
            {
             player =m_layer;
                 }
             if (m_layer.Name =="pga.img")
             {
             rasterLayer =m_layer;
             }
             m_layer =Layers.Next();
             }
             m_FeatureLayer =player as IFeatureLayer;
             }
             if (m_FeatureLayer ==null)
             {
              MessageBox.Show("请导入建筑物数据!","提示",MessageBoxButton.OK);
              return;
              }
              if(SimulationAreaResult.SimulationArea==null|| SimulationAreaResult.SimulationArea.AreaPointCollection ==null)
              {
              MessageBox.Show("请先确定评估区域","提示",MessageBoxButton.OK);
              return;
              }
                SelectionAera =ObtainBuildintForSelectionAera.GetInstance();
                SelectionAera.BuildFeatureLayer =m_FeatureLayer;
                if(SelectionAera.PGARaster==null&&SelectionAera.PGAFeatureClass ==null)
                {
                MessageBox.Show("请先生成地震动影响场后再进行此操作!","提示",MessageBoxButton.OK);
                return;
                }
                Var result=RTS.ProjectManage.ModelService.CheckAndLoadExistModel(model);
                if (result ==null)
                {
                return;
                }
```

```
    if (! result.Value)
    {
    RTS.ProjectManage.ModelService.AddModel(model);
    if (rasterLayer ! =null)
    ctrlSynchronizer.MapControl.Map.DeleteLayer(rasterLayer);
    }
    EngineBase.GUI.WpfWorkbench.Instance.CloseDocViewExceptThis("地
图视图");
    FinishWindows();
    }
```

## 11.3 地震灾害直接经济损失评估模块

### 11.3.1 模块说明

直接经济损失评估是地震灾害社会经济损失评估的一部分,是在结构破坏分析的基础上完成的,直接经济损失主要包括主体结构破坏损失、装修损失、室内财产损失等,其评估逻辑流程如图 11.15 所示。

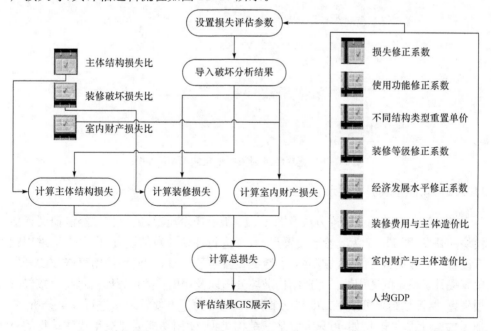

图 11.15 直接经济损失评估逻辑流程

### 11.3.2 模块开发 UML 类图

直接经济损失评估模块运行是在结构破坏分析的基础上完成的,涉及经济损失参数的设置及计算,详细的 UML 类图如图 11.16 所示。

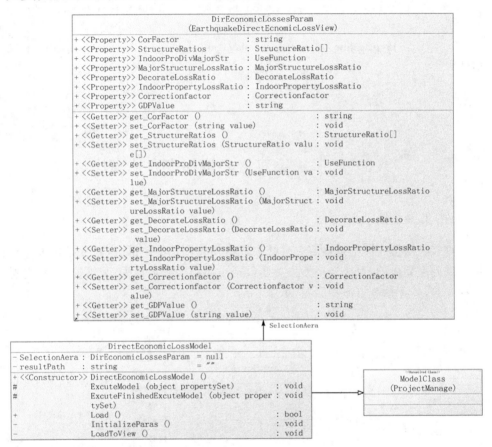

图 11.16 直接经济损失评估模块 UML 类图

### 11.3.3 功能模块界面展示

基于第 6 章的相关理论方法及图 11.15 所示逻辑流程,进行直接经济损失评估模块的开发,图 11.17 为其参数设置界面,可进行评估参数的设置,也可直接采用默认设置。一般而言,评估区域不同,参数的设置也不一样,本模块采用可修改的开发模式提升了系统的适用性。完成结构破坏分析以及评估参数设置即可进行直接经济损失评估,评估结果可采用二维和三维展示,同时为了方便管理者进行决策分析,添加了数据过滤功能,例如,可只查看某一结构类型、使用功能或建造年代建筑物的直接经济损失情况(主体结构损失、装修损失、室内财产损失、总损失)。另外,系统设置

第 11 章 系统主要功能集成与实现

了多尺度数据分析模式,评估结果可以建筑物单体查看,也可以社区、街道办等为单元查看。这些功能的实现将为政府的防震防灾决策制定提供技术支撑。图 11.18

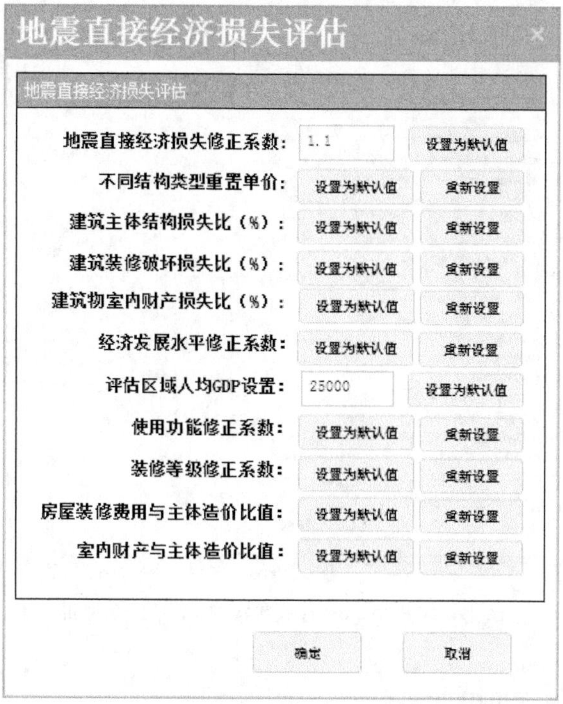

图 11.17 直接经济损失评估参数设置界面

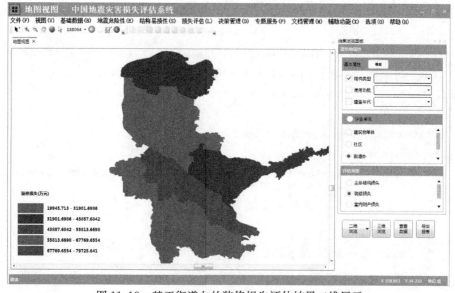

图 11.18 基于街道办的装修损失评估结果二维展示

和图 11.19 分别为评估单元为街道办的装修损失评估结果数据列表展示。

图 11.19　基于街道办的装修损失评估结果数据列表展示

## 11.3.4　模块关键源程序

直接经济损失评估模块的部分核心源程序如下：

```
------------------------------------------------------------
[RTS.ProjectManage.Attributes.Guid("963049BE-B4514B3C-96CC-16EB84ECA05C")]
[RTS.ProjectManage.Attributes.Model("直接经济损失评估")]
public class DirectEconomicLossModel :RTS.ProjectManage.ModelClass
{
    DirEconomicLossesParam SelectionAera =null;
    string resultPath ="";
    public DirectEconomicLossModel() :base(typeof(DirectEconomicLossModel))
    {
        try
        {
            InitializeParas();
            resultPath =RTS.ProjectManage.RTSProjectClass.CurrentProject.Pro
```

```csharp
jectTempDirectory + "\\" + ConstClass.Result_CurveMatchBuildingModel + Const
Class.XMLExtent;
        this._propertySet = new PropertysetClass("直接经济损失评估");
        this._propertySet.PropertySet.Add(ConstClass.Result_CurveMatch
BuildingModel, resultPath);
        base.ModelRunFastWay = true;
    }
    catch { Status = ModelStatus.Faulted; }
}
#region override
    protected override void ExcuteModel(object propertySet)
    {
        base.ExcuteModel(propertySet);
        this.ModelProgress = 0;
        DirEconomicLossesParam CasualtiesInfo = EarthquakeDirectEcnomicLoss
UserControl.Instance.DirEconomicModel;
        DirectEcnomicLossViewModel PeoleModel = new DirectEcnomicLossView
Model(CasualtiesInfo);
        this.ModelProgress = 4;
#region 图层操作
        ArcEngineBase.ViewModel.ControlsSingleSynchronizer ctrlSynchronizer =
            ArcEngineBase.ViewModel.ControlsSingleSynchronizer.GetInstance();
        ILayer player = null, SubDistrictLayer = null, CommunityPlayer = null;
        var Layers = ctrlSynchronizer.MapControl.Map.Layers;
        ILayer m_layer = Layers.Next();
        while (m_layer != null)
        {
            if (m_layer.Name == RTS.ProjectManage.ConstClass.ProjectDB_Fea
tureClass_Building)
            {
                player = m_layer;
            }
            m_layer = Layers.Next();
        }
#endregion
        this.ModelProgress = 6;
        if (ObtainBuildintForSelectionAera.GetInstance().QueryBuildModel !=
```

```
null && ObtainBuildintForSelectionAera.GetInstance().QueryBuildModel.Count >0)
        {
            IQueryFilter queryFilter =new QueryFilterClass();
            int sumCount =ObtainBuildintForSelectionAera.GetInstance().Query
BuildModel.Count +1;
            int _step =0,curentStep =0;
            foreach(var model in ObtainBuildintForSelectionAera.GetInstance
().QueryBuildModel)
            {
                ESRI.ArcGIS.Geodatabase.IFeatureCursor pFeatureCursor =null;
                    try
                    {
                        curentStep =this.ModelProgress;
                        string StreetNum =model.Bldg_ID.Substring(0,9);
                        string SubControyNum =model.Bldg_ID.Substring(0,12);
                        PeoleModel.SetBuildingLogo(model);
                        decimal MajorStructureLossRatio_value =decimal.Round(Pe
oleModel.MajorStructure);
                        decimal DecorateLossRatio_value =decimal.Round(PeoleModel.
DecorateLoss);
                        decimal IndoorPropertyLossRatio_value =decimal.Round(PeoleM
odel.IndoorPropertyLoss);
                        model.MajorStructureLossRatio_value =MajorStructureLoss
Ratio_value;
                        model.DecorateLossRatio_value =DecorateLossRatio_value;
                        model.IndoorPropertyLossRatio_value =IndoorPropertyLossRa
tio_value;
                        model.TotalPropertyRatio_value =model.MajorStructureLossRa
tio_value +model.DecorateLossRatio_value +model.IndoorPropertyLossRatio_
value;
                        queryFilter.WhereClause ="\"Bldg_ID\" = '" +model.Bldg_ID+"'";
                        IFeatureClass pFeatureClass = (player as IFeatureLayer).Featu
reClass;
                        pFeatureCursor =pFeatureClass.Update(queryFilter,false);
                        IFeature pFeature =pFeatureCursor.NextFeature();
                        int FiledIndex =pFeatureClass.Fields.FindField("BuildLoss");
                        int FiledIndex2 =pFeatureClass.Fields.FindField("DecoLoss");
```

```csharp
            int FieldIndex3 =pFeatureClass.Fields.FindField("IndProLos");
            int FieldIndex4 =pFeatureClass.Fields.FindField("TotalLoss");
            if (pFeature !=null)
            {
            pFeature.set_Value(FiledIndex,MajorStructureLossRatio_value);
            pFeature.set_Value(FiledIndex2,DecorateLossRatio_value);
            pFeature.set_Value(FieldIndex3,IndoorPropertyLossRatio_value);
            pFeature.set_Value(FieldIndex4,model.TotalPropertyRatio_value);
            pFeatureCursor.UpdateFeature(pFeature);
            }
            _step++;
            this.ModelProgress =(_step +curentStep) *100 / (sumCount + curentStep);
            }
            catch (Exception ex)
            {
            System.Runtime.InteropServices.Marshal.ReleaseComObject (pFeatureCursor);
            return;
            }
             System.Runtime.InteropServices.Marshal.ReleaseComObject (pFeatureCursor);
            }
        }
        else
        {
            System.Windows.Forms.MessageBox.Show("请先进行易损性分析!","提示", System.Windows.Forms.MessageBoxButtons.OK, System.Windows.Forms.MessageBoxIcon.Warning);
            return;
        }
    }
}
```

## 11.4 地震灾害间接经济损失评估模块

### 11.4.1 模块说明

地震灾害间接经济损失是指由其直接经济损失造成的后续影响,众多学者在这点达成了共识,但是对于间接经济损失的具体内容划分各不相同。为了便于快捷地进行间接经济损失评估,引入了比例系数法来考虑直接经济损失造成的后续影响。其中,间接经济损失与直接经济损失存在正相关,直接经济损失越大,间接经济损失也越大,影响持续时间越长。间接经济损失评估模块的逻辑流程如图11.20所示。

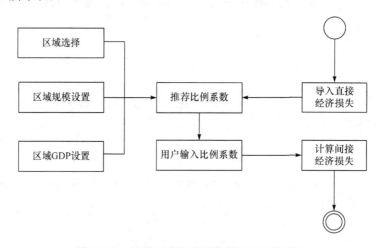

图11.20 间接经济损失评估模块的逻辑流程

### 11.4.2 模块开发 UML 类图

采用比例系数法进行间接经济损失评估模块开发,其中涉及评估区域的选择、区域规模的判断及区域 GDP 水平的比较,其具体的模块开发 UML 类图如图11.21所示。

### 11.4.3 功能模块界面展示

基于第6章的相关理论方法及图11.20所示逻辑流程,进行间接经济损失评估模块的开发。图11.22(a)和图11.22(b)分别为区域间接经济损失评估结果的饼状图和柱状图。

# 第 11 章 系统主要功能集成与实现

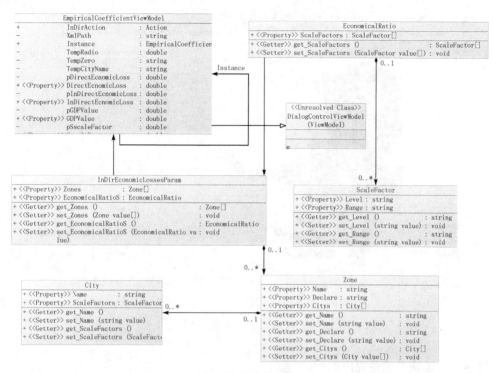

图 11.21 间接经济损失评估模块 UML 类图

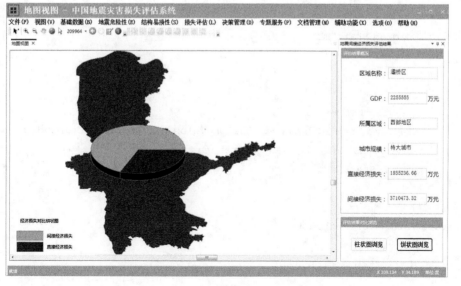

(a) 饼状图

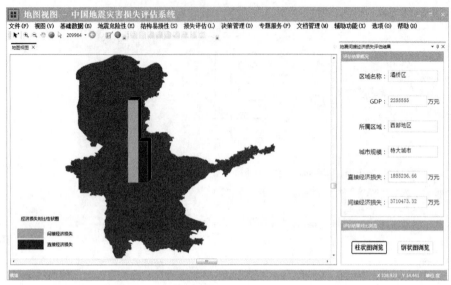

(b) 柱状图

图 11.22 区域间接经济损失评估结果

## 11.4.4 模块关键源程序

间接经济损失评估模块的部分核心源代码如下：

------------------------------------------------------------

```
public ICommand StartCmd
{
    get
    {
      if (_StartCmd ==null)
      _StartCmd =new ICSharpCode.SharpDevelop.Widgets.RelayCommand(
      () =>  _StartMethod(),() =>  { return true; });
      return _StartCmd;
    }
}
private void _StartMethod()
{
    if (DirectEcnomicLoss==0)
    {
      System.Windows.Forms.MessageBox.Show("请输入评估区域直接经济损失的数值!","提示");
```

```csharp
        return;
    }
    if (SscaleFactor ==0)
    {
        System.Windows.Forms.MessageBox.Show("请输入比例系数的数值!","提示");
        return;
    }
    var model =SeismicAssessmentModels.Service.ObtainBuildintForSelectionAera.GetInstance().QueryBuildModel;
    double tempDirectEcnomicLoss =(double)model.Select(a =>a.TotalPropertyRatio_value).Sum();
    if (tempDirectEcnomicLoss ==0)
    {
        System.Windows.Forms.MessageBox.Show("请先完成直接经济损失后再进行间接经济损失!","提示");
        return;
    }
    ArcEngineBase.ViewModel.ControlsSingleSynchronizer ctrlSynchronizer =ArcEngineBase.ViewModel.ControlsSingleSynchronizer.GetInstance();
    IMap pMap =ArcEngineBase.ViewModel.ControlsSingleSynchronizer.GetInstance().MapControl.Map;
    ILayer m_FeatureLATER =null;
    IEnumLayer pLayers =pMap.Layers;
    ILayer player =pLayers.Next();
    while (player !=null)
    {
      if (player is IFeatureLayer)
      {
          IGeoFeatureLayer n_geoFeatureLayer =player as IGeoFeatureLayer;
          n_geoFeatureLayer.Renderer =ArcEngineBase.Service.FeatureLayerClassifyRenderer.CreateSimpleRenderer() as IFeatureRenderer;
      }
      if (player.Name =="ROI")
      {
          m_FeatureLATER =player;
          player.Visible =true;
      }
```

```
        else if (player.Name =="QuyTemp" || player.Name =="QuyTemp2")
        {
            pMap.DeleteLayer(player);
        }
        else
            player.Visible =false;
            player =pLayers.Next();
    }
    (pMap as IActiveView).Refresh();
    ArcEngineBase.ViewModel.ControlsSingleSynchronizer.GetInstance().MapControl.Extent =m_FeatureLATER.AreaOfInterest;
    ArcEngineBase.ViewModel.ControlsSingleSynchronizer.GetInstance().MapControl.Refresh();
    InDirectEcnomicLoss =SscaleFactor *DirectEcnomicLoss;
    ESRI.ArcGIS.Geodatabase.IFeatureClass featureClass = (m_FeatureLATER as IFeatureLayer).FeatureClass;
    int indirIndex =featureClass.Fields.FindField("InDirectEc");
    int dirIndex =featureClass.Fields.FindField("TotalLoss");
    ESRI.ArcGIS.Geodatabase.IFeatureCursor featureCursor =featureClass.Update(null,false);
    IFeature pFeature =featureCursor.NextFeature();
    if (pFeature !=null)
    {
        pFeature.set_Value(indirIndex,InDirectEcnomicLoss);
        pFeature.set_Value(dirIndex,DirectEcnomicLoss);
        featureCursor.UpdateFeature(pFeature);
    }
    System.Runtime.InteropServices.Marshal.ReleaseComObject(featureCursor);
    LoadToView();
    EngineBase.GUI.WpfWorkbench.Instance.CloseDocViewExceptThis("地图视图");
    if (InDirAction !=null)
        InDirAction();
}
```

## 11.5 地震灾害人员伤亡评估模块

### 11.5.1 模块说明

人员伤亡评估模块主要用来评估地震引起建筑物等破坏造成的人员伤亡（轻伤人数、重伤人数、死亡人数），其主要影响因素有地震强度、人口密度、建筑物类型、使用功能、建筑物抗震性能、发震时间等。人员伤亡是在地震危险性、结构易损性分析的基础上进行评估，其主要逻辑流程如图 11.23 所示。

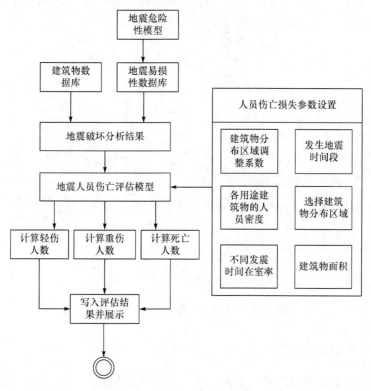

图 11.23　人员伤亡评估逻辑流程

### 11.5.2 模块开发 UML 类图

人员伤亡评估模块的 UML 类图如图 11.24 所示。其中，ObtainBuildingForSelectionAera 类和 CasualtiesAssessmentModel 类之间是关联关系，表示一个评估区域可以有多种人员伤亡评估方式，ObtainBuildingForSelectionAera 类和自身也存在关联关系，可以选择不同的评估区域。ObtainBuildingForSelectionAera 类和 ModelClass 类之间是泛化关系，ObtainBuildingForSelectionAera 类继承自 ModelClass 类。ExPeopleAssessmentViewModel 类和 CasualtiesAssessmentModel 类都与 CasualtiesParameters 类存在关联关系。

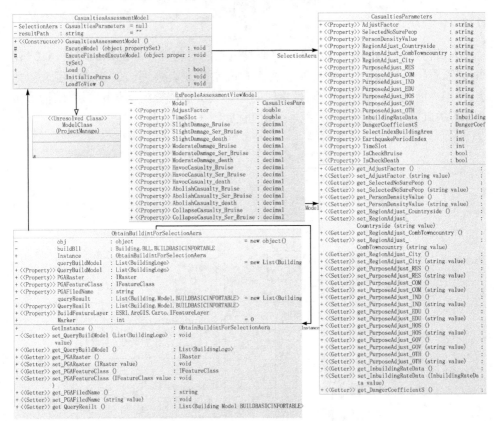

图 11.24  人员伤亡评估模块 UML 类图

### 11.5.3  功能模块界面展示

基于第 6 章的相关理论方法及图 11.23 所示逻辑流程，进行人员伤亡评估模块的开发，图 11.25 为其参数设置界面。完成结构破坏分析以及评估参数设置即可进行人员伤亡评估，评估结果可以建筑物单体查看，也可以社区、街道办等为单元查看。图 11.26 和图 11.27 分别为基于建筑物单体的人员轻伤分布图和基于社区的人员重伤分布图。

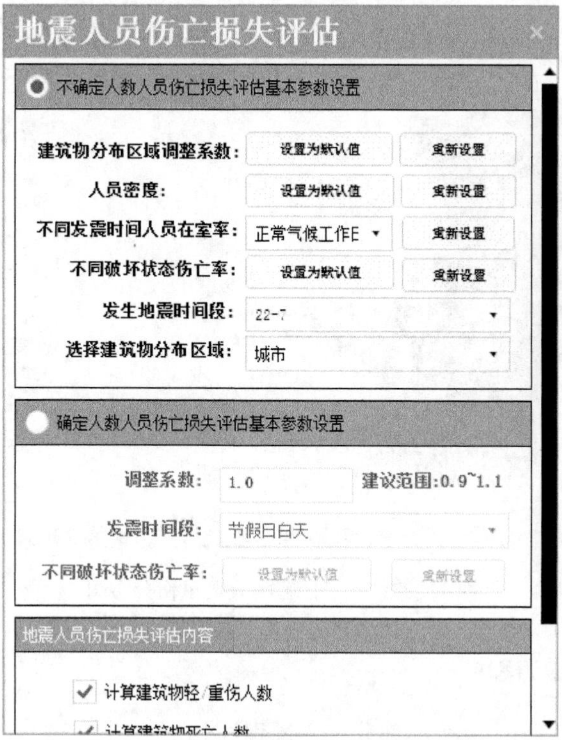

图 11.25　人员伤亡评估参数设置界面

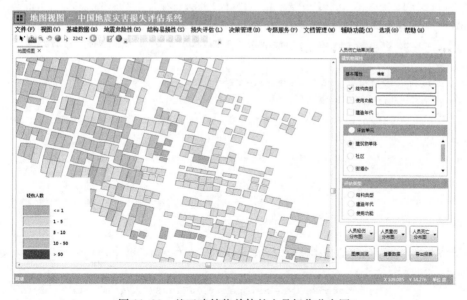

图 11.26　基于建筑物单体的人员轻伤分布图

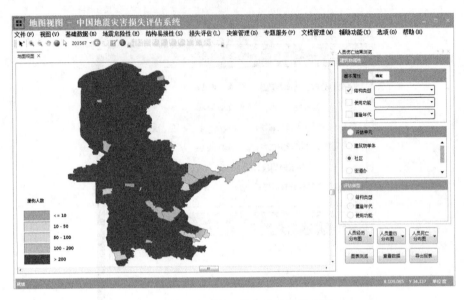

图 11.27　基于社区的人员重伤分布图

### 11.5.4　模块关键源程序

人员伤亡损失评估模块的部分核心源程序如下：

------------------------------------------------------------

```
[RTS.ProjectManage.Attributes.Guid("afc1d1af-5223-48f5-8888-339cd2d48206")]
[RTS.ProjectManage.Attributes.Model("人员伤亡评估")]
public class CasualtiesAssessmentModel :RTS.ProjectManage.ModelClass
{
    CasualtiesParameters SelectionAera =null;
    string resultPath ="";
    public CasualtiesAssessmentModel() :base(typeof(CasualtiesAssessmentModel))
    {
        try
        {
            InitializeParas();
            resultPath =RTS.ProjectManage.RTSProjectClass.CurrentProject.ProjectTempDirectory +"\\" +ConstClass.Result_CurveMatchBuildingModel +ConstClass.XMLExtent;
            this._propertySet =new PropertysetClass("人员伤亡评估");
            this._propertySet.PropertySet.Add(ConstClass.Result_CurveMatch
```

```csharp
            BuildingModel,resultPath);
                base.ModelRunFastWay =true;
            }
            catch { Status =ModelStatus.Faulted; }
        }
#region override
        protected override void ExcuteModel(object propertySet)
        {
                base.ExcuteModel(propertySet);
                this.ModelProgress =0;
                CasualtiesParameters CasualtiesInfo =SeismicPopulationAssessment
UserControl.Instance.model;
                PeopleAssessmentViewModel PeopleModel =new PeopleAssessmentView
Model(CasualtiesInfo);
                this.ModelProgress =4;
#region 图层操作
                ArcEngineBase.ViewModel.ControlsSingleSynchronizer ctrlSynchro
nizer =ArcEngineBase.ViewModel.ControlsSingleSynchronizer.GetInstance();
                ILayer player =null,SubDistrictLayer =null,CommunityPlayer =null;
                var Layers =ctrlSynchronizer.MapControl.Map.Layers;
                ILayer m_layer =Layers.Next();
                while (m_layer !=null)
                {
                    if (m_layer.Name ==RTS.ProjectManage.ConstClass.ProjectDB_Fea
tureClass_Building)
                    {
                        player =m_layer;
                    }
                    m_layer =Layers.Next();
                }
#endregion
            this.ModelProgress =6;
            if (ObtainBuildintForSelectionAera.GetInstance().QueryBuildModel !=
null && ObtainBuildintForSelectionAera.GetInstance().QueryBuildModel.Count
>0)
            {
                IQueryFilter queryFilter =new QueryFilterClass();
                int sumCount =ObtainBuildintForSelectionAera.GetInstance().Que
```

```
ryBuildModel.Count +1;
            int _step =0,curentStep =0;
            IFeatureClass p_FeatureClass = (player as IFeatureLayer).FeatureClass;
            int FiledIndex =p_FeatureClass.Fields.FindField("NumInjury");
            int FiledIndex2 =p_FeatureClass.Fields.FindField("NumDeath");
            int FiledIndex3 =p_FeatureClass.Fields.FindField("NumSerInj");
            foreach(var model in ObtainBuildintForSelectionAera.GetInstance
().QueryBuildModel)
                {
                    ESRI.ArcGIS.Geodatabase.IFeatureCursor pFeatureCursor =null;
                    try
                    {
                        curentStep =this.ModelProgress;
                        string StreetNum =model.Bldg_ID.Substring(0,9);
                        string SubControyNum =model.Bldg_ID.Substring(0,12);
                        PeoleModel.SetBuildingLogo(model);
                        queryFilter.WhereClause = "\"Bldg_ID\" = '" +model.Bldg_
ID +"'";
                        pFeatureCursor =p_FeatureClass.Update(queryFilter,false);
                        IFeature pFeature =pFeatureCursor.NextFeature();
                        if (pFeature !=null)
                        {
                            pFeature.set_Value(FiledIndex,(int)p_Bruise);
                            pFeature.set_Value(FiledIndex2,(int)p_death);
                            pFeature.set_Value(FiledIndex3,(int)p_SeriousBruise);
                            pFeatureCursor.UpdateFeature(pFeature);
                        }
                        _step++;
                        this.ModelProgress = (_step +curentStep) *100 / (sumCount +
curentStep);
                    }
                    catch (Exception ex)
                    {
                        System.Runtime.InteropServices.Marshal.ReleaseComObject
(pFeatureCursor);
                        return;
                    }
```

```
                System.Runtime.InteropServices.Marshal.ReleaseComObject
(pFeatureCursor);
            }
        }
        else
        {
            EngineBase.Controls.MessageBox.Show("请先进行易损性分析!","提
示",EngineBase.Controls.RTSMessageBoxButton.OK,EngineBase.Controls.RTS
MessageBoxImage.Error);
            return;
        }
        if (this.ModelProgress < 100)
            this.ModelProgress =100;
        LoadToView();
    }
}
```

------------------------------------------------------------

## 11.6　加固决策分析模块

### 11.6.1　模块说明

依据城市建筑加固决策管理的需求,该模块设计既可以应用于整个评估区域或指定评估区域,也可以应用于给定某一建筑物的加固决策评价。同时,模块应支持对建筑物各项数据进行管理和查询操作。加固决策分析模块应满足如下功能需求。

1) 拟加固建筑物在地震中的经济损失及加固效益的计算需求

对于群体建筑物,给定建筑物的评估区域,需要系统能够在第一时间内自动匹配系统数据库中对应的结构地震易损性,并计算未经加固与拟加固建筑物在未来可能发生的地震作用下的概率性经济财产损失的期望值,同时计算评估区域内每栋建筑物的加固效益。给定资金的贴现率,计算建筑物在计算周期内的加固效益净现值。对于单体建筑物,需要已知建筑物层高、设防烈度、建筑层数、性能退化等建筑信息,完成易损性曲线的匹配,计算建筑物的经济损失以及加固效益,同时对加固效益予以贴现。

2) 建筑物拟加固费用计算需求

对于区域评估或单一建筑物的加固费用计算,给定评估区域内每栋建筑物或

具体某栋建筑物的建筑面积、服役龄期、层数、设防烈度等设计参数,应用加固费用估算模型计算拟加固费用,同时给定建筑物的残值率以及资金贴现率,分析建筑物在计算周期内的拟加固费用净现值。

3)加固费用效益决策分析及结果的显示与输出需求

加固决策分析模块调用分析获得的建筑物加固费用及加固效益等数据,应用加固决策模型,对每栋建筑物进行加固决策费用效益分析,并将分析结果及相应的决策建议在系统界面予以展示,并可通过文本予以输出,为政府决策管理人员或业主提供加固决策的指导性建议。

基于加固决策分析模块的总体功能需求,建立其逻辑流程如图11.28所示。

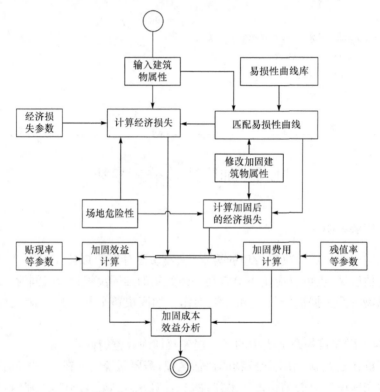

图 11.28 加固决策分析模块逻辑流程

## 11.6.2 模块开发 UML 类图

加固决策分析模块开发的 UML 类图如图 11.29 所示。

## 11.6.3 功能模块界面展示

加固决策分析模块隶属于决策管理模块,根据对加固决策分析模块的功能需

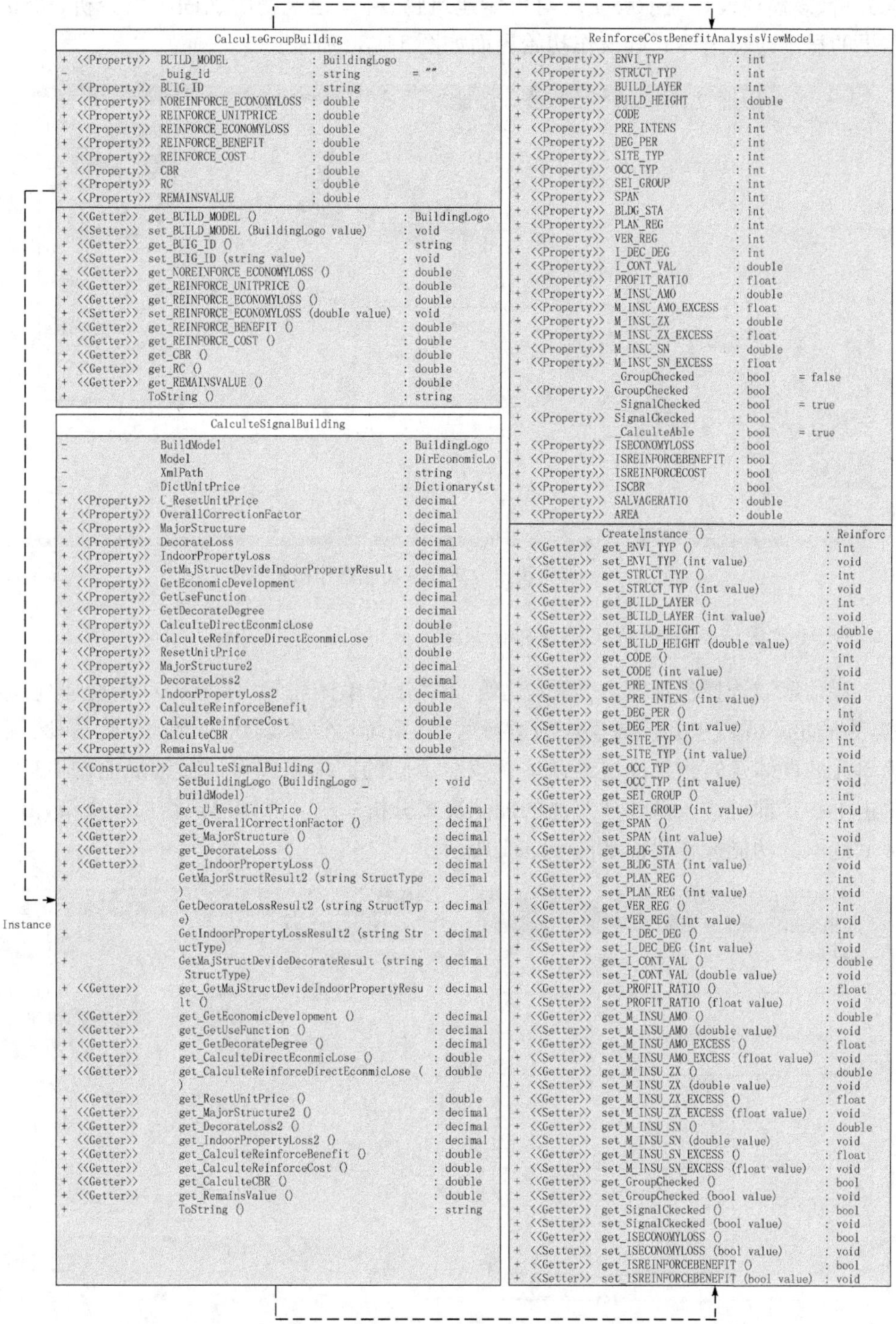

图 11.29 加固决策分析模块 UML 类图

求分析,该模块设计应能够实现对单体建筑物、群体建筑物的加固决策分析、决策结果的显示与输出等。其操作初始界面如图11.30所示。

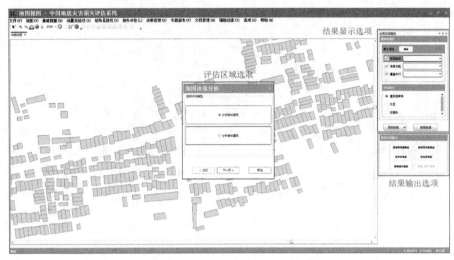

图11.30 加固决策分析模块功能操作初始界面

### 1. 评估区域选择的功能操作界面设计

评估区域选择包括"分析群体建筑"和"分析单体建筑"两项。对于群体建筑物,为满足不同需求并提高模块的运行效率,系统可提供以社区、街道办、县/区等为单元的群体建筑物加固决策评估。按照不同的需求完成对评估区域的选取后,单击下一步即可进入群体建筑物的加固决策分析模块。群体建筑物加固决策评估区域选取的功能操作界面如图11.31所示。

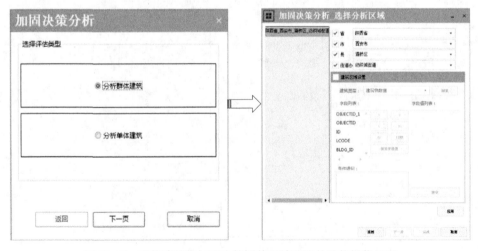

图11.31 群体建筑物加固决策评估区域选取的功能操作界面

对于单体建筑物,已知建筑物所处环境类别、结构类型、设防烈度、性能退化、场地类别、地震分组等建筑物基本属性,即可利用单体建筑分析模块独立对其进行加固决策分析。系统会根据图 11.32 所示的建筑物基本属性,在结构地震易损性数据库中自动匹配该建筑物相对应的易损性曲线,当建筑物基本属性的确定工作完成后,单击下一步即可进入单体建筑物的加固决策分析模块。

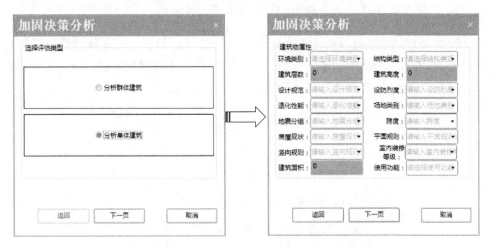

图 11.32　单体建筑物评估的功能操作界面

2. 加固决策分析的功能操作界面设计

加固费用效益决策分析的功能操作界面如图 11.33 所示。加固费用效益决策分析是系统功能实现的核心,其主要对拟加固建筑物在未来地震中可能遭受的概

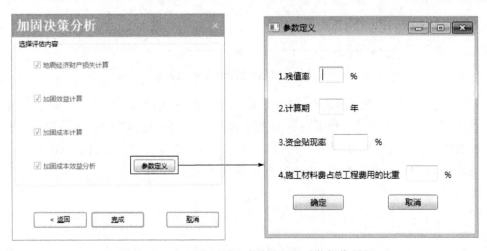

图 11.33　加固费用效益决策分析的功能操作界面

率性经济财产损失、加固效益、拟加固费用等进行计算,并根据计算结果进行加固费用效益决策分析,为决策结果的输出显示提供数据支持。该模块计算时所需的资金贴现率、残值率、施工材料费占总加固费用的比值等参数按第 7 章中的规定选取。

3. 决策分析结果显示与输出的功能操作界面设计

决策分析结果的显示与输出是系统实现的最终目的。对于单体建筑物,系统可对建筑物在遭遇地震作用时的经济财产损失、拟加固费用与效益、费用效益分析结果以及决策建议,以图 11.34 所示的界面进行输出显示。

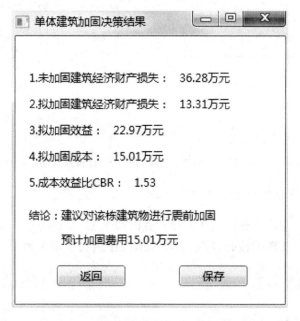

图 11.34 单体建筑物加固决策分析结果输出界面

对于群体建筑物,系统可按建筑物的结构类型、使用功能、建造年代等基本属性,以建筑物单体、社区、街道办等为评估单元对决策分析结果进行渲染,并可分别按照建筑物的结构类型、使用功能或按社区、街道办等对评估区域内每栋建筑物的决策分析结果以文本的形式输出,浏览与输出操作界面如图 11.35 和图 11.36 所示。

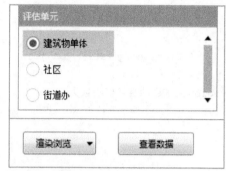

图 11.35　群体建筑物决策分析的浏览操作界面

图 11.36　群体建筑物决策分析的输出操作界面

### 11.6.4　模块关键源程序

加固决策分析模块的部分核心源程序如下：

```
---------------------------------------------------------------
namespace
SeismicAssessmentModels.ViewModel.ReinforceCostBenefitAnalysisView
{
    public class CalculteSignalBuilding
    {
        private BuildingLogo BuildModel;
        private DirEconomicLossesParam Model;
        string XmlPath =AppDomain.CurrentDomain.BaseDirectory + "XmlConfig
uration\\DirEconomicLosses.xml";
        public CalculteSignalBuilding()
        {
            Model =SeismicAssessmentModels.Service.XmlSerializerHelper.XmlDe
serializeFromFile <DirEconomicLossesParam> (XmlPath,Encoding.UTF8);
        }
        public void SetBuildingLogo(BuildingLogo _buildModel)
```

```csharp
    {
        BuildModel = _buildModel;
    }
    Dictionary<string,object> DictUnitPrice = new Dictionary<string,object>();
#region 未加固的直接经济损失
    public decimal U_ResetUnitPrice
    {
        get
        {
            object UnitPrice = null;
            string STRUCT_Type = ((BuildingStuctType)Enum.ToObject(typeof(BuildingStuctType),BuildModel.STRUCT_TYP)).ToString();
            if (DictUnitPrice.ContainsKey(STRUCT_Type))
            {
                UnitPrice = DictUnitPrice[STRUCT_Type];
            }
            else
            {
                StructureRatio M = Model.StructureRatios.Where(A => A.Name == "ResetUnitPrice").FirstOrDefault();
                Type type = typeof(StructureRatio);
                System.Reflection.PropertyInfo pi = type.GetProperty(STRUCT_Type.Contains("URM") ? STRUCT_Type.Replace("R","") : STRUCT_Type);
                UnitPrice = pi.GetValue(M,null);
            }
            if (UnitPrice != null)
            {
                decimal m_unitprice = decimal.Parse(UnitPrice.ToString());
                return m_unitprice;
            }
            else
            {
                return 0;
            }
        }
    }
    /// <summary>
    /// 一栋建筑物的主体结构直接经济损失
    /// </summary>
```

```csharp
public decimal MajorStructure
{
    get
    {
        if (Model!=null)
        {
            string STRUCT_Type = ((BuildingStuctType)Enum.ToObject(typeof(BuildingStuctType),BuildModel.STRUCT_TYP)).ToString();
            decimal M2 =U_ResetUnitPrice *BuildModel.AREA;
            decimal Monocase =M2 *GetMajorStructResult2(STRUCT_Type);
            return Monocase;
        }
        return 0;
    }
}
/// <summary>
/// 一栋建筑物的装修直接经济损失
/// </summary>
public decimal DecorateLoss
{
    get
    {
        if (Model!=null)
        {
            string STRUCT_Type = ((BuildingStuctType)Enum.ToObject(typeof(BuildingStuctType),BuildModel.STRUCT_TYP)).ToString();
            decimal M2 =U_ResetUnitPrice *BuildModel.AREA;
            decimal Monocase =M2 *GetDecorateLossResult2(STRUCT_Type) * GetMajStructDevideDecorateResult(STRUCT_Type) * GetEconomicDevelopment * GetUseFunction *GetDecorateDegree;
            return Monocase;
        }
        return 0;
    }
}
/// <summary>
/// 一栋建筑物的室内财产直接经济损失
/// </summary>
public decimal IndoorPropertyLoss
{
```

```csharp
        get
        {
            if (Model != null)
            {
                string STRUCT_Type = ((BuildingStuctType)Enum.ToObject(typeof(BuildingStuctType), BuildModel.STRUCT_TYP)).ToString();
                decimal M2 = U_ResetUnitPrice * BuildModel.AREA;
                decimal Monocase = M2 * GetIndoorPropertyLossResult2(STRUCT_Type) * GetMajStructDevideIndoorPropertyResult;
                return Monocase;
            }
            return 0;
        }
    }
    /// <summary>
    /// 计算未加固直接经济损失
    /// </summary>
    public double CalculteDirectEconmicLose
    {
        get { return (double)(MajorStructure + IndoorPropertyLoss + DecorateLoss); }
    }
#region 加固后的直接经济损失
    /// <summary>
    /// 计算加固之后的直接经济损失
    /// </summary>
    /// <returns></returns>
    public double CalculteReinforceDirectEconmicLose
    {
        get
        {
            double DirectEconmicLose = (double)(MajorStructure2 + DecorateLoss2 + IndoorPropertyLoss2);
            return DirectEconmicLose;
        }
    }
    /// <summary>
    /// 计算加固效益
    /// </summary>
    /// <returns></returns>
```

```csharp
        public double CalculteReinforceBenefit
        {
            get{ return CalculteDirectEconmicLose - CalculteReinforceDirectEconmicLose; }
        }
        /// <summary>
        /// 计算加固成本
        /// </summary>
        /// <returns></returns>
        public double CalculteReinforceCost
        {
            get{ return ((double)(MajorStructure +DecorateLoss)-RemainsValue); }
        }
        /// <summary>
        /// 计算成本效益 CBR
        /// </summary>
        /// <returns></returns>
        public double CalculteCBR
        {
            get{ return CalculteReinforceBenefit / CalculteReinforceCost; }
        }
        /// <summary>
        /// 残余价值
        /// </summary>
        public double RemainsValue
        {
            get
            {
                if (Model !=null)
                {
                    return (double)U_ResetUnitPrice *0.04;
                }
                else
                {
                    return 0;
                }
            }
        }
    }
}
```
--------------------------------------------------------------

## 11.7 地震保险费率计算模块

### 11.7.1 模块说明

地震保险费率计算模块的功能需求如下(逻辑流程如图 11.37 所示)：

(1) 单体建筑物保险费率计算模块功能需求。此模块可对任意建筑物进行地震保险费率及年保费计算，考虑因素包括结构类型、服役龄期、抗震设计规范、结构原抗震设防烈度与现抗震设防烈度等。此模块应能分别计算并显示与输出单体建筑物主体结构、装修及室内财产的地震保险费率及年保费。

(2) 群体建筑物保险费率计算模块功能需求。此模块可对任意区域建筑物进行地震保险费率及年保费计算。此模块应能计算并显示与输出任意评估单元(单体建筑物、社区、街道办等)不同类型结构的地震保险费率及年保费。

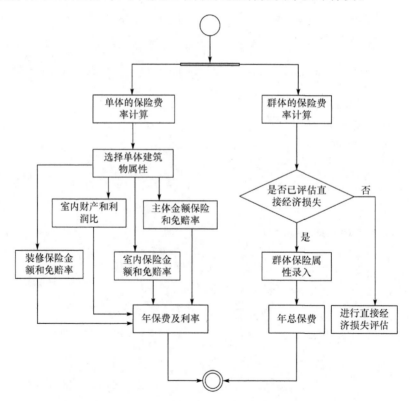

图 11.37 地震保险费率计算模块逻辑流程

## 11.7.2 模块开发 UML 类图

地震保险费率计算模块作为整体系统的一类插件，也采用统一建模语言进行程序架构，其模块开发 UML 类图如图 11.38 所示。

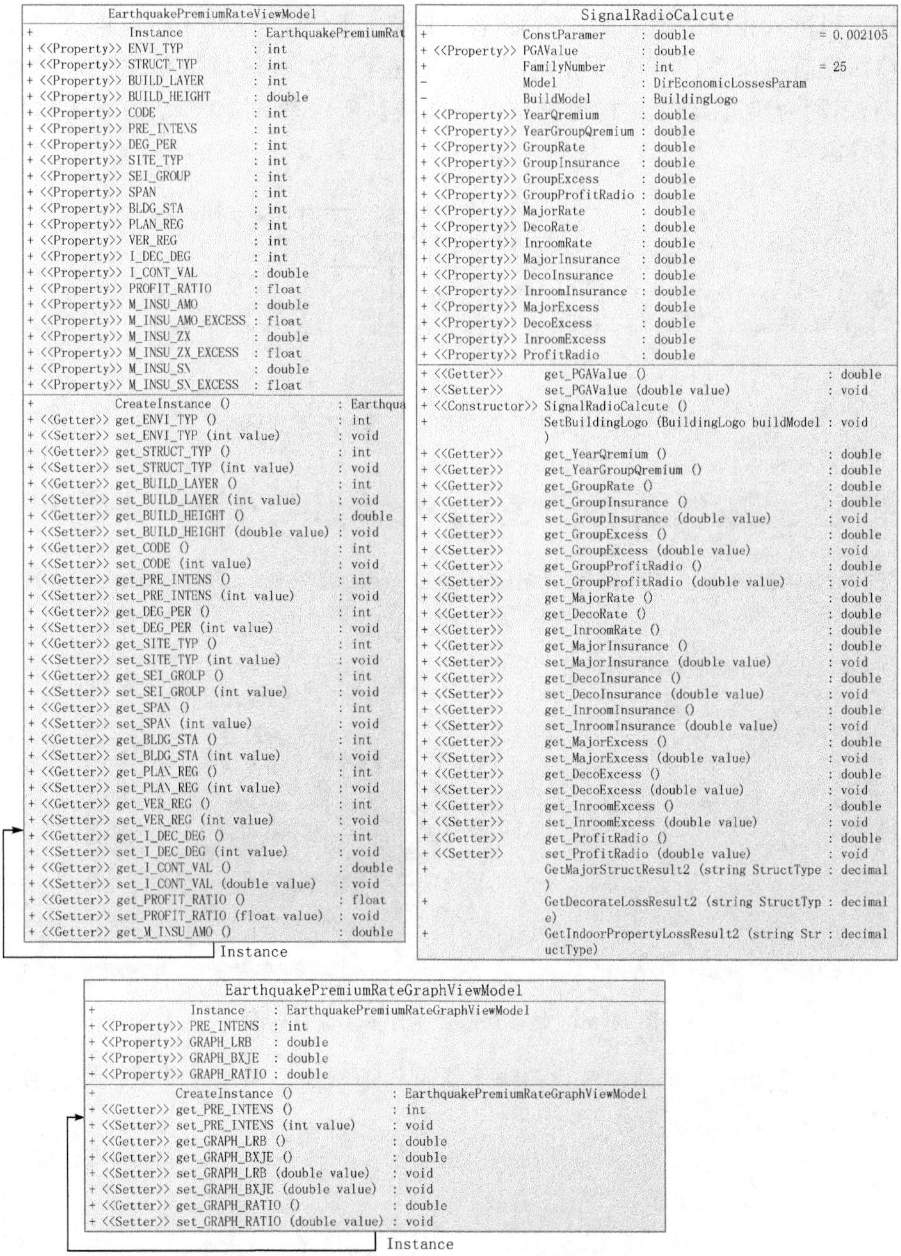

图 11.38 地震保险费率计算模块 UML 类图

### 11.7.3 功能模块界面展示

基于第 8 章地震保险费率计算理论方法及图 11.37 所示的逻辑流程,进行该模块功能开发,模块的最终交互式界面显示如图 11.39 所示。单击"保险费率计算",可进入相应的图形操作界面(图 11.40),此界面分群体建筑物保费计算和单体建筑物保费计算两部分功能。图中左下侧白板区域为单体保费计算界面,右下侧为建筑图片、结构地震易损性曲线及年保费显示区域,其余为群体保费计算区域。

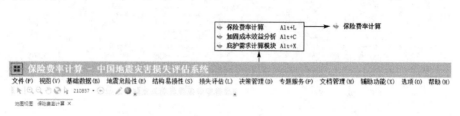

图 11.39 地震保险费率计算模块交互式界面

图 11.40 地震保险费率计算模块总界面

采用该模块进行单体建筑物和群体建筑物地震保险费率及年总保费计算,如图 11.41~图 11.43 所示。

第 11 章 系统主要功能集成与实现

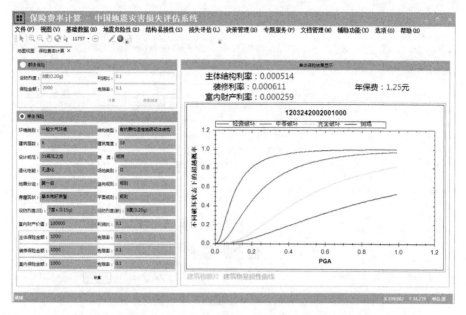

图 11.41 基于单体建筑物的地震保险费率计算示意图

图 11.42 基于群体建筑物的年总保费计算示意图

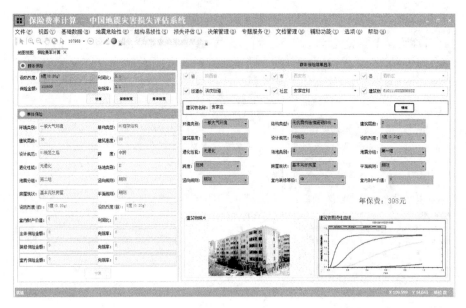

图 11.43  群体评估结果中单栋建筑物年保费查看界面

## 11.7.4  模块关键源程序

地震保险费率计算模块的部分核心源程序如下：

```
------------------------------------------------------------
namespace SeismicAssessmentModels.ViewModel.EarthquakePremiumRateView
{
    public class SignalRadioCalcute
    {
        public const double ConstParamer =0.002105;
        public double PGAValue{ get; set; }
        public const int FamilyNumber =25;
        private DirEconomicLossesParam Model;
        private BuildingLogo BuildModel;
        string XmlPath =AppDomain.CurrentDomain.BaseDirectory +"XmlConfiguration\\DirEconomicLosses.xml";
        public SignalRadioCalcute()
        {
            Model =SeismicAssessmentModels.Service.XmlSerializerHelper.XmlDeserializeFromFile<DirEconomicLossesParam> (XmlPath,Encoding.UTF8);
        }
```

```csharp
public void SetBuildingLogo(BuildingLogo buildModel)
{
    BuildModel =buildModel;
}
/// <summary>
/// 年保费
/// </summary>
public double YearQremium
{
    get
    {
        double majorQuemium =MajorInsurance *MajorRate * (1-MajorExcess);
        double decoQuemium =DecoInsurance *DecoRate * (1-DecoExcess);
        double inroomQuemium =InroomInsurance * InroomRate * (1-InroomExcess);
        return majorQuemium +decoQuemium +inroomQuemium;
    }
}
public double YearGroupQremium
{
    get
    {
        double rc =GroupInsurance *GroupRate * (1 - GroupExcess);
        return BuildModel.NO_STOREYS *3 *rc;
    }
}
public double GroupRate
{
    get
    {
         double temp = (MajorRate +DecoRate +InroomRate);
         return temp * (1 +ProfitRadio);
    }
}
public double GroupInsurance
{
    get;
    set;
```

```csharp
        }
        public double GroupExcess
        {
            get; set;
        }
        public double GroupProfitRadio
        {
            get;
            set;
        }
        /// <summary>
        /// 主体结构费率
        /// </summary>
        public double MajorRate
        {
            get
            {
                string STRUCT_Type = ((BuildingStuctType)Enum.ToObject(typeof(BuildingStuctType),BuildModel.STRUCT_TYP)).ToString();
                double Monocase = (double)GetMajorStructResult2(STRUCT_Type);
                double _MajorRate = ConstParamer * Monocase * (1 + ProfitRadio);
                return _MajorRate;
            }
        }
        /// <summary>
        /// 装修费率
        /// </summary>
        public double DecoRate
        {
            get
            {
                string STRUCT_Type = ((BuildingStuctType)Enum.ToObject(typeof(BuildingStuctType),BuildModel.STRUCT_TYP)).ToString();
                double Monocase = (double)GetDecorateLossResult2(STRUCT_Type);
                double _MajorRate = ConstParamer * Monocase * (1 + ProfitRadio);
                return _MajorRate;
            }
```

```csharp
        }
        /// <summary>
        /// 室内财产费率
        /// </summary>
        public double InroomRate
        {
            get
            {
                string STRUCT_Type = ((BuildingStuctType)Enum.ToObject(typeof(BuildingStuctType),BuildModel.STRUCT_TYP)).ToString();
                double Monocase = (double)GetIndoorPropertyLossResult2(STRUCT_Type);
                double _MajorRate =ConstParamer *Monocase * (1 +ProfitRadio);
                return _MajorRate;
            }
        }
        /// <summary>
        /// 主体保险金额
        /// </summary>
        public double MajorInsurance
        {
            get;
            set;
        }
        /// <summary>
        /// 装修保险金额
        /// </summary>
        public double DecoInsurance
        {
            get;
            set;
        }
        /// <summary>
        /// 室内财产保险金额
        /// </summary>
        public double InroomInsurance
        {
            get;
```

```csharp
            set;
        }
        /// <summary>
        /// 主体免赔率
        /// </summary>
        public double MajorExcess
        {
            get;
            set;
        }
        /// <summary>
        /// 装修免赔率
        /// </summary>
        public double DecoExcess
        {
            get;
            set;
        }
        /// <summary>
        /// 室内财产免赔率
        /// </summary>
        public double InroomExcess
        {
            get;
            set;
        }
        /// <summary>
        /// 利润比
        /// </summary>
        public double ProfitRadio
        {
            get;
            set;
        }
    }
}
```

## 11.8 震后公共庇护物需求量计算模块

### 11.8.1 模块说明

震后公共庇护物需求量计算模块主要用来计算地震引起的无家可归人数和家庭数，进而考虑家庭社会经济属性因素，计算公共庇护物需求人数和家庭数，并计算公共庇护区食物日需求量。震后公共庇护物需求量计算模块逻辑流程如图 11.44 所示。

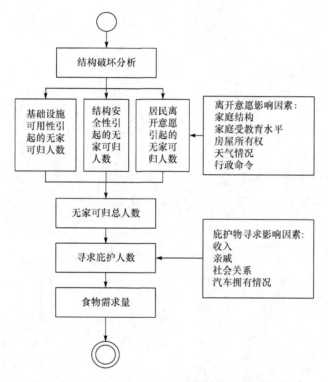

图 11.44 震后公共庇护物需求量计算模块逻辑流程

### 11.8.2 模块开发 UML 类图

震后公共庇护物需求量计算模块 UML 类图如图 11.45 所示。

### 11.8.3 功能模块界面展示

基于第 9 章的相关理论方法及图 11.44 所示的逻辑流程，进行震后公共庇护

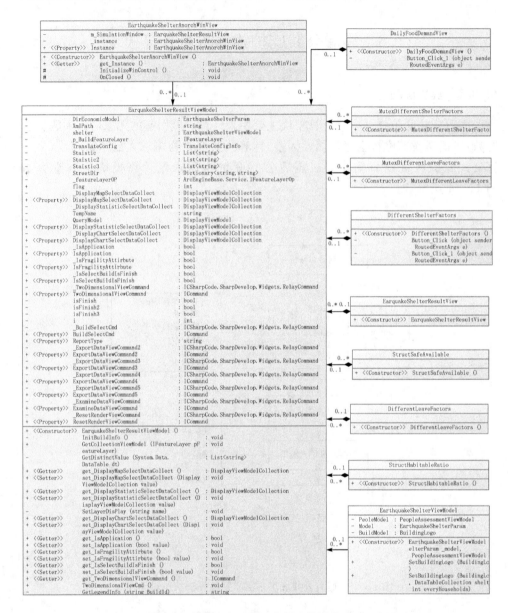

图 11.45　震后公共庇护物需求量计算模块 UML 类图

物需求量计算模块开发,模块参数设置界面如图 11.46 所示。模块以建筑物单体、社区、街道办、区/县为评估单元统计寻求公共庇护物人数,进而计算各区域食物需求量,以供政府参考,避免震后公共庇护物或食物供应不足。图 11.47 和图 11.48 分别为按社区浏览寻求公共庇护物人数界面和基于建筑物单体的公共庇护物需求量数据列表界面。

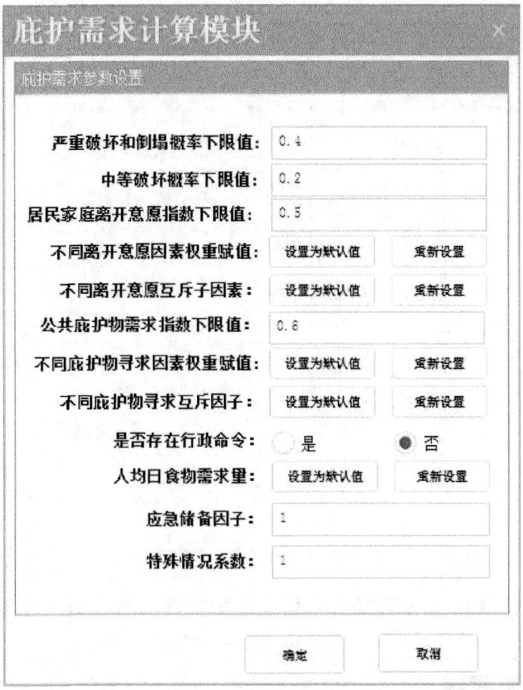

图11.46 震后公共庇护物需求量计算模块参数设置界面

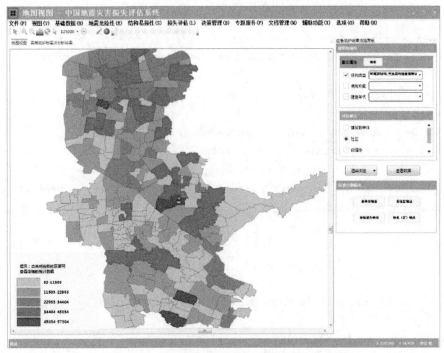

图 11.47 按社区浏览寻求公共庇护物人数界面

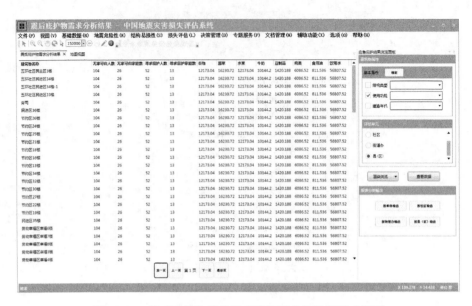

图11.48 基于建筑物单体的庇护物需求量数据列表界面

### 11.8.4 模块关键源程序

震后公共庇护物需求量计算模块部分核心源程序如下：

---

```
namespace SeismicAssessmentModels.ViewModel.EarthquakeShelterView
{
    public class EarthquakeShelterViewModel
    {
        PeopleAssessmentViewModel PeoleModel;
        private EarthquakeShelter ParamModel;
        private BuildingLogo BuildModel;
        public EarthquakeShelterViewModel(EarthquakeShelterParam _model,People
AssessmentViewModel peoleModel)
        {
            Model = _model;
            PeoleModel =peoleModel;
        }
        public void SetBuildingLogo(BuildingLogo buildModel)
        {
            BuildModel =buildModel;
            PeoleModel.SetBuildingLogo(buildModel);
```

```csharp
}
 public void SetBuildingLogo(BuildingLogo buildModel,DataTableCollection shelterTable,int everyHouseholds =0)
{
    BuildModel =buildModel;
    PeoleModel.SetBuildingLogo(buildModel);
    if (everyHouseholds !=0)
    {
        this.everyHouseholds =everyHouseholds;
    }
    if (shelterTable !=null)
    {
        this.shelterTable =shelterTable;
    }
}
/// <summary>
/// 庇护模型数据集
/// </summary>
private DataTableCollection shelterTable =null;
public DataTableCollection ShelterTable
{
    get{ return shelterTable; }
    set{ shelterTable =value; }
}
/// <summary>
/// 手动选择的天气状况
/// </summary>
public int SelectWeather{ get; set; }
/// <summary>
/// 政府指令
/// </summary>
public bool GovernmentOrdr{ get; set; }
/// <summary>
/// 每栋建筑物总户数
/// </summary>
private int everyHouseholds =100;
public int EveryHouseholds
{
    get{ return everyHouseholds; }
```

```
            set{ everyHouseholds =value; }
        }
        /// <summary>
        /// 入住率
        /// </summary>
        private double occupancyRate =0.5;
        public double OccupancyRate
        {
            get{ return occupancyRate; }
            set{ occupancyRate =value; }
        }
        /// <summary>
        /// 家庭成员个数
        /// </summary>
        private int familyMembers =4;
        public int FamilyMembers
        {
            get{ return familyMembers; }
            set{ familyMembers =value; }
        }
#region 由于家庭结构经济属性导致无家可归
        public double TotalNumberHouseholds
        {
            get
            {
                var safeAvailable =Model.SafeHabitableRatios.Where(a =>a.NAME ==
"SafeAvailable").FirstOrDefault();
                var habitableRat =Model.SafeHabitableRatios.Where(a =>a.NAME =="
HabitableRatio").FirstOrDefault();
                if (shelterTable !=null)
                {
                    double Temp1 =0;
                    for (int i =0; i <everyHouseholds; i++)
                    {
                        double N1 =BuildModel.SLIGHTDAMAGE * safeAvailable.SLIGHT
DAMAGE *habitableRat.SLIGHTDAMAGE +BuildModel.MODERATEDAMAGE * safeAvail
able.MODERATEDAMAGE * habitableRat.MODERATEDAMAGE +BuildModel.HEAVYDAMAGE
* safeAvailable.HEAVYDAMAGE *habitableRat.HEAVYDAMAGE;
```

```csharp
            Temp1 = Temp1 + N1;
        }
        return Temp1;
    }
    else
    {
        int EffectiveHome = (int)(EveryHouseholds * OccupancyRate);
        double Temp1 = EffectiveHome;
        double N1 = 0;
        N1 = (BuildModel. SLIGHTDAMAGE * (1-safeAvailable. SLIGHTDAMAGE * habitableRat. SLIGHTDAMAGE) + BuildModel. MODERATEDAMAGE * (1-safeAvailable. MODER-ATEDAMAGE * habitableRat. MODERATEDAMAGE) + BuildModel. HEAVYDAMAGE * (1-safeAvail-able. HEAVYDAMAGE * habitableRat. HEAVYDAMAGE));
        Temp1 = Temp1 * N1;
        return Temp1;
    }
}
}
/// <summary>
/// 访问社会经济属性表中对应的家庭月收入、社会关系、汽车拥有情况、亲戚
/// </summary>
/// <param name="Income"></param>
/// <returns></returns>
double getInc(double Income)
{
    if (Income < 4000)
    {
        return (double)(Model. DifferentShelterManayFactors. Income * Model.DifferentShelterManayFactors. DifferentShelterFactors. Inc1);
    }
    else if (Income >= 4000 && Income < 7000)
    {
        return (double)(Model. DifferentShelterManayFactors. Income * Model. DifferentShelterManayFactors.DifferentShelterFactors. Inc2);
    }
    else if (Income >= 7000 && Income < 10000)
    {
        return (double)(Model. DifferentShelterManayFactors. Income * Model. DifferentShelterManayFactors. DifferentShelterFactors. Inc3);
```

```
            }
            else if (Income >=10000 && Income <15000)
            {
                return (double)(Model.DifferentShelterManayFactors.Income *Model.
DifferentShelterManayFactors.DifferentShelterFactors.Inc4);
            }
            else
            {
                return (double)(Model.DifferentShelterManayFactors.Income *Model.
DifferentShelterManayFactors.DifferentShelterFactors.Inc5);
            }
        }
        /// <summary>
        /// 家庭月收入
        /// </summary>
        /// <param name="social"></param>
        /// <returns></returns>
        double getInc(int Income)
        {
            switch (Income)
            {
                case 1:{ return (double)(Model.DifferentShelterManayFactors.Income*Model.DifferentShelterManayFactors.DifferentShelterFactors.Inc1); }
                case 2:{ return (double)(Model.DifferentShelterManayFactors.Income *Model.DifferentShelterManayFactors.DifferentShelterFactors.Inc2); }
                case 3:{ return (double)(Model.DifferentShelterManayFactors.Income *Model.DifferentShelterManayFactors.DifferentShelterFactors.Inc3); }
                case 4:{ return (double)(Model.DifferentShelterManayFactors.Income *Model.DifferentShelterManayFactors.DifferentShelterFactors.Inc4); }
                default:{ return (double)(Model.DifferentShelterManayFactors.Income*Model.DifferentShelterManayFactors.DifferentShelterFactors.Inc5); }
            }
        }
        double getSoc(double social)
        {
            switch ((int)social)
            {
                case 1:{ return (double)(Model.DifferentShelterManayFactors.
```

```
SocialRelations * Model.DifferentShelterManayFactors.DifferentShelterFac
tors.Soc1);}
            case 2:{ return (double)(Model.DifferentShelterManayFactors.
SocialRelations * Model.DifferentShelterManayFactors.DifferentShelterFac
tors.Soc2);}
            default:{ return (double)(Model.DifferentShelterManayFactors.
SocialRelations * Model.DifferentShelterManayFactors.DifferentShelterFac
tors.Soc3);}
        }
    }
    double getRel(double relation)
    {
        switch ((int)relation)
        {
            case 1:{ return (double)(Model.DifferentShelterManayFactors.
Relative *Model.DifferentShelterManayFactors.DifferentShelterFactors.Rel1);}
            case 2:{ return (double)(Model.DifferentShelterManayFactors.
Relative *Model.DifferentShelterManayFactors.DifferentShelterFactors.Rel2);}
            default:{ return (double)(Model.DifferentShelterManayFactors.
Relative *Model.DifferentShelterManayFactors.DifferentShelterFactors.Rel3);}
        }
    }
    double getCar(double car)
    {
        switch ((int)car)
        {
            case 1:{ return (double)(Model.DifferentShelterManayFactors.
CarOwnerShip * Model.DifferentShelterManayFactors.DifferentShelterFac
tors.Car1);}
            default:{ return (double)(Model.DifferentShelterManayFactors.
CarOwnerShip * Model.DifferentShelterManayFactors.DifferentShelterFac
tors.Car2);}
        }
    }
#endregion
    }
}
```

# 第 12 章　系统功能使用说明

## 12.1　系统运行环境

"中国地震灾害损失评估系统"软件对运行环境的要求包括硬件环境要求、操作系统要求和支撑软件要求三部分。

### 12.1.1　硬件环境

本系统软件运行所需的硬件环境见表 12.1。

表 12.1　硬件环境要求

| 硬件 | 性能要求 |
| --- | --- |
| CPU 速度 | 最低 2.6GHz；建议使用超线程（HHT）或多核 |
| 处理器 | Intel Core Duo 或 Xeon 处理器及更高性能的处理器 |
| 内存 | 最小 4GB |
| 显示属性 | 24 位颜色深度 |
| 磁盘空间 | 最低 100GB |
| 视频/图形适配器 | 64MB RAM（最低配置），建议使用 512MB RAM 或更高配置<br>支持 NVIDIA、ATI 和 Intel 芯片组，具有 24 位处理能力的图形加速器 |

### 12.1.2　操作系统

本系统软件运行所需的操作系统要求见表 12.2。

表 12.2　操作系统要求

| 受支持的操作系统 | 最低 OS 版本 | 最高 OS 版本 |
| --- | --- | --- |
| Windows 8.1 专业版、企业版（32 位和 64 位） | — | — |
| Windows 8 专业版、企业版（32 位和 64 位） | — | — |
| Windows 7 旗舰版、企业版、专业版（32 位和 64 位） | SP1 | SP1 |

注：对于 Windows7、Windows8、Windows8.1 操作系统，要求以管理员（Administrator）身份运行软件。

### 12.1.3　支撑软件

安装和运行本系统软件需要的支撑软件如下：

(1) 在安装软件之前应在计算机上安装 .NET Framework 4.5。

(2) 在运行软件之前应在计算机上安装 ArcGIS Runtime 10.1 或 ArcGIS Desktop 10.1。

(3) 在运行软件之前应在计算机上安装 PDF 阅读器，可以是福昕阅读器或者 Adobe Reader XI。

(4) 在运行软件之前应在计算机上安装 Oracle 11g 客户端 win32_11gR2_client 和 win64_11gR2_client。

## 12.2 软 件 安 装

"中国地震灾害损失评估系统"软件安装步骤如下：

(1) 双击"中国地震灾害损失评估系统.exe"，弹出安装向导对话框，如图 12.1 所示。

图 12.1 安装向导对话框

(2) 单击"下一步"按钮，进入安装路径设置窗口，如图 12.2 所示。系统会默认指定一个软件安装路径，如需将系统安装到其他目录，只需单击"浏览"按钮选择其他路径即可。

(3) 设置好安装路径后，单击"下一步"按钮，系统提示用户是否设置桌面快捷方式及快速运行栏快捷方式，如图 12.3 所示。

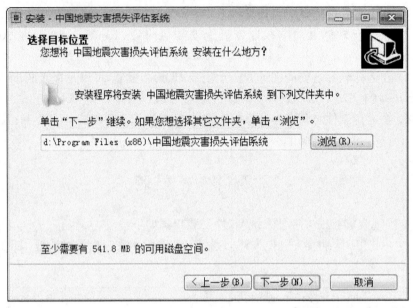

图 12.2　设置安装路径

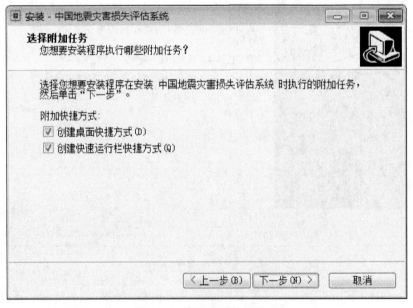

图 12.3　设置桌面快捷方式

(4) 单击"下一步"按钮,用户核对系统程序安装设置,如图 12.4 所示。用户确定所有设置不再更改后单击"安装"按钮开始安装;用户需要更改设置时,单击"上一步"按钮,返回重新设置各项信息。

第 12 章 系统功能使用说明

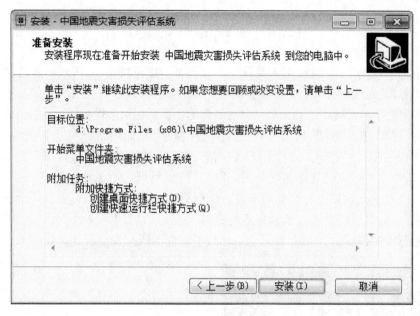

图 12.4 核对安装信息

（5）用户单击"安装"按钮后，系统程序开始进行软件安装。安装完毕后，安装向导对话框给出系统安装完成提示，如图 12.5 所示。至此，"中国地震灾害损失评估系统"程序安装完毕，可以启动系统开始操作了。

图 12.5 安装完成

## 12.3 系统起始页说明

单击系统的启动文件,进入系统的启动界面,如图12.6(a)所示。随后进入系统的主界面[图12.6(b)],主界面分为菜单项、项目管理、历史浏览、系统介绍及开发大事记几个界面模块。菜单项主要对系统的主要功能菜单进行展示[图12.6(c)],如文件、视图、基础数据、地震危险性、结构易损性、损失评估和决策管理等模块。项目管理主要对评估模式进行管理,包括新建项目、打开项目及直接进入三个工作模式,新建项目可以新建评估任务,打开项目可以打开已有的历史评估任务,直接进入可以对基础数据进行浏览而不进行任何评估工作。历史浏览主要显示已有的评估任务,可以进行删除及编辑。系统介绍主要对项目的开发目的、方法、系统架构等进行简要说明。开发大事记动态显示了系统不同开发阶段的开发成果。

图12.6 系统界面展示

## 12.4 系统管理模式

系统采用项目管理的方式来管理评估结果以及各模块的评估状态,系统以项目名称作为项目管理的唯一标识,每一个项目包括5部分内容(图12.7):以项目名称命名的文件夹,Temp 文件夹,Raster 文件夹,以及以.out 和.rts 为后缀的文件夹。

| 文档库 NewProject_3125 | | | |
| --- | --- | --- | --- |
| 名称 | 修改日期 | 类型 | 大小 |
| NewProject_3125 | 2015/11/26 14:30 | 文件夹 | |
| Temp | 2015/11/25 8:47 | 文件夹 | |
| Raster | 2015/11/25 8:46 | 文件夹 | |
| NewProject_3125.out | 2015/11/26 14:30 | OUT 文件 | 1 KB |
| NewProject_3125.rts | 2015/11/25 8:47 | RTS 文件 | 1 KB |

图 12.7　项目组织结构

以项目名称命名的文件夹主要用于管理评估区域涉及的数据,这些数据包括:名为"ROIBuild"的建筑物数据,名为"ROI"的评估区域数据,名为"ROIComm"的社区数据,名为"ROISubDis"的街道办数据,名为"ROICity"的县(区)数据,名为"ROIProvi"的所在省数据,名为"断层构造图"的断层数据。该文件夹保存了不同层次的评估结果,是地震灾害损失评估的核心文件。

Temp 文件夹主要存放系统生成的临时文件,文件中的数据是所评估的建筑物按照不同的"结构类型"、"使用功能"、"建造年代"导出的中间数据。

Raster 文件夹用于保存导入的地震危险性文件和保存根据地震参数生成的地震危险性文件。

.out 文件用于保存各模块的评估状态,分为"完成"和"未完成"两种,每一个模块都有一个唯一的 ID 标识。文件中的内容不能修改或删除,否则会导致模块丢失评估状态,下一次评估只能从头开始。

.rts 文件是项目文件,它记录了评估区域的名称,评估区域的类型(一般分为"社区"、"街道办"、"县区"、"市")和项目所属数据的导出状态,以及控制这些数据是否要在项目创建后加载。

## 12.5　系统操作说明

### 12.5.1　系统起始页

系统启动后,界面如图 12.8 所示。操作界面主要包括菜单栏、工具栏、项目管理、历史记录、系统介绍等几部分。

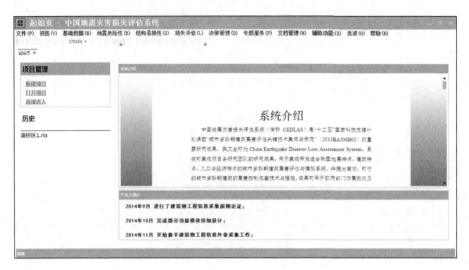

图 12.8 "中国地震灾害损失评估系统"主界面

1. 菜单栏

"中国地震灾害损失评估系统"软件菜单栏主要包括文件、视图、基础数据、地震危险性评估、结构易损性评估、地震灾害损失评估、决策管理、专题服务、文档管理、辅助功能、选项和帮助等菜单项。

(1) 文件。包括新建项目、打开项目、保存地图文档和退出菜单项(图 12.9)。

主要功能:管理项目,保存地图视图中的地图文档。

(2) 视图。包括图层管理、图层属性表、鸟瞰图、起始页和结果输出视图菜单项(图 12.10)。

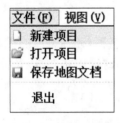

图 12.9 文件菜单

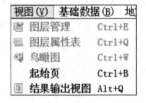

图 12.10 视图菜单

主要功能:控制主要工作面板的打开和关闭。系统采用停靠式窗体面板布局设计,所有停靠面板均可通过视图菜单中的相应菜单项打开,包括用于图层管理的图层管理器视图、用于鸟瞰全图的鹰眼视图、用于矢量数据属性查看的属性视图等。

(3) 基础数据。包括查看基础数据、编辑基础数据、灾害数据上传、灾害数据管理和建筑物信息浏览菜单项(图12.11)。

主要功能:用于基础数据的管理,包括基础数据编辑、浏览、统计等。

(4) 地震危险性。包括地震监测和地震危险性菜单项(图12.12)。

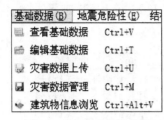

图12.11　基础数据菜单 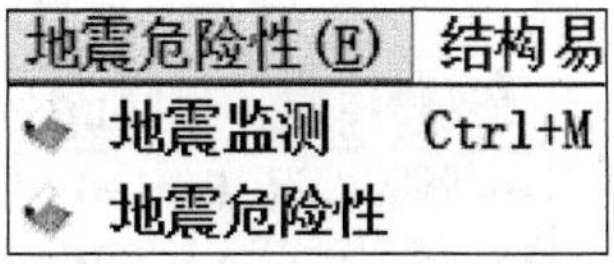　　　　图12.12　地震危险性菜单

主要功能:地震监测用于监测地震台网上的地震信息;地震危险性用于创建地震动影响场。

(5) 结构易损性。包括易损性曲线管理和结构破坏分析菜单项(图12.13)。

主要功能:管理地震易损性曲线,分析建筑物结构的破坏程度。

(6) 损失评估。包括地震直接经济损失评估、地震间接经济损失评估和地震人员伤亡评估菜单项(图12.14)。

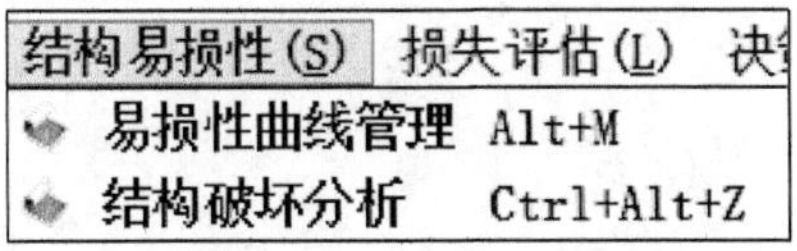

图12.13　结构易损性菜单 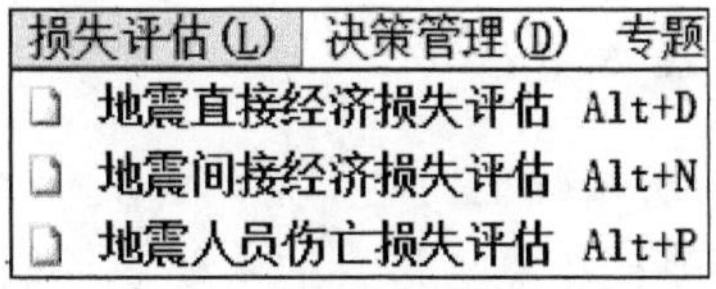　　　　图12.14　损失评估菜单

主要功能:评估地震灾害造成的社会经济损失,包括直接经济损失、间接经济损失和人员伤亡损失。

(7) 决策管理。包括保险费率计算、加固成本效益分析和庇护需求计算模块菜单项(图12.15)。

主要功能:实现保险费率计算和加固成本效益分析,并给出加固建议;计算震后庇护需求人数和食物需求量。

(8) 专题服务。通用专题图制作(图12.16)。

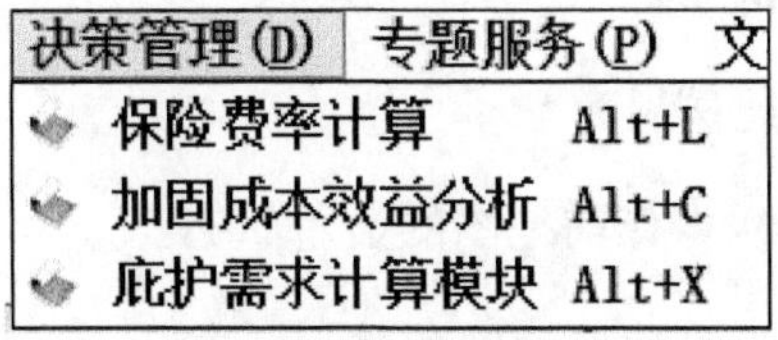

图12.15　决策管理菜单 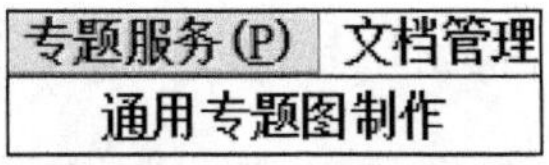　　　　图12.16　专题服务菜单

主要功能：提供制作专题图所需的制图要素添加、图幅整饰及打印输出。

（9）文档管理。包括地震概况、技术文档等菜单项（图12.17）。

主要功能：管理系统文档，包括地震概况和技术文档。

（10）辅助功能。包括打开计算器、打开记事本、基础数据上传等菜单（图12.18）。

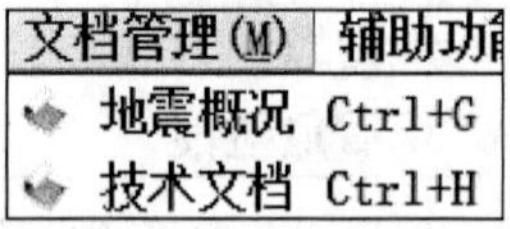

图12.17　文档管理菜单

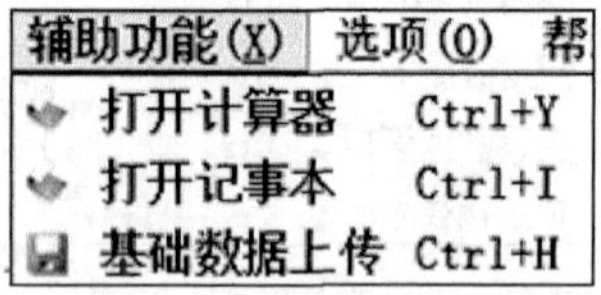

图12.18　辅助功能菜单

主要功能：用于系统服务的小工具，包括计算器、记事本、基础数据上传等。

（11）选项。插件管理器（图12.19）。

主要功能：系统采用插件式设计，核心功能均以插件形式实现，可通过插件管理器方便地设置插件是否可用。

（12）帮助：以帮助文档形式提供各功能操作说明。

图12.19　选项菜单

### 2. 工具栏

1）基础工具栏

基础工具栏包含的主要工具如下。

要素选择工具 ：选中一个或多个制图要素。

放大 ：对地图进行放大显示。

缩小 ：对地图进行缩小显示。

移动 ：对地图进行移动。

全图显示 ：在地图视图窗口范围显示全部地图内容。

选择图形 ：选中一个或多个矢量要素。

地图比例尺 100190 ：设置地图显示比例尺。

前一视图 ：回到当前视图的上一次操作前地图的显示状态。

后一视图 ：进入当前视图的下一次操作后地图的显示状态。

编辑 ：打开编辑状态。

属性查询 ![]:查询选择要素的属性信息。

2) 编辑工具栏

打开编辑状态后,打开选择编辑图层管理窗体,选择要编辑的矢量图层,对该图层内的图形进行编辑。

编辑工具栏包含的主要工具如下。

撤销编辑 ![]:撤销上一步编辑操作。

恢复编辑 ![]:恢复上一步编辑操作。

保存编辑 ![]:保存对当前图层的编辑操作。

停止编辑 ![]:关闭编辑状态。

选择要素 ![]:选择要编辑的图形要素。

画笔 ![]:用于绘制图形。

扩展画笔 ![]:完成图形绘制后,弹出属性填写窗体,直接填写属性,如图 12.20 所示。

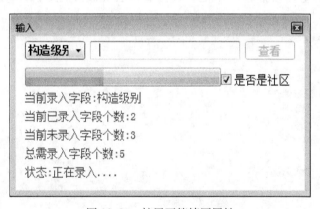

图 12.20 扩展画笔填写属性

移动选中要素 ![]:将选中的图形要素整体移动位置。

旋转 ![]:旋转选中的图形要素。

点要素生成 ![]:通过输入点坐标创建点要素。

编辑属性 ![]:编辑选中图形要素的属性。

捕捉设置 ![]:设置图形绘制时的捕捉类型。

查看选中周长面积 ![]:查看选中面状图形的周长和面积。

3）三维浏览工具

三维浏览工具在三维视图情况下使用。

导航 : 在三维视图中用于导航，拖动鼠标右键上下移动可进行放大缩小操作。

飞行 : 在三维视图中用于飞行操作。

全图显示 : 显示地球的整个三维信息。

放大缩小 : 在三维视图中，拖动鼠标左键可以进行放大、缩小操作。

向左旋转 : 以当前屏幕中点为中心，向左旋转整个球体。

向右旋转 : 以当前屏幕中点为中心，向右旋转整个球体。

停止旋转 : 停止当前旋转的球体。

### 12.5.2 基础数据

基础数据菜单只有在"系统起始页"的"项目管理"界面中单击"直接进入"，才能打开视图使用。

1）查看基础数据

单击"查看基础数据"菜单，打开"图层属性表"窗口，如图12.21所示。

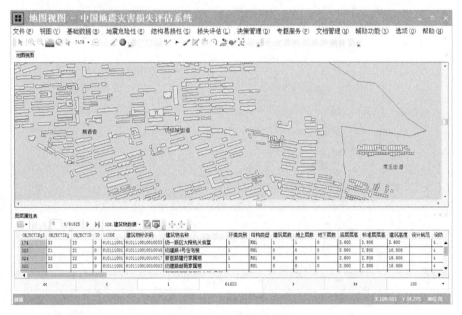

图 12.21　查看基础数据

用户可切换想要查看数据的图层，如图12.22中矩形框部分所示。

2）编辑基础数据

单击"编辑基础数据"菜单，打开"选择编辑图层"管理窗口，选择要编辑的图层

第12章 系统功能使用说明

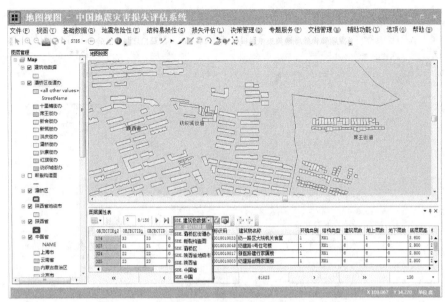

图12.22 切换基础数据图层

进行编辑,如图12.23所示。

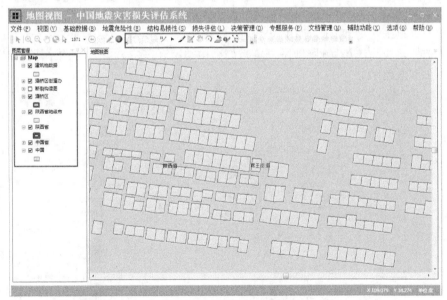

图12.23 编辑基础数据

3) 灾害数据上传

单击"灾害数据上传"菜单,上传收集整理的灾害数据。

4) 灾害数据管理

单击"灾害数据管理"菜单,对数据库中的灾害数据进行管理。

5）建筑物信息浏览

单击"建筑物信息浏览"菜单，打开"基础信息浏览"窗口，如图 12.24 所示。

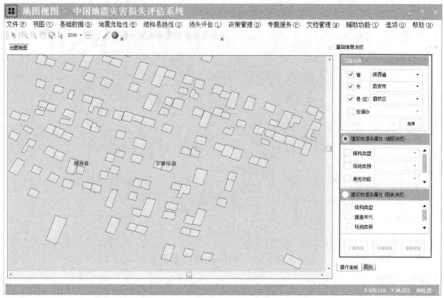

图 12.24　建筑物信息浏览

设置范围之后，单击"应用"按钮。

选择建筑物渲染属性（地图浏览），如结构类型，可多选，单击"二维浏览"，结果如图 12.25 所示。

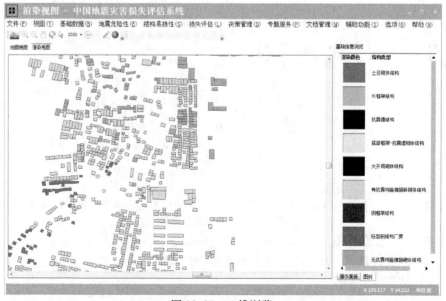

图 12.25　二维浏览

选择建筑物渲染属性（图表浏览），如结构类型，单击"图表展示"，结果如图 12.26 所示。

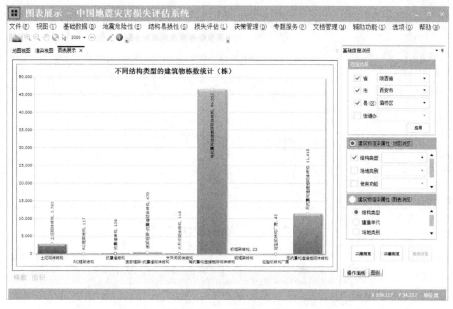

图 12.26　图表浏览

### 12.5.3　视图

1) 图层管理

用于加载"图层管理"窗口。

2) 图层属性表

用于加载"图层属性表"窗口。

3) 鸟瞰图

用于加载"鸟瞰图"窗口。

4) 起始页

将系统切换到初始页状态。

5) 单击"结果输出视图"菜单，系统自动输出分析结果，如图 12.27 所示。

### 12.5.4　系统评估流程

1. 确定评估项目

1) 新建项目

单击"文件"菜单下的"新建项目"或"项目管理"窗口中的"新建项目"，打开"新建项目"窗口，如图 12.28 所示。

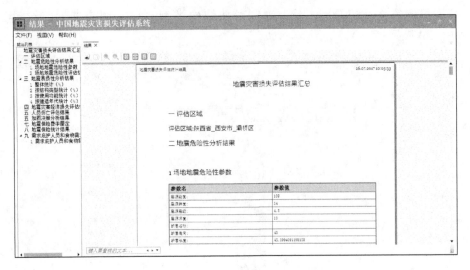

图 12.27　结果输出视图

图 12.28　新建项目

操作步骤如下：

(1) 单击"浏览"按钮，设置工程保存路径，可默认。

(2) 输入工程文件名。

(3) 单击"应用"按钮。

# 第 12 章 系统功能使用说明

(4) 单击"下一步"按钮,打开选择分析区域窗口,如图 12.29 所示。

图 12.29 选择分析区域

(5) 设置好分析区域后,单击"应用"按钮,系统开始从数据库中导出与区域相关的建筑物图层,导出完成后,单击"完成"按钮,系统切换到地图视图界面,如图 12.30 所示。

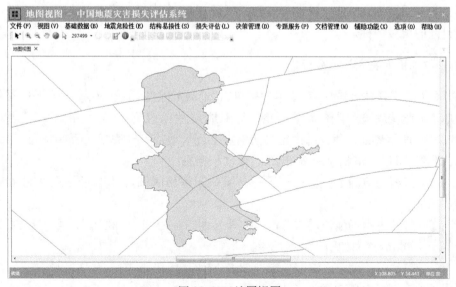

图 12.30 地图视图

2）打开项目

单击"文件"菜单下的"打开项目"或"项目管理"窗口中的"打开项目",可在新建项目时设置的路径下找到要打开的项目,如图12.31所示。

图12.31 打开项目

打开后缀为.rts的文件即可打开该项目,也可以直接在历史记录窗口中,双击要打开的项目名称。

2. 概率地震危险性分析

（1）选定评估区域后,在菜单栏中单击"地震危险性"菜单,在弹出的下拉菜单中单击"地震危险性"子菜单中的"概率地震危险性",会在主窗口中显示如图12.32所示界面。用经纬度定义法确定工程场地,单击"完成工程场地"按钮结束。当然,可以单击相应的按钮添加、修改和删除。

（2）工程场地确定后,单击"下一步",确定评估区域,可用如下三种方法确定评估区域:

① 选择"工程场地外延法",输入向外延伸的半径,单击"确定"即可,半径须大于等于150km,界面如图12.33所示。

② 选择"经纬度定义法",单击"在地图上勾绘"按钮,勾绘评估区域,按"完成工程场地"按钮完成,界面如图12.34所示。

# 第12章 系统功能使用说明

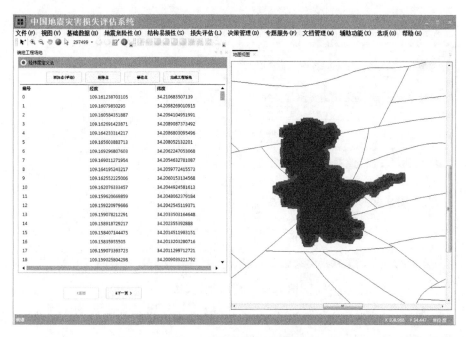

图 12.32 概率地震危险性首界面

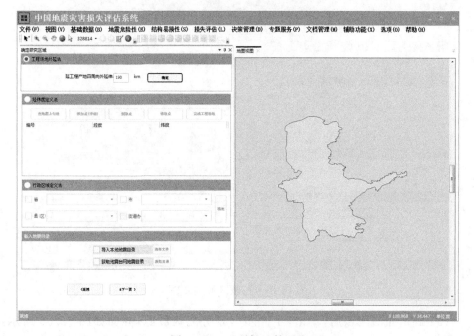

图 12.33 工程场地外延法

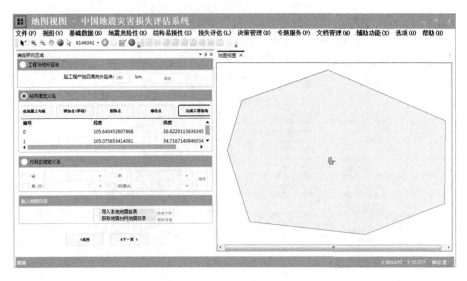

图 12.34　经纬度定义法

③ 选择"行政区域定义法",在相应的下拉框中选择行政区域,单击"确定"完成,界面如图 12.35 所示。

图 12.35　行政区域定义法

(3) 确定评估区域后,单击"下一步",划分三级震源,界面如图 12.36 所示。选择潜在震源划分方案,确定地震活动参数,在地图上勾绘潜在震源区,单击"统一赋值"按钮,设置震级分档间隔,单击"确定"按钮完成设置。

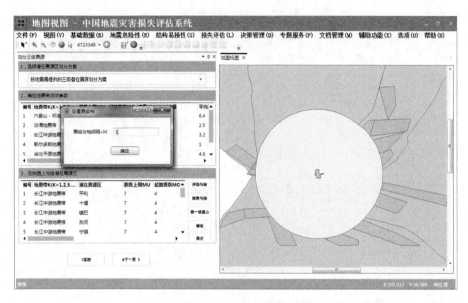

图 12.36　划分三级震源

（4）三级震源划分之后，单击"下一步"，选择地震频度关系，界面如图 12.37 所示。

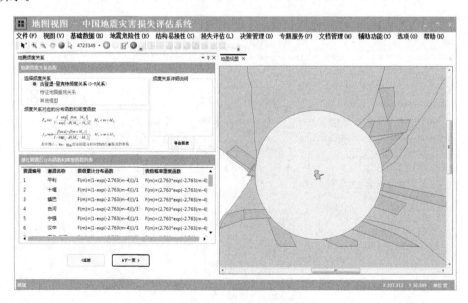

图 12.37　地震频度关系

（5）地震频度关系确定之后，单击"下一步"，选择概率模型，界面如图 12.38 所示。设置工程场地网格大小，或者单击"导入"按钮导入工程场点。输入工程场地与潜在震源距离分档间隔,单击"确定"按钮完成。

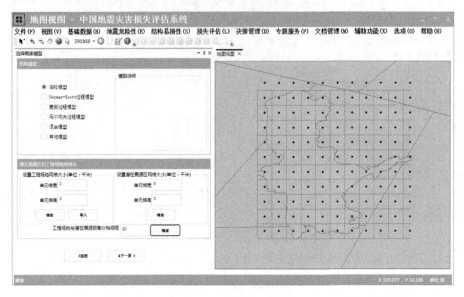

图12.38 选择概率模型

(6)选择概率模型后,单击"下一步",选择地震动衰减模型。界面如图12.39所示。

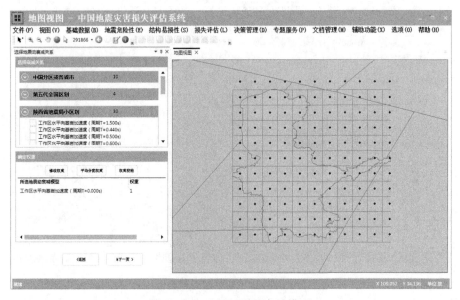

图12.39 选择地震动衰减模型

(7)衰减关系确定后,单击"下一步",设置计算内容,包括地震动参数Y和给

定时间 $T$。可单击"添加"、"删除"按钮添加、删除相应数据。界面如图 12.40 所示。

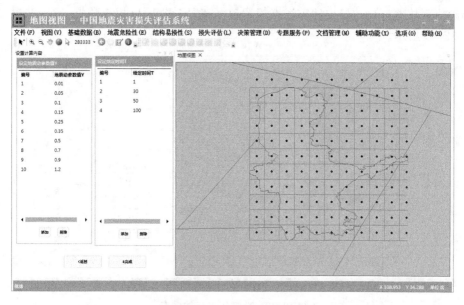

图 12.40 设置计算内容

(8) 计算内容设置完成后,单击"完成"。开始概率地震危险性分析,分析结果如图 12.41 所示。

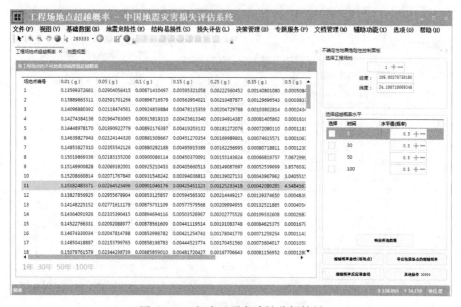

图 12.41 概率地震危险性分析结果

① 选择工程场地点,单击"超越概率曲线"和"超越概率反应谱曲线",可查看生成的曲线;选择超越概率水平,单击"输出所选数据"按钮,将以 Excel 格式导出超越概率数据;单击"导出地震场点的超越概率"按钮,导出相应数据,导出结果如图 12.42 所示。

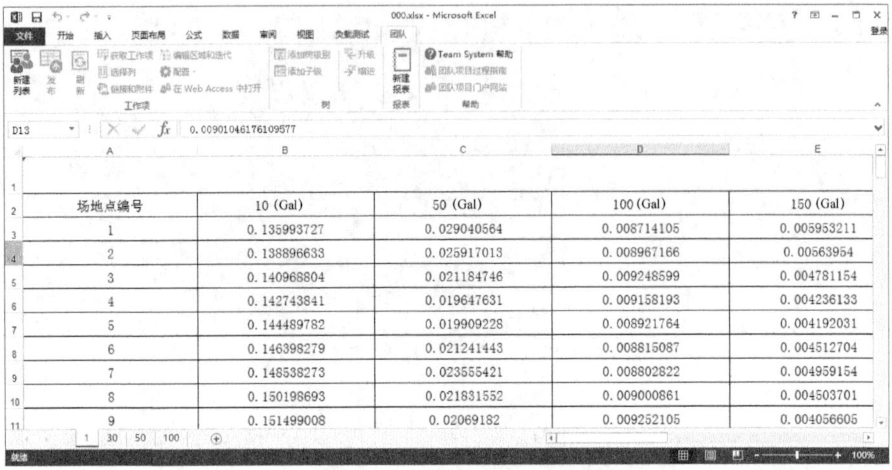

图 12.42　地震场点超越概率

② 贡献率计算。选择工程编号和超越年限,设置概率水平和地震动值,单击"确定"按钮,获得计算结果,界面如图 12.43 所示。

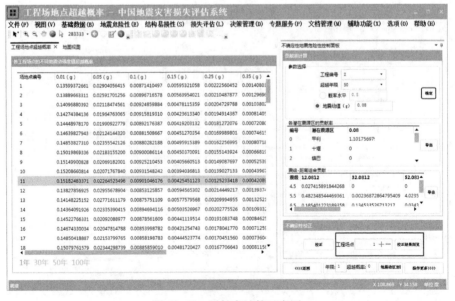

图 12.43　贡献率计算示意图

③ 设置年限和超越概率，单击"地震动区划图"按钮，界面如图12.44所示。

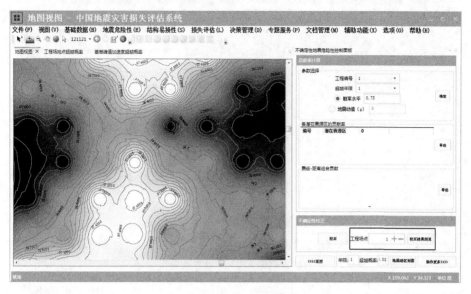

图 12.44　地震动区划图

④ 单击"操作更多"按钮，设置地震动强度、时间和导出路径，界面如图12.45所示。

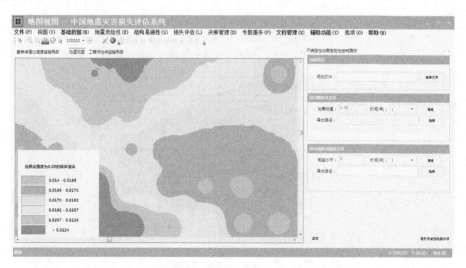

图 12.45　地震动强度为 $0.05g$ 的概率分级渲染图

⑤ 设置概率水平、时间和导出路径，界面如图12.46所示。

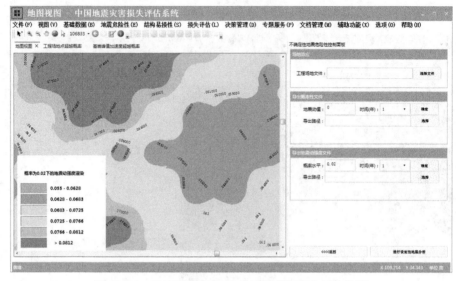

图 12.46　超越概率为 0.02 的地震动强度分级渲染图

3. 设定地震危险性分析

(1) 概率地震危险性分析完成后,单击"操作更多"按钮,进行设定地震危险性分析,当然也可以在"地震危险性"菜单中选择"设定地震危险性",界面如图 12.47 所示。

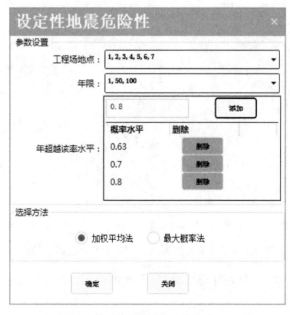

图 12.47　设定地震危险性分析参数设置

(2) 选择工程场点、年限，添加年超越概率水平，参数设置完成后，选择加权平均法分析，其结果将保存到 Excel 文件中。导出结果如图 12.48 所示。

| 设定性地震危险性分析结果 | | | | |
|---|---|---|---|---|
| 计算控制点 | 计算内容 | 50年63% | 50年70% | 50年80% |
| 1 | 等效震级M* | 5.321786727 | 5.131305506 | 5.066139773 |
| | 等效距离R* | 15.9387 | 15.542 | 16.0628 |
| 2 | 等效震级M* | 5.321786727 | 5.131305506 | 5.066139773 |
| | 等效距离R* | 15.9387 | 15.542 | 16.0628 |
| 3 | 等效震级M* | 5.321786727 | 5.131305506 | 5.066139773 |
| | 等效距离R* | 15.9387 | 15.542 | 16.0628 |
| 4 | 等效震级M* | 5.321786727 | 5.131305506 | 5.066139773 |
| | 等效距离R* | 15.9387 | 15.542 | 16.0628 |
| 5 | 等效震级M* | 5.321786727 | 5.131305506 | 5.066139773 |
| | 等效距离R* | 15.9387 | 15.542 | 16.0628 |

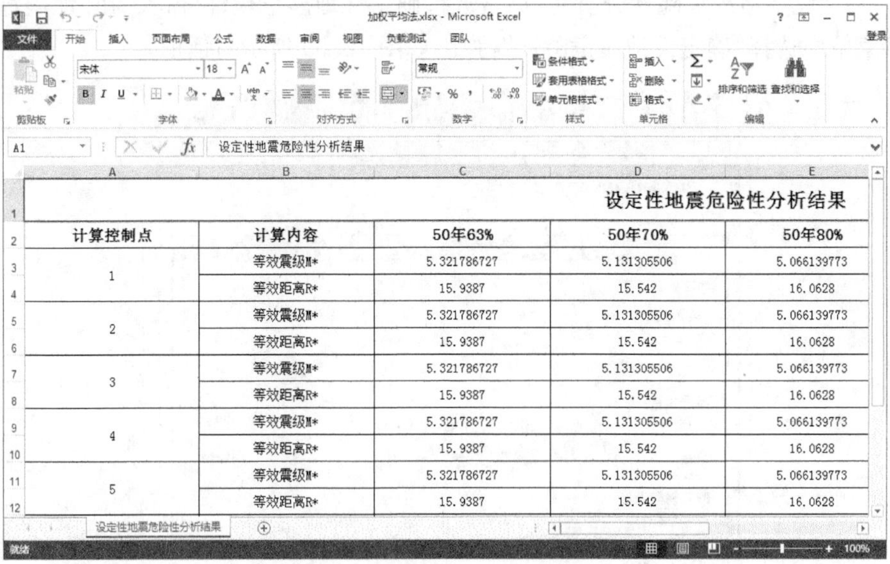

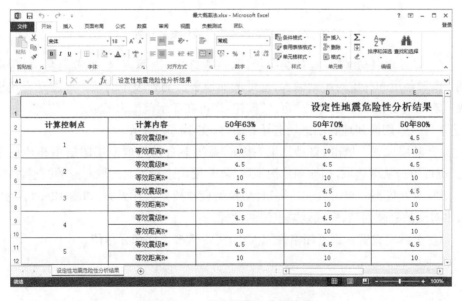

图 12.48　加权平均法分析结果

(3) 选择最大概率法分析，其结果也将保存到 Excel 文件中。导出结果如图 12.49 所示。

| 设定性地震危险性分析结果 | | | | |
|---|---|---|---|---|
| 计算控制点 | 计算内容 | 50年63% | 50年70% | 50年80% |
| 1 | 等效震级M* | 4.5 | 4.5 | 4.5 |
| | 等效距离R* | 10 | 10 | 10 |
| 2 | 等效震级M* | 4.5 | 4.5 | 4.5 |
| | 等效距离R* | 10 | 10 | 10 |
| 3 | 等效震级M* | 4.5 | 4.5 | 4.5 |
| | 等效距离R* | 10 | 10 | 10 |
| 4 | 等效震级M* | 4.5 | 4.5 | 4.5 |
| | 等效距离R* | 10 | 10 | 10 |
| 5 | 等效震级M* | 4.5 | 4.5 | 4.5 |
| | 等效距离R* | 10 | 10 | 10 |

图 12.49　最大概率法分析结果

4. 确定性地震危险性分析

(1) 设定地震危险性分析完成后,进行确定性地震危险性分析。在"地震危险性"菜单中选择"确定性地震危险性",弹出如图 12.50 所示对话框。

图 12.50　确定性地震危险性参数设置

① 设置地震动参数,包括震源经度、震源纬度、震源震级、参考地名、震源深度。震源经度和纬度可手动输入,也可选择地震监测列表中的某一地震动直接读取。输入经度和纬度后,单击"定位"按钮,即可在显示范围内显示地震位置。单击"选取"按钮,切换到地震动记录选择界面,如图 12.51 所示。

② 断层设置。单击"自动选取"按钮,系统会自动选取断层图层中相应的断层,也可单击从图选取,切换到地图视图界面,使用选择工具选取对应的断层。

③ 衰减模型。单击"选取"按钮,切换到衰减模型选择界面,如图 12.52 所示。双击对应的衰减模型,完成衰减模型的设置。

④ 分辨率设置。设置栅格像元大小,可以选择不同像元单位。

第12章 系统功能使用说明

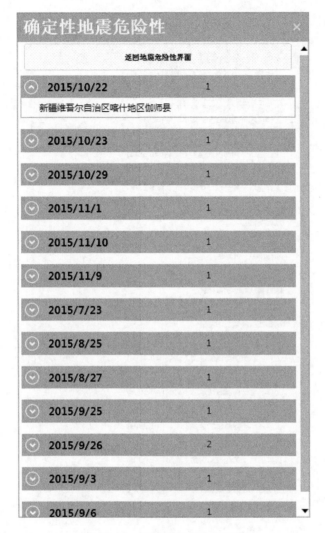

图 12.51 地震动记录选择界面

(2) 选择相应的土层数据后,单击"确定"按钮即可开始评估。当然,也可导入已经生成的地震危险性文件。

(3) 如果所选择的评估区域之前已经评估完成,则会弹出图 12.53 所示对话框,如果选择"是",则重新开始评估,选择"否"则导入上次的评估结果。

(4) 在评估过程中,会显示如图 12.54 所示提示框,以提示评估进度。

(5) 最终的评估结果如图 12.55 所示,表示评估区域按地震动强度 PGA 的大小渲染。

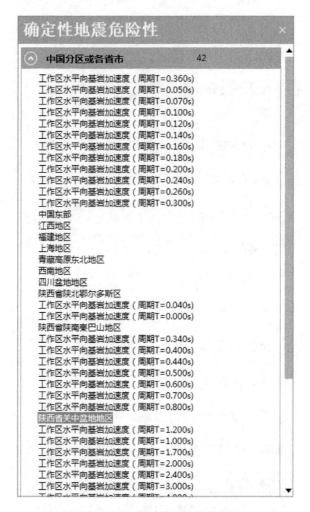

图 12.52 衰减模型选择界面

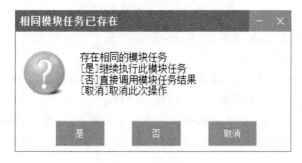

图 12.53 相同模块评估选择

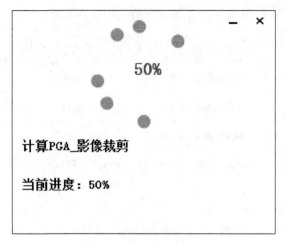

图 12.54　评估进度显示

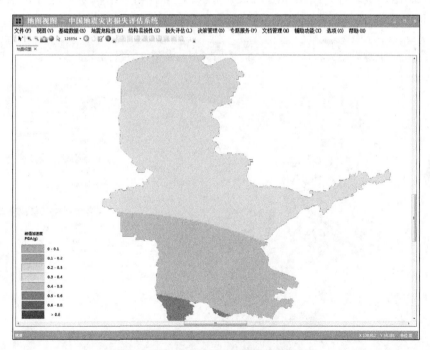

图 12.55　确定性地震危险性评估结果

5. 结构破坏分析

（1）确定性地震危险性分析完成后，单击菜单栏中"结构易损性"选项卡中的"结构破坏分析"，弹出如图 12.56 所示的对话框，系统会默认选择最新评估的地震危险性文件，也可以选择之前的地震危险性文件，选择评估单元，"易损性曲线"默认为"建筑物",设置结果保存位置即可开始结构破坏分析。

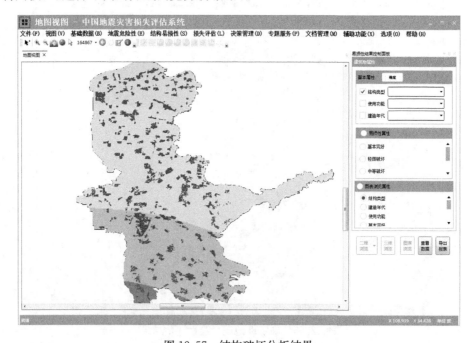

图12.56 结构破坏分析参数设置

(2)结构破坏分析结果如图12.57所示,界面右侧是结构易损性分析结果控制面板,可选择不同的方式浏览分析结果。

图12.57 结构破坏分析结果

① 首先在基本属性中选择需要导入的结构类型、使用功能和建造年代等建筑物数据,单击"确定"完成。

② 选择"易损性属性",单击"二维浏览"按钮,左侧视图会用二维的形式显示建筑物的五种破坏状态,显示结果如图12.58所示。

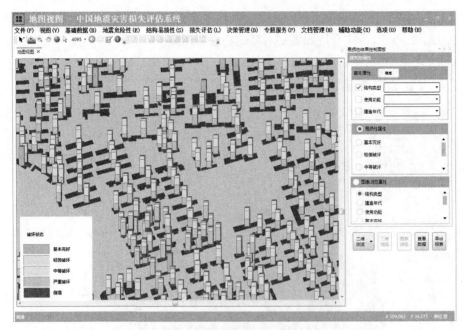

图 12.58 结构易损性分析结果

③ 选择易损性属性中具体的一种属性,如选择轻微破坏属性,单击"二维浏览",显示结果如图 12.59 所示,单击某一栋建筑物时会显示建筑物的基本信息。

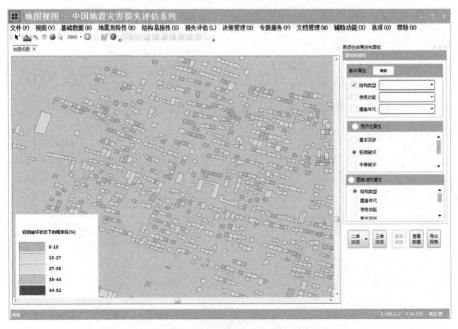

图 12.59 结构破坏分析结果二维浏览

(3) 同样,可选择相应的易损性属性,以三维的形式显示结构破坏分析结果,如图 12.60 所示,系统会按照图例对建筑物进行渲染。

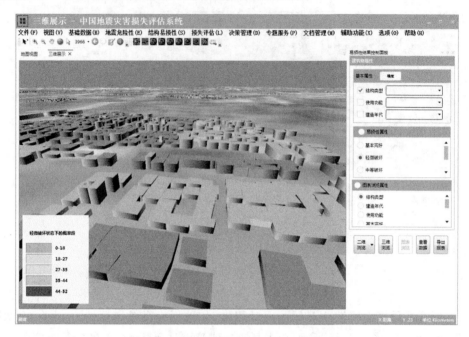

图 12.60　结构破坏分析结果三维浏览

(4) 单击"查看数据"按钮,可查看每一栋建筑物的易损性属性数据,界面如图 12.61 所示。

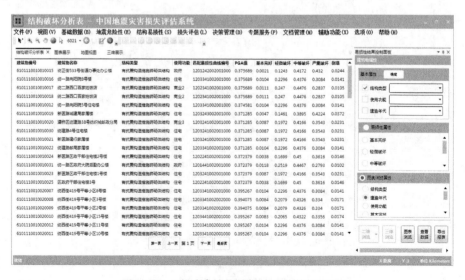

图 12.61　查看建筑物易损性属性数据界面

(5) 单击"导出报表"按钮,可以 Excel 形式导出建筑物易损性数据,如图 12.62 所示。

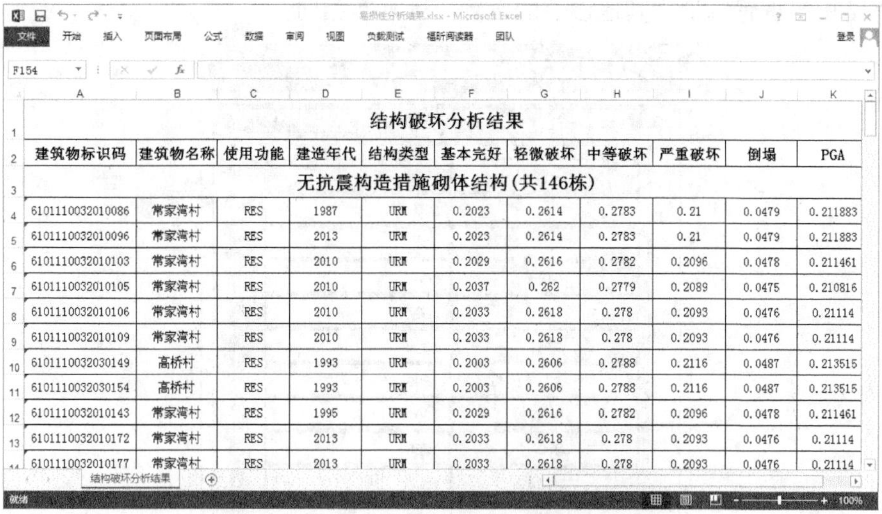

| 结构破坏分析结果 | | | | | | | | | | |
|---|---|---|---|---|---|---|---|---|---|---|
| 建筑物标识码 | 建筑物名称 | 使用功能 | 建造年代 | 结构类型 | 基本完好 | 轻微破坏 | 中等破坏 | 严重破坏 | 倒塌 | PGA |
| 无抗震构造措施砌体结构(共146栋) | | | | | | | | | | |
| 6101110032010086 | 常家湾村 | RES | 1987 | URM | 0.2023 | 0.2614 | 0.2783 | 0.21 | 0.0479 | 0.211883 |
| 6101110032010096 | 常家湾村 | RES | 2013 | URM | 0.2023 | 0.2614 | 0.2783 | 0.21 | 0.0479 | 0.211883 |
| 6101110032010103 | 常家湾村 | RES | 2010 | URM | 0.2029 | 0.2616 | 0.2782 | 0.2096 | 0.0478 | 0.211461 |
| 6101110032010105 | 常家湾村 | RES | 2010 | URM | 0.2037 | 0.262 | 0.2779 | 0.2089 | 0.0475 | 0.210816 |
| 6101110032010106 | 常家湾村 | RES | 2010 | URM | 0.2033 | 0.2618 | 0.278 | 0.2093 | 0.0476 | 0.21114 |
| 6101110032010109 | 常家湾村 | RES | 2010 | URM | 0.2033 | 0.2618 | 0.278 | 0.2093 | 0.0476 | 0.21114 |
| 6101110032030149 | 高桥村 | RES | 1993 | URM | 0.2003 | 0.2606 | 0.2788 | 0.2116 | 0.0487 | 0.213515 |
| 6101110032030154 | 高桥村 | RES | 1993 | URM | 0.2003 | 0.2606 | 0.2788 | 0.2116 | 0.0487 | 0.213515 |
| 6101110032010143 | 常家湾村 | RES | 1995 | URM | 0.2029 | 0.2616 | 0.2782 | 0.2096 | 0.0478 | 0.211461 |
| 6101110032010172 | 常家湾村 | RES | 2013 | URM | 0.2033 | 0.2618 | 0.278 | 0.2093 | 0.0476 | 0.21114 |
| 6101110032010177 | 常家湾村 | RES | 2013 | URM | 0.2033 | 0.2618 | 0.278 | 0.2093 | 0.0476 | 0.21114 |

图 12.62　导出建筑物易损性属性数据界面

6. 地震灾害直接经济损失评估

(1) 结构破坏分析完成后,用户可以在此基础上进行评估区域地震灾害直接经济损失评估。在"损失评估"菜单中单击"地震直接经济损失评估",弹出如图 12.63 所示的对话框,设置直接经济损失评估所需参数。

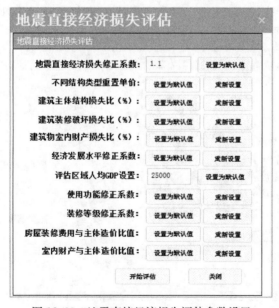

图 12.63　地震直接经济损失评估参数设置

可以重新设置参数或使用默认参数,如单击不同结构类型主体结构重置单价后面的"重新设置"按钮,会弹出如图 12.64 所示对话框,用户可设置不同结构类型主体结构的重置单价。其他参数的设置流程基本相同。

图 12.64　不同结构类型主体结构重置单价

(2) 设置完成后,单击开始评估按钮即进行评估区域地震灾害直接经济损失评估,评估结果如图 12.65 所示。首先选择基本属性,然后单击"确定"按钮即可导入建筑物图层数据。

图 12.65　直接经济损失评估结果浏览面板

(3) 选择评估单元（建筑物单体，社区、街道办等）和损失类型（主体结构损失、装修损失、室内财产损失、总损失），单击"二维浏览"，系统开始计算每个评估单元的相应类型损失，并以不同颜色显示不同损失程度范围。如单击"社区"的"主体结构损失"时，会显示评估区域各评估单元（社区）主体结构损失，如图 12.66 所示。

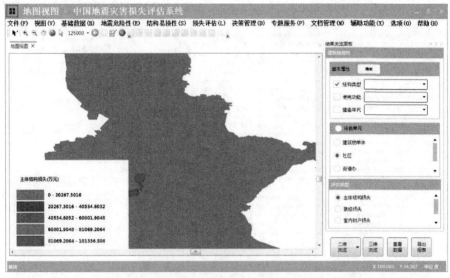

图 12.66　各评估单元（社区）主体结构损失二维浏览

(4) 同样，可以单击"三维浏览"按钮，以三维形式浏览分析结果。建筑物单体主体结构损失评估结果三维浏览界面如图 12.67 所示。可以使用工具栏中的三维浏览工具进行浏览。

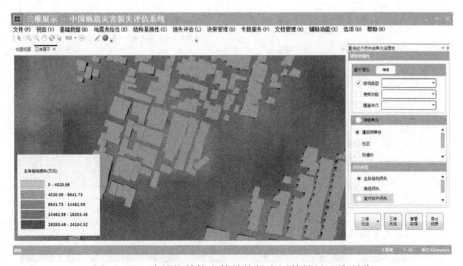

图 12.67　建筑物单体主体结构损失评估结果三维浏览

(5) 单击"查看数据"按钮,可查看评估区域地震灾害直接经济损失评估结果的各项数据,界面如图 12.68 所示。

图 12.68　查看直接经济损失评估结果的数据

(6) 单击"导出报表"按钮,可将评估区域地震灾害直接经济损失评估结果导出为 Excel 表格,界面如图 12.69 所示。

图 12.69　直接经济损失评估结果的导出列表

7. 地震灾害间接经济损失评估

（1）地震灾害直接经济损失评估完成后，即可开始评估区域间接经济损失评估。单击"损失评估"选项卡下的"地震间接经济损失评估"，会弹出如图 12.70 所示的对话框，选择区域和区域规模，导入直接经济损失评估结果，输入区域 GDP 和相关比例系数，单击"分析"按钮即开始进行间接经济损失评估。

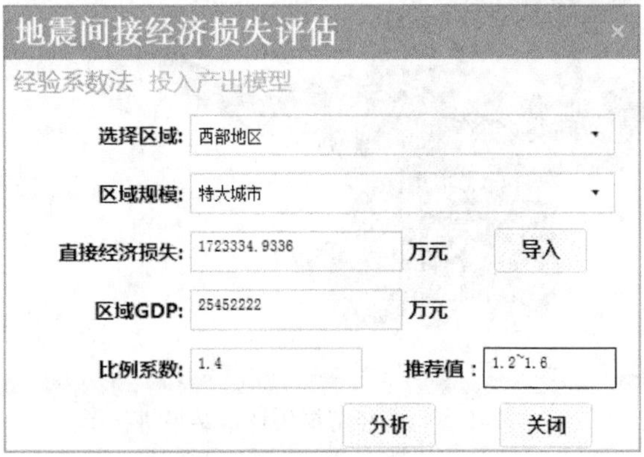

图 12.70　间接经济损失参数设置

（2）分析完成后，用户可用柱状图和饼状图形式浏览评估结果数据，界面如图 12.71 和图 12.72 所示。

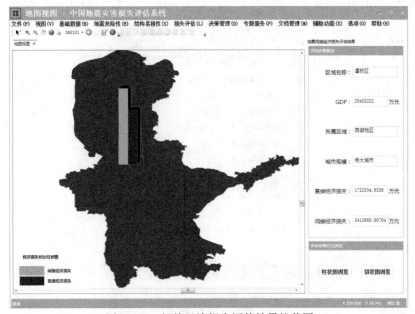

图 12.71　间接经济损失评估结果柱状图

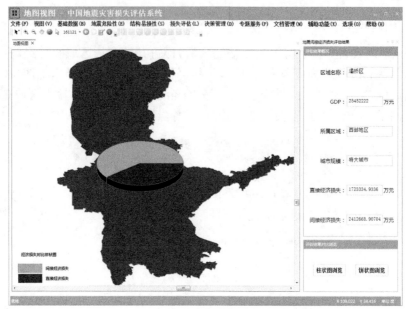

图 12.72　间接经济损失评估结果饼状图

8. 人员伤亡评估

（1）结构破坏分析完成后，即可进行评估区域地震灾害人员伤亡评估，在"损失评估"菜单中单击"地震人员伤亡评估"会弹出如图 12.73 所示的对话框。设置基本参数，单击"开始评估"按钮即可进行地震灾害人员伤亡评估。

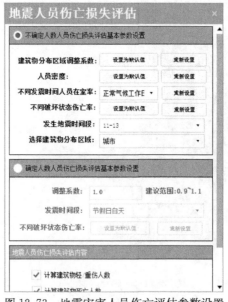

图 12.73　地震灾害人员伤亡评估参数设置

(2) 评估完成后,会显示如图 12.74 所示界面,设置基本属性,导入相应评估结果数据。

图 12.74　地震灾害人员伤亡评估结果

(3) 选择评估单元,如"建筑物单体",单击"人员轻伤分布图",系统开始计算每个评估单元(建筑物单体)的人员轻伤分布情况,结果如图 12.75 所示。

图 12.75　评估单元(建筑物单体)的人员轻伤分布图

(4) 选择评估单元,如"社区",单击"人员重伤分布图",系统开始计算每个评估单元(社区)的人员重伤分布情况,结果如图 12.76 所示。

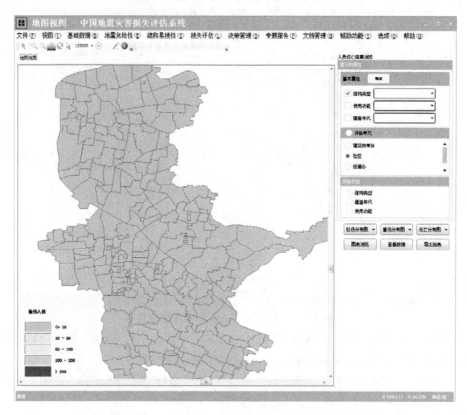

图 12.76　评估单元(社区)的人员重伤分布图

(5) 选择评估单元,如"街道办",单击"人员死亡分布图",系统开始计算每个评估单元(街道办)的人员死亡分布情况,结果如图 12.77 所示。

(6) 选择评估类型,如结构类型,单击"图表浏览",系统开始计算评估区域不同结构类型建筑物的人员伤亡情况,结果如图 12.78 所示。

(7) 单击"查看数据",系统打开评估区域人员伤亡数据列表,结果如图 12.79 所示。

(8) 单击"导出报表",将评估区域人员伤亡评估结果数据导出为 Excel 表格,如图 12.80 所示。

## 第 12 章 系统功能使用说明

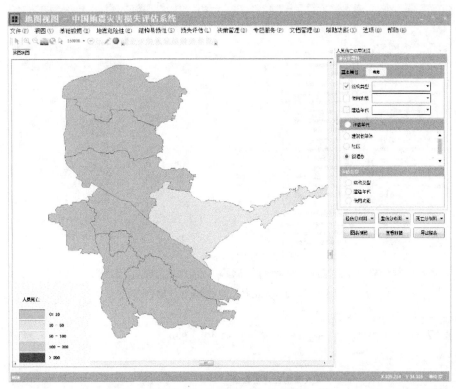

图 12.77 评估单元(街道办)的人员死亡分布图

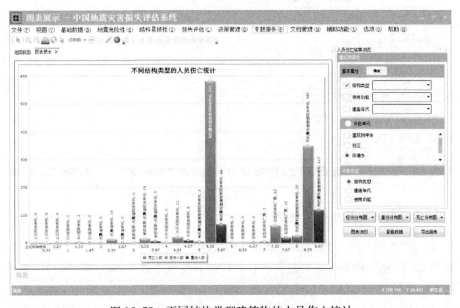

图 12.78 不同结构类型建筑物的人员伤亡统计

图 12.79　人员伤亡评估结果数据列表

图 12.80　人员伤亡评估结果的导出列表

9. 建筑物地震保险费率计算

（1）新建项目后，单击菜单栏中的"决策管理"选项卡中的"保险费率计算"，会显示如图 12.81 所示的界面。可进行评估区域建筑物全体和单体地震年保费计算。当评估区域建筑物全体保险时，需要设置设防烈度、利润比、保险金额和免赔率四个参数，单击"计算"按钮即开始地震年总保费计算。计算结果会在界面的右侧中央显示。

第 12 章 系统功能使用说明

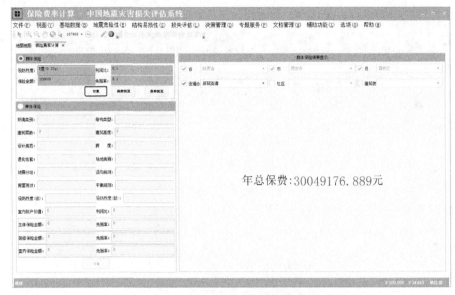

图 12.81 建筑物全体地震年总保费计算

(2) 当选择评估区域某具体建筑物单体保险时,将计算得到该建筑物的地震年保费,并显示其所匹配的结构易损性曲线,界面如图 12.82 所示。

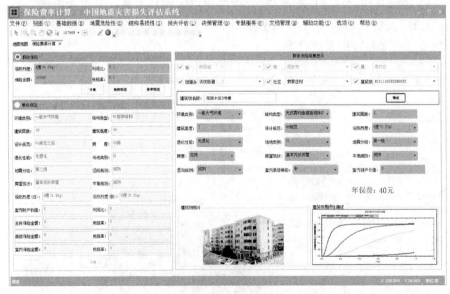

图 12.82 建筑物单体地震年保费计算

(3) 单击"费率展示"按钮,将以列表形式展示仅考虑设计规范和服役龄期差异的主体结构费率、装修费率、室内财产费率和总费率;考虑结构形式与体系、建筑高度、设计规范和服役龄期差异的主体结构费率、装修费率、室内财产费率和总费率。费率厘定结果界面如图 12.83 所示。

图 12.83　费率厘定结果列表展示界面

（4）选择建筑物单体保险时，输入建筑物单体的基本属性及保险金额等数据，单击"计算"按钮开始计算。计算结果如图 12.84 所示，计算得到年保费、主体结构费率、装修费率和室内财产费率。

图 12.84　建筑物单体地震年保费计算结果

10. 建筑物加固决策分析

(1) 地震灾害直接经济损失评估完成后,可以进行建筑物加固决策分析。在菜单栏中的"决策管理"选项卡中单击"加固决策分析",会显示如图 12.85 所示的对话框。评估类型可分为"分析群体建筑"和"分析单体建筑"两类。

图 12.85　加固决策评估类型选择

(2) 选择"分析单体建筑",单击"下一步",会显示图 12.86 所示对话框,按提示内容设置所评估建筑物的属性。

图 12.86　单体建筑物属性设置

（3）单击"下一步"，会显示如图12.87所示对话框，选择评估内容，设置加固单价、残值率和地震动强度PGA，单击"完成"按钮即开始单体建筑物加固决策分析。

图12.87　评估内容选择及所需参数设置

（4）单体建筑加固决策评估结果如图12.88所示。显示结果包括：未加固直接经济损失、经加固直接经济损失、加固效益、加固成本、成本效益分析CBR以及加固建议。

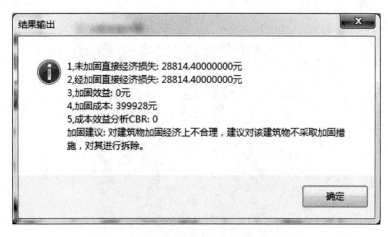

图12.88　单体建筑物加固决策评估结果

（5）在图12.85所示对话框中选择"分析群体建筑"，单击"下一步"，会显示图12.87所示界面，参数设置完成后，单击"完成"按钮即开始群体建筑加固决策分析，分析结果浏览面板如图12.89右侧所示。设置基本属性，导入相应数据，选择评估单元,如"社区",单击"渲染浏览"按钮,浏览评估结果,界面如图 12.89 和图 12.90 所示。

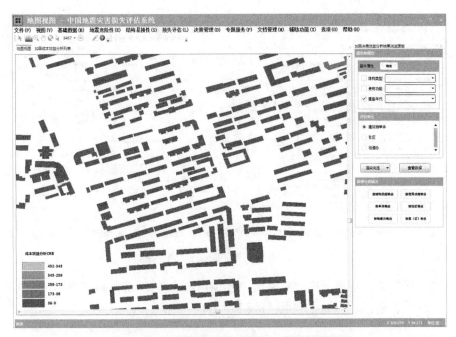

图 12.89 群体建筑物各单体加固决策评估结果

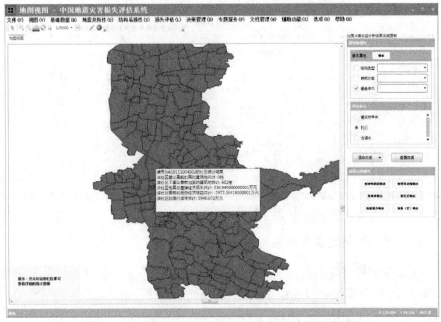

图 12.90 群体建筑物各单元(社区)加固决策评估结果

(6)单击"查看数据"按钮,可查看建筑物加固分析相关数据,界面如图12.91所示。

图12.91 查看建筑物加固分析相关数据

(7)评估结果数据可按结构类型、使用功能、社区、街道办和区/县5种方式导出为Excel表格,如图12.92~图12.96所示。

图12.92 评估结果数据按结构类型导出列表

11. 应急庇护物需求量计算

(1)地震结构破坏分析完成后即可进行地震应急庇护物需求量计算。在菜单栏中单击"庇护计算模块",显示如图12.97所示对话框,用于设置庇护物计算所需参数。

图 12.93　评估结果数据按使用功能导出列表

图 12.94　评估结果数据按社区导出列表

图 12.95　评估结果数据按街道办导出列表

图 12.96　评估结果数据按区/县导出列表

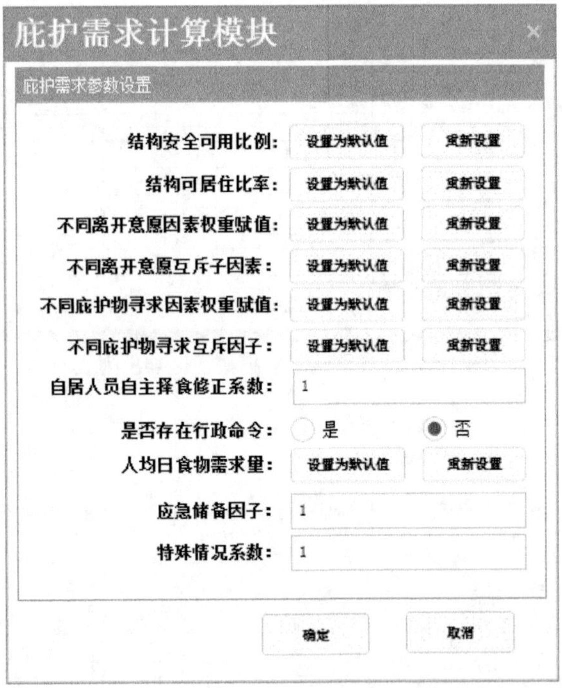

图 12.97　应急庇护物需求量计算参数设置

（2）参数设置完成后，单击"确定"按钮开始计算。计算完成后，通过结果浏览面板导入计算结果。用户可以按建筑物单体、社区、街道办等评估单元浏览庇护物需求人数，界面如图 12.98～图 12.100 所示。

第 12 章　系统功能使用说明

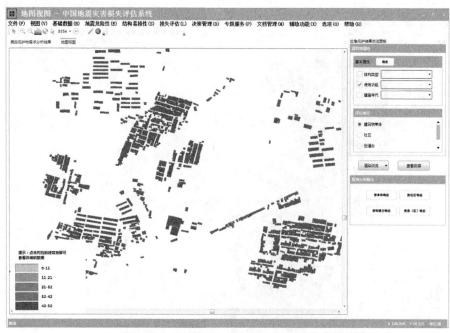

图 12.98　按建筑物单体浏览寻求庇护物人数

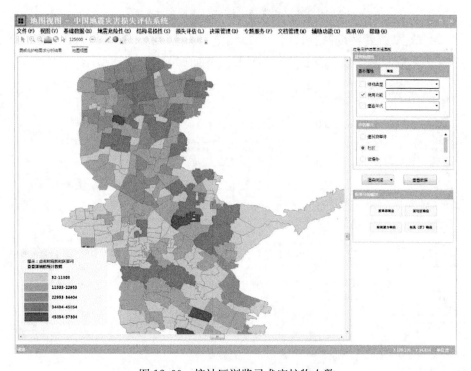

图 12.99　按社区浏览寻求庇护物人数

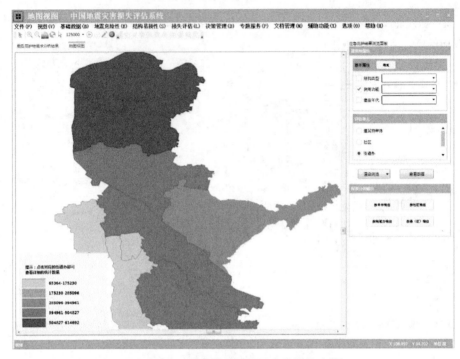

图 12.100　按街道办浏览寻求庇护物人数

（3）单击"查看数据"按钮，用户可以浏览每栋建筑物无家可归人数和家庭数、寻求庇护人数和家庭数以及食物日需求量。界面如图 12.101 所示。

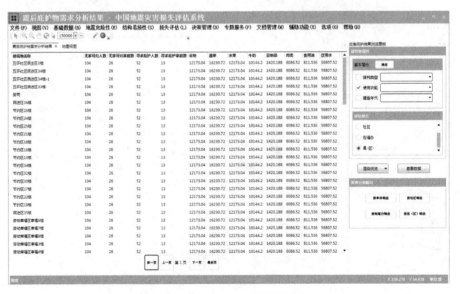

图 12.101　查看数据结果界面

## 12.6 本章小结

第 10 章～第 12 章在前述理论方法及系统架构设计的基础上,系统整理、分析并吸取国内外既有分析平台的优点,集成开发出适用于我国的地震灾害损失评估系统。中篇详细阐述了系统的开发环境、目标、结构设计、功能设计与使用、软硬件需求等,并对系统的关键技术进行了相关说明,同时对系统的各个功能模块进行了开发实现。

# 下篇
## 综合应用研究

# 第 13 章 综合应用示范研究

基于上篇理论与方法及中篇系统开发成果,本章重点对相关研究成果进行应用示范研究。以典型示范城市区域——西安市灞桥区多龄期建筑为对象,采集并建立其建筑工程信息数据库,对其城市区域场地地震危险性、结构地震易损性、地震灾害损失(直接经济损失、间接经济损失、人员伤亡)等进行评估与分析,进而提出城市区域多龄期建筑地震灾害风险控制的成套技术与措施。

## 13.1 灞桥区基本概况

灞桥区地处陕西关中盆地中部,西安城东部,距市中心 5km,地理坐标为 $108°59'E \sim 109°16'E$、$34°10'N \sim 34°27'N$。东与临潼区、蓝田区接壤,西与雁塔区、新城区、未央区相连,南与长安区为邻,北以渭河与高陵区相望。全区总面积 $332km^2$,主要包括纺织城、席王、狄寨、红旗、新合、洪庆、十里铺、新筑和灞桥 9 个街道办事处,共计 33 个社区、226 个行政村,人口 60 余万。灞桥区属于老工业城区,建筑多以老旧砌体结构为主,近年来随着国家城市化发展,大量的高层和超高层建筑相继建成;同时,灞桥区也属于历史古城和旅游胜地,拥有大量的历史文化遗存和文物古迹,如半坡遗址、隋灞桥遗址、汉文帝霸陵等。使得灞桥区的建筑呈现多样化,其抗震性能也各有差异[1,2]。

## 13.2 地震构造背景

历史地震表明,西安地区有着发生破坏性地震的地质构造和地震背景。西安市位于渭河强震带的南段,区域内有多条地质断裂带经过:一是渭河断裂带,在西安市北郊渭河一级阶地前缘呈隐伏状态经过,距西安城区 $5 \sim 6km$,属区域深大断裂带,走向东西、北倾,属正断层性质,该断裂带与其他方向断裂带交汇部位,历史上曾发生过多次地震,最大震级达 6.75 级;二是灞河断裂带,为隐伏断裂带,沿浐河、灞河河谷发育,走向近南北、西倾,第四纪以来活动有明显加强的趋势;三是临潼—长安断裂带,为隐伏断裂,位于西安市东南部,距城区 $3 \sim 8km$。该断裂带属区域性深大断裂带,为西安凹陷与骊山凸起的分界线,新生代以来活动强烈,现今仍有明显活动迹象。2006 年国务院再次将包括西安在内的关中东部地区列为国家级地震重点监视防御区,烈度定为 8 度。有关专家综合预测认为未来一段时期关中将进入新的地震活跃期。图 13.1 为西安市及灞桥区区域内断裂带分布。

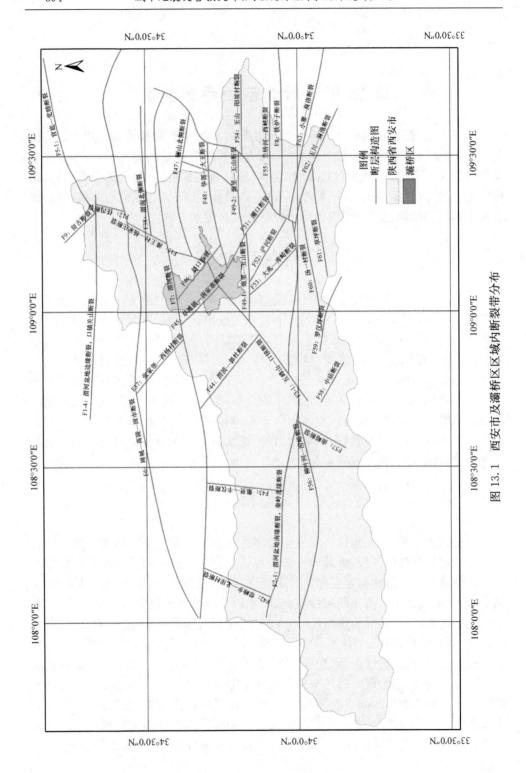

图 13.1 西安市及灞桥区区域内断裂带分布

## 13.3 灞桥区建筑物特性

基于移动 GIS 方法,并结合示范城市区域年鉴、建筑物 Google Earth 及该区各街道办已有的房屋调查统计数据资料,采用普查(详查)与抽查相结合的方式,对灞桥区城市区域的场地、建筑、人口、经济等基础数据信息进行全面采集,并在对采集数据核实分析的基础上建立相应的建筑工程等基础数据库。

其中,普查方式可考虑建筑物个体之间的差异,采集数据比较详实,包括建筑物高度、层数、结构类型、建造年代、建筑面积、使用功能等,需要结合已有图纸资料逐栋采集建筑物数据,该方式主要应用于建筑特点较为鲜明的非农村区域建筑物数据采集。对于建筑物结构个体差异性不大的农村区域,采用抽查方式进行建筑物数据采集。在实际的抽样采集数据过程中兼顾建造年代、层数、使用功能、结构类型、设防标准及地域分布特点等因素。

本次采集共获取灞桥区 61625 栋建筑物的相关数据,其中通过普查获取建筑物数据 28969 栋,通过抽查获取建筑物数据 32656 栋。

建筑结构分类是城市区域地震易损性和灾害损失评估的重要基础,依据 4.2.2 节提出的建筑结构分类方法对灞桥区普查的 28969 栋建筑物数据进行整理,从结构类型、建造年份、使用功能、建筑层数等几个方面对其进行分析统计,结果如图 13.2 所示。

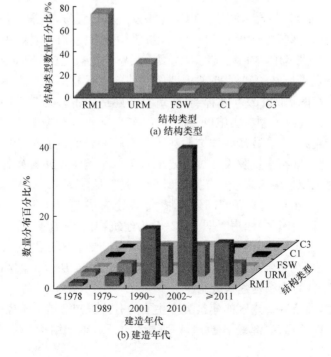

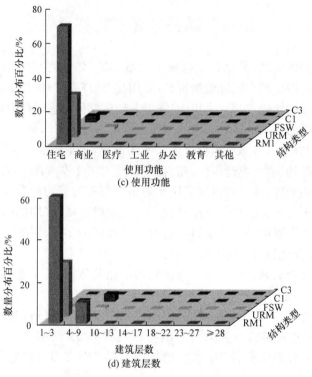

图 13.2 各类建筑结构分析统计

由图 13.2(a)可以看出,灞桥区由于经济发展比较缓慢,建筑结构类型主要为有抗震构造措施砖砌体结构(占 69%)和无抗震构造措施砌体结构(占 25.1%),其中底部框架-抗震墙砌体结构因其特有的底部大空间优势主要用于临街商业建筑。RC 框架结构、剪力墙结构和框架-剪力墙结构建筑数量相对偏少且多为近十多年来设计建造。由图 13.2(b)可以看到,建筑物的建造年份多为 1990 年之后,且由于我国抗震设计规范的颁布实施以及对 1978 年前无抗震构造措施旧房屋抗震加固措施的逐步实施,大多数砖砌体结构建筑具有较完善的抗震构造措施(构造柱、圈梁、连接构造基本符合抗震设计规范要求),部分未抗震设防砖砌体结构建筑主要分布于农村区域且多为未经过正规设计的自建房屋。图 13.2(c)为建筑物按使用功能的分布。由图可以看出,建筑物大部分为住宅(98.5%),其次为商业(0.38%)和教育(0.37%)用房。图 13.2(d)为建筑物按层数的分布。由图可以看出,建筑物主要为 1~3 层的低层建筑(85.5%)和 8 层以下的多层建筑(14.1%),RC 框架结构主要为多层建筑,RC 剪力墙结构主要为 10 层以上的高层或超高层建筑,RC 框架-剪力墙结构建筑较少。

综上所述,灞桥区普查区的建筑类型主要为有抗震构造措施砖砌体结构、无抗震构造措施砌体结构、底部框架-抗震墙砌体结构、RC 框架结构、RC 剪力墙结构,而抽查区内的建筑类型主要为砖砌体结构和土坯砌体结构,且较多数量建筑为未经过正规设计的自建房屋,未抗震设防或抗震设防不满足设计规范要求。灞桥区各类典型结构建筑的外观照片如图13.3所示。

(a) 土坯砌体结构(A)

(b) 无抗震构造措施砌体结构(URM)-无构造柱

(c) 无抗震构造措施砌体结构(URM)-无构造柱和圈梁

(d) 有抗震构造措施砖砌体结构(RM1)

(e) 抗震构造加固砖砌体结构(RM1)

(f) 底部框架-抗震墙砌体结构(FSW)

(g) RC框架结构(C1)

(h) RC剪力墙结构(C3)

图13.3 灞桥区各类典型结构建筑的外观照片

各类结构特点如下:

1) 土坯砌体结构

土坯砌体结构(A)房屋是以风干的土坯作为块体材料,使用黏土泥浆或者伴有麦草的黏土泥浆作为黏结材料将块体砌筑成墙体而建造的建筑,因其取材方便、施工简单、造价低廉及具有良好的保温隔热性能等,广泛建造于我国村镇地区,如图 13.3(a)所示。灾害调查表明,土坯砌体结构遭受的地震破坏程度往往较其他类型结构严重。通常在 7 度地震作用下土坯砌体结构就可能发生严重破坏或倒塌,在 8 度地震作用下多数会达到不可修复破坏或倒塌,而在 9 度地震作用下土坯砌体结构几乎全部倒塌。灞桥区的土坯砌体结构主要存在于灞桥区经济比较落后的街道办或行政村(如灞桥街道办),大多数为未经过正规设计的自建房屋,一般为单层结构,多为木屋顶,建造在 1980 年之前,其结构特点为:所采用的墙体砌筑泥浆强度低、黏性弱;大多数结构都未设置地梁,部分结构墙体出现裂缝;结构布置比较随意,地震作用下易发生受扭破坏或平面外失效破坏。

2) 无抗震构造措施砌体结构

无抗震构造措施砌体结构(URM)是指未按抗震设计规范要求设置足够的构造柱和圈梁或仅设置圈梁而无构造柱,墙体间未采取连接构造措施,结构整体性和抗震性能差的砌体结构,如图 13.3(b)、(c)所示。灞桥区尚存的无抗震构造措施砌体结构主要分布在部分行政村,建筑层数主要为 1~3 层,房屋圈梁和构造柱设置不全,墙体间未采取拉结措施,楼面板多为预制混凝土空心板,屋盖多为木屋顶,目前大部分建筑存在地基沉降、墙体开裂现象,多为 20 世纪六七十年代建造且使用过程中未进行过抗震加固的房屋或近年来农民自建的部分房屋。

3) 有抗震构造措施砖砌体结构

有抗震构造措施砖砌体结构(RM1)是指按照抗震设计规范要求进行了构造柱和圈梁设置,墙体间采取了连接构造措施,结构整体性和抗震性能均较好的砌体结构,如图 13.3(d)所示。灞桥区内有抗震构造措施砖砌体结构多为近十多年来建造的住宅建筑,结构的抗震构造措施(包括构造柱、圈梁设置,墙体间拉接措施等)基本符合抗震设计规范要求,结构抗震性能比较好。另外,灞桥区部分社区仍有 20 世纪五六十年代建造的砖砌体结构房屋,这类房屋建造时我国还未有建筑抗震设计规范,因此其建造初期并未设置圈梁及构造柱,墙体间也无拉结措施。但这些房屋多数在 1976 年唐山地震后,按国家抗震鉴定标准或抗震加固图集要求在其外部增设了圈梁及构造柱,可按有抗震构造措施砖砌体结构对待,如图 13.3(e)所示。

4) 底部框架-抗震墙砌体结构

底部框架-抗震墙砌体结构(FSW)是一类特殊的砌体结构,是指结构底层或底部两层采用 RC 框架,上部采用砖砌体结构或混凝土砌块砌体结构。此类结构通常采用 RC 框架与砖砌体抗震墙混合承重,由于两种结构材料力学性质的差异,在地震作用下受力性能比较复杂。灞桥区底部框架-抗震墙砌体结构房屋数量较多，主要用于底部需要大空间，而上面各层可设置较多纵横墙的房屋，如底部为沿街商铺、餐厅的多层住宅、旅馆、办公楼等建筑，如图13.3(f)所示。

5) RC框架结构

RC框架结构(C1)是目前城市区域建筑应用最广泛的结构类型之一，结构整体抗震性能比较好。灞桥区内的RC框架结构多分布在经济比较发达、人口密度大的社区(如纺织城社区)，多数为1990年以后建造，使用功能大多为需要灵活大空间的办公楼、医院建筑等，建造层数多为4~8层，如图13.3(g)所示。

6) RC剪力墙结构

RC剪力墙结构(C3)是用钢筋混凝土墙板来承受竖向和水平力的结构，结构的抗侧刚度比较大，广泛应用于高层住宅建筑中。近几年，随着城市化的快速发展，灞桥区许多老旧砖砌体结构房屋相继被拆除，相应地新建了许多高层剪力墙结构建筑。灞桥区的RC抗震墙结构主要沿灞桥区浐河两岸分布，其主要为住宅建筑、商务中心等，以高层、超高层建筑为主，如图13.3(h)所示。

## 13.4 地震灾害损失评估

1. 场地地震危险性

第4章已对西安地区进行了概率地震危险性分析和设定地震的确定，得出户县、咸阳和西安三个潜在震源区对西安地区的地震危险性影响(贡献)较大，采用加权平均原则推算估计了各场点50年超越概率10%的等效震级和等效震中距，进而确定震源深度和经纬度等参数，进行了确定性地震危险性分析，获得西安地区基岩地震动强度参数分布，以及考虑场地效应的地表地震动强度参数分布，其分析方法同样适用于示范城市区域——西安市灞桥区。本节为了便于与真实的地震数据进行对比，基于历史地震资料对灞桥区进行了确定性地震危险性分析。选取1556年我国陕西省华县特大地震(震级$M=8.25$，震中位置34.5°N、109.7°E，震源深度14km)，该次地震造成各类建筑物几乎全部倒塌、破坏殆尽，死亡人数达83万余人，地震波震撼了大半个中国，是史载灾害极端严重的具有世界对比性的特大地震[3,4]。华县特大地震的主要发震构造为华山山前断裂、渭河断裂及渭南塬前断裂，极震区的地震烈度为Ⅺ。

灞桥区位于华县的西南方向，距离震中75km左右，历史资料统计，华县特大地震造成灞桥区的实际烈度为Ⅸ。场地地震危险性分析涉及地震动衰减模型的合理选取和场地土放大效应的合理考虑。地震动衰减模型涉及震源特性、传播介质与场地条件等，具有明显的地区特点。采用俞言祥等[5]提出的我国西部的基岩加速度反应谱衰减关系作为地震动衰减模型，其表达式如下：

$$\lg Y = C_1 + C_2 M + C_3 M^2 + C_4 \lg(R + C_5 e^{C_6 M}) \tag{13.1}$$

式中，$Y$ 为地震动峰值加速度，$cm/s^2$；$M$ 为面波震级；$R$ 为震中距，$km$；$C_1$、$C_2$、$C_3$、$C_4$、$C_5$ 和 $C_6$ 为回归系数。其中，长轴和短轴的回归系数和标准差见表 13.1。

表 13.1 回归系数和标准差

| 地区 | $C_1$ | $C_2$ | $C_3$ | $C_4$ | $C_5$ | $C_6$ | 标准差 |
|---|---|---|---|---|---|---|---|
| 长轴 | 2.206 | 0.532 | 0 | −1.954 | 2.018 | 0.406 | 0.240 |
| 短轴 | 1.010 | 0.501 | 0 | −1.441 | 0.340 | 0.521 | 0.240 |

场地条件对地表峰值加速度的放大效应是一个复杂的问题，其影响不仅表现在地震动频谱特性的变化上，还表现在地震动峰值加速度的变化上。综合分析我国相关研究成果，灞桥区场地影响系数采用李小军给出的各类场地影响系数的建议取值[6]。

基于以上参数设置及第 4 章相关理论方法，采用开发的"中国地震灾害损失评估系统"，对灞桥区进行确定性地震危险性分析，得到华县特大地震下灞桥区地震动峰值加速度分布如图 13.4 所示。由图可以看出，其地震动峰值加速度基本为 $0.30g \sim 0.50g$，依照《中国地震动参数区划图》(GB 18306—2015)[7] 中 Ⅱ 类场地峰值加速度与烈度对照表[烈度Ⅸ对应加速度范围($0.38g \sim 0.75g$)]可知，分析结果与实际地震下的地震动强度分布基本吻合。

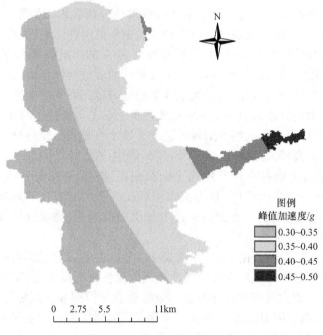

图 13.4 华县特大地震下灞桥区峰值加速度分布图

## 2. 建筑物结构的地震易损性

结合 5.2 节对我国在役建筑结构的分类(包括建筑物结构类型、建筑层数、设计规范、抗震设防烈度、使用环境与服役龄期等)与 5.4 节建立的嵌套于所开发的"中国地震灾害损失评估系统"的地震易损性曲线数据库,即可获得与建筑物基本属性匹配的相应地震易损性曲线数据文件,进而获得建筑物在不同强度地震动作用下发生不同破坏状态的概率。

西安市灞桥区属于一般大气环境、抗震设防烈度为 8 度、场地土类别均为 II 类,因此建筑物基本属性与其相应地震易损性曲线数据文件匹配时,只需考虑结构类型、建筑层数、设计规范、服役龄期等属性。灞桥区各类典型结构的地震易损性曲线如图 13.5 所示,图中标注 SD、MD、ED、CD 分别表示结构发生轻微破坏、中等破坏、严重破坏和倒塌状态。

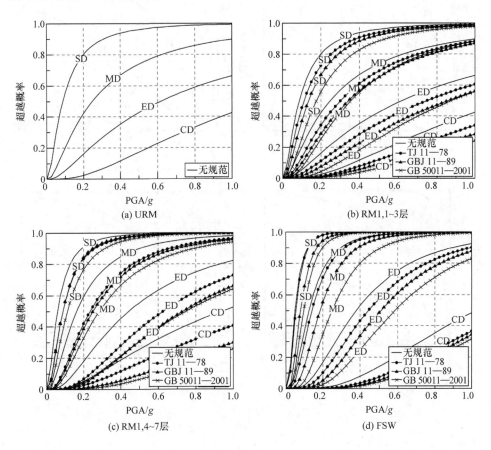

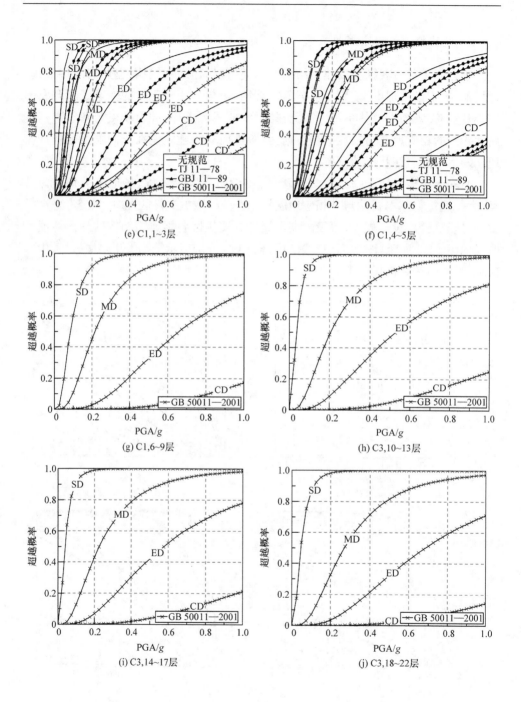

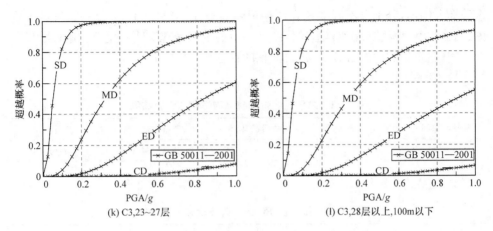

图 13.5 灞桥区各类典型结构的地震易损性曲线

3. 建筑物结构破坏状态

基于获得的灞桥区地震动强度分布、各建筑物基础数据及地震易损性数据,通过关键点映射,得到华县特大地震下灞桥区各建筑物结构的破坏状态概率分布,图 13.6 为其二维柱状分布图。破坏状态分为基本完好、轻微破坏、中等破坏、严

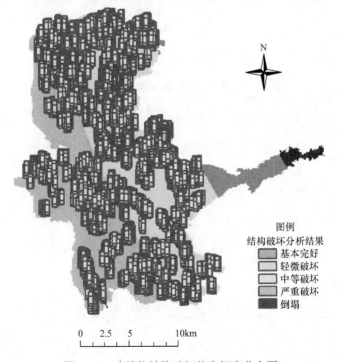

图 13.6 建筑物结构破坏状态概率分布图

重破坏和倒塌,分别以不同颜色在图中显示。表 13.2～表 13.7 分别为按区域整体、结构类型、使用功能和建造年代统计获得的灞桥区建筑物发生 5 种破坏状态所占比例(建筑物栋数的百分比/建筑面积的百分比)。

1) 整体统计

**表 13.2　灞桥区建筑物整体破坏状态统计结果**

| 基本完好 | 轻微破坏/% | 中等破坏/% | 严重破坏/% | 倒塌/% |
|---|---|---|---|---|
| 0/0 | 0.37/3.61 | 67.69/60.69 | 28.41/34.95 | 3.53/0.75 |

2) 按结构类型统计

**表 13.3　灞桥区 RC 结构破坏状态统计结果**

| 结构体系 | 基本完好/% | 轻微破坏/% | 中等破坏/% | 严重破坏/% | 倒塌/% |
|---|---|---|---|---|---|
| RC 框架结构 | 0/0 | 0/0 | 95.73/98.60 | 4.27/1.40 | 0/0 |
| RC 抗震墙结构 | 0/0 | 45.28/13.18 | 54.72/86.82 | 0/0 | 0/0 |
| RC 结构 | 0/0 | 21.52/11.66 | 76.23/88.18 | 2.24/0.16 | 0/0 |

**表 13.4　灞桥区钢结构破坏状态统计结果**

| 结构体系 | 基本完好/% | 轻微破坏/% | 中等破坏/% | 严重破坏/% | 倒塌/% |
|---|---|---|---|---|---|
| 钢框架结构 | 0/0 | 21.74/67.59 | 78.26/32.41 | 0/0 | 0/0 |
| 钢排架结构厂房 | 0/0 | 0/0 | 92.86/98.30 | 7.14/1.70 | 0/0 |
| 钢结构 | 0/0 | 7.69/21.72 | 87.69/77.12 | 4.62/1.16 | 0/0 |

**表 13.5　灞桥区砌体结构破坏状态统计结果**

| 结构体系 | 基本完好/% | 轻微破坏/% | 中等破坏/% | 严重破坏/% | 倒塌/% |
|---|---|---|---|---|---|
| 有抗震构造措施砖砌体结构 | 0/0 | 0/0 | 88.51/63.16 | 11.49/36.84 | 0/0 |
| 底部框架-抗震墙砌体结构 | 0/0 | 2.34/15.27 | 64.47/56.31 | 33.19/28.43 | 0/0 |
| 土坯砌体结构 | 0/0 | 0/0 | 0/0 | 22.46/21.88 | 77.54/78.12 |
| 无抗震构造措施砌体结构 | 0/0 | 0/0 | 0/0 | 98.99/98.96 | 1.01/1.04 |
| 大开间砌体结构 | 0/0 | 0/0 | 10.53/16.84 | 72.81/59.76 | 16.67/23.41 |
| 砌体结构 | 0/0 | 0.49/0.68 | 67.43/57.69 | 28.53/40.75 | 3.55/0.88 |

3) 按使用功能统计

表 13.6 灞桥区各使用功能建筑物破坏状态统计结果

| 使用功能 | 基本完好/% | 轻微破坏/% | 中等破坏/% | 严重破坏/% | 倒塌/% |
| --- | --- | --- | --- | --- | --- |
| 住宅 | 0/0 | 0.08/1.68 | 68.12/62.77 | 28.26/34.91 | 3.54/0.64 |
| 政府 | 0/0 | 0.67/4.69 | 83.22/70.15 | 16.11/25.16 | 0/0 |
| 商业 1 | 0/0 | 0/0 | 76.11/82.82 | 23.01/16.79 | 0.88/0.39 |
| 商业 2 | 0/0 | 0/0 | 81.25/97.90 | 18.75/2.10 | 0/0 |
| 商业 3 | 0/0 | 0/0 | 66.67/91.11 | 33.33/8.89 | 0/0 |
| 教育 | 0/0 | 1.79/3.11 | 10.21/26.19 | 75.2/52.88 | 12.8/17.82 |
| 医疗 | 0/0 | 0/0 | 64.58/48.90 | 35.42/51.10 | 0/0 |
| 工业 | 0/0 | 3.57/13.57 | 40.18/46.66 | 56.25/39.77 | 0/0 |
| 其他 | 0/0 | 0.81/0.50 | 50.81/54.90 | 46.77/44.24 | 1.61/0.37 |

4) 按建造年代统计

表 13.7 灞桥区各建造年代建筑物破坏状态统计结果

| 建造年代 | 基本完好/% | 轻微破坏/% | 中等破坏/% | 严重破坏/% | 倒塌/% |
| --- | --- | --- | --- | --- | --- |
| $t>2001$ 年 | 0/0 | 1.19/21.08 | 83.41/60.49 | 15.40/18.43 | 0/0 |
| 1989 年$<t\leqslant$2001 年 | 0/0 | 0.03/0.23 | 65.40/46.45 | 34.57/53.31 | 0/0 |
| 1978 年$\leqslant t\leqslant$1989 年 | 0/0 | 0/0 | 0.27/1.97 | 74.24/91.06 | 25.49/6.97 |
| $t<$1978 年 | 0/0 | 0/0 | 0/0 | 70.59/91.56 | 29.41/8.44 |

由表 13.2～表 13.5 可知,在华县特大地震作用下,灞桥区约 60%的建筑物发生中等破坏,约 30%的建筑物发生严重破坏,并出现少量倒塌,但总体倒塌率小于 5%。由表 13.3～表 13.5 可以看出,因结构形式(建筑材料)与体系的不同,其破坏状态差异较大。总的来说,相比砌体结构,RC 结构与钢结构的抗震性能相对较好,破坏状态主要集中在中等破坏和轻微破坏范围,基本无倒塌情况,其中 RC 抗震墙结构与钢框架结构基本未出现严重破坏情况。砌体结构中,有抗震构造措施砌体结构与底部框架-抗震墙砌体结构因其抗震措施较为完善,震害相对较轻,破坏状态以中等破坏为主。相反,由于材料与构造缺陷,土坯砌体结构 70%以上发生倒塌;无抗震构造措施砌体结构与部分大开间砌体结构因抗震措施缺少或缺失,因此严重破坏所占比例较大,一些建造年代久远的房屋,甚至出现倒塌。由表 13.6 可以看出,由于工业与教育用途的建筑中含有相当数量的大开间砌体结构,因此其破坏状态较住宅、商业、医疗等其他功能建筑严重得多。由表 13.7 可知,不同建造年代建筑物的破坏状态差异较大,主要是由于不同龄期建筑物材料力学性能退化程度不同,以及各年代建筑物所依据设计规范体系的可靠度差异而引

起的。因此,建造年代越久远,建筑物的破坏状态越严重。基于上述分析,灞桥区建筑物破坏状态评估和统计结果与建筑物实际技术情况基本相符。

4. 地震灾害直接经济损失

地震灾害直接经济损失包括主体结构损失、装修损失和室内财产损失。6.2节基于2005~2014年《中国建筑业统计年鉴》中的相关数据给出了各类建筑物的重置单价[8],进而对全国各省不同年份建筑竣工造价和面积进行统计分析,较合理地获得了全国及各省市重置成本的估计值。由于灞桥区场地属于湿陷性黄土覆盖,地震构造比较复杂,因此其地震灾害直接经济损失修正系数 $a$ 取为1.1,以考虑地震环境造成的自然灾害等影响。基于第3章与13.3节建立的示范区建筑工程信息数据库及6.2节相关理论方法,采用开发的"中国地震灾害损失评估系统",进行华县特大地震作用下灞桥区不同区域地震灾害直接经济损失评估,其损失(包括主体结构损失、装修损失、室内财产损失及总直接经济损失)分布如图13.7和图13.8所示。

图13.7所示为基于社区、行政村统计获得的灞桥区地震灾害直接经济损失分布,表13.8~表13.13为按结构类型、使用功能、建造年代、城市区域统计获得的灞桥区地震灾害直接经济损失。由图13.7(a)可以看出,纺织城街道办及席王街道办所属辖区的社区和行政村(如四棉社区、唐都社区、纺星社区等)主体结构的地震灾害损失较大。该区域房屋多为老旧砖砌体建筑,房屋密度较大,且多建于20世纪六七十年代,属于纺织城的老职工家属院,1976年唐山地震后,大部分房屋已进行过抗震加固(增设了圈梁和构造柱),但仍有部分房屋未被加固但还在使用,由此造成主体结构的潜在地震灾害损失较大;其他社区和行政村建筑数量较少,因此主体结构地震灾害损失较小;而处于农村或经济欠发达区域的大部分社区和行政村,多为未设防的砖砌体结构和自建房屋,结构抗震性能较差,使得整个区域主体结构的地震灾害损失明显增大。由图13.7(b)可以看出,纺织城社区建筑物的装修损失最大。各个社区、行政村的经济发展水平差异也反映在房屋的装修上,纺织城区域经济发展水平相对较高,房屋装修等级多为高级和中级,而其他经济欠发达区域的房屋装修等级多为低级和中级,由此造成了不同区域房屋装修损失的较大差异。图13.7(c)反映了建筑物室内财产地震灾害损失分布状况,其损失大小与区域的经济状况正相关,但进一步调查分析发现,部分区域存在房屋抗震性能差,但室内财产价值高的情况,使得在地震作用下区域直接经济损失增大。图13.7(d)为不同区域直接经济损失(即主体结构损失、装修损失和室内财产损失之和)分布状况,与上述规律类似,直接经济损失较大区域主要集中在纺织城、红旗、席王和灞桥街道办区域,且装修和室内财产地震灾害损失所占的比例较大。

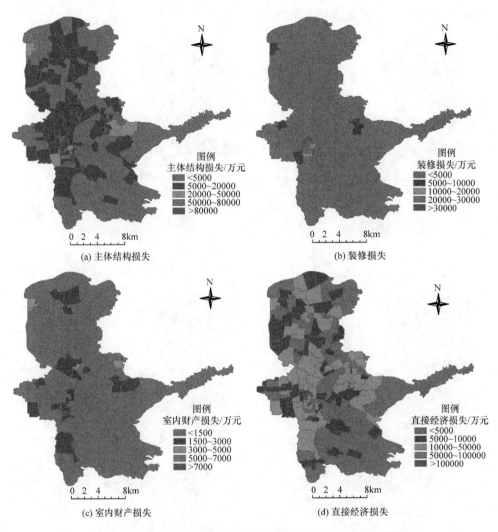

图 13.7　地震灾害直接经济损失分布图(基于社区、行政村统计)

图 13.8 是基于街道办统计获得的灞桥区地震灾害直接经济损失分布,其规律与基于社区、行政村统计结果基本一致。纺织城街道办为灞桥区核心区域,经济状况较好,人口密集,虽大部分社区房屋质量较好(多为有抗震设防的砖砌体结构),但个别社区仍有较多抗震性能较差的老旧砖砌体建筑,房屋密度大,造成建筑物主体结构及装修的地震灾害损失相对较大。席王街道办是灞桥区建筑数量最多的区域,人口较多,房屋多为有抗震设防砖砌体结构,也有部分未抗震设防砖砌体结构,由此造成建筑物主体结构及装修的地震灾害损失均较明显。由图 13.8(d)可知,席王街道办的地震灾害直接经济损失最大,纺织城街道办次之,其他区域因建筑物

数量少,地震灾害直接经济损失相对较少。

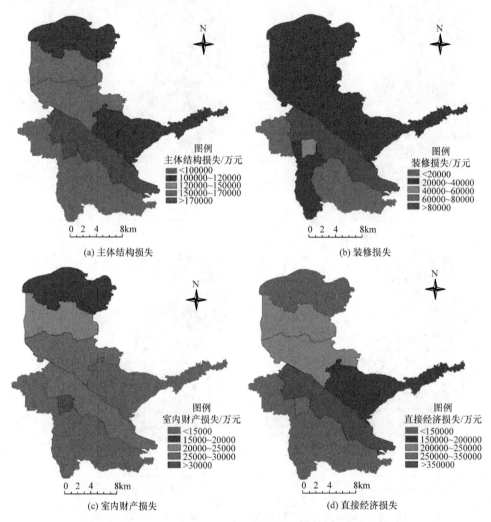

图 13.8 地震灾害直接经济损失分布图(基于街道办统计)

1) 按结构类型统计

表 13.8 RC 结构直接经济损失统计结果

| 结构体系 | 主体结构损失/万元 | 装修损失/万元 | 室内财产损失/万元 | 直接经济损失/万元 |
| --- | --- | --- | --- | --- |
| RC 框架结构 | 26312.42 | 9848.21 | 2841.78 | 39002.41 |
| RC 抗震墙结构 | 171241.78 | 68130.01 | 7109.62 | 246481.41 |
| RC 结构 | 197554.20 | 77978.22 | 9951.40 | 285483.82 |

表 13.9 钢结构直接经济损失统计结果

| 结构体系 | 主体结构损失/万元 | 装修损失/万元 | 室内财产损失/万元 | 直接经济损失/万元 |
| --- | --- | --- | --- | --- |
| 钢框架结构 | 1384.70 | 638.38 | 738.50 | 2761.58 |
| 钢排架结构厂房 | 6623.80 | 2442.61 | 5521.17 | 14587.58 |
| 钢结构 | 8008.50 | 3080.99 | 6259.67 | 17349.16 |

表 13.10 砌体结构直接经济损失统计结果

| 结构体系 | 主体结构损失/万元 | 装修损失/万元 | 室内财产损失/万元 | 直接经济损失/万元 |
| --- | --- | --- | --- | --- |
| 有抗震构造措施砖砌体结构 | 968150.99 | 218104.32 | 133701.96 | 1319957.27 |
| 底部框架-抗震墙砌体结构 | 13129.82 | 3202.84 | 1785.41 | 18118.07 |
| 土坯砌体结构 | 14793.96 | 1978.92 | 1829.88 | 18602.76 |
| 无抗震构造措施砌体结构 | 67038.54 | 13626.40 | 10680.09 | 91345.03 |
| 大开间砌体结构 | 6029.43 | 2234.71 | 6029.43 | 14293.57 |
| 砌体结构 | 1069142.74 | 239147.19 | 154026.77 | 1462316.70 |

2) 按使用功能统计

表 13.11 各使用功能建筑物直接经济损失统计结果

| 使用功能 | 主体结构损失/万元 | 装修损失/万元 | 室内财产损失/万元 | 直接经济损失/万元 |
| --- | --- | --- | --- | --- |
| 住宅 | 1233604.26 | 307960.70 | 142148.34 | 1683713.30 |
| 政府 | 6589.40 | 1583.17 | 3700.53 | 11873.10 |
| 商业 1 | 6165.83 | 1542.58 | 3811.87 | 11520.28 |
| 商业 2 | 1441.51 | 440.97 | 760.31 | 2642.79 |
| 商业 3 | 267.78 | 61.93 | 197.35 | 527.06 |
| 教育 | 10039.70 | 3692.32 | 7043.60 | 20775.62 |
| 医疗 | 3333.66 | 901.21 | 2711.33 | 6946.20 |
| 工业 | 9931.35 | 3307.38 | 8805.70 | 22044.43 |
| 其他 | 3331.93 | 716.13 | 1058.80 | 5106.86 |

3) 按建造年代统计

**表 13.12　各建造年代直接经济损失统计结果**

| 建造年代 | 主体结构损失/万元 | 装修损失/万元 | 室内财产损失/万元 | 直接经济损失/万元 |
| --- | --- | --- | --- | --- |
| $t>2001$ 年 | 779649.97 | 210288.19 | 88483.50 | 1078421.66 |
| 1989 年 $<t\leqslant 2001$ 年 | 320418.92 | 73652.51 | 45671.37 | 439742.80 |
| 1978 年 $\leqslant t\leqslant 1989$ 年 | 117491.76 | 24502.24 | 20556.29 | 162550.29 |
| $t<1978$ 年 | 57144.79 | 11763.44 | 15526.68 | 84434.91 |

4) 按城市区域统计

**表 13.13　各街道办直接经济损失统计结果**

| 街道办名称 | 主体结构损失/万元 | 装修损失/万元 | 室内财产损失/万元 | 直接经济损失/万元 |
| --- | --- | --- | --- | --- |
| 新合街道办 | 102849.13 | 23617.52 | 15011.86 | 141478.46 |
| 新筑街道办 | 154104.32 | 33973.22 | 21624.73 | 209702.24 |
| 灞桥街道办 | 157767.19 | 37731.50 | 28365.92 | 223864.57 |
| 洪庆街道办 | 114473.89 | 26250.08 | 14418.29 | 155142.27 |
| 席王街道办 | 282715.03 | 86975.33 | 25386.35 | 395076.67 |
| 十里铺街道办 | 77437.26 | 19598.21 | 10883.22 | 107918.68 |
| 狄寨街道办 | 58173.44 | 11356.97 | 7865.88 | 77396.27 |
| 纺织城街道办 | 235937.38 | 56254.13 | 35766.27 | 327957.78 |
| 红旗街道办 | 91247.76 | 24449.53 | 10915.37 | 126612.67 |
| 合计 | 1274705.4 | 320206.49 | 170237.89 | 1765149.61 |

5. 地震灾害间接经济损失

灾害间接经济损失采用经验系数法进行评估,区域 GDP 取 332.28 亿元(2016 年灞桥区 GDP),比例系数取 1.5。基于第 3 章与 13.3 节建立的示范区建筑工程信息数据库及第 6.3 节相关理论方法,采用开发的"中国地震灾害损失评估系统"进行华县特大地震作用下灞桥区地震灾害间接经济损失评估。表 13.14~表 13.19 依次给出按结构类型、使用功能、建造年代、城市区域统计获得的灞桥区地震灾害间接经济损失。

1) 按结构类型统计

**表 13.14　RC 结构间接经济损失统计结果**

| 结构体系 | 间接经济损失/万元 |
| --- | --- |
| RC 框架结构 | 58503.60 |
| RC 抗震墙结构 | 369722.12 |
| RC 结构 | 428225.72 |

表 13.15　钢结构间接经济损失统计结果

| 结构体系 | 间接经济损失/万元 |
| --- | --- |
| 钢框架结构 | 4142.37 |
| 钢排架结构厂房 | 21881.36 |
| 钢结构 | 26023.73 |

表 13.16　砌体结构间接经济损失统计结果

| 结构体系 | 间接经济损失/万元 |
| --- | --- |
| 有抗震构造措施砖砌体结构 | 1979935.90 |
| 底部框架-抗震墙砌体结构 | 27904.13 |
| 土坯砌体结构 | 27177.11 |
| 无抗震构造措施砌体结构 | 137017.54 |
| 大开间砌体结构 | 21440.37 |
| 砌体结构 | 2193475.05 |

2) 按使用功能统计

表 13.17　各使用功能间接经济损失统计结果

| 使用功能 | 间接经济损失/万元 |
| --- | --- |
| 住宅 | 2525569.96 |
| 政府 | 17809.65 |
| 商业 1 | 17280.44 |
| 商业 2 | 3964.18 |
| 商业 3 | 790.60 |
| 教育 | 31163.43 |
| 医疗 | 10419.29 |
| 工业 | 33066.65 |
| 其他 | 7660.30 |

3) 按建造年代统计

表 13.18　各建造年代间接经济损失统计结果

| 建造年代 | 间接经济损失/万元 |
| --- | --- |
| $t > 2001$ 年 | 1617632.50 |
| 1989 年 $< t \leqslant 2001$ 年 | 659614.19 |
| 1978 年 $\leqslant t \leqslant 1989$ 年 | 243825.44 |
| $t < 1978$ 年 | 126652.37 |

4) 按城市区域统计

表 13.19　各街道办间接经济损失统计结果

| 街道办名称 | 间接经济损失/万元 | 街道办名称 | 间接经济损失/万元 |
|---|---|---|---|
| 新合街道办 | 212217.70 | 十里铺街道办 | 161878.03 |
| 新筑街道办 | 314553.40 | 狄寨街道办 | 116094.39 |
| 灞桥街道办 | 335796.85 | 纺织城街道办 | 491936.65 |
| 洪庆街道办 | 232713.39 | 红旗街道办 | 189919.04 |
| 席王街道办 | 592615.05 | 合计 | 2647724.50 |

6. 地震灾害人员伤亡

目前灞桥区共计约有 60 余万人,人口分布很不平衡,大部分人口集中在纺织城、十里铺等街道办,取城市区域人口分布系数为 0.8。基于第 3 章与 13.3 节建立的示范区建筑工程信息数据库及第 6.4 节相关理论方法,采用开发的"中国地震灾害损失评估系统",进行华县特大地震作用下灞桥区不同区域地震灾害人员伤亡评估,其结果如图 13.9 和图 13.10 所示。表 13.20~表 13.25 依次给出按结构类型、使用功能、建造年代、城市区域统计获得的灞桥区地震灾害人员伤亡数。

由图可以看出,灞桥区地震灾害人员伤亡主要分布于人员数量相对较多的纺织城街道办、十里铺街道办及席王街道办等区域,且由于设定地震发生在夜间,大部分居民都处于在家休息状态,因此地震灾害人员伤亡数量较大。由图 13.4 可知,华县特大地震作用下灞桥区的地震动强度由东北向西南逐渐递减(峰值加速度为 0.45g~0.30g,约相当于本地区设防烈度 8 度所对应的罕遇地震烈度 9 度作用),而东北部多为农田或山脉,行政村比较少,人口较少,地震灾害造成的人员伤亡相对较少,而西南部建筑物比较集中,人员数量较多,且现存相当数量抗震性能较差的自建房屋和未抗震设防的砖砌体结构建筑,因此地震造成的人员伤亡较多。

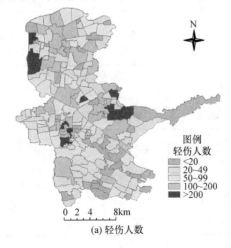

(a) 轻伤人数

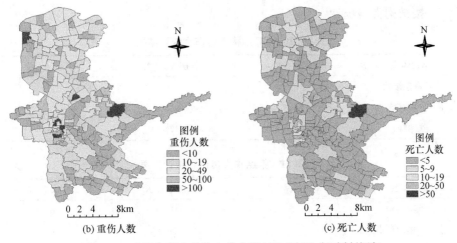

图 13.9 地震灾害人员伤亡分布图(基于社区、行政村统计)

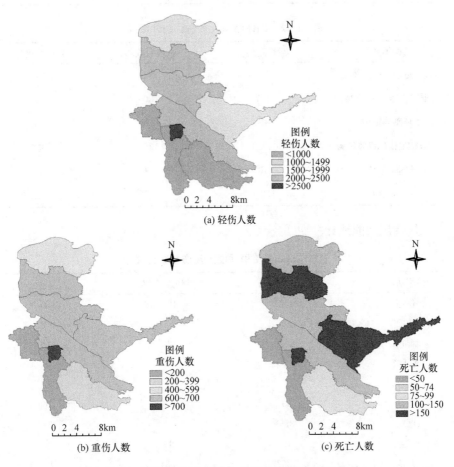

图 13.10 地震灾害人员伤亡分布图(基于街道办统计)

1) 按结构类型统计

表 13.20　RC 结构人员伤亡统计结果

| 结构体系 | 轻伤人数/人 | 重伤人数/人 | 死亡人数/人 |
| --- | --- | --- | --- |
| RC 框架结构 | 213 | 55 | 11 |
| RC 抗震墙结构 | 466 | 115 | 25 |
| RC 结构 | 679 | 170 | 36 |

表 13.21　钢结构人员伤亡统计结果

| 结构体系 | 轻伤人数/人 | 重伤人数/人 | 死亡人数/人 |
| --- | --- | --- | --- |
| 钢框架结构 | 5 | 1 | 0 |
| 钢排架结构厂房 | 74 | 19 | 4 |
| 钢结构 | 79 | 20 | 4 |

表 13.22　砌体结构人员伤亡统计结果

| 结构体系 | 轻伤人数/人 | 重伤人数/人 | 死亡人数/人 |
| --- | --- | --- | --- |
| 有抗震构造措施砖砌体结构 | 11559 | 2926 | 599 |
| 底部框架-抗震墙砌体结构 | 117 | 30 | 6 |
| 土坯砌体结构 | 514 | 234 | 64 |
| 无抗震构造措施砌体结构 | 2953 | 1254 | 338 |
| 大开间砌体结构 | 73 | 41 | 8 |
| 砌体结构 | 15216 | 4485 | 1015 |

2) 按使用功能统计

表 13.23　各使用功能人员伤亡统计结果

| 使用功能 | 轻伤人数/人 | 重伤人数/人 | 死亡人数/人 |
| --- | --- | --- | --- |
| 住宅 | 14087 | 4093 | 925 |
| 政府 | 20 | 5 | 1 |
| 商业 1 | 103 | 28 | 6 |
| 商业 2 | 2 | 6 | 1 |
| 商业 3 | 3 | 1 | 0 |
| 教育 | 89 | 46 | 9 |
| 医疗 | 359 | 97 | 21 |
| 工业 | 49 | 15 | 3 |
| 其他 | 1262 | 384 | 89 |

3) 按建造年代统计

表 13.24　各建造年代人员伤亡统计结果

| 建造年代 | 轻伤人数/人 | 重伤人数/人 | 死亡人数/人 |
| --- | --- | --- | --- |
| $t>2001$ 年 | 8395 | 2302 | 499 |
| 1989 年$<t\leqslant$2001 年 | 5073 | 1569 | 366 |
| 1978 年$\leqslant t\leqslant$1989 年 | 1954 | 635 | 152 |
| $t<1978$ 年 | 552 | 169 | 38 |

4) 按城市区域统计

表 13.25　各街道办人员伤亡统计结果

| 街道办名称 | 轻伤人数/人 | 重伤人数/人 | 死亡人数/人 |
| --- | --- | --- | --- |
| 新合街道办 | 1711 | 565 | 137 |
| 新筑街道办 | 2269 | 667 | 151 |
| 灞桥街道办 | 2476 | 691 | 150 |
| 洪庆街道办 | 1941 | 633 | 153 |
| 席王街道办 | 2359 | 645 | 140 |
| 十里铺街道办 | 781 | 199 | 41 |
| 狄寨街道办 | 992 | 362 | 91 |
| 纺织城街道办 | 2749 | 725 | 152 |
| 红旗街道办 | 696 | 188 | 40 |
| 合计 | 15974 | 4675 | 1055 |

综上分析表明，华县特大地震作用下示范城市区域——灞桥区的建筑物震害乃至社会经济损失主要分布于纺织城街道办、席王街道办等经济较发达、建筑物比较密集、人口相对较多的区域。同时，处于农村或经济欠发达区域的大部分社区和行政村，多为未抗震设防的砖砌体结构和自建房屋，结构抗震性能较差，致使整个区域的地震灾害损失显著增加，而且这些区域的房屋多比较密集，建筑物间距较小，一旦强烈地震发生，将会造成严重的次生灾害，并影响地震应急救援工作开展，应引起足够重视。

## 13.5　地震灾害风险控制分析

1. 建筑物加固决策分析

基于第 3 章与 13.3 节建立的示范区建筑工程信息数据库及第 7 章相关理论方法，采用开发的"中国地震灾害损失评估系统"，按本地区抗震设防烈度 8 度所对

应的地震加速度进行灞桥区建筑物加固决策分析,其结果如图 13.11 和图 13.12

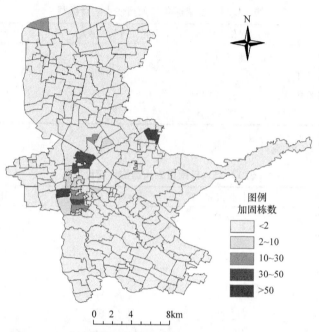

图 13.11 建筑物加固栋数分布图(基于社区、行政村统计)

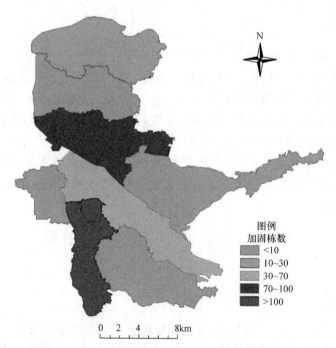

图 13.12 建筑物加固栋数分布图(基于街道办统计)

所示。表 13.26～表 13.31 为按结构类型、使用功能、建造年代、城市区域统计获得的灞桥区建筑物加固决策分析结果。

由图可以看出,纺织城、红旗、席王等街道办需加固建筑物数量较多,且多为抗震性能较差的砖砌体结构和自建房屋。通过加固决策分析,对具有加固效益的建筑物通过合理方案加固,可显著地减少建筑物在地震中的灾害损失。政府可根据费用效益比 CBR 分析结果与加固决策建议,确定是否对具有加固效益的建筑物进行加固处理以及加固实施的先后顺序,以利用有限的资金获得最大效益。

1) 按结构类型统计

**表 13.26　RC 结构加固效益分析结果**

| 结构体系 | 建议加固建筑栋数/面积/m² | 建议加固建筑加固费用/万元 |
| --- | --- | --- |
| RC 框架结构 | 0/0 | 0 |
| RC 抗震墙结构 | 0/0 | 0 |
| RC 结构 | 0/0 | 0 |

**表 13.27　钢结构加固效益分析结果**

| 结构体系 | 建议加固建筑栋数/面积/m² | 建议加固建筑加固费用/万元 |
| --- | --- | --- |
| 钢框架结构 | 0/0 | 0 |
| 钢排架结构厂房 | 3/1220 | 48.8 |
| 钢结构 | 3/1220 | 48.8 |

**表 13.28　砌体结构加固效益分析结果**

| 结构体系 | 建议加固建筑栋数/面积/m² | 建议加固建筑加固费用/万元 |
| --- | --- | --- |
| 有抗震构造措施砖砌体结构 | 356/726954.46 | 29078.18 |
| 底部框架-抗震墙砌体结构 | 3/47345.10 | 1893.80 |
| 土坯砌体结构 | 0/0 | 0 |
| 无抗震构造措施砌体结构 | 0/0 | 0 |
| 大开间砌体结构 | 35/72064.86 | 2882.59 |
| 砌体结构 | 394/846364.42 | 33854.57 |

2) 按使用功能统计

**表 13.29　各使用功能建筑物加固效益分析结果**

| 使用功能 | 建议加固建筑栋数/面积/m² | 建议加固建筑加固费用/万元 |
| --- | --- | --- |
| 住宅 | 334/738242.56 | 29529.70 |
| 政府 | 2/4296.00 | 171.84 |
| 商业 1 | 4/5638.00 | 225.52 |
| 商业 2 | 0/0 | 0 |

| 使用功能 | 建议加固建筑栋数/面积/m² | 建议加固建筑加固费用/万元 |
| --- | --- | --- |
| 商业3 | 1/2547.00 | 101.88 |
| 教育 | 21/53101.60 | 2124.06 |
| 医疗 | 6/11666.00 | 466.64 |
| 工业 | 24/25584.00 | 1023.36 |
| 其他 | 5/6509.26 | 260.37 |

3) 按建造年代统计

表13.30 各建造年代建筑物加固效益分析结果

| 建造年代 | 建议加固建筑栋数/面积/m² | 建议加固建筑加固费用/万元 |
| --- | --- | --- |
| $t>2001$ 年 | 0/0 | 0 |
| 1989 年 $<t\leqslant 2001$ 年 | 0/0 | 0 |
| 1978 年 $\leqslant t\leqslant 1989$ 年 | 3/1220 | 48.80 |
| $t<1978$ 年 | 394/846364.42 | 33854.57 |

4) 按城市区域统计

表13.31 各街道办建筑物加固效益分析结果

| 街道办名称 | 建议加固建筑栋数/面积/m² | 建议加固建筑加固费用/万元 |
| --- | --- | --- |
| 新合街道办 | 16/5072.00 | 202.89 |
| 新筑街道办 | 3/2040.00 | 81.60 |
| 灞桥街道办 | 78/140109.38 | 5604.37 |
| 洪庆街道办 | 1/1662.00 | 66.48 |
| 席王街道办 | 61/31288.91 | 1251.56 |
| 十里铺街道办 | 0/0 | 0 |
| 狄寨街道办 | 2/520.00 | 20.80 |
| 纺织城街道办 | 112/418579.33 | 16743.16 |
| 红旗街道办 | 124/248312.80 | 9932.51 |
| 合计 | 397/847584.42 | 33903.37 |

2. 震后公共庇护物需求

基于第3章与13.3节建立的示范区建筑工程信息数据库及第9章相关理论方法,采用开发的"中国地震灾害损失评估系统",进行华县特大地震作用下灞桥区震后公共庇护物需求分析。由于震后公共庇护物需求分析所需的数据涉及每个家庭的经济属性和社会属性,而该项数据资料少,且很难获得精确的数据,因此仅显示灞桥区各街道办的无家可归人数、寻求庇护人数和食物需求量等粗略估计结果,见表13.32。

表 13.32 各街道办庇护物及食物需求分析结果

| 街道办名称 | 无家可归人数/人 | 无家可归人口比例/% | 寻求庇护人数/人 | 寻求庇护人口比例/% | 谷物/kg | 蔬菜/kg | 水果/kg | 牛奶/L | 豆制品/kg | 肉类/kg | 食用油/L | 饮用水/L |
|---|---|---|---|---|---|---|---|---|---|---|---|---|
| 新合街道办 | 28752 | 67.03 | 23688 | 43.71 | 5606.4 | 7475.2 | 5606.4 | 4672.00 | 654.08 | 2803.20 | 373.76 | 26163.2 |
| 新筑街道办 | 36442 | 67.25 | 24273 | 46.18 | 7106.4 | 9475.2 | 7106.4 | 5922.00 | 829.08 | 3553.20 | 473.76 | 33163.2 |
| 灞桥街道办 | 37342 | 71.05 | 30645 | 45.26 | 7281.9 | 9709.2 | 7281.9 | 6068.25 | 849.56 | 3640.95 | 485.46 | 33982.2 |
| 洪庆街街道办 | 47145 | 69.64 | 32392 | 44.62 | 9193.5 | 12258.0 | 9193.5 | 7661.25 | 1072.58 | 4596.75 | 612.90 | 42903.0 |
| 席王街街道办 | 49833 | 68.64 | 41078 | 40.72 | 9717.6 | 12956.8 | 9717.6 | 8098.00 | 1133.72 | 4858.80 | 647.84 | 45348.8 |
| 十里铺街道办 | 63197 | 62.65 | 27253 | 45.62 | 12323.4 | 16431.2 | 12323.4 | 10269.50 | 1437.73 | 6161.70 | 821.56 | 57509.2 |
| 狄寨街道办 | 41928 | 70.19 | 45689 | 44.60 | 8175.9 | 10901.2 | 8175.9 | 6813.25 | 953.85 | 4087.95 | 545.06 | 38154.2 |
| 纺织城街道办 | 61451 | 66.48 | 39943 | 43.21 | 11982.9 | 15977.2 | 11982.9 | 9985.75 | 1398.00 | 5991.45 | 798.86 | 55920.2 |
| 红旗街道办 | 34681 | 66.52 | 22543 | 43.24 | 6762.9 | 9017.2 | 6762.9 | 5635.75 | 789.00 | 3381.45 | 450.86 | 31560.2 |
| 合计 | 400771 | 67.34 | 287504 | 48.31 | 78150.9 | 104201.2 | 78150.9 | 65125.75 | 9117.60 | 39075.45 | 5210.06 | 364704.2 |

从表 13.32 可知,华县特大地震作用下灞桥区无家可归人口占常住人口的比例达 67.34%,公共庇护物的需求人数为常住人口的 48.31%,因建筑物类型与人口密度分布不同,因此各街道办的相应比例有一定差异。虽然评估数据大于《北京市地震应急避难场所规划》所推荐的 30% 常住人口比例(8 度设防区按 8 度地震进行规划),但鉴于华县特大地震造成的灞桥区实际烈度高于本地区基本设防烈度,属于罕遇地震。由此可以判断,该结果具有一定的合理性和可行性。通过数据对比可见,家庭社会经济因素对于震后的无家可归人数及真实公共庇护物需求人数有很大影响,不可忽视。

## 13.6 本章小结

基于前述理论与方法及系统平台开发成果,本章以典型示范城市区域——西安市灞桥区多龄期建筑为对象,采集并建立其建筑工程信息数据库,对其城市区域场地地震危险性、结构地震易损性、地震灾害损失(直接经济损失、间接经济损失、人员伤亡)、建筑物加固决策、震后公共庇护物需求等进行了评估与分析。评估结果可为政府震前制定抗震防灾规划与应急预案、震后制定应急救灾与功能恢复重建等决策提供理论指导。

## 参 考 文 献

[1] 西安市灞桥区人民政府走进灞桥[EB/OL]. http://www.baqiao.gov.cn/info/news/nr/41786.html[2016-01-12].

[2] 中共灞桥区委,区人民政府. 西安市灞桥区都市型现代化农业发展总体规划(2009—2015)[EB/OL]. http://www.baqiao.gov.cn/nr.jsp?wbnewsid=48315&wbtreeid=20469[2016-01-12].

[3] 环文林,时振梁,李世勋. 对 1556 年 81/4 级大地震震中位置和发震构造的新认识[J]. 中国地震,2003,19(1):20-32.

[4] 吕艳,董颖,冯希杰,等. 1556 年陕西关中华县特大地震地质灾害遗迹发育特征[J]. 工程地质学报,2014,22(2):300-308.

[5] 俞言祥,汪素云. 中国东部和西部地区水平向基岩加速度反应谱衰减关系[J]. 震灾防御技术,2006,1(3):206-217.

[6] 李小军,彭青. 不同类别场地地震动参数的计算分析[J]. 地震工程与工程振动,2001,21(1):29-36.

[7] 中华人民共和国国家质量监督检验检疫总局,中国国家标准化管理委员会. GB 18306—2015 中国地震动参数区划图[S]. 北京:中国标准出版社,2015.

[8] 吴琼. 地震直接经济损失快速评估方法研究[D]. 西安:西安建筑科技大学,2015.

# 附　　录

## 附录 A　建筑物标识码约定

建筑物标识码由 16 位数字表示,如 XXXXXX-XXX-XXX-XXXX。

建筑物标识码主要依照国家标准《中华人民共和国行政区划代码》(GB/T 2260—2007)和《县级以下行政区划代码编码规则》(GB/T 10114—2003)进行编码,主要由三部分组成,第一部分的六位编码从左到右分别为:第一、二位表示省(自治区、直辖市、特别行政区);第三、四位表示市(地区、自治州、盟及国家直辖市所属市辖区和县的汇总码);第五、六位表示县(市辖区、县级市、旗)。第二部分表示县级以下行政区划代码:第一层由第七、八、九位代码构成,按照国家标准,001~099 表示街道(地区)、100~199 表示镇(民族镇)、200~399 表示乡、民族乡、苏木;第二层由第十、十一、十二位代码构成,为居民委员会和村民委员会的代码,001~199 表示居民委员会、200~399 表示村民委员会;第三部分表示建筑物顺序码,采用四位编码,具体编码形式见表 A.1。

表 A.1　建筑物标识码

| 市辖区码 | 街道办事处顺序码 | 社区顺序码 | 建筑物顺序码 |
|---|---|---|---|
| □□□□□□ | □□□ | □□□ | □□□□ |

建筑物顺序码说明如下:

(1) 普查区内所有的建筑物都应该有顺序码。建筑物顺序码为 4 位定长整数,每个普查区从"0001"到"9999"顺序编码,不重复,不间断。

(2) 根据建筑物中心点在普查区所处的位置,在西北方位的建筑物作为起点,然后按自北向南、自西向东依次从小到大顺序编码。如图 A.1 所示。

(3) 同一建筑物归属的普查区必须唯一,不能因使用权或建筑物内单位的管辖权不同而归属多个普查区。

(4) 不得修改已有建筑物的顺序码。

(5) 新增的建筑物,一般依据就近原则,使用相邻同类型建筑物的顺序码;相邻没有同类型建筑物或特殊需要必须单独赋顺序码时,编号为当前普查区图中标注的最大编号加 1,依此类推。

(6) 减少的建筑物,一般不需要在图中标注,其顺序码不能再用于其他需新赋码建筑物。

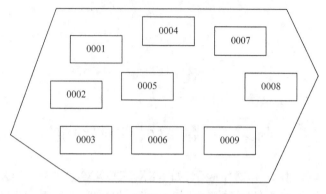

图 A.1 建筑物顺序码编码说明

# 附录 B 结构类型分类

表 B.1 结构类型分类和编号

| 结构类型 | 编号 |
| --- | --- |
| 土坯砌体 | A |
| 石砌体 | ST |
| 无抗震构造措施砌体结构 | URM |
| 配筋砖砌体结构 | RBM |
| 有抗震构造措施砖砌体结构 | RM1 |
| 有抗震构造措施砌块砌体结构 | RM2 |
| 底部框架-抗震墙砌体结构 | FSW |
| 大开间砌体结构 | LM |
| 多排柱内框架结构 | RCF |
| RC 框架结构 | C1 |
| 框架-抗震墙结构 | C2 |
| 抗震墙结构 | C3 |
| 部分框支抗震墙结构 | C4 |
| 框架-核心筒结构 | C5 |
| 筒中筒结构 | C6 |
| 板柱-抗震墙结构 | C7 |
| 钢框架结构 | S1 |
| 支撑钢框架 | S2 |
| 轻型钢结构厂房 | S3 |
| 无筋砌体填充的钢框架 | S4 |

续表

| 结构类型 | 编号 |
|---|---|
| 带现浇剪力墙的钢框架 | S5 |
| 钢与混凝土组合结构 | S6 |
| 木结构 | W |

# 附录C 使用功能分类

**表C.1 建筑物使用功能类型**

| 代码 | 建筑物使用功能类型 | 说明 |
|---|---|---|
| 01 | 住宅 | 是指供居住使用的房屋,如民用住宅、职工宿舍(包括职工家属宿舍和单身宿舍)、学生宿舍等 |
| 02 | 商业用房 | 是指对外营业和为人民服务的各种用房及附属用房,如商店、门市部饮食店等。具体将其分为3类:COM1(商场、百货、超市、市场、店铺),COM2(电影院、游乐场、酒吧、快餐、酒楼、茶馆、宾馆),COM3(博物馆、图书馆、文化馆、展览馆) |
| 03 | 医疗用房 | 是指医疗卫生机构的各种用房及附属用房 |
| 04 | 工业用房 | 是指直接用于生产、业务和储存各类原材料、成品物资的仓库、码头等所使用的各种房屋和附属房屋 |
| 05 | 办公用房 | 是指政府、机关办公用房以及应急部门的各种用房及附属房屋 |
| 06 | 教育用房 | 是指小学、中学以及各类高等院校的教育、教学和办公用房,不包括学生宿舍 |
| 07 | 其他用房 | 是指各种特殊用房及不属于上述各类用途的房屋,如宗教、看守所、人防建筑等 |

# 附录D 不同用途装修等级划分

不同用途建筑装饰的装修等级划分及指标(表D.1)。

**表D.1 不同用途建筑装修等级划分**

| 装修等级 | 建筑物类型 |
|---|---|
| 高档 | 国家级纪念性建筑、大会堂、国宾馆、博物馆、美术馆、图书馆、剧院、国际会议中心、贸易中心、体育中心;国际大型港口、国际大型俱乐部、省级博物馆、图书馆、档案馆、展览馆;高级教学楼、科学研究实验楼;高级俱乐部、大型医院疗养及门诊楼;电影院、邮电局、3星级以上宾馆;大型体育馆、室内溜冰馆、游泳馆、火车站、候机楼;省、部机关大楼;综合商业大厦、高级餐厅、地市级图书馆等 |
| 中档 | 旅馆、招待所、邮电所、托儿所、综合服务楼、商场、小型车站、重点中学、中等职业学校的教学楼、实验室、电教楼等 |
| 普通 | 一般办公楼、中小学教学楼、阅览室、蔬菜门市部、杂货店、公共厕所、汽车库、消防车库、消防站、一般住宅等 |

(1) 高档装修的指标(表 D.2)。

表 D.2　建筑高档装修的指标

| 装饰的装修部位 | 内装饰的装修材料及做法 | 外装饰的装修材料及做法 |
| --- | --- | --- |
| 墙面 | 大理石、各种面砖、塑料墙纸(布)、织物墙面、木墙裙、喷涂高级涂料 | 天然石料(花岗石)、饰面砖、装饰混凝土、高级涂料玻璃幕墙 |
| 楼地面 | 彩色水磨石、天然石料或人造石板(如大理石)、木地板、塑料地板、地毯 | — |
| 天棚 | 铝合金装饰板、塑料装饰板、装饰吸音板、塑料墙纸(布)、玻璃顶棚、喷涂高级涂料 | 外廊、顶棚底部参照内装饰 |
| 门窗 | 铝合金门窗、一级木门门窗、高级五金配件、窗台板、喷涂高级油漆 | 各种颜色玻璃铝合金门窗、钢窗、遮阳板、卷帘门窗、光电感应门 |
| 设备 | 各种花饰、灯具、空调、自动扶梯、高档卫生设备 | — |

(2) 中档装修的指标(表 D.3)。

表 D.3　建筑中档装修的指标

| 装饰的装修部位 | 内装饰的装修材料及做法 | 外装饰的装修材料及做法 |
| --- | --- | --- |
| 墙面 | 装饰抹灰、内墙涂料 | 各种面砖、外墙涂料、局部天然石料 |
| 楼地面 | 彩色水磨石、天然石料或人造石板(如大理石)、木地板、塑料地板、地毯 | 外廊、顶棚底部参照内装饰 |
| 天棚 | 胶合板、塑料板、吸音板、各种涂料 | — |
| 门窗 | 窗帘盒 | 普通钢、木门窗、主要入口铝合金 |
| 卫生间 | 墙面水泥砂浆、瓷砖内墙裙楼地面水磨石、马赛克天棚混合砂浆、纸筋灰浆、涂料门窗普通钢、木门窗 | — |

(3) 普通装修的指标(表 D.4)。

表 D.4　建筑普通装修的指标

| 装饰的装修部位 | 内装饰的装修材料及做法 | 外装饰的装修材料及做法 |
| --- | --- | --- |
| 墙面 | 混合砂浆、纸筋灰、石灰浆、大白浆、内墙涂料、局部油漆墙裙 | 水刷石、干黏石、外墙涂料、局部面砖 |
| 楼地面 | 细石混凝土、局部水磨石 | — |
| 天棚 | 直接抹水泥砂浆、水泥石灰浆或喷涂 | 外廊、顶棚底部参照内装饰 |
| 门窗 | 普通钢、木门窗、铁制五金配件 | — |

## 附录 E 地震动峰值加速度衰减关系参数

**表 E.1 《中国地动参数区划图》(GB 18306—2015)采用地震动峰值加速度的衰减关系参数**

| 地区 | 6.5 级以下 | | | | | 6.5 级以上 | | | | | 标准差 $\sigma$ |
|---|---|---|---|---|---|---|---|---|---|---|---|
| | $A$ | $B$ | | $A$ | $B$ | $C$ | $D$ | $E$ | | | |
| 新疆区长轴 | 1.791 | 0.720 | | 3.403 | 0.472 | −2.389 | 1.772 | 0.424 | | | 0.236 |
| 新疆区短轴 | 0.983 | 0.713 | | 2.610 | 0.463 | −2.118 | 0.825 | 0.465 | | | 0.236 |
| 青藏区长轴 | 2.387 | 0.645 | | 3.807 | 0.411 | −2.416 | 2.647 | 0.366 | | | 0.236 |
| 青藏区短轴 | 1.003 | 0.609 | | 2.457 | 0.388 | −1.854 | 0.612 | 0.457 | | | 0.236 |
| 东部强震区长轴 | 1.979 | 0.671 | | 3.533 | 0.432 | −2.315 | 2.088 | 0.399 | | | 0.236 |
| 东部强震区短轴 | 1.176 | 0.660 | | 2.753 | 0.418 | −2.004 | 0.944 | 0.447 | | | 0.236 |
| 中强地震区长轴 | 2.417 | 0.498 | | 3.706 | 0.298 | −2.079 | 2.802 | 0.295 | | | 0.236 |
| 中强地震区短轴 | 1.715 | 0.471 | | 2.690 | 0.321 | −1.723 | 1.295 | 0.331 | | | 0.236 |

**表 E.2 我国东西部及部分省(直辖市、自治区)地震动峰值加速度衰减关系参数**

| 地区 | 长/短轴 | $C_1$ | $C_2$ | $C_3$ | $C_4$ | $C_5$ | $C_6$ | 标准差 $\sigma$ |
|---|---|---|---|---|---|---|---|---|
| 中国东部 | 长轴 | 2.027 | 0.548 | 0 | −1.902 | 1.700 | 0.425 | 0.240 |
| | 短轴 | 1.035 | 0.519 | 0 | −1.465 | 0.381 | 0.525 | 0.240 |
| 中国西部 | 长轴 | 2.206 | 0.532 | 0 | −1.954 | 2.018 | 0.406 | 0.240 |
| | 短轴 | 1.010 | 0.501 | 0 | −1.441 | 0.340 | 0.521 | 0.240 |

续表

| 地区 | | 长/短轴 | $C_1$ | $C_2$ | $C_3$ | $C_4$ | $C_5$ | $C_6$ | 标准差 |
|---|---|---|---|---|---|---|---|---|---|
| 江西地区 | | 长轴 | 2.759 | 0.397 | 0 | −1.890 | 2.723 | 0.311 | 0.240 |
| | | 短轴 | 1.833 | 0.375 | 0 | −1.439 | 0.728 | 0.396 | 0.240 |
| 福建地区 | | 长轴 | 2.398 | 0.426 | −0.011 | −1.595 | 2.944 | 0.257 | 0.232 |
| | | 短轴 | 2.126 | 0.421 | −0.010 | 1.551 | 1.973 | 0.264 | 0.232 |
| 上海地区 | | 长轴 | 1.766 | 0.554 | 0 | −1.774 | 1.842 | 0.418 | 0.213 |
| | | 短轴 | 1.307 | 0.540 | 0 | −1.630 | 0.844 | 0.465 | 0.213 |
| 青藏高原东北地区 | | 长轴 | 0.617 | 1.163 | −0.046 | −2.207 | 1.694 | 0.446 | 0.232 |
| | | 短轴 | −0.644 | 1.080 | −0.043 | −1.626 | 0.255 | 0.570 | 0.232 |
| 四川省及邻区 | 西南地区 | 长轴 | −0.335 | 1.381 | −0.066 | −2.192 | 2.529 | 0.333 | 0.232 |
| | | 短轴 | −1.521 | 1.454 | −0.072 | −1.850 | 1.062 | 0.385 | 0.232 |
| | 四川盆地地区 | 长轴 | −1.824 | 1.541 | −0.085 | −1.639 | 0.869 | 0.384 | 0.232 |
| | | 短轴 | −2.138 | 1.486 | −0.081 | −1.385 | 0.402 | 0.446 | 0.232 |
| 陕西省 | 陕北鄂尔多斯台地区 | 长轴 | −1.439 | 1.467 | −0.074 | −1.616 | 0.665 | 0.504 | 0.232 |
| | | 短轴 | −1.916 | 1.458 | −0.071 | −1.528 | 0.286 | 0.580 | 0.232 |
| | 关中盆地地区 | 长轴 | −0.841 | 1.275 | −0.061 | −1.587 | 0.710 | 0.477 | 0.232 |
| | | 短轴 | −1.133 | 1.262 | −0.058 | −1.550 | 0.405 | 0.527 | 0.232 |
| | 陕南秦巴山地区 | 长轴 | 0.428 | 0.973 | −0.042 | −1.694 | 1.136 | 0.409 | 0.232 |
| | | 短轴 | −0.077 | 0.975 | −0.041 | −1.567 | 0.572 | 0.458 | 0.232 |

# 附录 F 近场区域范围内主要断层介绍

**表 F.1 近场区域范围内主要断层**

| 编号 | 断裂名称 | 产状及性质 | 区内长度/km | 最新活动时代 时代 | 最新活动时代 证据 | 地震活动 |
|---|---|---|---|---|---|---|
| $F_1$ | 桃园—龟川市断裂 | 320°~330°∠NE∠65°~70°正断层 | 100 | $Q_p^{1-2}$ | 断层剖面 | 公元600年6.0级地震 |
| $F_2$ | 固关—虢镇断裂 | 305°~330°∠NW∠65°~80°正断层 | 85 | $Q_p^{1-2}$ | 错断早中更新世地层 | — |
| $F_3$ | 千阳—彪角断裂 | 300°~330°∠NE∠65°~80°正断层 | 35 | $Q_p^3$ | 错断晚更新世地层 | — |
| $F_4$ | 陇县—岐山— 马召断裂 | 北段:32°∠NW∠50°~80°正断层 中段:300°~330°∠NW∠50°~80° 正断层南段:300°~310°∠NE∠ 50°~80°正断层 | 200 | 北段:$Q_p^{1-2}$ 中段:$Q_h$ 南段:$Q_p^{1-2}$ | 错断晚更新世地层 | 公元前788年7.0级地震 |
| $F_5$ | 岐山—店头断裂 | NEE∠SE∠50°~80°正断层 | 20 | $Q_p^3$ | 错断晚更新世地层 | 公元前788年7.0级地震 |
| $F_6$ | 龙岩寺—乾县断裂 | NEE∠SE∠50°~80°正断层 | 42 | $Q_p^3$ | 错断晚更新世地层 | — |
| $F_7$ | 杨庄镇—口镇断裂 | NEE∠SE∠50°~80°正断层 | 11 | $Q_p^3$ | 错断晚更新世地层 | — |
| $F_8$ | 新兴—马额断裂 | NEE∠SE∠50°~80°正断层 | 6 | $Q_p^3$ | 错断晚更新世地层 | 2010年7月3.8级地震 |
| $F_9$ | 陵前断裂 | NEE∠SE∠50°~80°正断层 | 16 | $Q_p^3$ | 错断晚更新世地层 | — |
| $F_{10}$ | 韩城—合阳断裂 | NE/SE∠50°~60°正断层 | 90 | 北段:$Q_h$ 南段:$Q_p^3$ | 北段:错断全新世地层 南段:晚更新世地层裂开 | — |
| $F_{11}$ | 礼泉断裂 | NEE∠SE∠50°~80°正断层 | 65 | $Q_p^3$ | 错断晚更新世地层 | — |
| $F_{12}$ | 口镇—关山断裂 | NEE∠SE∠50°~80°正断层 | 100 | $Q_h$ | 断层剖面 | 1998年8月阎良3.7级地震 |
| $F_{13}$ | 双泉—临猗断裂 | NEE∠SE∠50°~80°正断层 | 170 | $Q_p^3$ | 晚更新世地层裂开 | 1998年5.8级地震 |

续表

| 编号 | 断裂名称 | 产状及性质 | 区内长度/km | 最新活动时代 时代 | 最新活动时代 证据 | 地震活动 |
|---|---|---|---|---|---|---|
| $F_{14}$ | 峨嵋台地北缘断裂 | NEE∠70°~88°正断层 | 175 | $Q_p^3$ | 错断晚更新世地层 | 2010年4月河津4.8级地震 |
| $F_{15}$ | 罗云山山前断裂 | NE/SE∠60°~80°正断层 | 100 | $Q_h$ | 错断全新世地层 | 沿断裂有中强地震带发生 |
| $F_{16}$ | 中条山山北断裂 | NEE/NW∠70°~80°正断层 | 120 | $Q_h$ | 错断全新世地层 | 小震群沿断裂活动 |
| $F_{17}$ | 涑水断裂 | NE/NW∠75°正断层 | 90 | $Q_p^{1-2}$ | 错断中更新世地层 | 曾有中强地震发生 |
| $F_{18}$ | 华山山前断裂 | EW/N∠40°~60°正断层 | 32 | $Q_h$ | 错断全新世地层 | 1556年华县地震 |
| $F_{19}$ | 华山西缘断裂 | NE-EW/NW-N∠50°~70°正断层 | 24 | $Q_p^3$ | 错断晚更新世地层 | — |
| $F_{20}$ | 渭南塬前断裂 | EW/N∠40°~70°正断层 | 40 | $Q_h$ | 错断全新世地层 | 1556年华县地震 |
| $F_{21}$ | 骊山山前断裂 | EW/N∠40°~70°正断层 | 40 | $Q_h$ | 错断全新世地层 | — |
| $F_{22}$ | 泾阳-渭南断裂 | EW/N∠40°~70°正断层 | 61 | $Q_h$ | 错断全新世地层 | 1568年6月3.4级地震;2009年高陵4.5级古地震 |
| $F_{23}$ | 渭河断裂 | EW∠S∠60°~80°正断层 | 170 | 东段:$Q_h$; 西段:$Q_p^3$ | 断层剖面和探槽 | — |
| $F_{24}$ | 临潼-长安断裂 | 320°~330°/NE∠65°~93°正断层 | 47 | $Q_p^3$ | 断层剖面和探槽 | — |
| $F_{25}$ | 铁炉子断裂 | 东段:EW/N∠50°~80°正断层; 西段:EW/N∠50°~80°正断层 | 东段:200 西段:130 | 东段:$Q_h$; 西段:$Q_p^{1-2}$ | 东段:错断水系和晚更新世地层; 西段:错断中更新世地层 | — |
| $F_{26}$ | 秦岭北缘断裂 | 东段:EWW/N∠40°~70°正断层; 西段:EW/N∠60°~80°正断层 | 东段:100 西段:110 | 东段:$Q_h$; 西段:$Q_p^3$ | 东段:错断全新世地层; 西段:错断晚更新世地层 | 东段:发生过三或四次古地震 |
| $F_{27}$ | 草凉断裂 | NW/NE∠60°~80°正断层 | 60 | $Q_p^{1-2}$ | 年代测定 | — |
| $F_{28}$ | 商县-丹凤断裂 | EW-NE/N∠60°~80°正断层(早期为逆断层) | 300 | $Q_p^{1-2}$ | 对第四纪盆地没有明显的控制作用 | — |

续表

| 编号 | 断裂名称 | 产状及性质 | 区内长度/km | 最新活动时代 时代 | 最新活动时代 证据 | 地震活动 |
|---|---|---|---|---|---|---|
| $F_{29}$ | 山阳—青川断裂 | EW∠N∠80°正断层（早期为逆断层） | 150 | $Q_p^{1-2}$ | 年代测定 | — |
| $F_{30}$ | 公馆—白河断裂 | NW∠NE∠不详 正断层（早期为逆断层） | 130 | $Q_p^{1-2}$ | 年代测定 | — |
| $F_{31}$ | 月河断裂 | NW∠NE∠60°～80° 正断层（早期为逆断层） | 175 | $Q_p^3$ | | 1956年安康5级地震 |
| $F_{32}$ | 三石花—汉王城断裂 | NW∠NE∠不详 逆断层 | 110 | $Q_p^{1-2}$ | 控制盆地，切割第三系，卫片线性强 | 788年安康、平利6.5级地震 |
| $F_{33}$ | 略阳—勉县—洋县断裂 | 西段：EW∠S∠60°～85°正断层（早期为逆断层） 东南段：SN∠E∠65°～85° 正断层（早期为逆断层） | 200 | $Q_p^{1-2}$ | 断层剖面 | 1978年2月11日石泉长水4.2级地震 |
| $F_{34}$ | 汉中梁山南麓断裂 | NE∠SE∠60°～75° 正断层（早期为逆断层） | 45 | $Q_p^3$ | 错断晚更新世地层 | — |
| $F_{35}$ | 牟家坝—小坝断裂 | NE∠NW∠60°～80° 正断层（早期为逆断层） | 80 | $Q_p^{1-2}$ | 错断中更新世地层 | 洋县1624年和1635年5.5级地震 |
| $F_{36}$ | 峡口—白勉峡断裂 | NE∠NW∠60°～80° 逆断层 | 东段：60 西段：30 | $Q_p^{1-2}$ | 控制盆地和断面 | — |
| $F_{37}$ | 司上—镇巴断裂 | NW或NE/NE或SE∠80°逆断层 | 30 | $Q_p^{1-2}$ | 第四纪以来有强烈活动 | 曾有中强地震发生 |

## 附录 G 潜在震源区地震构造和地震活动性

### 表 G.1 潜在震源区主要构造和断裂

| 潜在震源区 | | 主要构造和断裂 |
|---|---|---|
| 西安 | 北东向长安—临潼大断裂与近东西向大断裂的交接复合部位,且浐河断裂、皂河断裂通过该区,历史上曾发生6.75级和6.25级和多次5.0级地震,小震频繁,所在地震带具有发生中强地震背景 | |
| 咸阳 | 渭河大断裂大部分通过该区,并与浐河断裂、皂河断裂在该区相交,历史上曾发生6.25级地震,所在地震带具有发生中强地震背景 | |
| 户县 | 陇县—岐山—马召北西向活动断裂与近东西向渭河盆地南界秦岭北缘(中断)全新世活动断裂及周至—余下活动断裂的交接复合部位,古地震考察发现曾发生过大于7.0级地震 | |
| 大荔 | 北东向韩城大断裂与近东西向大断裂的交接复合部位,历史上曾发生过5.4级、5.5级和4.8级地震,近代小震频繁,具有发生中强地震的地质构造背景 | |
| 韩城 | 位于韩城断裂北段与峨嵋台地东缘断裂交汇部位,历史上曾发生过7.0级地震,具有发生中强地震的地震地质构造背景 | |
| 三门峡 | 华山山前断裂东段,中条山南麓断裂以及盆地东缘的温塘断裂从区内通过,区内曾多次发生5.0级地震,所在地震带具有发生中强地震背景 | |
| 渭南—华县 | 主要涉及渭河断陷盆地东部区域性活动大断裂、华山山前断裂、骊山山前断裂、渭南断前裂、渭河断裂和泾阳—渭南断裂,历史上曾发生3次5.0级以上地震,其中就包括华县地震 | |
| 运城 | 该区包括整个运城盆地,主要发震断裂为中条山北麓断裂 | |
| 凤翔—岐山 | 全新世陇县—马召活动大断裂通过该区 | |

续表

| 潜在震源区 | 主要构造和断裂 |
|---|---|
| 宝鸡 | 陇县—前三—马召活动断裂(南段)、秦岭北缘断裂西段和渭河断裂西段交接复合部位,历史上无5.0级以上地震记录,但存在发生中强地震的可能性 |
| 蓝田 | 北东向华山西北侧大断裂和近东西向大断裂交接复合,历史上发生过4.75级、5.0级地震 |
| 乾县—礼泉 | 渭河盆地北缘断裂和近东西向口镇—关山断裂的一部分在该区,历史上曾发生4.75级、5.0级、小震主要集中在口镇—关山断裂附近 |
| 石泉—汉阴 | 北西向月河断裂和近西向略阳—勉县—洋县断裂在该区内交接复合,历史上曾发生4.2级、4.3级、5.0级和6.5级地震 |
| 汉中 | 区内北东向龙门山山断裂和略阳—勉县—洋县断裂交接复合,且包括近东西走向的汉中梁山南麓断裂,历史上记载4次5.5级地震 |
| 宁强 | 阳平关—勉县断裂通过该区,2008年受汶川地震影响,发生5.4级和5.7级地震 |
| 蒲城 | 韩城—合阳断裂,1506年合阳发生5.5级地震 |
| 卢氏 | 铁炉子断裂通过该区 |
| 三原—高陵 | 口镇—关山断裂通过该区,近代小震频繁 |
| 侯马 | 峨眉台地北缘断裂和罗云山山前断裂通过该区,历史上曾发生5.5级、5.0级、4.75级和4.9级地震 |
| 蒲县 | 离石断裂通过该区,历史上曾发生5.5级、5.0级、5.4级地震 |
| 凤阁岭 | 秦岭北缘断裂,发生过6.0级地震 |
| 洛南 | 铁炉子断裂通过该区 |
| 栾川 | 铁炉子断裂通过该区,近代小震频繁 |
| 商南 | 商县—丹凤断裂和山阳—青川断裂通过该区 |
| 十堰 | 大洪山断裂西北段位于该区 |
| 白河 | 公馆—白河断裂、达仁河两河断裂,历史上曾发生5.5级和5.0级地震 |
| 平利 | 月河断裂、竹山断裂,历史上曾发生6.5级地震 |
| 镇巴 | 巴山弧形构造,曾发生5.5级地震 |
| 清水 | 东北侧有桃园—龟川寺断裂通过,曾发生5.5级地震 |

# 附录 H　国内外已有建筑结构分类

**表 H.1　中国地震烈度表**

| 房屋类型 | 说明 |
| --- | --- |
| A类 | 木构架和土、石、砖墙建造的旧式房屋 |
| B类 | 未经抗震设防的单层或多层砖砌体房屋 |
| C类 | 按照Ⅶ度抗震设防的单层或多层砖砌体房屋 |

**表 H.2　MSK 64 烈度表**

| 房屋类型 | 说明 |
| --- | --- |
| A类 | 毛石房屋、农村房屋、土坯房屋、用麦秆和黏土砌成的房屋 |
| B类 | 一般砖砌房屋、大型砌块及预制构件房屋、木构架建筑、块石房屋 |
| C类 | 钢筋混凝土框架房屋、修建良好的木结构房屋 |

**表 H.3　EMS 98 烈度表**

| 结构类型 | 结构体系 |
| --- | --- |
| 砌体结构 | 毛石结构、散石结构 |
| | 土坯(土砖)结构 |
| | 料石结构 |
| | 巨石结构 |
| | 加工石材砌筑的无筋砌体结构 |
| | 具有钢筋混凝土楼板的无筋砌体结构 |
| | 配筋砌体 |
| 钢筋混凝土结构 | 未经抗震设计的钢筋混凝土框架结构 |
| | 具有中等抗震设计水平的钢筋混凝土框架结构 |
| | 具有高等抗震设计水平的钢筋混凝土框架结构 |
| | 未经抗震设计的钢筋混凝土剪力墙结构 |
| | 具有中等抗震设计水平的钢筋混凝土剪力墙结构 |
| | 具有高等抗震设计水平的钢筋混凝土剪力墙结构 |
| 钢结构 | — |
| 木结构 | — |

表 H.4 《地震现场工作 第 4 部分:灾害直接损失评估》(GB/T 18208.4—2011)

| 房屋类型 | 说明 |
| --- | --- |
| Ⅰ类 | 钢结构房屋,包括多层和高层钢结构等 |
| Ⅱ类 | 钢筋混凝土房屋,包括高层钢筋混凝土框筒和筒中筒结构、剪力墙结构、框架剪力墙结构、多层和高层钢筋混凝土框架结构等 |
| Ⅲ类 | 砌体房屋,包括多层砌体结构、多层底部框架结构、多层内框架结构、多层空斗墙砖结构、砖混平房等 |
| Ⅳ类 | 砖木房屋,包括砖墙、木房架的多层砖木结构、砖木平房等 |
| Ⅴ类 | 土、木、石结构房屋,包括土墙木屋架的土坯房、砖柱土坯房、土坯窑洞、黄土崖土窑洞、木构架房屋(包括砖、土围护墙)、碎石(片石)砌筑房屋等 |
| Ⅵ类 | 工业厂房 |
| Ⅶ类 | 公共空旷房屋 |

表 H.5 《地震灾害预测及其信息管理系统技术规范》(GB/T 19428—2014)

| 房屋类型 | 说明 |
| --- | --- |
| a | 多层砌体结构 |
| b | 钢筋混凝土框架结构 |
| c | 高层建筑 |
| d | 自建民宅 |
| e | 工业厂房 |
| f | 其他结构 |

表 H.6 ATC-13 分类

| 结构类型 | 抗侧力体系 | 建筑高度 |
| --- | --- | --- |
| 钢筋混凝土结构 | 带抗弯框架的延性框架结构 | 低层 |
| | | 多层 |
| | | 高层 |
| | 带抗弯框架的非延性框架结构 | 低层 |
| | | 多层 |
| | | 高层 |
| | 不带抗弯框架的结构 | 低层 |
| | | 多层 |
| | | 高层 |

续表

| 结构类型 | 抗侧力体系 | 建筑高度 |
| --- | --- | --- |
| 预制混凝土结构 | — | 低层 |
| | | 多层 |
| | | 高层 |
| 配筋砌体剪力墙结构 | 带抗弯框架 | 低层 |
| | | 多层 |
| | | 高层 |
| | 不带抗弯框架 | 低层 |
| | | 多层 |
| | | 高层 |
| 无筋砌体结构 | 带承重墙 | 低层 |
| | | 多层 |
| | 带承重框架 | 低层 |
| | | 多层 |
| | | 高层 |
| 钢结构 | 带抗弯边框架 | 低层 |
| | | 多层 |
| | | 高层 |
| | 带抗弯分布式框架 | 低层 |
| | | 多层 |
| | | 高层 |
| | 支撑钢框架 | 低层 |
| | | 多层 |
| | | 高层 |
| 木结构 | — | 低层 |
| 轻金属结构 | — | 低层 |

表 H.7　FEMA 154 分类

| 编号 | 结构类型 |
| --- | --- |
| C 钢筋混凝土结构 | |
| C1 | 抗弯框架 |
| C2 | 带剪力墙结构 |
| C3 | 无筋砌体填充结构 |

续表

| 编号 | 结构类型 |
|---|---|
| C 钢筋混凝土结构 | |
| PC1 | 预制混凝土-倾斜建筑 |
| PC2 | 预制混凝土框架结构 |
| RM 配筋砌体结构 | |
| RM1 | 带弹性横隔的配筋砌体 |
| RM2 | 带刚性横隔的配筋砌体 |
| URM 无筋砌体结构 | |
| URM | 无筋砌体结构 |
| S 钢结构 | |
| S1 | 抗弯钢框架 |
| S2 | 支撑钢框架 |
| S3 | 轻钢结构 |
| S4 | 带 RC 剪力墙的钢结构 |
| S5 | 带无筋砌体填充墙的钢结构 |
| W 木结构 | |
| W | 轻木框架 |

表 H.8 HAZUS 分类

| 序号 | 标签 | 描述 | 高度 | | HAZUS 给出的典型建筑 | |
|---|---|---|---|---|---|---|
| | | | 包含范围 | | | |
| | | | 命名 | 层数 | 层数 | 高度/in |
| 1 | W1 | 木制轻框架<br>(面积<5000in²) | — | 1~2 | 1 | 14 |
| 2 | W2 | 木结构,用于商业或工业<br>(面积>5000in²) | 所有 | | 2 | 24 |
| 3 | S1L | 钢框架 | 低层 | 1~3 | 2 | 24 |
| 4 | S1M | | 多层 | 4~7 | 5 | 60 |
| 5 | S1H | | 高层 | 8+ | 13 | 156 |
| 6 | S2L | 支撑钢框架 | 低层 | 1~3 | 2 | 24 |
| 7 | S2M | | 多层 | 4~7 | 5 | 60 |
| 8 | S2H | | 高层 | 8+ | 13 | 156 |
| 9 | S3 | 轻钢框架 | — | 所有 | 1 | 15 |

续表

| 序号 | 标签 | 描述 | 高度 | | | |
|---|---|---|---|---|---|---|
| | | | 包含范围 | | HAZUS给出的典型建筑 | |
| | | | 命名 | 层数 | 层数 | 高度/in |
| 10 | S4L | 带现浇混凝土剪力墙的钢框架 | 低层 | 1~3 | 2 | 24 |
| 11 | S4M | | 多层 | 4~7 | 5 | 60 |
| 12 | S4H | | 高层 | 8+ | 13 | 156 |
| 13 | S5L | 带无筋砌体填充墙的钢框架 | 低层 | 1~3 | 2 | 24 |
| 14 | S5M | | 多层 | 4~7 | 5 | 60 |
| 15 | S5H | | 高层 | 8+ | 13 | 156 |
| 16 | C1L | 钢筋混凝土框架 | 低层 | 1~3 | 2 | 20 |
| 17 | C1M | | 多层 | 4~7 | 5 | 50 |
| 18 | C1H | | 高层 | 8+ | 12 | 120 |
| 19 | C2L | 钢筋混凝土剪力墙结构 | 低层 | 1~3 | 2 | 20 |
| 20 | C2M | | 多层 | 4~7 | 5 | 50 |
| 21 | C2H | | 高层 | 8+ | 12 | 120 |
| 22 | C3L | 带无筋砌体填充墙的钢筋混凝土框架 | 低层 | 1~3 | 2 | 20 |
| 23 | C3M | | 多层 | 4~7 | 5 | 50 |
| 24 | C3H | | 高层 | 8+ | 12 | 120 |
| 25 | PC1 | 预制混凝土斜墙 | — | 所有 | 1 | 15 |
| 26 | PC2L | 带混凝土剪力墙的预制混凝土框架 | 低层 | 1~3 | 2 | 20 |
| 27 | PC2M | | 多层 | 4~7 | 5 | 50 |
| 28 | PC2H | | 高层 | 8+ | 12 | 120 |
| 29 | RM1L | 带木隔板或金属隔板的配筋砌体 | 低层 | 1~3 | 2 | 20 |
| 30 | RM1M | — | 多层 | 4+ | 5 | 50 |
| 31 | RM2L | 带预制混凝土板的配筋砌体 | 低层 | 1~3 | 2 | 20 |
| 32 | RM2M | | 多层 | 4~7 | 5 | 50 |
| 33 | RM2H | | 高层 | 8+ | 12 | 120 |
| 34 | URML | 无筋砌体 | 低层 | 1~2 | 1 | 15 |
| 35 | URMM | | 多层 | 3+ | 3 | 35 |
| 36 | MH | 移动房屋 | — | 所有 | 1 | 10 |

## 表 H.9 RISK-UE 分类

| 标签 | 描述 | 具体分类 |
| --- | --- | --- |
| M 砌体结构 | | |
| M1 | 砌体承重墙 | 毛石、散石砌筑(M1.1) |
| | | 料石砌筑(M1.2) |
| | | 巨石砌筑(M1.3) |
| M2 | 土坯结构 | — |
| M3 | 无筋砌体承重墙 | 带木楼板(3.1) |
| | | 带砖石拱(3.2) |
| | | 带钢与砌体组合楼板(3.3) |
| | | 钢筋混凝土楼板(3.4) |
| M4 | 配筋砌体结构 | — |
| M5 | 完全加强的配筋砌体 | — |
| RC 钢筋混凝土结构 | | |
| RC1 | 钢筋混凝土框架结构 | — |
| RC2 | 钢筋混凝土剪力墙结构 | — |
| RC3 | 带无筋砌体填充墙的框架结构 | 规则的填充墙(RC3.1) |
| | | 不规则的填充墙(RC3.2) |
| RC4 | 钢筋混凝土框架-剪力墙结构 | — |
| RC5 | 预制混凝土斜墙 | — |
| RC6 | 带混凝土剪力墙的预制混凝土结构 | — |
| S 钢结构 | | |
| S1 | 钢框架结构 | — |
| S2 | 支撑钢框架 | — |
| S3 | 无筋砌体填充的钢框架 | — |
| S4 | 带现浇剪力墙的钢框架 | — |
| S5 | 钢与混凝土组合结构 | — |
| W 木结构 | | |

表 H.10 WHE 分类

| 建筑材料 | 抗侧力体系 | 子类型 |
| --- | --- | --- |
| 砌体 | 石砌体墙 | 泥灰浆/石灰砂浆砌筑的毛石砌体 |
| | | 巨大的石砌体(石灰或水泥砂浆砌筑) |
| | 土坯墙/夯土墙 | 土坯砌体 |
| | | 夯土墙砌体 |
| | 烧结砖砌体墙 | 泥灰浆砌筑的无筋砖砌体 |
| | | 石灰砂浆砌筑的无筋砖砌体 |
| | | 水泥砂浆砌筑的无筋砖砌体 |
| | 混凝土砌块砌体墙 | 石灰/水泥砂浆砌筑的无筋砌块砌体 |
| | | 石灰/水泥砂浆砌筑的配筋砌块砌体 |
| 钢筋混凝土 | 框架结构 | 无筋砖砌体填充的框架 |
| | | 平板结构 |
| | | 预制框架结构 |
| | | 框架-剪力墙结构 |
| | | 纯框架结构 |
| | 剪力墙结构 | 现浇剪力墙结构 |
| | | 预制剪力墙结构 |
| 钢结构 | 钢框架 | 砖砌体隔墙填充钢框架 |
| | | 现浇混凝土填充钢框架 |
| | | 轻质隔墙填充钢框架 |
| | 带支撑钢框架 | — |
| | 轻钢框架 | 单层轻钢框架结构 |
| 木结构 | 承重木框架 | 茅草房 |
| | | 梁柱框架 |
| | | 砌体填充的木框架 |
| | | 胶合板填充的木框架 |
| | | 带壁柱墙木框架 |

表 H.11 PAGER 分类

| 标签 | 描述(结构类型) | 平均层数 |
| --- | --- | --- |
| W | 木结构 | 1～3 |
| W1 | 木框架,木龙骨,灰泥或砖贴面 | 1～2 |
| W2 | 木框架,重型构件,泥墙填充 | 所有 |

续表

| 标签 | 描述（结构类型） | 平均层数 |
|---|---|---|
| W3 | 木框架，斜撑，泥墙填充 | 2～3 |
| W4 | 木屋 | 1～2 |
| S | 钢结构 | 所有 |
| S1 | 钢框架 | 所有 |
| S1L | 低层 | 1～3 |
| S1M | 多层 | 4～7 |
| S1H | 高层 | 8+ |
| S2 | 支撑钢框架 | 所有 |
| S2L | 低层 | 1～3 |
| S2M | 多层 | 4～7 |
| S2H | 高层 | 8+ |
| S3 | 轻钢框架 | 所有 |
| S4 | 带现浇剪力墙的钢框架 | 所有 |
| S4L | 低层 | 1～3 |
| S4M | 多层 | 4～7 |
| S4H | 高层 | 8+ |
| S5 | 带无筋砌体填充墙的钢框架 | 所有 |
| S5L | 低层 | 1～3 |
| S5M | 多层 | 4～7 |
| S5H | 高层 | 8+ |
| C | 钢筋混凝土结构 | 所有 |
| C1 | 延性钢筋混凝土框架 | 所有 |
| C1L | 低层 | 1～3 |
| C1M | 多层 | 4～7 |
| C1H | 高层 | 8+ |
| C2 | 钢筋混凝土剪力墙 | 所有 |
| C2L | 低层 | 1～3 |
| C2M | 多层 | 4～7 |
| C2H | 高层 | 8+ |
| C3 | 无筋砌体填充的非延性钢筋混凝土框架 | 所有 |
| C3L | 低层 | 1～3 |
| C3M | 多层 | 4～7 |

续表

| 标签 | 描述(结构类型) | 平均层数 |
| --- | --- | --- |
| C3H | 高层 | 8+ |
| C4 | 配筋砌体填充的非延性钢筋混凝土框架 | 所有 |
| C4L | 低层 | 1~3 |
| C4M | 多层 | 4~7 |
| C4H | 高层 | 8+ |
| C5 | 钢骨混凝土结构 | 所有 |
| C5L | 低层 | 1~3 |
| C5M | 多层 | 4~7 |
| C5H | 高层 | 8+ |
| PC1 | 预制混凝土斜墙 | 所有 |
| PC2 | 带钢筋混凝土的预制框架 | 所有 |
| PC2L | 低层 | 1~3 |
| PC2M | 多层 | 4~7 |
| PC2H | 高层 | 8+ |
| RM | 配筋砌体 | 所有 |
| RM1 | 带木隔板或金属隔板的配筋砌体承重墙 | 所有 |
| RM1L | 低层 | 1~3 |
| RM1M | 多层 | 4~7 |
| RM2 | 钢筋混凝土隔板的配筋砌体承重墙 | 所有 |
| RM2L | 低层 | 1~3 |
| RM2M | 多层 | 4~7 |
| RM2H | 高层 | 8+ |
| MH | 移动房屋 | 所有 |
| M | 泥土墙 | 1 |
| M1 | 不带水平木构件的泥土墙 | 1~2 |
| M2 | 带水平木构件的泥土墙 | 1~3 |
| A | 土坯墙 | 1~2 |
| A1 | 土坯块,泥灰浆,木屋架或楼板 | 1~2 |
| A2 | 与A1相似,竹屋顶或草屋顶 | 1~2 |
| A3 | 与A1相似,水泥砂浆 | 1~3 |
| A4 | 与A1相似,钢筋混凝土黏结梁,藤条,泥浆屋顶 | 1~3 |
| A5 | 与A1相似,竹子或绳索加固 | 1~2 |

续表

| 标签 | 描述(结构类型) | 平均层数 |
|---|---|---|
| RE | 夯土 | 1~2 |
| RS | 毛石(散石)砌体 | 所有 |
| RS1 | 局部块石堆砌(无砂浆),木楼板,木屋顶或轻钢屋顶 | 1~2 |
| RS2 | 与 RS1 相似,泥灰浆砌筑 | 1~2 |
| RS3 | 与 RS1 相似,石灰砂浆砌筑 | 1~2 |
| RS4 | 与 RS1 相似,水泥砂浆砌筑,拱形砖屋顶和楼板 | 1~3 |
| RS5 | 与 RS1 相似,水泥砂浆砌筑,钢筋混凝土梁 | 1~3 |
| DS | 矩形石块砌体 | 所有 |
| DS1 | 矩形石块砌体,泥灰浆砌筑,木楼板和木屋顶 | 1~2 |
| DS2 | 与 DS1 相似,石灰砂浆砌筑 | 1~3 |
| DS3 | 与 DS1 相似,水泥砂浆砌筑 | 1~3 |
| DS4 | 与 DS2 相似,钢筋混凝土屋顶和楼板 | 1~3 |
| UFB | 无筋砖砌体 | 所有 |
| UFB1 | 无筋砖砌体,泥灰浆砌筑,不带木柱 | 1~2 |
| UFB2 | 无筋砖砌体,泥灰浆砌筑,带木柱 | 1~2 |
| UFB3 | 无筋砖砌体,水泥砂浆砌筑,木楼板 | 1~3 |
| UFB4 | 无筋砖砌体,水泥砂浆砌筑,钢筋混凝土楼板和屋面板 | 1~3 |
| UCB | 无筋砌块砖砖砌体,石灰砂浆或水泥砂浆砌筑 | 所有 |
| MS | 巨石砌体,石灰或水泥砂浆砌筑 | 所有 |
| TU | 预制混凝土斜墙 | 所有 |
| INF | 非常规结构 | 所有 |
| UNK | 未知结构 | 所有 |

表 H.12 GEM 建筑分类

| 建筑材料 | 抗侧力体系 | 主要的抗侧力结构单元 | 建筑类型 |
|---|---|---|---|
| 钢筋混凝土 | 承重墙 | 预制板 | 预制混凝土墙结构 |
| | | 实心墙 | RC 剪力墙结构 |
| | | 连肢墙 | RC 剪力墙结构 |
| | 刚性框架 | 内填无筋砌体墙 | 砌体填充的 RC 框架结构 |
| | | 内填配筋砌体墙 | 砌体填充的 RC 框架结构 |
| | 平板结构 | — | — |
| | 双重抗侧力系统 | 内填无筋砌体墙 | 框架-剪力墙结构 |
| | | 内填配筋砌体墙 | — |
| | 支撑框架体系 | 钢筋混凝土支撑 | 支撑 RC 框架结构 |

续表

| 建筑材料 | 抗侧力体系 | 主要的抗侧力结构单元 | 建筑类型 |
|---|---|---|---|
| 钢材 | 刚性框架 | 内填无筋砌体墙 | — |
| | | 内填配筋砌体墙 | — |
| | 承重墙 | 钢板剪力墙 | 钢板剪力墙结构 |
| | | 钢钉内衬板墙 | 轻钢框架 |
| | 支撑框架 | 三角钢支撑 | — |
| | | 拉钢支撑 | — |
| | | 偏心钢支撑 | — |
| 砌体 | 承重墙 | 无筋砌体承重墙 | 承重墙结构 |
| | | 配筋砌体承重墙 | 承重墙结构 |
| | | 约束砌体墙 | 约束砌体墙结构 |
| 土坯 | 承重墙 | 土坯结构 | — |
| | | 素土夯实结构 | — |
| | | 秸秆搭砌 | — |

表 H.13  SYNER-G 建筑分类

| 类别 | 分类 |
|---|---|
| 抗侧力体系(FRM1) | 嵌入式梁(EB) |
| | 悬挑梁(EGB) |
| | 嵌入式梁(EB) |
| | 承重墙体系(BW) |
| | 预制结构体系(P) |
| | 约束砌体体系(CM) |
| 抗侧力体系(FRM2) | 嵌入式梁(EB) |
| | 悬挑梁(EGB) |
| 建筑材料(FRMM1) | 混凝土(C) |
| | 砌体(M) |
| 建筑材料子分类(FRMM2) | 钢筋混凝土(RC) |
| | 无筋砌体(URM) |
| | 配筋砌体(RM) |
| | 高强混凝土(>50MPa)(HSC) |
| | 中强混凝土(20~50MPa)(ASC) |
| | 低强混凝土(<20MPa)(LSC) |

续表

| 类别 | 分类 |
|---|---|
| 建筑材料子分类(FRMM2) | 土坯(A) |
| | 烧结砖(FB) |
| | 黏土空心砖(HC) |
| | 石材(S) |
| | 高屈服强度钢筋(>300MPa)(HY) |
| | 低屈服强度钢筋(<300MPa)(LY) |
| | 石灰砂浆(LM) |
| | 水泥砂浆(CM) |
| 平面规则性 | 规则 |
| | 不规则 |
| 竖向规则性 | 规则 |
| | 不规则 |
| 骨架外墙(M) | 竖向规则填充(RI) |
| | 竖向不规则填充(IRI) |
| | 未填充(B) |
| 骨架外墙特点(M) | 烧结砖砌体(FB) |
| | 高空洞率(H) |
| | 低空洞率(L) |
| | 蒸压加气混凝土(AAC) |
| | 预制混凝土(PC) |
| | 玻璃幕墙(G) |
| 具体设计(D) | 延性设计(D) |
| | 非延性设计(ND) |
| | 带拉杆或连系梁(WTB) |
| | 不带拉杆或连系梁(WoTB) |
| 楼板体系(FS) | 刚性楼板(R) |
| | 弹性楼板(F) |
| 楼板体系材料(FSM) | 钢筋混凝土(RC) |
| | 钢材(S) |
| | 木材(T) |
| 屋盖体系(FS) | 刚性楼板(R) |
| | 弹性楼板(F) |
| 屋盖体系材料(FSM) | 钢筋混凝土(RC) |
| | 钢材(S) |
| | 木材(T) |

# 附录 I 在室率问卷调查表
## 地震时建筑物内人员在室率调查问卷

您好,我们正在做一份问卷调查,包含 3 个表格(表 I.1～表 I.3),是关于本地区地震发生时人员在室内情况及地震基本知识的调查。本问卷采取不记名的方式,调查结果对您没有任何负面影响,希望您认真、如实地填写。非常感谢您的参与。

**个人信息:**

| | | | | | | |
|---|---|---|---|---|---|---|
| 1. | 您的性别 | □男 | | □女 | | |
| 2. | 您的年龄 | □<16 | □16～25 | □26～55 | □56～65 | □>65 |
| 3. | 平时您是否有防震意识 | □有 | | □无 | | |
| 4. | 您的生活区域属于 | □城市 | | □农村 | | |
| 5. | 您从事的职业类别 | □教育 | □商业 | □办公 | □医疗 | □其他 □无 |
| 6. | 您所在的省市 | □华东 | □华南 | □华中 | □华北 | □西南 □西北 □东北 |

**表 I.1 恶劣天气时每个时间段的在室率情况**

| 时间段 | 工作日在室内的概率/% 及建筑物类别 | 节假日在室内的概率/% 及建筑物类别 |
|---|---|---|
| 22:00～7:00 | □0～20 □20～40 □40～60 □60～80 □80～100<br>□住宅 □商业 □办公 □教育 □医疗 | □0～20 □20～40 □40～60 □60～80 □80～100<br>□住宅 □商业 □办公 □教育 □医疗 |
| 7:00～9:00 | □0～20 □20～40 □40～60 □60～80 □80～100<br>□住宅 □商业 □办公 □教育 □医疗 | □0～20 □20～40 □40～60 □60～80 □80～100<br>□住宅 □商业 □办公 □教育 □医疗 |
| 9:00～11:00 | □0～20 □20～40 □40～60 □60～80 □80～100<br>□住宅 □商业 □办公 □教育 □医疗 | □0～20 □20～40 □40～60 □60～80 □80～100<br>□住宅 □商业 □办公 □教育 □医疗 |
| 11:00～13:00 | □0～20 □20～40 □40～60 □60～80 □80～100<br>□住宅 □商业 □办公 □教育 □医疗 | □0～20 □20～40 □40～60 □60～80 □80～100<br>□住宅 □商业 □办公 □教育 □医疗 |
| 13:00～17:00 | □0～20 □20～40 □40～60 □60～80 □80～100<br>□住宅 □商业 □办公 □教育 □医疗 | □0～20 □20～40 □40～60 □60～80 □80～100<br>□住宅 □商业 □办公 □教育 □医疗 |
| 17:00～19:00 | □0～20 □20～40 □40～60 □60～80 □80～100<br>□住宅 □商业 □办公 □教育 □医疗 | □0～20 □20～40 □40～60 □60～80 □80～100<br>□住宅 □商业 □办公 □教育 □医疗 |

附 录

续表

| 时间段 | 工作日在室内的概率/%及建筑物类别 | 节假日在室内的概率/%及建筑物类别 |
|---|---|---|
| 19:00~<br>22:00 | □0~20 □20~40 □40~60 □60~80 □80~100<br>□住宅 □商业 □办公 □教育 □医疗 | □0~20 □20~40 □40~60 □60~80 □80~100<br>□住宅 □商业 □办公 □教育 □医疗 |

注:1. 恶劣天气是指严重影响人类生产、活动或具有破坏性的局地天气状况,例如,大雾、大雪、冰冻、大风(扬沙)、强降雨、暴风雨、沙(尘)暴、雪暴、强雷暴、冰雹、龙卷风等。

2. 本表将建筑物按照用途分为五个类别:住宅、商业、办公、教育、医疗,如您所处建筑物位置不在以上类别,可以不用填写该栏。

**表 I.2 正常天气时每个时间段的在室率情况**

| 时间段 | 工作日在室内的概率/%及建筑物类别 | 节假日在室内的概率/%及建筑物类别 |
|---|---|---|
| 22:00~<br>7:00 | □0~20 □20~40 □40~60 □60~80 □80~100<br>□住宅 □商业 □办公 □教育 □医疗 | □0~20 □20~40 □40~60 □60~80 □80~100<br>□住宅 □商业 □办公 □教育 □医疗 |
| 7:00~<br>9:00 | □0~20 □20~40 □40~60 □60~80 □80~100<br>□住宅 □商业 □办公 □教育 □医疗 | □0~20 □20~40 □40~60 □60~80 □80~100<br>□住宅 □商业 □办公 □教育 □医疗 |
| 9:00~<br>11:00 | □0~20 □20~40 □40~60 □60~80 □80~100<br>□住宅 □商业 □办公 □教育 □医疗 | □0~20 □20~40 □40~60 □60~80 □80~100<br>□住宅 □商业 □办公 □教育 □医疗 |
| 11:00~<br>13:00 | □0~20 □20~40 □40~60 □60~80 □80~100<br>□住宅 □商业 □办公 □教育 □医疗 | □0~20 □20~40 □40~60 □60~80 □80~100<br>□住宅 □商业 □办公 □教育 □医疗 |
| 13:00~<br>17:00 | □0~20 □20~40 □40~60 □60~80 □80~100<br>□住宅 □商业 □办公 □教育 □医疗 | □0~20 □20~40 □40~60 □60~80 □80~100<br>□住宅 □商业 □办公 □教育 □医疗 |
| 17:00~<br>19:00 | □0~20 □20~40 □40~60 □60~80 □80~100<br>□住宅 □商业 □办公 □教育 □医疗 | □0~20 □20~40 □40~60 □60~80 □80~100<br>□住宅 □商业 □办公 □教育 □医疗 |
| 19:00~<br>22:00 | □0~20 □20~40 □40~60 □60~80 □80~100<br>□住宅 □商业 □办公 □教育 □医疗 | □0~20 □20~40 □40~60 □60~80 □80~100<br>□住宅 □商业 □办公 □教育 □医疗 |

注:1. 正常天气是指除表 I.1 中描述的恶劣天气以外的天气状况。

2. 本表将建筑物按照用途分为五个类别:住宅、商业、办公、教育、医疗,如您所处建筑物位置不在以上类别,可以不用填写该栏。

**表 I.3 当地震发生时,面对以下情况您会如何选择?**

(1) 当您在室内时,会选择哪些地方进行躲避?
A. 躲入衣柜或大型家具　B. 趴在地上等待救援　　C. 躲在内墙墙根、墙角　D. 躲进厨房、厕所
(2) 当您处于人员密集场所时会如何做?
A. 迅速涌向出口挤出去　B. 随意找个位置抱头蹲C. 顺着人流走　　　　D. 听从工作人员指挥,避开人流
(3) 如果被压埋,您会选择何种方式自救?
A. 大声呼喊　　　　　　B. 敲击呼救　　　　　　C. 耐心等待　　　　　　D. 陷入恐惧,盲目行动
(4) 您会相信以下何种平台发布的地震预警信息?
A. 微信、微博等社交软件　B. 短信电话等手机消息　C. 网络电视平台　　　　D. 中国地震局

**结束语:**

非常感谢您对本次调查的配合,因为您的答案对我们至关重要,问卷到此结束,请您再从头到尾检查一次是否有漏答或错答的问题。最后,衷心感谢您对我们调查的热情支持。

# 附录 J  各因素及互斥子因素权重赋值专家调查表

表 J.1  权重赋值专家调查表

| 姓名 | | 职称 | | 单位 | | 研究领域 | |
|---|---|---|---|---|---|---|---|
| 因素 | 居民离开意愿因素权重赋值 | | | 居民庇护物需求意愿因素权重赋值 | | | |
| | 因素 | 权重赋值 | 取值范围 | 因素 | 权重赋值 | 取值范围 | |
| | 家庭结构 | | 1. 各因素取值范围均为 0~1;  2. 四因素权重之和为 1 | 家庭月收入 | | 1. 各因素取值范围均为 0~1;  2. 四因素权重之和为 1 | |
| | 家庭受教育水平 | | | 家庭社会关系 | | | |
| | 房屋所有权 | | | 亲戚朋友数量 | | | |
| | 天气状况 | | | 汽车拥有情况 | | | |
| 因素 | 居民离开意愿因素互斥子因素权重赋值 | | | | 居民庇护物需求意愿因素互斥子因素权重赋值 | | |
| | 互斥子因素 | 互斥子因素描述 | 赋值 | 范围 | 互斥子因素 | 互斥子因素描述 | 赋值 | 范围 |

| 因素 | | 互斥子因素 | 互斥子因素描述 | 赋值 | 范围 | 互斥子因素 | 互斥子因素描述 | 赋值 | 范围 |
|---|---|---|---|---|---|---|---|---|---|
| 家庭结构 | | $Age_1$ | 成员年龄均大于 65 岁 | | 0~1 | | | | |
| | | $Age_2$ | 成员年龄均位于 16~65 岁 | | 0~1 | | | | |
| | | $Age_3$ | 存在家庭年龄小于 16 岁 | | 0~1 | 家庭月收入 | | | |
| | | $Age_4$ | 存在家庭年龄大于 65 岁 | | 0~1 | | | | |
| 家庭受教育水平 | | $Edu_1$ | 小学及小学以下 | | 0~1 | $Inc_1$ | 月收入＜4000 元 | | 0~1 |
| | | $Edu_2$ | 初高中 | | 0~1 | $Inc_2$ | 4000 元≤月收入＜7000 元 | | 0~1 |
| | | $Edu_3$ | 大学 | | 0~1 | $Inc_3$ | 7000 元≤月收入＜10000 元 | | 0~1 |
| | | $Edu_4$ | 硕士及硕士以上 | | 0~1 | $Inc_4$ | 10000 元≤月收入＜15000 元 | | 0~1 |
| | | | | | | $Inc_5$ | 月收入≥15000 元 | | 0~1 |
| | | | | | | 家庭社会关系 | | | |
| | | | | | | $Soc_1$ | 高 | | 0~1 |
| | | | | | | $Soc_2$ | 较高 | | 0~1 |
| | | | | | | $Soc_3$ | 普通 | | 0~1 |

续表

| | | | | |
|---|---|---|---|---|
| 房屋所有权 | 屋主 | Ho₁ | | 0~1 |
| | 租客 | Ho₂ | | 0~1 |
| 天气状况 | 春冬两季 | Wea₁ | | 0~1 |
| | 夏秋两季并且天气良好 | Wea₂ | | 0~1 |
| | 夏秋两季并且天气较差 | Wea₃ | | 0~1 |
| | | | 亲戚朋友数量 多 | Rel₁ | 0~1 |
| | | | 一般 | Rel₂ | 0~1 |
| | | | 少 | Rel₃ | 0~1 |
| | | | 汽车所有情况 拥有 | Car₁ | 0~1 |
| | | | 不拥有 | Car₂ | 0~1 |

注：①本表采用家庭社会经济因素及其互斥子因素表征其对居民震后决策行为（包括居民离开住所意愿及居民公共庇护物寻求意愿）的影响；②震后居民是否离开住所仅与房屋物理损毁程度相关，也与家庭社会属性相关，表中采用家庭结构、家庭受教育水平、房屋所有权、房屋所有情况共同表征居民离开意愿；天气状况共同表征居民公共庇护物寻求意愿。表中采用家庭月收入、亲戚朋友数量、汽车所有情况共同表征居民公共庇护物寻求意愿；各因素及其互斥子因素根据经验进行权重可归居民表中采用家庭月收入、亲戚朋友数量、汽车所有情况共同表征居民公共庇护物寻求意愿；各因素及其互斥子因素根据经验进行权重赋值。